U0238819

农村雨水集蓄利用理论技术与实践

金彦兆　周录文　唐小娟　吴婕　孙栋元　郑勇　郑文燕　李育鸿　著

www.waterpub.com.cn
·北京·

内 容 提 要

本书全面、系统地总结了近30年来我国农村雨水集蓄利用研究取得的成果，理论探索、技术研发与实践利用相结合，系统性强，内容丰富，具有较强的理论性、适用性和可操作性。全书共分为四篇十章，其中，第一篇为“现状篇”共1章，重点叙述了我国农村雨水集蓄利用背景及国内外发展趋势；第二篇为“理论与技术篇”共6章，重点从农村雨水集蓄利用基本原理与理论创新、工程系统组成及其规划、工程系统设计、配套农业技术、材料与设备以及工程管理等方面，系统阐述了农村雨水集蓄利用理论与技术；第三篇为“实践篇”共2章，重点从甘肃农村雨水集蓄利用实践与效果评价两方面，系统总结了甘肃农村雨水集蓄利用的总体需求、具体做法、利用模式与取得的成效；第四篇为“展望篇”共1章，重点阐述了未来雨水集蓄利用需求、发展方向、利用途径和发展模式，同时深入分析了未来雨水集蓄利用面临的机遇与挑战。

本书可供从事雨水集蓄利用工程规划、设计、施工和运行管理人员使用，亦可供有关研究人员与大专院校师生参考。

图书在版编目（CIP）数据

农村雨水集蓄利用理论技术与实践 / 金彦兆等著
. -- 北京 : 中国水利水电出版社, 2017.9
ISBN 978-7-5170-5689-8

Ⅰ. ①农… Ⅱ. ①金… Ⅲ. ①农村－降水－蓄水－水利工程－研究－甘肃 Ⅳ. ①TU991.34

中国版本图书馆CIP数据核字(2017)第185421号

书　名	**农村雨水集蓄利用理论技术与实践** NONGCUN YUSHUI JIXU LIYONG LILUN JISHU YU SHIJIAN
作　者	金彦兆　周录文　唐小娟　吴婕　孙栋元　郑勇　郑文燕　李育鸿　著
出版发行	中国水利水电出版社 （北京市海淀区玉渊潭南路1号D座　100038） 网址：www.waterpub.com.cn E-mail：sales@waterpub.com.cn 电话：(010) 68367658（营销中心）
经　售	北京科水图书销售中心（零售） 电话：(010) 88383994、63202643、68545874 全国各地新华书店和相关出版物销售网点
排　版	中国水利水电出版社微机排版中心
印　刷	北京瑞斯通印务发展有限公司
规　格	184mm×260mm　16开本　18.75印张　445千字
版　次	2017年9月第1版　2017年9月第1次印刷
印　数	0001—1500册
定　价	**88.00**元

凡购买我社图书，如有缺页、倒页、脱页的，本社营销中心负责调换

版权所有·侵权必究

前言

干旱是全世界共同面临的重大问题，水资源短缺受到国际社会的广泛关注，由此引发了供需水矛盾、生态环境恶化以及经济社会发展受制等一系列问题。在常规水资源总量有限，开发利用受到限制的情况下，雨水资源成为缓解干旱缺水地区水危机的新途径，雨水集蓄利用技术因此而受到广泛青睐。目前，全世界除南极洲外各大洲均有实施雨水集蓄利用，解决农村生活、发展农业灌溉和恢复生态植被的先例，一些发达国家更是贯彻人水和谐理念，统筹人与自然关系，更加系统、广泛地实施了雨水资源的综合开发利用。

我国水资源严重短缺，人均水资源占有量仅为世界平均水平的1/4左右，是全球13个贫水国家之一。与此同时，水资源在时空分布上严重不均，以西北、华北为代表的干旱、半干旱地区，人均水资源占有量仅为全国平均水平的1/2左右，与联合国规定的人均水资源1000m^3的基本要求线持平，已经成为区域经济社会发展和生态环境保护的重要制约性因素。

随着水利建设事业的快速发展，雨水集蓄利用引起了全社会的广泛关注，我国甘肃、宁夏、陕西、山西、内蒙古等北方缺水地区尤其注重对雨水资源的开发利用，先后组织实施了“121”雨水集流工程、集雨节灌工程、径流窖灌农业等大量雨水集蓄利用工程，各有关省（自治区、直辖市）、国家有关部门先后立项开展了相关研究，在雨水集蓄利用理论探讨、技术研发、实践应用等方面取得了大量成果，很好地支撑和引领了雨水集蓄利用技术发展，为缓解区域供需水矛盾、保障水资源可持续利用、支撑经济社会可持续发展提供了重要技术支撑。但总体而言，在雨水集蓄利用水量与水质保障、降水与需水过程耦合、有限水资源高效利用以及综合技术体系形成与完善等方面仍存在保障程度不够、匹配性较差、系统性不强等关键技术问题。为此，甘肃省水利厅于2016年在省水利科研与技术推广计划中立题开展了“农村雨水集蓄利用理论创新与技术集成研究”。国家科技部在“十三五”重点研发计划

“流域雨洪资源高效开发利用技术及示范”项目中立题开展了“雨水集蓄利用技术与配套装备”研究，重点针对集雨饮用水安全保障、基于降水-需水过程耦合的雨水就地富集利用、雨水资源高效调控与补充灌溉以及坝窖雨水联蓄联调技术开发与示范等进行了专题研究。本书是在大量前期研究成果的基础上，结合前述课题相关研究内容开展研究取得的阶段性成果。

本书第一章、第十章由唐小娟、金彦兆撰写，第二章由金彦兆、孙栋元、吴婕、郑勇撰写，第三章、第四章由金彦兆撰写，第五章由唐小娟撰写，第六章由周录文、郑勇撰写，第七章由周录文、金彦兆撰写，第八章、第九章由吴婕、金彦兆撰写；全书由金彦兆统稿，李育鸿对部分章节提出了修改意见；书中插图由郑文燕绘制完成。

由于作者水平有限，加之雨水集蓄利用技术起步较晚，相关理论、技术及体系尚处在不断形成与逐步完善之中，对部分问题的认识仍需不断深化，书中难免存在错误与不妥之处，敬请读者批评指正。

作　者

2017 年 9 月

目　录

第一篇　现　状　篇

第二篇　理论与技术篇

第三篇　实　践　篇

第四篇　展　望　篇

第一篇

现　状　篇

第一章　农村雨水集蓄利用背景及发展趋势

第一节　雨水集蓄利用技术发展缘由

“所有的水都是雨水”这是美国雨水集蓄利用专家理查德·海尼忱经常说的一句话。的确，不论是地表水、地下水，还是河水、井水，最初都来源于雨水。对雨水的集蓄利用不仅可以增加地下水的补给量、涵养水源、节约用水、缓解缺水局面，还可增加农业灌溉与生态林面积，减少区域内的降雨外排流量，缓解市政排水压力，提高城市防洪能力。因此，把雨水作为重要水资源加以收集利用，已经成为一个重要的新兴课题。

Geddes 1963年首次将雨水集蓄利用（Rainwater Catchment and Use）定义为“收集和储存径流或溪流用于农业灌溉”。在此基础上，1975年、1988年多人先后多次修改其定义。Mayer引用Currier的定义，将其定义为“从已处理过的区域收集自然降水并有益利用的过程”，Mayer定义是“一个为了增加降雨或融雪水的实践活动”。Finkel定义为“径流的收集并用来灌溉作物、草场和树木以及为牲畜提供饮用水”。1996年，赵松岭等将其定义为“经过一定的人为措施，对雨水径流进行干预，使其就地入渗或汇集蓄存，并加以利用的过程”。对于雨水利用，美国早期称之为Rainwater Cistern System（雨水收集系统），英国称为Rainwater Collection（雨水收集），泰国称为Rainwater Storage（雨水储存），日本称为Rainwater Resources（雨水资源化）。自第五届国际雨水利用大会后大多称为Rainwater Catchment System（雨水蓄积系统），而我国有关文献则称为“雨水利用”（Rainwater Use）。《雨水集蓄利用工程技术规范》（GB/T 50596—2010）对雨水集蓄利用作了如此界定：“雨水集蓄利用是指采取工程措施对雨水进行收集、蓄存和调节利用的微型水利工程。”同时规定蓄水库容不大于10000m^3，灌溉面积小于33.3hm^2。雨水集蓄利用工程的目的主要是为了解决人畜饮水困难、发展庭院经济，进行大田作物和林木的节水灌溉。雨水集蓄利用工程由集流面、输水系统、蓄水设施、生活用水设施和农业灌溉设施等五部分组成。

所有形式的水资源（包括河川径流、地下水等），从根本上说都来自雨水，因而雨水利用不仅仅是指借助雨水集蓄利用工程的生活利用和雨养农业利用，而且还包括人工增雨、水土保持、水源涵养、城市防洪和生态环境改善等水资源利用方面。这种雨水利用的概念其外延几乎囊括了水资源利用的所有方式。一般文献中提到的雨水利用是指对雨水的原始形态和最初转化为径流或地下水、土壤水阶段的利用，可将其称为狭义雨水利用（有的文献称为雨水直接利用）。就狭义雨水利用而言，其内涵至少应包括：①解决人畜饮水；②实施农业补灌；③用于城市消防和绿地灌溉；④补给地下水；⑤修复生态系统。

地球上70%的面积是海洋，水资源总量中97.5%是不能直接利用的海水，淡水资源只占2.5%，而可以直接利用的河流、湖泊和水库的淡水资源仅为淡水资源总量的0.26%，水资源的珍贵由此可见一斑。随着人口剧增和经济高速发展，水资源供求矛盾已成为制约世界各国工农业生产和社会发展的瓶颈。工业和城市的迅猛发展，排污量大增，又导致水源的污染；森林等植被破坏使得生态失去平衡，也会造成降水量减少，地下水补给量随着也减少。目前，世界上大约有90个国家，40%的人口出现缺水危机。同时，全世界干旱、半干旱区占陆地总面积的34.3%，其中干旱区占24%，半干旱区占10.3%，分布在50多个国家和地区，分布着世界耕地的42.9%。由此引发了部分地区人民生活贫困、社会经济发展下滑、水资源利用不可持续等问题，更有甚者在非洲等地区还会由于水危机而爆发区域政治危机。因此，开源节流，实现水资源的安全、可持续开发利用已上升为诸多国家共同关注的核心问题和国家战略。联合国于1997年发出淡水资源短缺的警报："缺水问题将严重制约下世纪的经济和社会发展，并可能导致国家间的冲突。"由此可见，水是人类最重要的生存依靠，尤其对于干旱地区，水更像生命一样宝贵。

我国是一个水资源短缺的国家，人口占世界总人口的22%，水资源总量为28124亿m^3，其中河川年平均径流总量约为27115亿m^3，居世界第5位，继巴西69500亿m^3、美国30560亿m^3、加拿大29114亿m^3和印度尼西亚28113亿m^3之后。一方面，目前我国人均水资源占有量仅为2100m^3，根据国际标准，世界人均占有量12900m^3，而中国人均占有量则不到世界平均的1/6，仅相当于美国的1/5，俄罗斯的1/7，加拿大的1/50，居世界第110位，被联合国列为世界13个贫水国家之一。另一方面，降雨时空分布极不均衡，干旱区约占我国领土总面积的47%，包括了北方15个省（自治区、直辖市）的645个县，分布着全国30%左右的耕地面积。在我国668个城市中，缺水城市达400多个，其中严重缺水城市110个。据统计，全国城市目前日缺水量达1600万m^3，每年因缺水损失工业产值1200多亿元。全国农村每年缺水约300亿m^3，有5000多万人和2.5亿头牲畜饮水困难。如果用水矛盾得不到有效解决，将直接影响我国经济可持续发展的大局。因此，开源节流，用好每一滴水成为我们每一个公民的责任和义务。

随着经济社会的不断发展，水资源短缺问题日益突出，缺水已经成为我国国民经济和社会发展的主要制约因素。据预测，到2030年和2050年，中国的供水缺口将分别达到2300亿m^3和3710亿m^3。预计到2030年，中国人口接近16亿人时，用水量将达到7000亿～8000亿m^3，而实际可利用的水资源约为8000亿～9500亿m^3，需水量已逼近可利用水量的极限，甚至一些地方已经开始出现水生态危机。人均水资源也由目前的2100m^3减少到1760m^3，逼近国际上公认的1700m^3"用水紧张"的界限。尤其是随着城市化进程的加快，城市人口的大量增加和工业生产持续规模化，污水量大幅度增加，水环境恶化，原本已经非常紧张的水资源也因污染而丧失其应有的使用功能。全国90%以上的城市水域受到不同程度的污染。以太湖流域为例，因为水污染逐渐加剧，出现了3000多万人守着2300km^2的太湖，但却出现了"水多用难"的尴尬局面。

20世纪80年代以来，在我国西北、华北、西南缺水山区及沿海和海岛地区实施了解决干旱缺水问题的有效措施——雨水集蓄利用。采取这些措施地区的共同特点是：地表水和地下水严重缺乏或季节性缺乏，地形上山大沟深、沟壑纵横，修建跨流域引水等骨干工

程的条件十分艰苦。农业生产完全依靠天然降水，而降水的年内分布十分不均，水分供需严重错位，农业生产水平低下。更为严重的是当地居民祖祖辈辈没有可靠的生活饮用水供给，长期饮用不符合饮水标准的山泉水、苦咸水，在供水和食物两方面都缺乏安全保障，是我国最为贫困的地区。但即便如此，每遇干旱年份，经常需要政府组织车辆远距离运水度荒。

我国西北山区群众历史上就有打窖蓄水，解决家庭生活用水的传统，南方许多山区也有修建山塘解决季节性缺水困难的实践。但长期以来，受经济和技术条件的限制，传统雨水利用收集效率很低，蓄水工程渗漏损失大，集蓄的雨水往往连生活饮水都难以满足，更不用说解决农业生产用水。随着半干旱地区雨水集蓄利用技术的兴起，通过有计划设置一定数量的集流面并采取人工防渗处理，有效提高了集流效率，很好地解决了传统雨水利用"水源"不足的问题；同时，通过对蓄水工程采用混凝土材料进行防渗处理，与传统红胶泥防渗相比，减少了劳动力投入，易于保证工程质量。在此基础上，对雨水资源进行了综合利用，不仅解决了人畜饮水问题，而且在现代节水理论和方法的指导上，发展对作物、林草的补充灌溉，大大提高了雨水集蓄利用效益。特别是进入 20 世纪 90 年代以来，干旱日益严重，全国每年受旱农作物面积超过 2000 万 hm^2，因干旱粮食减产达 150 亿 kg 左右。干旱缺水制约着这些地区的自然、社会、经济发展，因而实施雨水集蓄利用具有重要理论和实践意义。而且，把雨水作为重要水资源加以收集储存，实现综合利用成为新兴课题。

面对日益短缺的水资源情势，有效应对的唯一办法就是开源节流，实现雨水资源化及其综合利用作为"开源"的重要内容，成为协调水资源配置模式、缓解水资源供需矛盾的重要抓手。一方面，我国降水量在 250mm 以上的地区分布很广，且降雨主要集中在 6—9 月，荒坡山地、路面、场院和屋顶等设施为收集雨水创造了十分有利的条件，这些地方都为进一步开发利用雨水资源提供了许多便利。特别是西北黄土高原沟壑区、华北干旱缺水山区和西南喀斯特地区，地形地貌及地质条件特殊，人口耕地分布零散，水资源供需矛盾十分尖锐，因地制宜建设雨水集蓄利用工程非常必要。另一方面，我国高度重视雨水集蓄利用工作，中央明确提出要支持兴建小微型水利设施，显著提高雨洪资源利用水平和供水保障能力。目前，我国雨水集蓄利用规模居世界第一。从实际效果来看，雨水集蓄利用工程在解决群众饮水困难、提高农业综合生产能力、改善区域生态环境等方面发挥了不可替代的重要作用，同时还在一定程度上解放了农村劳动力，为农民增收、农业发展和农村稳定提供了强有力支撑。

进入 21 世纪以来，随着人口的不断增长和水资源危机的进一步加剧，跨流域调水和地下水开采受到越来越多的限制，我国水资源面临着更加严峻的挑战，水资源短缺和供需水矛盾进一步加剧，全面建设小康社会和社会主义新农村对水资源的需求进一步增加，全球气候变化引起的极端气候和干旱、洪涝灾害频繁发生，雨水集蓄利用技术重新开始发挥其独特作用。但如何才能实现天人合一、人水和谐，在新农村建设中实现雨水集蓄利用的可持续发展是值得思考的一个重要问题。

根据《全国雨水集蓄利用工程实施情况评估》成果，全国已有 25 个省（自治区、直辖市）不同程度的实施雨水集蓄利用，其中用于解决农村饮水问题的省（自治区、直辖市）已经达到22个，实际解决人口数量达到2194万人，但普遍存在的问题是工程建设标准低、供水保证率低、水质状况差，与社会主义新农村建设和目前实施的“农村安全饮水”要求尚有较大差距，对高效、安全、经济的雨水集蓄利用支撑技术具有强烈需求。同时，在我国25个省（自治区、直辖市）的雨水利用区目前还有近1100万人、333.3万hm^2耕地亟须建设雨水集蓄利用工程，解决生活饮用水缺乏与农业生产受旱的问题。

目前，雨水集蓄利用在解决干旱地区人畜饮水困难、发展旱地农业补充灌溉、促进植被恢复等方面取得了非常显著的应用效果，雨水集蓄利用已经成为干旱、半干旱地区实现农业发展的重要增长点之一。根据贯彻科学发展观思想和以人为本的发展理念，在构建和谐社会，实现经济、社会与环境协调、持续、稳定、健康发展的过程中，以水资源的可持续利用支撑经济社会的可持续发展成为实现这一目标的关键和根本。

随着全球水资源短缺形势的不断加剧，水危机与粮食危机一并成为21世纪全球关注的焦点。为了适应党中央提出的全面建设小康社会和社会主义新农村的新要求，加大资源节约型、环境友好型社会建设力度，在我国北方地区，面对水资源数量不足，供需水矛盾不断加剧的现实，以开辟水资源利用途径、提高水资源利用效率为核心的雨水集蓄利用必将在今后获得更大发展空间。可以预见，在我国西北、华北一些干旱、半干旱地区，雨水集蓄利用仍将是今后较长时期内解决农村人畜饮水的重要途径。但与此同时，“农村安全饮水”战略的实施，对雨水的安全利用也提出了更高的要求，这为雨水集蓄利用技术的深层次研究、高水平发展提供了重要契机。

有鉴于此，雨水集蓄利用在全球迅速兴起并取得了巨大成效。我国北方许多水资源短缺省份都先后组织实施了雨水集蓄利用工程，在解决干旱山区人畜饮水困难、改善旱作农业生产条件等方面发挥了重要作用。随着我国水利发展方略的不断调整以及按照构建和谐社会和社会主义新农村建设的具体要求，保障水资源可持续利用、支撑经济社会可持续发展成为未来我国农村水利发展的重点。但与之相矛盾的是受水资源短缺形势的制约，一些干旱山区仍然不得不采用雨水解决生活用水。为此，探讨包括雨水集蓄利用在内的绿色非常规水资源利用战略具有非常重要的现实意义。

第二节 雨水集蓄利用技术发展背景

随着全球范围内干旱情势的不断加剧和水资源的日益紧缺，雨水已成为缺水国家和地区解决用水危机的新途径，雨水集蓄利用因此而受到普遍重视。雨水集蓄利用技术发展历史悠久，据有关记载，这种技术的起源可以追溯到数千年前的古代玛雅文化时期。在人类漫长的发展历史中，由于没有现代化的工程设备和技术，不可能修筑大量的大型水利工程来进行水量调节，雨水集蓄利用一直是生活用水和农业发展的主要措施。目前，在世界6大洲都有收集利用雨水解决生活和生产用水的范例，包括发达国家日本、澳大利亚、加拿大、美国、德国和发展中国家泰国、印度、肯尼亚、坦桑尼亚、巴西、墨西哥等亚非拉国家都在推广应用这一技术。

传统的雨水利用在我国具有悠久的历史，在解决农村生活用水、发展旱作农业生产方

面发挥了十分重要的作用，有效支撑了干旱缺水山区经济社会发展。只是到了 20 世纪中叶，近代科技的发展使人们遗忘了这一曾经支撑了几千年古代灿烂文明的传统技术。然而，近 30 年来，随着人口的不断增加、水资源的日益短缺以及新建水利工程的难度越来越大，融入现代工程与材料技术的雨水集蓄利用技术才在世界范围内又迅速复兴并发展起来。

进入新时期以来，我国水利发展开始由传统的工程水利向资源水利、可持续发展水利转变并取得了良好效果，关注民生、发展民生水利成为今后较长时期内水利发展的主题。作为干旱缺水地区发展民生水利的重要补充，雨水集蓄利用工程得到重视，雨水集蓄利用技术受到了广泛关注和推崇，也因此对雨水集蓄利用工程在建设标准、发展规模、利用模式等方面提出了更高要求。尤其是自 20 世纪 80 年代中后期以来，现代建筑材料、施工与管理技术，包括集流技术、蓄水技术、取用水技术（包括灌溉技术）在内的新兴技术赋予了雨水集蓄利用新的内涵。面对全球干旱越演越烈、水资源短缺形势愈加严峻的背景，雨水集蓄利用技术的兴起与相应工程的大规模发展，在解决干旱、半干旱山区农村生活用水、缓解人畜饮水困难，发展农业补充灌溉、促进农业丰产稳产，实施环境建设、恢复生态植被等方面取得了十分显著的效果。同时，为全面贯彻落实党中央提出的全面建设小康社会和社会主义新农村的新要求，加大资源节约型、环境友好型社会建设力度，在我国北方干旱地区，面对水资源数量严重不足，供需水矛盾不断加剧的现实，以开辟水资源利用途径、提高水资源利用效率为核心的雨水集蓄利用必将在今后获得更大的发展空间。可以预见，在我国西北、华北一些干旱、半干旱地区，雨水集蓄利用仍将是今后较长时期内解决农村生活用水不可或缺的重要方式。

纵观我国雨水集蓄利用技术的发展历史，由于受发展时间、支撑技术、认知水平、经济条件等各方面因素的制约，目前普遍存在工程建设标准低、供水标准低、供水保证率低、水质状况差等问题。很显然，现有雨水集蓄利用技术支撑条件下的雨水集蓄利用工程系统构成、工程结构以及蓄水、净水、供水设施与设备，无论在水量还是水质上都远远不能满足社会主义新农村建设与实现农村安全供水的要求。加之我国雨水资源分布十分不均衡，北方干旱少雨，而且大部分降水多以暴雨形式产生，南方多雨，经常造成洪涝灾害。在缺水地区中，生活饮用水供给得不到保障，常常发生水荒，西北和华北地区广大群众历史上就有打窖蓄存雨水的传统，南方山区也有修建山塘解决缺水困难的实践。但限于过去经济水平和技术条件，传统的雨水利用技术较为简单，完全依赖于天然集流面集水，既没有高效收集雨水的集流场，也没有高标准防渗水窖，只能沿用传统的红黏土防渗水窖，雨水收集利用效率较低，远远不能满足生活生产之需。如何从技术层面实现突破，从而提高雨水的收集、储存和利用效率，有效解决干旱山区人畜饮水问题，改善农业生产条件，便成为我们的神圣使命。

我国西北黄土高原丘陵沟壑区、华北干旱缺水山丘区、西南干旱山区，主要涉及 13 个省（自治区、直辖市），742 个县（市、区），面积约 200 万 km^2，人口约 2.6 亿人。水资源贫乏，区域性、季节性干旱缺水问题严重，大型骨干水利工程建设难度大是这些地区的共同特征。北方黄土高原丘陵沟壑区与干旱缺水山区多年平均年降水量仅为 250～600mm，且 60%以上集中在 7—9 月。根据试验资料，该地区主要作物在 4—6 月的需水量占全生育期需水量的40%～60%，而同期降水量却只有全年降水量的25%～30%。由于特殊的气候、地质和土壤条件，区域内地表和地下水资源都十分缺乏，人均水资源量只有200～500m^3，是全国人均水资源量最低的地区。“三年两头旱，十种九不收”是当地干旱缺水状况的真实写照。西南干旱山区尽管年降水达800～1200mm，但85%的降水集中在夏、秋两季，季节性干旱缺水问题仍然十分突出。而且该区域大部分属喀斯特地貌，土层瘠薄，保水性能极差，降水大多白白流走；许多地方河谷深切、地下水埋藏深，水资源开发利用难度大；加之耕地破碎，人口居住分散，大多不具备修建骨干水利工程的条件，干旱缺水成为当地农业和区域经济发展的主要制约因素。

由于干旱缺水，上述地区3.9亿亩耕地中，70%是“望天田”，粮食平均亩产小麦只有100kg左右，玉米只有150kg左右。遇到大旱年份，农作物还要大幅度减产甚至绝收，农业生产水平低下，种植结构与产业结构单一，农村经济发展十分落后。区域内有国家级贫困县353个，约占县（市、区）总数的一半，贫困人口2350万人，有3420万人饮水困难，是全国有名的“老、少、边、穷”地区和扶贫攻坚的重点地区。为了生存，当地群众普遍沿用广种薄收的传统耕作方式，陡坡开荒，盲目扩大种植面积，陷入了“越穷越垦，越垦越穷”的恶性循环，区域内25°以上的坡耕地面积有4650多万亩，有50%以上的面积属水土流失面积，生态环境恶劣。要从根本上改变该区域的贫困落后面貌，关键是要解决好水的问题。实践证明，大力发展小型、微型雨水集蓄利用工程，集蓄天然降水，发展节水灌溉是这些地区农业和区域经济发展的唯一出路，而且这项措施投资少，见效快，便于管理，符合该地区农村经济发展要求，应该大力推广，全面普及。

第三节　雨水集蓄利用技术发展现状

一、国外雨水集蓄利用发展现状

雨水集蓄利用技术是一项古老而简易的实用技术，属降雨初期阶段就地利用降水的技术措施。雨水资源开发利用具有悠久的历史，尤其是在集蓄雨水发展农业灌溉方面。世界上不同国家的雨水利用大致都走过了大规模使用—冷落—再度兴起的过程。据墨西哥的一份报告指出，雨水利用可追溯到公元前6000多年的阿滋泰克（Aztec）和玛雅文化时期，那时人们已把雨水用于农业生产和生活所需。在墨西哥、秘鲁和南美的安第斯山脉上，建有大片梯田和数百公里精巧的渠道输送雨水，供应印加人的太阳帝国和现已消失的马丘比城，使数十万人在此生活。

早在4000年之前的中东、南阿拉伯以及北非就出现了用于灌溉、生活、公共卫生等的雨水收集系统。古代中东的纳巴特人（Nabateans）在涅杰夫沙漠，把从岗丘汇集的径流由渠道分配到各个田块，或把径流储存到窖里，以供农作物利用，获得了较好的收成。以色列利用雨水种出庄稼并建立了一系列城市，成就了灿烂一时的沙漠文明。在威尼斯，屋顶雨水收集和蓄存是直到16世纪为止1300年间的主要水源。为了发展农业，印度和斯里兰卡早在公元前就修建了一系列小型阶梯式池塘在丰雨季节蓄水，供缺水季节使用。在

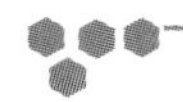

哥伦比亚、厄瓜多尔、苏里南沿海和秘鲁南部高原，3000多年前的村居就成功地利用不同地形，修筑台地种植玉米，在沟底种植水稻。

公元前2000多年，中东地区典型的中产阶级家庭都有雨水收集系统用于生活和灌溉。他们在同干旱气候长期的斗争中，积累了收集利用雨水的丰富经验。阿拉伯人汇集雨水以保障农业，这里曾以“罗马帝国的粮仓”而著称，他们种植了无花果、橄榄树、葡萄、大麦等。在利比亚的干燥河谷内，人们用堤坝、涵管把高原上的水引至谷底使用。埃及人用集流槽收集雨水作为生活之用。阿拉伯闪米特部族巴泰人在内盖夫（Negev）沙漠（地处地中海和里海间，终年为副热带高压所控制，它占到整个以色列国家面积的60%，雨水是唯一的水源，年降雨量仅100mm）中，创造了径流收集系统，利用这样少量的雨水种出了庄稼，这种纳巴泰技术直到现在仍在应用。在阿富汗、伊朗、巴基斯坦以及我国的新疆，2000多年前就建造了坎儿井用于灌溉。在墨西哥、秘鲁和安第斯山山坡上，1000多年前就建造起来能灌能排的雨养梯田。几百年前，印第安人就收集雨水种植玉米、南瓜和甜瓜。

综上所述，无论是降水稀少的以色列内盖夫沙漠地带，还是年降水量在4000mm以上的西太平洋诸岛，几千年来，那里的人民正是依靠雨水资源的收集和利用顽强地生存下来的。但在人类漫长的发展历史中，由于没有现代化的工程设备和技术，不可能修筑大型水利工程来进行水量的拦蓄调节，因此，此阶段的雨水仅限于自然条件下的简单利用。

随着人口、耕地的增加和水资源过度开发，较少污染的雨水又日益被人重视。20世纪中期，以色列制订了“沙漠花园”计划，实施多种形式的雨水集蓄工程，在沙漠上种出了庄稼，产生了巨大的经济效益。60年代，日本开始收集利用路面雨水，70年代修筑集流面收集雨水。80年代雨水集流系统得到迅速发展，主要是提供农村生活、牲畜用水，灌溉庭院作物和部分农田以及有些地区补充城市用水。雨水集蓄利用在一些发展中国家也得到利用，范围也从生活用水向城市用水和农业用水发展，如东南亚的尼泊尔、菲律宾、印度和泰国，非洲的肯尼亚、博茨瓦纳、纳米比亚、坦桑尼亚和马里等国；在工业发达国家，如日本、澳大利亚、美国、新加坡、法国、瑞典等国都在开发利用雨水。各国根据自身的社会、经济和科技发展情况，因地制宜地发展集雨设备和蓄水设施。泰国的“泰缸”工程建造了超过1200万个$2m^3$的家庭集流水缸，解决了超过300万农村人口的吃水问题。而肯尼亚的单个蓄水容器的容积更大，一般每罐储水$10\sim100m^3$。澳大利亚在农村及城市郊区的房屋旁，普遍建造了用波纹钢板制作的圆形水仓，收集来自屋顶的雨水。据南澳大利亚的一项抽样调查问卷表明，使用雨水的居民比用城镇集中供水系统的要多。加勒比海地区的雨水也是许多地方居民生活用水的主要来源，百慕大群岛80%以上的居民用水来自雨水收集系统。在非洲肯尼亚的许多地方，联合国开发署和世界银行的农村供水和卫生项目把雨水存储罐作为项目的一个重要内容。伊朗建立了微集水、广泛集水、洪水收集3种集水类型及永久灌溉、补充灌溉和污水灌溉等类型的灌水方法。美国、日本作为雨水利用比较成功的国家，已经开始制定雨水收集系统标准和规划指南以及系统的优化设计等，而多数发展中国家包括中国在内的更多地方还处在以民间方式为主的初步利用阶段。

随着水资源日益紧缺和人们对可持续发展的思考，近30年来，雨水集蓄利用在世界很多国家和地区又迅速复兴和繁荣起来。目前，世界各地都不乏集蓄雨水发展农业灌溉的例证，特别是在干旱地区。例如，以色列人在南部年降水量200mm地区修建微型集流场造林，在内盖夫沙漠地区，修建石堤把坡地径流拦截到低处梯田或存放在山腰的水库中使用；美国西南部也有此类实践。由此说明，集雨灌溉在世界很多国家都曾经或正在被大面积推广应用。

随着社会经济的迅猛发展，人们对雨水集蓄利用的要求也不断提升，雨水集蓄利用开始向深层次、高效益、多元化、规模化、产业化以及高保障化方向拓展。特别是联合国1981—1990年“国际饮水及卫生十年”计划的实施，使得雨水集蓄利用得以在现代技术支撑下迅速发展和大量推广。1982年6月在美国夏威夷召开了第一届雨水集流利用国际会议，成立了国际雨水集流系统协会（International Rainwater Catchment Systems Association）。1995年6月在中国北京召开了第7届雨水集流系统协会，进一步推动了雨水的开发利用。之后，还多次召开雨水集蓄利用学术会议，促进了国际间的雨水集蓄利用技术交流与研究。目前，以色列在集雨农业灌溉方面成就显著，日本则开始了利用雨水回灌地下水技术的研究。

目前，雨水集蓄利用在国际上受到了越来越广泛的重视。雨水集蓄利用工程不仅已成为发展中国家解决干旱缺水的一项重要举措，而且在许多发达国家也得到了推广应用。总体来看，雨水集蓄利用工程主要用来解决生活用水问题，但也有不少干旱缺水国家也同时向发展补充灌溉、恢复生态植被等综合利用方向发展。而在发达国家，雨水主要用作城市用水的补充水源，用于冲洗、绿化、消防和事故备用水源。有些发达国家如德国等，规定必须对雨水进行处理后才允许入渗地下或汇入地表水体。他们对雨水水质处理作了深入的研究，从对城市雨水径流中的污染物分析、入渗过程中水与溶质运移模型到雨水处理工程、生物技术措施等都做了大量工作。但在农村雨水集蓄利用方面，中国不仅在利用规模上，而且在雨水集蓄利用的深度开发、集雨节灌技术和方法、雨水集蓄利用效益、雨水集蓄利用工程系统等方面都居世界先进行列，对国外影响很大。许多国家的官员，特别是非洲国家的官员包括一些元首都来甘肃等地参观访问，学习和借鉴我国雨水集蓄利用的做法。

“雨水利用”在国外通常称为“雨水管理”。许多国家和地区已经出台了相应的技术手册、规范和标准。由于全球范围的水资源紧缺和暴雨水灾频繁，近年来美国、加拿大、法国、印度、以色列、日本等40多个国家在城市开展了形式多样的雨水利用研究。尤其是随着城市化发展、水资源短缺、水环境污染等问题的不断出现与加剧，雨水集蓄利用在20世纪中叶引起了世界各国，尤其是严重缺水国家的重视。目前，德国、日本分别成为欧洲和亚洲广泛进行雨水集蓄利用的典型代表。

由于全球范围内水资源紧缺和暴雨洪水灾害频繁，近30年来，德国、日本、美国、丹麦、以色列、澳大利亚、加拿大、法国、墨西哥、印度等40多个国家开展了雨水集蓄利用研究与实践，并召开了10届国际雨水利用大会。世界上许多国家将雨水集蓄利用纳入到水资源管理范畴中，其中，德国、美国、日本等经济发达、城市化进程发展较早的国家，将城市雨水利用作为解决城市水源问题的战略措施，进行试验、推广、立法、实施。从国际应用上看，目前在世界六大洲都有收集雨水解决农业生产和生活用水的成功做法，包括发达国家日本、澳大利亚、美国、德国等和发展中国家泰国、印度、墨西哥等。总体

来看，全世界已建立了数以千万计的雨水集流系统，通过现代化科技手段及新材料的研制利用，在雨水资源化和利用方面取得了很好的成果。目前，德国、日本分别成为欧洲和亚洲广泛进行雨水利用的代表。

二、典型国家雨水集蓄利用现状

（一）德国

德国是世界上雨水收集、处理、利用技术最先进的国家之一，基本形成了一套比较完整、实用的理论和技术体系。早在20世纪80—90年代，德国就开始雨水利用研究，并把雨水的管理与利用列为水污染控制的三大课题之一，修建了大量雨水池用以截流、处理或利用雨水，利用天然地形地貌及人工设施来渗透滞纳雨水。德国许多地方利用公共雨水管道收集雨水，经过简单处理后，达到杂用水水质标准，便可用于街区公寓的厕所清洗和庭院浇洒。而对于机动车道上雨水径流，则需要处理达标后才能加以利用。德国居民小区雨水利用和家庭式的雨水利用技术也较成熟，并有了较广泛的利用。

目前，德国已形成了成熟和完整的雨水收集、处理、控制和雨水渗透等技术体系及配套的法规体系，而且已经走向了设备集成化道路，从屋面雨水的收集、储存、渗透、回用等环节都形成了一系列定型产品和组装式成套设备。例如赫伯特·德莱塞特尔在德国波茨坦地区进行了有关雨水收集利用的系统设计，用储存在地下蓄水池里的雨水满足包括广场洒水、绿地灌溉等用水系统的水量供给。

为提高城市排涝能力，近年来，德国开始推广新型雨水处理系统“洼地-渗渠系统”。该系统包括各个就地设置的洼地、渗渠等组成的设施，这些设施与带有孔洞的排水管道连接，形成一个分散的雨水处理系统。通过雨水在低洼草地中短期储存和在渗渠中的长期储存，保证尽可能多的雨水得以下渗。

另外，德国还制定了一系列有关雨水利用的法律法规。如目前德国新建小区之前，无论是工业、商业还是居民小区，均要设计雨水利用设施，若无雨水利用设施，政府将征收雨水排放设施费和雨水排放费。德国的地方法规定，新建住宅必须配备雨水利用设施。另外，德国对雨水实行就近分散的原则。小雨或中雨时，各个社区基本都可以自行消化区域径流。只有大雨和暴雨时，建筑物集水沿着排水管道排入地下蓄水池。蓄水池兼具渗透功能，并与公共排水系统相通。

（二）美国

美国的雨水利用主要是考虑雨水的截留、储存、回灌、补充地表和地下水源，常以提高天然入渗能力为目的。雨水管理在美国已有30年的历史，主要是针对雨水的收集、储存和净化过程。与传统的“排”水概念相反，美国在20世纪80年代初对所有新开发区强制实行“就地滞洪蓄水”。

1993年大水之后，美国新建地下隧道蓄水系统，让洪水迂回滞留于曾经被堤防保护的土地中，既利用了洪水的生态环境能力，同时也减轻了其他地区的防洪压力。改建或新开发区的雨水下泄量，即暴雨洪水洪峰流量不能超过开发前的水平。同时，为了保证雨水质量，排向市政管道的雨水必须经过一定时间（至少24h）的沉淀和过滤；对暴雨洪水的蓄水能力和过滤设施是工程报批必不可少的重要组成部分，滞洪设施的最低容量均能控制

5年一遇的暴雨径流。对一些硬质的市政设施采取软化的措施，如在停车场采用嵌草路面，提高雨水的下渗量；在停车场及道路沿线两侧设置地下蓄水层（池），以扩大地表层收集雨水的能力。美国的关岛、威尔金岛广泛利用雨水进行草地灌溉和冲洗。芝加哥市为解决长期以来的污水和暴雨突袭成灾问题，修建了长211km、深45～91m、直径2.7～10.8m的地下隧道蓄水工程，主要包括252座直径1.2～5.1m的截水竖井，645项接近地表的集水构筑物，4座泵站和5个蓄水量共为1.55亿m^3的蓄水设施。洛杉矶建有屋顶蓄水池，加州建有渗漏回灌系统，其他很多城市还建立了屋顶蓄水和由入渗池、井、草地、透水地面组成的地表回灌系统。

美国不但重视工程措施，而且还制定了相应的法律法规对雨水利用给予支持。如科罗拉多州、佛罗里达州和宾夕法尼亚州分别制定了《雨水利用条例》。这些条例规定所有新开发区必须实行强制的"就地滞洪蓄水"，新开发区的暴雨洪水洪峰流量不能超过开发前的水平。

（三）丹麦

丹麦属于北欧五国之一，是一个岛国。地势低平，平均海拔约30m。过去供水主要依靠地下水，这在世界上是极为罕见的。一方面这与丹麦特殊的地质及水文条件有关，另一方面是因为该国十分重视地下水资源的保护、净化和合理利用。但地下水开发利用量非常有限，一些地区的含水层已经被过度开采。为此，丹麦开始寻找可替代水源，以减少对地下水的消耗，雨水集蓄利用因此受到关注。例如，在一些城市地区开始从屋顶收集雨水，收集后的雨水经过预过滤设备进入储水池进行储存，用于冲洗厕所和清洗衣服。目前，丹麦每年从居民屋顶收集雨水645万m^3，占居民冲洗厕所和清洗衣服用水量的68%，相当于居民总用水量的22%，占市政总用水量的7%。

（四）日本

日本是一个水资源缺乏、人口密度大、用地紧张的国家。目前，日本政府除了采取开辟新水源和提高水的利用率外，还积极开展雨水集蓄利用研究。鉴于此，日本政府自20世纪60年代就开始着力推动因地制宜的小型地面蓄水设施和大型地下蓄水设施建设，于1963年开始兴建滞洪和储蓄雨水的蓄洪池，并用作喷洒路面、灌溉绿地等城市杂用水源。许多城市屋顶还建有利用雨水浇灌的"空中花园"，有些大型建筑物如相扑馆、大会场、机关大楼等，建有数千立方米容积的地下水池来存储雨水。

同时，为解决"因抽取地下水而引起地基下沉"等问题，于20世纪80年代初期推行"雨水渗透计划"，采取了"雨水的地下还原对策"，先后开发应用了透水性沥青混凝土铺装和透水性水泥混凝土铺装。计划用雨水来涵养地下水，复活泉水，改善区域生态环境条件。透水性铺装主要应用于公园广场、停车场、运动场及城市道路，雨水可以通过柏油马路渗入到地下，然后再经过收集系统处理后加以利用。同时，城市里大量的建筑物也都安装了雨水收集装置。据统计，透水性铺装使东京市区的雨水流出率由51.8%降低到5.4%。1992年颁布了《第二代城市排水总体规划》，正式将雨水渗沟、渗塘及透水地面作为城市总体规划的组成部分，要求新建和改建的大型公共建筑群必须设置雨水就地下渗设施。近年来，各种雨水入渗设施在日本得到迅速发展，包括渗井、渗沟、渗地等，这些设施占地面积小，可因地制宜地修建在楼前屋后。

此外，日本还制定了相关政策来推动全民对雨水集蓄利用设施的修建和安装。如东京的墨田区建立了一套完善的雨水利用补助制度，对于在区内设置利用雨水储存装置的单位和居民（不包括国家单位、地方机关和其他公共团体）实行补助。补助金分为3类，分别是地下大型储雨装置补助金、中型储雨装置补助金和小型储雨装置补助金。在各个种类的补助金下又根据储水装置设置方式、有效容量和材质的不同，划分了不同的补助金额标准。同时，墨田区政府还针对3种补助金，分别制定了申办手续，以保证该项制度得以合理且高效的实施。

（五）新加坡

新加坡地处赤道，属于热带雨林气候，雨水充沛，四季常青，以700km^{2}的陆地承载500万人口，但是它曾是世界上人均淡水资源占有量倒数第二的国家，其天然淡水资源远远不能满足生产、生活之需。许多年来，其日常生活用水几乎全部从马来西亚进口。另外，新加坡也曾饱受暴雨内涝之苦。新加坡的土地资源十分有限，人们对水的需求量不断上升，该国正在创新水资源的获取方法。新加坡人口大约有86%居住在高层建筑上，他们安装轻型屋顶作为集水区，把收集的雨水保存在屋顶上单独的水箱内，用于非饮用水。新加坡最近的一项研究主要是针对面积约7.42km^{2}的城镇住宅进行模型模拟试验，以确定屋顶水箱最佳的储水量，要考虑的因素包括非饮用水的需求量、15min时间间隔的实际降水量等。研究结果表明：该区域使用雨水收集系统能够节省4%的地下水使用量，对于保护地下水和防止地面下沉有很多好处。例如，新加坡樟宜机场的雨水收集利用系统，将飞机跑道及其周围绿地的降雨径流导入两个池塘中，其中一个池塘用于平衡同时发生的较大径流和潮汐入流，另一个池塘用于收集径流。池塘的蓄水主要用于非饮用水之目的。通过该系统收集和处理的水占总用水量的28%～33%，每年能节省约31万美元的消费开支。

受岛国地质条件限制，新加坡严禁开采地下水，以防地面沉降，因而获取水资源的主要途径除地表水资源外就是收集雨水。经过多年的实践，新加坡政府成功地采取了适合岛国特色的集水区计划，在规划建设、环境保护和综合利用等方面，都进行了有益的探索和尝试，积累了一整套行之有效的经验和办法。

通过科学高效的回收、利用、管理，以及完善的政策法规配套支持，新加坡已基本上解决了全岛的缺水问题。目前，新加坡政府开源与节流双措并举，提出开发四大“国家水喉”计划，即天然降水、进口水、再生水和海水淡化，正在向着实现水资源自给的目标努力，而其中适合岛国特色的隶属于天然降水的集水区计划无疑扮演着举足轻重的关键角色。

（六）澳大利亚

澳大利亚是一个水资源相对贫乏的国家，多年平均年降水量只有470mm，水资源短缺迫使澳大利亚人充分利用好每一滴水。澳大利亚各地开展了以节水为核心的城市雨水利用设计，主要是通过收集雨水并加以利用，减少地下水开采量，同时大量补充地下水。澳大利亚城市雨水利用设计被广泛应用于很多方面，比如在新开发居民点附近的停车场、人行道铺装透水砖，并在地下修建地下蓄水管网。雨水收集后，先被集中到第一级人工池里过滤、沉淀；然后，在第二级水池中进行化学处理，除去一些污染物；最后在第三个布设

图 1-1 澳大利亚雨水利用典型示意图

有类似芦苇的植物并养鱼的池塘里进行生物处理，也就是让池塘中的动植物吃掉一些有机物。经过这三道工序后，雨水就被送到工厂作为工业用水直接利用。澳大利亚雨水利用典型示意图如图 1-1 所示。

政策先行保障了雨水利用和收集在澳大利亚的普及，政府对雨水的回收利用非常重视，并对修建储水箱的居民每年给予 200 澳元的补助。因此，几乎每家每户都安装了雨水收集容器，他们使用水箱收集雨水来满足冲洗厕所、家用热水和户外浇水、洗车等用水需求，能明显节约用水，缓解水资源紧张状况，减小供水压力。同时，雨水收集在源头上降低了洪水发生的可能，体现了一种暴雨源头控制的理念。

（七）泰国

泰国在 20 世纪 80 年代，建造了 1200 万个 $2m^3$ 的家庭集雨水缸，解决了超过 300 万农村人口的饮水问题。事实证明，通过泰缸储存来自屋顶的雨水是一种恰当且廉价的获得高质量饮用水的方法。泰缸最常见的规格是 2000L，约花费 750 泰铢。通过“泰缸工程”的实施，收集的雨水足以满足一个 6 口之家在旱季长达 6 个月的生活用水。泰国典型雨水利用装置如图 1-2 所示。

图 1-2 泰国典型雨水利用装置

由泰国的人口与地区发展协会（PCDA）主导成功实施的泰缸项目，进一步刺激了泰国政府在全国范围内推广雨水集蓄利用技术的积极性，显著促进了雨水集蓄利用在泰国的推广应用。

（八）孟加拉国

在孟加拉国，雨水集蓄利用在砷污染区被当作一种可行的安全饮用水备选方案。从 1997 年开始，有关非政府组织，在全国农村地区安置了大约 1000 个雨水集蓄系统。孟加拉国雨水集蓄罐有钢丝网水泥罐、砖罐、碾压混凝土和地下水罐等，容量从 500～3200L 不等，成本从 3000～8000 塔卡（50～150 美元）不等。收集的雨水主要用于生活饮用，一些非政府组织在城市地区倡导了一些雨水集蓄利用行动，并将雨水集蓄利用作为解决家庭各种生活用水的备选方案。

综上所述，无论是国外发达国家还是发展中国家，都把雨水集蓄利用作为社会经济用水的有益补充。自从 1982 年 6 月在夏威夷召开了第一届雨水集流利用国际会议之后，每两年一次的国际会议如期召开，截至目前，已经成功举行了 17 届。其中还有不少国家和地区的区域性会议，这些雨水集蓄利用会议的召开，进一步推动了雨水资源化及开发利用的进程，加速了各国对雨水集蓄利用技术的研究与应用。

三、国内雨水集蓄利用发展现状

雨水利用是一项十分古老的技术，在中国也有着悠久的历史。中国人民在长期的抗旱实践中，积累了丰富的利用雨水经验，创造了水窖、水窑、水池等小型和微型蓄水工程，用于解决生活用水、农业灌溉用水以及恢复生态用水等。雨水利用在中国大致经历了古代、近代、现代和当代四个阶段。

（一）第一阶段——古代雨水利用

第一阶段——古代雨水利用可上溯到1840年鸦片战争以前。我国周朝时期（约公元前11世纪—公元前256年）已开始利用中耕（即作物生育期中在株行间进行的表土耕作）等技术增加农业生产中对雨水的利用率。据考证，在2700年前的春秋时期，黄土高原地区已有引洪漫地和塘坝技术。2600年前，安徽省寿县就修建了大型平原水库——芍陂，拦蓄雨水，用于农田灌溉。1982年文物普查时，在碗窑村北后山南坡1000m^{2}范围内发现有十多条古代龙窑遗址，均为依山傍水，利用山势坡度而建。以窑低端为窑头，倾斜度在11°～25°之间，窑身长短不一，最长不超过50m，宽度在1.5～2.5m之间，达到了充分利用雨水的目的。明代时出现了水窑，秦汉时期就有修建涝池、塘坝拦蓄雨水进行利用的历史记载。在长期的抗旱实践中，干旱地区广大群众积累了丰富的雨水利用经验，创造了许多雨水利用技术，如土窖、大井口、坎儿井和蓄水塘等小型和微型蓄水工程，用于储存雨水解决生活用水问题，还改进了修筑梯田、沟筑土坝、粮草轮作等就地集蓄雨水措施，发挥了很好的抗旱作用。仅修筑水窖的历史也有数百年，但由于社会历史的原因，这些措施并未得到迅速发展，农业生产长期未能摆脱“靠天吃饭”的不利局面。

（二）第二阶段——近代雨水利用

第二阶段——近代雨水利用自1840年鸦片战争至1919年中国“五四”运动。即19世纪末，随着现代技术的兴起，以控制洪涝灾害、利用河川径流和开采地下水为目标的水利工程建设，使得雨水利用一定程度上被忽视，只有在探察团城的雨水利用之谜时，才有所报道。北京北海公园团城是古代雨水利用工程中较好的实例。团城是清朝乾隆年间永定河整治时兴建的行宫，也是我国著名的古代园林文化遗址，800多年前它只是湖中的一个土岛，面积仅约4500m^2，高出地表4.6m，而且没有水源，却从不干旱，拥有众多郁郁葱葱的古树。究其主要原因则是古代的设计师将地面用倒梯形青砖处理，砖与砖之间形成一个三角形的缝隙，很容易将雨水引入地下，且不易在砖的表面形成径流，同时该缝隙可起到土壤表层通气和蒸发的作用，并为古树营造了适宜的生长环境。这一技术历史悠久，思路精巧，是人类利用雨水的杰作。水窖历史可追溯至数百年前，在甘肃会宁有一口清朝末年修筑的水窖至今仍在使用。对于建筑屋檐排水也有迹可寻，福建省磻溪古镇保留了一座始建于清朝光绪年间的古建筑，该建筑的大门上方设计了一对三脚蟾蜍的排水口，下雨时由屋檐上层收集的雨水经陶瓷制作的凹形沟汇入蟾蜍身后的汇水口，然后从三脚蟾蜍的口中“吐”出，形成了雨水排水设施。与此相类似的设计还有北京故宫众多宫殿所保留的完整的龙头阶梯式排水口，下雨时，上层台阶上汇集的雨水由次级台阶的龙头口中流出，汇入下一级台阶龙头，由上至下，多级龙头所呈现出的雨水排水景观气势恢宏。

（三）第三阶段——现代雨水利用

第三阶段——现代雨水利用自1919年五四运动至1949年中华人民共和国成立。由于中国社会处于严重动乱状况，在此期间，鲜有雨水利用报道和相关文章的描述。该阶段，在继承传统雨水利用技术的基础上，由民众自发形成的无政府行为的雨水利用虽有所发展和小规模利用。但总体来看，该阶段雨水利用基本处于停滞阶段，在利用技术、利用规模等方面均无起色。

（四）第四阶段——当代雨水利用

第四阶段——当代雨水利用自1949年中华人民共和国成立至今。我国从20世纪50年代才开始利用窖水点浇玉米、蔬菜等，突破了原来只用窖水作为生活饮用水的传统。但自此以后，开始重视大型水利工程，并修建了不少水库和灌区，解决了大面积农田的灌溉问题，从而忽视了雨水利用；20世纪60年代，科学家在黄土高原进行水土保持研究时就曾涉及鱼鳞坑和水平沟雨水集流技术；70年代在吕梁山还采用集雨梯田发展雨养农业，但真正意义上关于雨水集蓄利用的系统研究相对较晚。自80年代以来，由于人口、资源、环境问题，尤其是面对地表水匮乏、地下水位下降、水质污染等水资源危机，水资源日趋短缺和水供需矛盾加剧，雨水集蓄利用技术又越来越受到广大专家学者的再次关注，雨水集蓄利用系统才得到迅猛发展，雨水集蓄利用范围也从农业和生活用水向城市用水方向发展，自此，真正意义上的雨水集蓄利用研究与应用方兴未艾。

而雨水集蓄利用真正发展于20世纪90年代，在这段时期，由于中国北方干旱形势严重，水资源日益紧缺，加之在国际雨水集流事业的推动下，国家重视了雨水集蓄利用和水资源持续发展方面的研究。在西北、华北、西南有关省（自治区）缺水山区以及沿海岛屿兴建的雨水集蓄利用工程，应用现代技术对传统蓄水方式进行了改造，发挥了很好的作用，并把雨水集蓄工程的应用范围从单纯解决饮水问题扩大到了农业灌溉上，大大提高了雨水利用效率。与此同时，我国各地迅速推广利用该项技术，尤其是我国北方一些省（自治区）雨水集蓄利用技术发展很快，甘肃省在干旱、半干旱地区实施了“121雨水集流工程”（每户建100m^2左右的雨水集流场，打2眼水窖，发展1亩庭院经济），宁南山区实施“窖水农业”，内蒙古自治区实施了“112”集雨节水灌溉工程（1户建1眼旱井或水窖，采用坐水种和滴灌技术，发展2亩抗旱保收田），陕西实施了“甘露工程”以及广西的“水柜”工程等，山西、四川、贵州、云南、河北、河南等省（自治区）也都先后实施了雨水集蓄利用工程，产生了明显的经济效益、社会效益和生态效益，展现了雨水集蓄利用的强大生命力。经过近10年的研究，在90年代中后期取得了重大进展，陆续有一批研究成果应用于生产实践。

1995年6月在中国北京召开的第七届国际雨水利用大会，进一步推动了雨水的开发利用进程。1996年9月在甘肃兰州举行的全国雨水利用学术会议暨东亚地区国际研讨会和1998年10月在徐州举行的雨水利用国际学术研讨会暨第二届全国雨水利用学术研讨会，使雨水利用研究进入快车道。通过这些活动，交流了国际和国内雨水利用方面的研究成果和实践经验，促进了雨水利用研究水平的提高。目前，国内关于雨水集蓄利用的研究已经从单纯地解决干旱、半干旱区人畜饮水、发展农业补充灌溉方面，转移到利用城市雨洪回补地下水、灌溉生态植被、营造良好水文化氛围等综合利用方面。特别是进入21世

纪后，世界各国和我国许多地区都已开始大规模实施雨水集蓄利用工程，给这一工程技术赋予了新的内容，标志着人类在开发利用雨水资源方面进入了一个崭新阶段。中西部地区农民群众通过兴建水窖、水池和小塘坝等小微型水利工程，不仅有效解决了生活用水，还配合各种节水措施，积极用于粮食、蔬菜、瓜果和牧草等抗旱补充灌溉，发展农业生产，取得了很好的经济、社会和生态效益。同时，在我国东部海岛和沿海地区，也充分利用雨水资源来解决区域性的水资源短缺问题。

截至2006年，全国有25个省（自治区）的700个县应用这项技术，共建设或改造利用各类集流面304亿m^2，建成各种类型蓄水设施1032万个，年收集利用雨水45亿m^3，解决了2194万人的生活用水，6530万头（只）大小牲畜的饮用水困难，为234万hm^2土地提供了补充灌溉水源，显著改善了缺水山区农村生活用水和农业生产条件。在34.4万hm^2林草地上采取了富集雨水措施，提高了苗木成活率，对重建生态系统、改善环境条件起到了积极作用。甘肃省已累计建成各种水窖288万眼，解决了140万人、120万头（只）牲畜的饮水问题，并发展集雨灌溉面积36万hm^2。

同时，1997年甘肃省颁布了地方技术标准《甘肃省雨水集蓄利用工程技术标准》（DB 62/T 495—1997），2001年水利部颁布了行业技术规范《雨水集蓄利用工程技术规范》（GB/T 50596—2010）和2006年我国颁布的《建筑与小区雨水利用工程技术规范》（GB 50400—2006），分别掀开了我国农村、城市雨水集蓄利用的开端，为雨水集蓄利用工程的推广提供了技术支撑。尽管如此，截至目前，我国城市雨水收集利用系统还处于初期阶段，雨水大多被当作废水通过排水系统流入了周边河流或渗入地下。但以北京为代表的一些北方城市走在了全国雨水利用的前列，国家体育馆在设计时充分考虑了雨水利用的功能，为今后修建可利用雨水型建筑物提供了重要参考和借鉴。

从技术的支撑角度来看，甘肃省相继开展了“干旱半干旱地区雨水集蓄利用技术研究”“天然降水富集灌溉类型区农业高效用水模式与产业化示范”“旱地集水农业高效用水调控技术研究”“雨水安全集蓄利用技术及装置开发”等课题研究，形成了《集雨农业理论与实践》《半干山区天然降水高效富集利用技术集成与创新研究》《农村集雨工程简明读本》《雨水集蓄利用技术与实践》等一批研究成果。雨水集蓄利用技术经过多年的研究和应用示范，已经形成了一套较为成熟、完善的技术体系，编著出版了《雨水集蓄工程技术》成果专著，并对水利部颁布的《雨水集蓄利用工程技术规范》（SL 267—2001）按照国家标准要求进行了修订，提出了国家标准《雨水集蓄利用工程技术规范》(GB/T 50596—2010)。

综上所述，雨水集蓄利用工程在辽阔的中国大地上产生了明显的经济效益、社会效益和生态效益，并在全面建设小康社会和社会主义新农村中发挥了重要作用。实践证明，雨水集蓄利用不仅是干旱缺水地区非常重要的水资源保障供给模式，而且是一项实现经济社会可持续发展的战略性措施。可以毫不夸张地说，目前我国的农村雨水集蓄利用不论在规模上还是开发深度上，都居于世界先进水平，在理论探讨、技术研发、示范应用等方面长期引领着该项技术在国际上的发展方向。

四、典型地区——甘肃省雨水集蓄利用发展现状

甘肃省是一个水资源严重短缺的省份，多年平均年降水量只有280.6mm，全省人均

水资源量仅为我国平均水平的一半，而耕地平均水资源量仅为我国平均水平的 1/3 左右，水资源短缺成为制约甘肃省社会经济发展的重要限制因素。因此，解决水资源短缺问题成为摆在甘肃省各级政府和广大人民群众面前最为迫切的问题。雨水成了甘肃省干旱山区分散农户唯一可供利用的水资源，实施雨水集蓄利用是解决这些地区人畜饮水乃至发展农业生产的根本性出路。同时，甘肃省也是我国开展雨水集蓄利用最早的省级行政区之一，特殊的水资源条件和严酷的自然环境，决定了雨水资源的开发利用在甘肃农业发展和生态环境建设与保护中占有十分重要的地位和发挥着不可替代的作用。雨水利用在甘肃中东部地区已有几百年利用和发展的历史，但传统的雨水利用技术较为简单，完全依赖于天然径流集水，利用传统的红黏土防渗水窖储水，其建设目的主要是解决干旱山区农村生活用水问题。总结甘肃省雨水集蓄利用的发展实践，大致分为技术形成时期、示范应用时期、推广利用时期、完善发展时期和拓展提升时期等五个阶段。

（一）第一阶段——技术形成时期

该阶段主要为 20 世纪 80 年代后期，即试验研究阶段，主要是对雨水集蓄利用相关技术进行试验研究，论证雨水集蓄利用工程的可行性和可持续性，提出了雨水集蓄利用理论与方法，初步建立了雨水集蓄利用适用技术理论体系。通过《甘肃省干旱半干旱地区雨水集蓄利用试验研究》《集水农业理论与实践》《半干旱丘陵山区集雨节水灌溉工程试验》等一批科研成果，从根本上突破了干旱缺水地区无法解决干旱缺水问题的传统观念，找到了一条现实可靠的兴水治旱的新路子，为雨水集蓄利用工作的开展奠定了理论和技术基础。

首先，在甘肃省水利厅的组织下，1988 年由甘肃省水利科学研究院主持开展了“甘肃省干旱半干旱地区雨水集蓄利用试验”项目，率先在我国开展了雨水集蓄利用技术研究，研究目标主要是解决农村饮水问题，同时兼顾庭院经济发展。该项研究较为成功地解决了缺水地区的农村饮水问题，同时还对利用雨水发展农业的可行性做了一些初步分析和探讨。1989 年起，率先在通渭县李店乡崔家河村高氟病区的 39 个农户中进行小规模庭院雨水集流典型示范，每户修建混凝土集流场 113m^2，一眼容积为 20～35m^3 混凝土现浇蓄水窖。当地多年平均年降水量 450mm，秋末每户集蓄雨水 15～20m^3，而未修建集流工程的农户水窖只蓄了 3～5m^3 的雨水。示范解决了 39 户 239 人、60 头大牲畜、309 头（只）小牲畜的饮水困难，初步证明庭院雨水集流工程集雨效果良好，不仅可以解决旱区群众的饮水困难，还可以解决高氟病区群众的饮水问题。

在此基础上，“九五”国家科技攻关项目“节水农业技术研究与示范”专门设立了“人工汇集雨水利用技术研究”专题，将其研究范畴定位在利用雨水发展干旱、半干旱地区农业上，即通过雨水的汇集、存储和高效利用，促进当地农业生产。同时，“干旱半干旱地区集雨农业生产模式试验”，提出了大田作物在不同的保温、保墒条件下，采用滴灌、管灌、点浇等不同节水灌溉方法和经济合理的补灌水量、补灌时间以及日光温室蔬菜滴灌、喷洒条件下的灌溉制度与效益，提出了日光温室蔬菜合理的补灌水量、灌水次数、灌水历时等技术指标。自此，雨水集蓄利用开始向深层次开发、多元化利用方向发展。在利用小型微灌发展庭院经济、实施旱作农业补充灌溉等方面进行了有效尝试，亦取得了一定成效。

（二）第二阶段——示范应用时期

该阶段为20世纪90年代前期，主要开展雨水集蓄利用技术的试点示范工作。在试验研究取得初步成果的基础上，为了验证技术应用的实践效果，结合研究工作开展，在小范围典型示范的基础上，1990年，又在通渭、榆中、安定等县（区）进行小范围应用示范，示范推广庭院雨水集流工程各100户，1991年扩大到11个干旱县1700户，1992年又扩大到1万户。1993年，在定西、天水、平凉等10个市进一步开展大范围试点示范工作，使雨水集蓄利用从零星试点示范变成规模发展，从单项技术发展为农业综合集成技术，从传统集雨利用模式走向高效综合利用，从理论探讨、技术攻关走向技术集成与技术体系形成阶段，找出了一条干旱山区农业和社会经济发展的新路子，雨水集蓄利用全面展开。自此，雨水集蓄利用成了旱作农业区解决人畜饮用水困难，发展庭院经济，进行农作物补充灌溉，促进农业稳产增收的有效措施。截至1994年年底，全省累计推广庭院雨水集流工程2.786万户，修建混凝土、瓦类集流面239万m^2，混凝土和水泥砂浆抹面蓄水窖2.2万眼，年户均蓄水$23m^3$，全省庭院雨水集流工程年均蓄水64万m^3，解决了旱区14.16万人、4.37万头大牲畜和13.93万头（只）小牲畜的饮水困难。

（三）第三阶段——推广利用时期

该阶段主要为20世纪90年代中后期，重点是开展雨水集蓄利用技术的推广利用工作，包括“121”雨水集流工程和集雨节灌工程。在经历了1995年的特大干旱以后，雨水集流工程的作用进一步凸显，使广大群众对雨水集蓄利用的认识更加深入，加之政府的扶持，极具规模的雨水集蓄利用工程开始实施，“人均一窖，人均半亩基本农田”“一园一窖”已成为干旱区群众普遍的奋斗目标。同时，前期的雨水集蓄利用试点示范工作带动了定西、天水、平凉等10个市雨水集蓄利用工作的迅速开展。另外，这一时期中国科学院兰州沙漠研究所在利用雨水集流技术，改善干旱地区生态环境和沙漠化治理方面也开展了部分工作。在甘肃省政府的大力倡导和科技人员的努力下，以雨水集蓄利用技术为依托，在甘肃中东部地区建立了初具规模的雨水集蓄利用工程技术模式——以现有屋顶、混凝土庭院、沥青路面、土质路面为主的集流面模式，以混凝土薄壳水窖和砂浆抹面水窖为主的蓄水模式，以解决人畜饮水、灌溉庭院经济为主的雨水利用模式。

1995年，通过甘肃省委、省政府联合发出号召，动员全社会、多渠道广泛集资，实施了甘肃省“121雨水集流工程”，取得了显著的经济效益和社会效益。在全省建成高标准集流面3716万m^2，蓄水窖52万眼，稳定解决了131万人、118万头牲畜的饮水困难问题，同时发展庭院经济12万亩❶。这一工程的实施是雨水集蓄利用技术在解决人畜饮水和发展庭院经济灌溉方面在甘肃省的全面应用和普及，拓展了水利建设的新领域，开辟了水资源利用的新途径，为同类地区进行雨水资源的持续开发和综合利用提供了十分成功的经验，对全球水资源的可持续利用和减缓世界用水危机具有指导意义。在成功实施“121雨水集流工程”，彻底解决干旱山区人畜饮水问题之后，1996年，甘肃省又组织实施了“集雨节灌工程”，至1999年年底累计建成集雨节灌水窖122.8万眼，发展节灌面积284万亩，集雨节灌已经成为促进当地农业生产发展的重要途径和有效措施。在此期间，出现

❶ 1亩≈$667m^2$。

了像秦安县刘坪、通渭县景木岔、安定区郭沟川等成功利用雨水发展农业灌溉的典型。

在甘肃雨水集蓄利用取得大量试验资料和应用成果之后，1999 年承担了“九五”国家重大科技产业示范工程项目“天然降水富集利用类型区农业高效用水与产业化示范”课题研究工作。该课题紧紧围绕提高有限降水利用率和利用效率，形成农业高效用水技术体系开展工作，其核心是对集雨工程技术、高效灌溉技术、农业与生物技术、节水农机具及防渗新材料、运行管理模式等进行技术集成、创新研究及示范应用。该项目通过对降水资源高效利用技术的集成、组装、配套和创新，形成了完整的半干旱山区天然降水灌溉类型区农业高效用水技术体系，初步形成并建立了新的农业水资源利用模式，为水资源短缺地区发展农业生产开创了一条新途径，成果适宜在我国北方同类地区推广应用。

在雨水集蓄利用建设与运行管理过程中，甘肃省积累了许多宝贵的经验与教训。为了确保雨水利用技术的开展，进一步规范、标准、科学地推广应用雨水集蓄利用技术，甘肃省水利厅制定了甘肃省地方标准《甘肃省雨水集蓄利用工程技术标准》（DB 62/T 495—1997)，规定了雨水集蓄利用工程的建设内容、适用范围、基本原则、设计、施工及管理运用要求，很好地指导了甘肃雨水集蓄利用工程的科学化、规范化、标准化规划设计、施工建设和运行管理过程。

（四）第四阶段——完善发展时期

该阶段主要为 21 世纪前 10 年，主要是雨水集蓄利用技术的完善发展时期。随着社会经济的发展、人口的不断增加和用水矛盾的日益突出，雨水集蓄利用的目的不再局限于传统的农村生活用水和农业生产。随着农业综合应用技术的不断发展，使得对有限降水资源的最大化收集、贮存和高效利用成为可能，雨水就地叠加利用技术、秋季覆膜保墒技术、塑料大棚雨水高效利用技术就是本阶段发展起来并被当地农民广泛采用的农业综合应用技术。

2001 年 7 月，中国水利学会雨水利用专业委员会成立大会暨雨水利用国际学术交流会在兰州隆重召开。2003 年 3 月，第三届世界水论坛在日本东京举行。在论坛展览会上，甘肃省水利科学研究院提出的“甘肃雨水利用行动”被选中为 150 个邀请赴日本参加展览的内容之一，获得该届水行动大赛特等奖，得到了国际社会的广泛认可。同年，商务部将“雨水集蓄利用技术”培训纳入国家对外技术援助计划，面向亚洲、非洲以及拉丁美洲发展中国家开展雨水集蓄利用技术培训工作。截至 2014 年，甘肃省已经向来自 70 多个发展中国家从事水资源开发利用和旱区农业开发的 800 名专业技术人员和管理工作者开展了技术培训。2006 年，甘肃省水利科学研究院有关专家，结合甘肃省长期开展雨水集蓄利用技术研究以及举办国际培训班的经验，编著出版了英文专著《Rainwater Harvesting》(《雨水集蓄利用》)，全面、系统地总结了中国雨水集蓄利用技术以及管理方面的经验，从而使这项富有创意的科研成果在已经取得社会效益、经济效益的同时，还进一步凸显了理论价值、学术价值以及在水资源保护利用领域独特的国际交流与合作价值。同年，国家科技支撑计划“雨水安全集蓄与利用技术装置及开发”项目由中国水利水电科学研究院与甘肃省水利科学研究院联合执行，其成果具有较高的理论水平和很强的实用价值，不仅对我国西北、华北等干旱、半干旱地区解决农村饮水具有重要指导作用，而且对雨水集蓄利用技术的进一步深入研究有着重大促进作用。该项目的部分研究成果列入了《水利部科技推

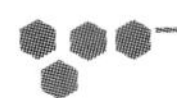

广“十二五”规划》，并在甘肃省干旱缺水地区进行了推广利用，取得了很好的效果。2008年，国家重大水专项“西北村镇集雨饮用水安全保障适用技术研究与示范”项目由中国水利水电科学研究院与甘肃省水利科学研究院联合执行，完成示范户184户，受益人口900人。示范区建成运行后，无论是土建工程，还是净水系统，运行良好，示范区各用水户水量、水质均达到了农村安全饮用水标准，示范效果良好，当地群众纷纷表达了进一步推广利用该项技术的心愿。

（五）第五阶段——拓展提升时期

2010年至今，为雨水集蓄利用技术拓展提升时期。截至目前，随着雨水利用技术的发展，甘肃省对雨水资源的利用达到了一个空前的规模，对解决人畜饮水、发展农业灌溉和进行生态植被建设都产生了重大影响和促进作用，雨水集蓄利用已经成为甘肃省中东部地区干旱、半干旱地区发展农业生产、促进农村经济增长的重要支撑点。但与此同时，在开展雨水集蓄利用的过程中也出现了一些如规划不科学、设计不合理的现象，存在着各种各样的问题和不足，一定程度上制约了雨水集蓄利用技术和工程建设的发展。为了进一步规范雨水集蓄利用的政府行为，科学地指导雨水集蓄利用工程的实施过程，有必要在调查评价甘肃省雨水资源现状和开发利用现状的基础上，提出包括城市雨洪利用在内，与区域水资源利用实践和雨水资源利用潜力相匹配的雨水集蓄利用工程规划、设计、建设与管理运行决策与评价体系，不仅使雨水集蓄利用技术的再次提升成为必然，也为雨水集蓄利用第五阶段发展提出了更高要求。

自2009年以来，甘肃省相继承担完成了水利部科技推广计划“单户雨水安全集蓄与利用模式推广应用”“西北村镇集雨饮用水安全保障技术推广应用”等项目，对解决干旱、半干旱山区农村生活用水、缓解人畜饮水困难发挥了十分重要的作用，完成了“全国雨水集蓄利用评估”，全面系统地评估了全国开展雨水集蓄利用以来的项目实施进展、取得的效果和存在问题，为进一步完善雨水集蓄利用计划管理、组织实施雨水集蓄利用工程提供了可靠依据和重要支撑；完成了水利部“948”计划“黄土高原城市雨水综合利用技术研究”项目，建立了集城市绿化与防洪、农业高效用水、水土保持、水产养殖、回灌地下水、旅游景观、消遣休憩为一体的多功能示范区，总结提出了一套极具特色的雨水综合利用技术体系。2010年，中国灌溉排水发展中心、甘肃省水利科学研究院会同有关单位编制完成了《雨水集蓄利用工程技术规范》（GB/T 50596—2010），规范编制过程中总结了水利行业标准《雨水集蓄利用工程技术规范》（SL 267—2001）实施7年来的经验，吸取了国内外最新科研成果，针对存在的问题以及生产中提出的新要求，重点开展了雨水集蓄利用工程农村供水定额、雨水集蓄系统规模确定和雨水水质管理等专题研究。同时，广泛征求了全国有关设计、科研、生产厂家、管理等部门及专家和技术人员意见，为行业标准化工作管理提供了依据。同年，为了及时总结我国新时期雨水集蓄利用经验和成果，满足全面建设社会主义新农村对安全饮用水的要求，推动我国集雨补充灌溉事业的发展，中国灌排发展中心、甘肃省水利科学研究院、北京市水利科学研究院、内蒙古自治区水利科学研究院、河北农业大学、贵州省水利科学研究院等单位的专家，联合编写出版了农田水利工程技术培训教材《雨水集蓄利用工程技术》，对我国雨水集蓄利用工程建设和管理提供了技术参考。2011年，甘肃省水利科学研究院结合科学技术部、联合国环境署非洲水行动计划“非洲典型国家水资源利用技术开发应用与示范研究”项目的执行，提出了《肯尼亚雨水集蓄利用规划》，针对非洲相关国家和区域实际编写了《水资源规划管理与雨水利用技术培训教材》《非洲（尼日利亚）雨水利用培训教材》，并在肯尼亚、阿尔及利亚、尼日利亚等国家建立了非洲雨水利用与农村安全饮水技术开发合作与应用示范区，促进了非洲国家水资源领域的能力建设，为深化中非在水资源开发利用领域的合作提供了重要支撑。

同时，为促进雨水集蓄利用的国际交流和示范推广，甘肃省水利科学研究院朱强、李元红和新西兰的约翰·高德（John Gould）等三位专家联合撰写了英文专著《Every Last Drop》（《珍惜每一滴水》）。该书以甘肃省为例，系统介绍了我国雨水集蓄利用的实施背景、发展规模、工程建造、技术创新等内容，描绘了旱区群众通过雨水集蓄利用摆脱生产生活困境、走上脱贫致富道路的生动画面，并针对我国雨水集蓄利用面临的主要问题和挑战提出了可行性建议和下一步研究方向。该书既是介绍雨水集蓄利用技术的工具书和参考书，也是宣传节约用水的科普知识读本，引起了国内外读者的广泛关注。该书的出版，不仅对我国雨水集蓄利用发展起到了积极的推广、促进作用，而且对深化水资源节约保护宣传教育也具有十分重要的参考价值和启迪意义。2014 年，为进一步促进雨水集蓄利用技术的国际合作交流与技术推广，科技部授予甘肃省水利科学研究院“雨水资源化与水资源高效利用示范型国际科技合作基地”，为继续围绕水资源高效利用、节水灌溉、雨水集蓄利用等领域在国内外开展合作研究与示范提供了十分重要的科技平台。

综上所述，甘肃省在雨水集蓄利用方面的探索和实践，使人们清楚地认识到雨水集蓄利用是缓解水资源不足的重要手段，是解决干旱、半干旱地区人畜饮水、发展旱作农业、恢复生态植被的有效途径，是帮助人民群众摆脱贫困、发展农村经济的基础保障。依托雨水集蓄利用技术形成、示范应用、推广利用、完善发展和拓展提升等五个阶段的发展，通过理论探索、体系完善，先后形成了雨水资源化技术、雨水集蓄利用技术、农业高效用水技术及雨水集蓄利用综合技术体系与利用模式，很好地指导了雨水集蓄利用的实践过程，为世界雨水集蓄利用技术发展奠定了坚实的基础。在某种意义上甚至可以说，甘肃当代雨水集蓄利用实践过程引领了中国雨水利用的发展方向，是中国雨水集蓄利用的奠基者、开拓者和引领者。

第四节 雨水集蓄利用技术发展趋势

目前，雨水集蓄利用在解决干旱地区人畜饮水困难、发展旱地农业补充灌溉中取得了非常显著的成绩，在促进生态植被恢复方面也取得了很好的效果，雨水集蓄利用已经成为干旱地区实现农业发展的重要增长点。根据科学发展观思想和以人为本发展理念，在构建和谐社会，实现经济、社会与环境协调、持续、稳定、健康发展的过程中，以水资源的可持续利用支撑经济社会的可持续发展，成为实现这一目标的关键和根本。今后，雨水集蓄利用将向深层次、高效益、多元化、规模化、产业化以及高保障化方向发展。面对干旱少雨、水资源严重短缺、供需水矛盾日益突出的现实，在实现雨水资源化以后，雨水作为水

资源的重要组成部分，在解决干旱缺水地区农村人畜饮水、实施雨水补充灌溉农业、进行大棚蔬菜种植、农业产业化等方面得到大量应用，与此同时，以雨洪利用为主的城市多元化雨水综合利用将取得实质性进展。

根据《全国雨水集蓄利用发展规划》，未来雨水集蓄利用的重点是开展雨水集蓄利用调控措施研究，探索雨水集蓄利用新途径，力求最大限度地利用雨水解决干旱地区人民群众的生活用水，同时有效利用雨水发展灌溉农业、实施设施农业生产、恢复生态植被；在地下水超采区开展利用雨水回灌补给地下水的可行性研究，为有效缓解地下水位下降提供有效途径；开展小城镇雨水综合利用研究，在有效利用雨水解决城市绿化用水、营造城市河湖景观等方面取得新的突破。

一、雨水集蓄利用技术理论与应用研究更加系统

（一）加大研究力度，彰显科技含量

雨水集蓄利用的迅速发展对水资源学科提出了一系列新的研究课题，其基础理论与应用技术将成为水资源学科新的研究方向。雨水集蓄利用包括径流汇集、水量储存、水质处理与高效利用等过程。20 世纪 90 年代以前，国内外研究主要集中在与径流导引、汇集和蓄存相关的工程技术和方法方面。但随着现代研究方法与研究手段的逐步提升，特别是计算机和系统科学的迅猛发展，研究工作逐渐深入到系统模型方面，如雨水汇集环节的径流模型、汇流模型，储存环节的蒸发-渗漏模型，利用环节的配置模型、优化调度模型等。因此，提高工程规划的合理性和调配决策的科学性，在雨水集蓄利用技术研究的同时，加强其基础理论与应用技术研究是未来国内外雨水集蓄利用研究的重点。

目前，雨水集蓄利用技术仍处于不断发展中，宏观层面缺乏系统的科学分析，微观层面缺乏具体的技术指导。随着现代化管理技术的应用，在雨水集蓄系统合理匹配、储水设施防渗材料选择、水质净化以及雨水集蓄利用系统理论、关键技术与技术体系完善等方面，仍需进行重点攻关，逐个突破。一方面随着系统科学、边沿学科的不断发展，在雨水集蓄利用综合技术与社会、经济和环境系统的耦合、协调一致性方面尚有众多课题，需要开展系统、全面的研究；另一方面，目前，有关雨水权属管理方面的研究少之又少，随着雨水资源化及其利用的不断深入，雨水资源的权属问题日益得到重视，开展相关研究的必要性和迫切性进一步彰显。

（二）提高理论研究，体现系统思想

目前，针对雨水集蓄利用单项技术的研究较为系统深入，而对综合技术体系及应用技术的集成与组装配套则重视不够，研究不多，未能形成适合不同区域的系列化、系统性的雨水集蓄利用工程以及与之相配套的节水灌溉、农业种植、作物栽培等集成技术。雨水集蓄利用是一项复杂的系统工程，涉及工程、材料、环境、信息、管理等诸多学科，要实现对雨水资源的高效利用，必须对包括汇集、储存、处理、利用、管理等环节在内的雨水汇集技术、水量储存技术、水质处理技术、节水灌溉技术以及与之相匹配的农业种植技术、作物栽培技术和过程管理技术等进行系统研究和综合集成，使之形成系列化、成套化、集成化的雨水集蓄利用基础理论、应用技术和综合技术体系，建立能够广泛适应不同时间和空间尺度、不同情景的雨水集蓄利用技术模式，是未来雨水集蓄利用理论研究与技术发展

的必然。

（三）实现“五水转化”，构建“五库”水循环理论

系统开展雨水集蓄利用与包括天然降水、土壤水、地表水、地下水与作物水等在内的“五水转化”关系理论以及雨水集蓄利用与固体水库、地表水库、地下水库、土壤水库、作物水库等“五库共建”关系理论研究。利用遥感（Remote Sensing，RS）、地理信息系统（Geographic Information System，GIS）、全球定位系统（Global Positioning System，GPS）等综合集成技术，建立基于田间土壤墒情监测、水资源优化配置、水资源高效利用、水资源合理调控的农田生态系统，探讨不同尺度下的雨水集蓄利用与能够确保广义水资源优化调控的整体规划和宏观战略。

（四）注重小流域生态环境建设，坚持可持续发展方向

在半干旱地区，随着人口和社会经济的发展，粮食生产与畜牧业生产争地矛盾更加尖锐。一方面，发展以降水资源高效利用为核心的雨水高效农业，可大幅度提高作物产出，为调整农业种植结构、减少作物种植面积，实施退耕还林还草、恢复生态环境创造了宽松条件；另一方面，随着社会、经济用水需求的不断增长，对生态环境用水的挤占日益突出。雨水集蓄利用技术的发展，实现了雨水的资源化利用，缓解了水资源供求矛盾，为实施生态环境建设提供了水资源条件。因此，可以预见，依托雨水集蓄利用技术，在加速区域水土保持、小流域生态环境治理的基础上，有效调控降雨径流过程及其再分配，实现雨水集蓄利用与生态环境建设的高度契合，是今后雨水集蓄利用研究的热点。

二、雨水集蓄利用向标准化、产业化方向发展

（一）雨水集蓄利用技术标准化成为必然

在注重雨水集蓄利用技术研究的同时，注重雨水集蓄利用工程的高标准、规范化示范园区建设，实现技术研究和示范园区建设的相结合、相统一与相互促进。目前，我国大部分省（自治区、直辖市）还没有建立相应的雨水集蓄利用地方标准，缺乏区域性的系统分析和科学指导依据，在一定层面上不利于雨水集蓄利用技术的发展。因此，在《雨水集蓄利用工程技术规范》（GB/T 50596—2010）的基础上，根据当地情况，通过创新研究、典型示范、推广应用和集成配套，因地制宜地总结提出既符合地方实际、又具有浓郁区域特色的雨水集蓄利用标准化技术体系，更好地指导雨水集蓄利用工程的发展不仅显得尤为重要，而且已经成为必然。

（二）雨水集蓄利用设施设备产业化迫在眉睫

当前，由于人口迅速增长以及社会经济快速发展，全社会对水资源的需求进一步加大，加之区域性的水资源开发利用与保障体系尚不够完善，尤其是作为非常规水资源的雨水集蓄利用技术起步较晚，其传统方法在水量保障和水质控制、设施与设备成本控制、运营维护与保障措施等方面都面临巨大的挑战。

目前，雨水利用在发达国家已逐步进入产业化阶段，尤其是在发达国家城市雨水利用首先实现了产业化。1989 年德国就出台了雨水利用设施标准（DIN1989），对住宅、商业和工业领域雨水利用设施的设计、施工和运行管理以及过滤、储存、控制与监测 4 个方面制定了标准，到 1992 年已出现了“第二代”雨水利用技术。又经过近 10 年的发展与完

善，到今天的“第三代”雨水利用技术，新的产业化标准也正在审批中。而雨水利用产业化在中国起步较晚，目前主要在缺水地区有一些小型、局部的非产业性应用。比较典型的有山东的长岛县、辽宁大连的獐子岛和浙江省舟山市葫芦岛等雨水集流利用工程。大中城市的雨水利用目前还基本处于探索与研究阶段，但已初步显现了良好的发展势头，北京、上海、大连、哈尔滨、西安等许多城市相继开展了相关研究。由于缺水形势严峻，北京的步伐较快，已进入示范与实践阶段，可望成为我国城市雨水利用的引领者和排头兵，随着水管理体制和水价的科学化、市场化，通过一批示范工程，争取用较短的时间带动整个领域的发展，实现城市雨水利用的标准化和产业化。而在其他一些城市，要想加快雨水利用步伐，仍有很长的路要走。

（三）雨水集蓄利用工程集约化势在必行

随着用水需求的不断扩大，尤其是雨水集蓄利用技术的快速发展，完善监管、加强同业合作、拓展融资渠道，推动雨水集蓄利用集约化发展是保障其健康、高效、可持续发展的必然。

集约化是相对粗放型而言的概念，主要包含三层意思：①资本和资源的集中使用；②资本和资源的高效使用；③资本和资源的节约使用。这三层意思组成了集约化的中心思想。雨水集蓄利用工程的集约化包含集雨技术的集约化、使用过程的集约化、应用效果的集约化以及为实现雨水集蓄利用工程的集约化利用，所采取的规划、设计、施工建设与运行管理等过程的集约化。由此可见，无论从技术发展、资源利用还是效益产出的角度来看，随着新型农业经营体系构建、循环经济建设、资源高效利用理念的深入人心，实现农村雨水集蓄利用的集约化发展是未来农村雨水集蓄利用的大势所趋和必然途径。

三、城市雨水利用向多元化、集成化综合利用方向发展

与水资源一样，雨水也是一种宝贵的基础性自然资源和战略性经济资源，是生态环境的重要控制性要素。对城市雨水进行集蓄利用和有效管理，是科学利用自然资源、调整城市与水关系、构建人水和谐社会的重要内容。是在充分考虑风险灾害的基础上，通过工程与非工程措施集蓄和利用降水，达到统筹规划、综合利用，趋利避害、协调发展的目的，以提高城市水资源利用率，继而实现城市雨水利用的多元化与集成化。

（一）向多目标和综合性技术方向发展

与农村雨水集蓄利用不同，城市雨水集蓄利用不是狭义的利用雨水资源和节约用水，它还包括减缓城区雨水洪涝灾害和地下水位下降、控制雨水径流污染、改善城市生态环境等广泛的意义。目前，城市雨水利用向着多目标、综合性技术方向发展，以分散住宅的雨水收集利用系统、建筑群或小区集中式雨水收集利用系统、分散式雨水渗透系统、集中式雨水渗透系统、屋顶花园式雨水利用系统、生态小区雨水综合利用系统（屋顶花园、中水、渗透、水景）为主，包括雨水污染控制、截污和储存技术在内的雨水综合性利用技术发展迅速等。受制于小区具体布置、规模以及园林绿化、道路布设、建筑布局与水景设计等，虽然生态型小区雨水利用系统难以形成统一的标准，但集太阳能与雨水利用为一体的花园式生态型建筑如雨后春笋般迅速发展。由此可见，未来城市雨水利用与城市环境、生态建设的结合将更加紧密。

雨水利用是一项涉及多部门、多学科的系统工程。一方面，目前，学科本身还处于从初级阶段向高级阶段的不断升级期，与此相关的基础理论研究与综合技术体系尚在不断发展完善中；另一方面，城市水资源则主要聚集在对地表水和地下水的开发利用，忽视了对城市雨水的利用。与发达国家相比，我国在城市雨水集蓄、回灌技术以及管理措施等方面还存在着较大差距，未来利用的多目标性和应用技术的综合性将成为城市雨水利用的主流。

（二）向科学化和系统化管理方向拓展

城市雨水利用是一个方兴未艾的广阔领域，它涉及城市雨水资源的科学管理、雨水径流的污染控制、雨水作为杂用水源的直接收集利用、用各种渗透设施将雨水回灌地下的间接利用、城市生活小区雨水系统的合理设计及其生态环境建设等方面，是一项涉及面很广的系统工程。尽管城市雨水集蓄利用近 20 年来有了很大发展，但在许多方面还不成熟，需要在强化雨水利用系统管理的基础上，开展更加深入系统的科学研究和理论探索，并在应用中不断总结完善。目前，建立在科学化、系统化管理基础上的城市雨水利用与城市雨水管理（污染防治、防涝和排放等）的关系与对策、与城市供水（地表水与地下水）的关系及统一管理、与城市环境和生态建设的关系、与城市规划和城市建筑的关系及其相关法规和政策支持、技术规范和标准制定等城市雨水综合利用技术和发展战略研究显现了勃勃生机。

（三）向植被建设与立体生态景观方向发展

如前所述，城市雨水利用具有减缓城区雨水洪涝灾害和地下水位下降、控制雨水径流污染、改善城市生态环境等广泛而现实的意义。与农村雨水集蓄利用以雨水的汇集、储存为主不同，城市雨水利用过程重在调控、利用，利用目的重在以植被建设与立体生态景观为主的城市人居环境、旅游休闲景观方面，城市集约型屋顶绿化、半集约型屋顶绿化、粗放型屋顶绿化技术模式应运而生，展现了绿色、生态、环保型城市雨水利用的良好前景。与此同时，城市雨洪复合入渗系统及城市下凹式立体生态系统雨洪利用技术、城市园林生态景观系统雨洪利用技术研究取得重大进展，为城市雨水利用技术向植被建设与立体生态景观方向发展奠定了坚实基础。

（四）向有效化和多向化方向转变

从哲学的角度看，排水与集水是一对互为依存、互相制约的矛盾体。从其功能属性来讲，排水与集水是住宅建筑的基本功能和雨水回收再利用系统至关重要的组成部分，它关系到住宅功能的完整性、屋顶绿化以及整套系统的成败。目前，我国对城市雨水利用的重视程度还不够，有关这方面的多数产品还只有排水功能而没有蓄水功能。一方面，对于屋顶绿化来说，蓄水能力和排水能力同样重要，良好的蓄水能力不仅可为屋顶绿化提供充足的水源，而且还可以有效减小暴雨对屋面排水系统的巨大压力；另一方面，通过建立管控简单、经济实用的雨洪控制与利用技术体系和推广应用体系，以充分利用雨洪资源，缓解区域水资源紧缺，改善生态环境，削减洪峰流量，有效减轻排洪设施压力，确保城市防洪安全。由此可见，采取各种有效措施，提高雨水利用潜能和效率，是变水害为水利，解决城市水资源匮乏的重要途径。如屋顶蓄水池和屋顶绿化的合理搭配，不仅能够更加高效地收集雨水实现再利用，同时还能起到绿化环境、净化空气、固碳释氧的作用；独特的墙体

内嵌式水箱，一定程度上还可以起到调节室温的作用。

四、雨水集蓄利用向更加和谐自然与生态方向迈进

（一）开源节流并举，推广节水灌溉

在充分利用降雨径流的同时，进一步强化节水灌溉技术推广应用，提高灌溉水利用系数，提高雨水资源利用率。①根据山丘区实际情况，充分考虑经济发展与生态保护等要求，科学布局，合理规划实施雨水集蓄利用工程，增加可利用水资源量；②结合农业产业结构调整，发展优质高产农业，积极推广选育耐旱作物品种、田面覆盖、水稻秧苗肥床旱育等农业节水措施，最大限度减少对水资源的需求；③积极推广精量精准控制灌溉和喷灌、滴灌、渗灌等高新节水技术，谋求人工绿洲生态系统效益的最大化。

（二）注重生物措施，加强综合治理

集雨补灌旱作农业是一项复杂的系统工程，包括收集、储存、输送、利用等多个环节。目前各地雨水集蓄利用技术研究中多注重单项技术研究，如雨水汇集技术、雨水蓄存技术、雨水净化技术、雨水利用技术等，但缺乏整体性的综合与集成研究，导致许多地方出现收集、蓄存、利用、输送各环节难以实现无缝衔接，工程规划和生产布局存在一定的局限性、盲目性，制约了雨水集蓄利用工程效益的最大限度发挥。谋求雨水的高效利用首先要实现雨水的趋利避害和变害为利，这就要求必须因地制宜，采取“以工程措施为基础，以生物措施为途径，以耕作措施为辅佐”的综合治理模式，逐步构建以“五库共建”为主的水源工程体系，以管灌、滴灌、喷灌为主的雨水高效利用灌溉工程体系，以耕作与膜料覆盖保墒为主的农业与农艺配套技术体系，以大田作物和经济林相结合的生物工程体系。这些体系的形成，从水源、灌溉、种植、作物等方面有效保障了乔、灌、草立体生态系统的形成，成为建设美丽乡村、推进农村精神文明建设的重要支撑。

（三）增加可利用水资源数量，减轻区域防洪压力

随着雨水集蓄利用规模、利用水平的提升，雨水利用量持续增加，替代了一定数量的常规水资源量，从而增加了其他生态系统的可利用水资源量。尤其是雨水灌溉条件下的大棚蔬菜种植将成为满足人民群众生活需求持续增长的主要来源，从而使得大棚蔬菜种植和设施农业生产获得较大的增长和发展空间。一方面，利用雨水灌溉大棚蔬菜，有效节省了常规水资源利用量，增加了其他生态系统用水量；另一方面，通过对塑料大棚棚面集水的收集利用，可有效减小地表径流，保持水土，减轻区域防洪压力。

（四）突出城市雨洪利用，体现变害为利理念

城市雨洪利用的途径主要是回补地下水、灌溉城市生态景观以及补充城市其他公共用水，在局部地方也可建设城市雨水收集系统，用于市郊农业灌溉等。“十二五”期间，城市雨洪在我国局部一些水资源紧缺的大中城市已经得到了初步应用。伴随着雨水集蓄利用技术的不断发展和对雨水集蓄利用认识程度的不断加深，借助市政工程设施，通过城市公共绿地、停车场、通水路面等雨水入渗系统回补地下水，通过改造城市景观生态建设结构和布局，实现雨水灌溉城市生态景观将成为未来雨水集蓄利用的主题。同时，完善城市雨水收集系统，进行市郊设施农业补充灌溉将取得实质性进展。

（五）拓展海岛雨水利用，彰显雨水利用魅力

毫无疑问，海岛地区淡水资源紧缺是一个非常普遍的现象。受地形条件限制，地表水很快流到海里，难以规模化开发利用；受海岛地质结构、海洋气候影响，地下水水质较差，可利用地下水资源量非常有限。在同等降水条件下，单位面积可利用水资源量远远小于内陆地区，加之海岛地区人口密度远高于内陆地区，使得人均水资源占有量更少，水资源供需矛盾尤为突出。除开发利用有限的自有地表水资源外，海岛地区长期以来把海水淡化和岛外调水作为解决用水的重要途径。但随着雨水集蓄利用技术的不断发展，雨水事实上已成为解决海岛地区可利用水资源严重不足的重要补充。事实证明，海岛地区雨水集蓄利用工程是一项费省效宏、易建易管、简单实用的实用型技术。因此，对海岛地区而言，未来雨水集蓄利用重点和发展方向是按照分质供水的要求，分别提出不同的工程技术模式，通过屋顶接水、硬化路面集水、池塘蓄水等形式拦蓄雨水径流，最大限度满足不同用水对象的用水需求。

五、雨水集蓄利用朝着现代化、社会化管理方向前进

（一）雨水集蓄利用相关政策制度更加健全

未来一个时期，随着我国水资源利用问题和供需矛盾的日益尖锐，无论是农村雨水利用，还是城市雨水利用都将得到广泛关注和高度重视，规划设计与建设管理将更加规范，与其相关的政策制度也将更加完备。一方面，对于户建户用工程，将按照“谁建设、谁所有、谁管理、谁受益”的原则，进一步深化产权制度改革，明晰产权属性；对于联户兴建的工程，则由受益户共同制定管理公约，推举责任心强、懂技术、会管理的受益户进行管理运行。另一方面，除国家已出台的相关雨水集蓄利用工程技术规范外，各级各类《雨水集蓄利用条例》将先后出台，新建小区或村舍，无论是工业、商业还是居民小区，均设计建设与之配套的雨水集蓄利用设施。同时，政府还将推出相关鼓励或补贴政策，进一步调动全社会实施雨水集蓄利用工程的积极性。

（二）雨水集蓄利用理念更加深入人心

未来雨水开发利用技术将更加成熟，从雨水收集、截污、储存、过滤、渗透、提升、回用到控制都将形成系列化定型产品和组装式成套设备，与之相关的技术体系将更加完备，广泛涉及生产、生活、生态系统的雨水集蓄利用范围将更加宽泛。在此基础上，在做好雨水集蓄利用研究的同时，还要进一步做好雨水集蓄利用知识的普及与宣传工作，申报并建设各类雨水集蓄利用科普基地；同时，以青少年和普通公众为主要对象，编写雨水集蓄利用技术科普简明读本、应用手册，并通过参观示范工程、公益性广告推介、展览及社区活动等各种方式，进一步提高人们对雨水集蓄利用的准确理解和自觉参与意识，全面推动雨水集蓄利用科普工作迈上新台阶。

（三）雨水集蓄利用技术服务体系更加完善

雨水集蓄利用技术专业性强、涉及面广，面对规模化、集约化发展的雨水集蓄利用工程，强化技术服务、技术支撑至关重要。①未来一段时期，将形成一系列与雨水集蓄利用系统规划设计、建设管理、运行维护相关的规范、标准、条理、指南与应用手册等；②与雨水集蓄利用相关的机制体制将进一步完善，各级各类技术支撑队伍将实现专业化并开展

全方位、多途径、一条龙技术服务。

（四）雨水集蓄利用的社会化管理更加广泛

一方面，随着用水需求的不断增长，水资源短缺进一步加剧，水危机矛盾日益尖锐；另一方面，随着水资源基础性自然资源和战略性经济资源理念的深入人心，雨水集蓄利用在经济社会发展中的地位更加重要，全社会对雨水集蓄利用的重视程度进一步增强，政府层面倡导、引导、指导雨水集蓄实践过程成为必然，社会层面关心、关注、关爱雨水集蓄利用工程成为常态，由此形成一个广泛的、能够促使雨水集蓄利用健康、持续、稳定发展的社会化管理格局。

第二篇

理 论 与 技 术 篇

第二章　农村雨水集蓄利用基本原理与理论创新

第一节　雨水集蓄利用技术及理论基础

一、雨水集蓄利用基本概念

（一）雨水利用内涵

1. 概念及其类型

天然降水一般由降雨、降雪、降霜等组成。由此可见，雨水是天然降水的主要表现形式之一。从这个意义上说，雨水利用是一个非常广泛的概念。因此，从广义角度上来说，对雨水的一切利用方式都可界定为雨水利用。

从根本上说，在自然界水资源循环系统中，几乎所有形式的水都来自于大气降水——雨水。因此，雨水利用不仅仅是指单纯地从时间尺度上进行调控的雨养农业利用和从时间、空间尺度上加以双重调控的农村生活利用，同时还应该包括跨区域、跨流域实施综合调控的人工增雨、水土保持、水源涵养、城市防洪和生态环境改善等水资源利用的各个层次和方方面面。就这种广义的雨水利用而言，其外延几乎囊括了目前水资源利用的所有形式，涵盖了水资源利用的所有途径，涉及经济社会发展的方方面面，具有显著的普遍性、广泛性和社会性。

随着水资源利用内涵和外延的不断拓展，无论是狭义还是广义的水资源及其开发利用概念都发生了显著变化。与此同时，雨水资源、雨水资源化概念的提出，为丰富和完善雨水利用内涵，拓展雨水利用范围，发展雨水利用技术奠定了理论基础，由此使得研究者对雨水利用的认识、理解不断得以强化。但即便如此，随着不同研究者对雨水利用理解的不同，其对雨水利用类型的划分也有所不同。20 世纪 90 年代，有学者从水资源与雨水资源之间的派生关系出发，认为雨养农业利用和农村生活利用属于雨水的直接利用，也可称为雨水一级利用；而由此衍生的河流、湖泊、水库、地下水等雨水派生资源的开发利用则应属于雨水的间接利用，也可称之为雨水二级利用。同时认为，与水资源的循环与重复利用一样，雨水资源也可以进行多次派生和循环利用。21 世纪初，有学者针对农业生产需水要求与已经形成的旱作农业用水模式，将其分为雨水自然利用、雨水叠加利用和雨水聚集利用。但随着雨水利用技术的不断发展、完善和技术体系的逐步形成，最新研究成果认为，雨水利用主要包括以土壤蓄水为主的单纯的以时间调控为手段的雨水就地利用、以膜料覆盖与垄沟种植为主的以空间调控为手段的雨水叠加利用与以收集、储存为主要手段同时辅以时间、空间双重调控的雨水集蓄利用。

2. 基本内涵

作为具有特定含义的雨水利用，是指对雨水的原始形式和最初转化为地表径流或地下水、土壤水阶段的利用，也称之为雨水的直接利用或雨水一级利用。目前，一般文献所述的雨水利用即指这种对雨水的直接利用，也称之为狭义概念上的雨水利用。狭义雨水利用的途径主要包括：①以解决人畜饮水为主的农村生活雨水利用；②以发展农业补充灌溉为主的农业灌溉雨水利用；③以补给地下水、恢复生态植被为主的生态环境雨水利用。

（二）雨水集蓄利用定义

1. 雨水利用

如前所述，雨水利用是指对雨水的原始形式和最初转化为地表径流或地下水、土壤水阶段的利用。雨水利用的形式很多，从广义的角度来看，主要包括以下几个方面：

（1）传统农业生产雨水利用：旱作农业生产中，雨水是满足作物水分需求与供给的唯一水源，基于对雨水的当时和就地利用，采取的技术措施主要包括为提高土壤蓄水能力和土壤水利用率而采取的传统雨养农业生产与耕作措施，如深松耕、耕作耙耱等。

（2）水土保持工程雨水利用：水土保持工程对雨水的利用过程主要包括建设梯田、水平沟、鱼鳞坑以及结合小流域治理实施的治沟工程措施，如沟头防护工程、谷坊、淤地坝等。这些工程的作用主要是保土保水，即尽可能把雨水就地拦蓄在土壤中，以便最大限度地被植被与其他生态系统持续利用，被认为是对雨水利用时间调控的雏形。

（3）微地形叠加雨水利用：微地形集雨措施主要包括垄沟（覆膜）种植方式以及利用作物或树木之间的空间，通过自然集流或人工措施集流，实现对雨水的叠加利用，被认为是一种较为低级的对雨水利用的空间调控，但仍可以显著增加作物或树木根系的土壤水分，保障作物或树木生育过程的水分需求。

（4）雨洪截引工程雨水利用：通过一定的工程措施，截引某一小区域或流域的雨洪径流进行淤灌或补给地下水，事实上是把某一区域或流域的雨洪径流截引到另一区域或流域并加以利用，可以认为是雨水的一种异地利用形式，初步实现了对雨水在时间、空间尺度上的双重调控利用，形成了雨水集蓄利用的雏形。

2. 雨水集蓄利用

一方面，雨水集蓄利用是在雨水利用技术基础上，借助现代材料与工程技术，通过采取集流面、引水渠槽、蓄水设施等人工措施，继而高效收集雨水、输送雨水，并加以蓄存和调节利用的过程，是对常规雨水利用技术的继承、发展和完善，完全实现了对雨水在时间、空间尺度上的双重调控和高效利用，被认为是雨水利用的高级阶段；另一方面，雨水集蓄利用是指在某一区域或范围内，通过采取一定的收集、储存、净化和利用等技术手段和工程措施，部分或全部改变天然降水的产流、汇流和径流过程，继而实现对天然降水的有效收集、合理储存、净化处理和高效利用。目前，农村雨水集蓄利用主要用来解决人畜饮水困难、发展农业补充灌溉（庭院经济、设施农业、小片农业种植）、增加生态建设用水以及为规模化畜牧业生产等提供水源。

由此可见，雨水集蓄利用的内涵主要包括雨水收集、雨水储存、水质净化和雨水利用四个环节：①雨水收集是指依托一定的高效、防渗集流面工程措施，最大限度地减少雨水收集阶段，即降雨径流过程在集流面上的水量渗漏损失，谋求对天然降雨径流的有效收

集，继而增加一定区域内的可利用水资源数量，实现对区域经济社会发展水资源需求的保障供给；②雨水储存是指通过采取一定的高标准防渗工程措施和设施，对收集的雨水加以可靠储蓄的过程，此过程以尽可能减少蒸发渗漏损失为目的；③水质净化处理是指通过采取相应的絮凝沉淀、化学反应、物理过滤等工程技术手段和净水设施与设备，使其收集并储存的雨水满足不同用水对象对水质的使用要求；④雨水利用是指对收集、储存的雨水通过采取一定的工程技术手段加以高效利用的过程，是雨水集蓄利用的终极过程，直接体现雨水集蓄利用的技术水平，体现雨水集蓄利用的效果和效率。

3. 雨水集蓄利用与雨水利用的区别

无论国际还是国内，传统、常规的雨水利用具有悠久的历史，在人类历史的发展演变中发挥了十分重要的作用。雨水集蓄利用是赋予现代科技、材料和工程技术的高层次雨水利用，发展于20世纪80—90年代，至21世纪初逐步得以完善并初步形成了一系列完整、配套的综合技术体系，在我国干旱地区人畜饮水、农业灌溉、生态建设等领域发挥了重要作用。总体来看，雨水集蓄利用和常规雨水利用的区别主要表现在以下几个方面：

（1）对雨水在时间尺度上的调控作用有所不同。当丰水期降雨量超过用水需求量时，对雨水的调控意味着要把多余的雨水加以储存以便用于补充枯水期用水需求的不足。在常规雨养农业生产中，唯一的方法是将雨水储存于土壤中。但是，一方面土壤的孔隙容积有限，相应的蓄水能力也相对有限；另一方面，在日照、风吹等外界因素的作用下，裸露土壤中的水分有很大一部分进入大气循环系统，消耗于无效蒸发，因此使得土壤中的水分不能全部被作物吸收利用，继而导致干旱发生，作物减产。而雨水集蓄利用则采用垄沟种植、膜料覆盖等就地集蓄利用措施，有效减少了土壤无效蒸发损失，延长了有效供水时段，实现了对雨水在时间尺度上的调控利用。

（2）对雨水在空间尺度上的调控作用有所不同。当某一区域的降雨量不足以满足用水需求时，雨水集蓄利用环节通常采取扩大雨水收集面，并通过对集流面的防渗处理，提高集流效率，从而增加可利用水量，实现了对雨水在空间尺度上的调控利用。而常规雨水利用，一方面往往只利用本区域天然降水，即便是从异地引入径流，其利用规模、利用效率也较低；另一方面，常规雨水利用通常不建设专用集流面，也不进行集流面的防渗处理。

（3）对雨水在时间、空间尺度上的调控作用均有所不同。雨水集蓄利用充分利用现代材料和工程技术，采用集流面、输水渠槽、蓄水设施等高效集水、输水、蓄水工程措施，实现了对雨水在时间、空间尺度上的双重有效调控，最大限度地减免了雨水集蓄利用各环节的蒸发渗漏损失，显著增强了雨水调控能力，提高了雨水利用效率和利用水平。

雨水集蓄利用与常规雨水利用比较见表2-1。

由此可见，雨水集蓄利用基于雨水利用，但又高于雨水利用，是雨水利用的一种特殊形式与高级阶段。与传统雨养农业生产中以土壤蓄水、被动利用过程比较，雨水集蓄利用采取工程措施收集、输送、储存雨水（集流面、引水渠槽和蓄水池），各环节工程措施均具有较高的利用效率，不仅提高了雨水的综合利用效率，而且通过输送、储存等环节，进一步增强了对雨水的调控能力，实现了对雨水的有效收集、合理储存，为进行雨水的高效利用创造了条件。可以认为，雨水集蓄利用是千百年来人类利用雨水智慧的结晶，是现代建筑材料与科技发展的产物，是雨水利用的更高层次，标志着雨水利用进入了更高阶段。

表 2-1　雨水集蓄利用与常规雨水利用比较表

项　目	常规雨水利用	雨水集蓄利用
集雨方法	自然状态集流面	人工措施集流面
蓄水方法	土壤蓄水	人工建筑物蓄水
用水过程	自然吸收利用	按需控制供给
用水效率	较低	较高
调控手段	时间上被动等待，空间上无能为力	时间、空间尺度上双重调控利用
利用评价	被动利用	主动利用

二、雨水资源化及其利用

(一) 降水与水资源

水是生命之源，生态之基，生产之要。如果没有水，地球上就不会有任何的生命存在。水资源是基础性自然资源和战略性经济资源，是经济社会发展的重要支撑，是生态环境的重要控制性要素。同时，水又是一种十分稀缺和不可替代的宝贵资源。虽然我国陆地年总降水量约为 6200km^3，河川径流及不重复的地下水资源量约为 2800km^3，数量相对较大，总量位居世界第四。但我国幅员辽阔、人口众多，耕地亩均、人均水资源占有量分别只有 1200m^3、2100m^3，水资源供给严重不足，属于典型的水资源短缺国家。

按照国内外通用的水资源定义及惯例，目前，我国在进行水资源总量评价时只考虑河川径流与地下水（与地表水不重复部分），并没有把降水作为水资源总量进行评价。关于水资源，中国大百科全书定义为“地球表层可供人类利用的水，包括水量（质量）、水域和水能资源。一般指每年可更新的水量资源”。在《水文基本术语和符号标准》（GB/T 50095—98）中解释为“地球表层可供人类利用又可更新的气态、液态或固态的水，通常指较长时间内保持动态平衡，可通过工程措施供人类利用，可以恢复和更新的淡水”。由此可见，这两个定义基本上是一致的，即认为水资源是可以更新、具有一定数量、质量和可供人类长期利用的各种形态的水。但后者认为“水资源总量”是“流域或区域内地表水资源量、地下水资源量与两者重复计算量的代数和”，显然又将降水量剔除在水资源总量之外了。

事实上，无论从天然降水的表现形式，还是目前人类对天然降水的利用程度来看，毋庸置疑，天然降水是可更新、可恢复的水资源。同时，人们在远古时代就已对雨水进行了直接利用，我国更是有着久远的雨水利用历史。从这个意义上说，雨水显然更是长期供人类广泛利用的水资源。很明显，如果水资源只包括地表水和地下水，把人类对水资源的利用仅仅局限在河川径流和地下水方面，则人类对雨水资源的利用显然就排除在水资源利用范畴之外了，这明显是不合理的。特别是对那些地表水和地下水都极端缺乏的干旱山区，雨水是唯一可供利用且具有一定潜力的水资源，则更应当把降水作为水资源的一部分。显而易见，降水作为一切形式水资源的源泉，应当以降水作为区域水资源总量来进行评价，对雨水的利用应当与地表水、地下水利用统一考虑。也正因为如此，20 世纪 80 年代，国际上提出了水资源统一管理（Integrated Water Resources Management）的概念，很好地

指导和促进了国际、国内水资源领域的研究工作进展；国内水资源研究领域也相继出现了“三水”（地表水、土壤水、地下水）、“四水”（降水、地表水、土壤水、地下水）的概念，并结合我国北方地区水资源特点与利用实际，从区域水文循环、水资源转换规律、水资源开发利用等方面，组织开展了大量卓有成效的工作，取得了一系列重要研究成果。由此可见，真正意义上的水资源统一管理和统一规划，应当是对降水、地表水、土壤水和地下水这“四水”的统一管理和规划利用，雨水利用也因此成为水资源利用体系中不可或缺的重要组成部分，逐渐引起了越来越多学者与广大工程技术人员的一致重视，并在经济社会发展中扮演着越来越重要的角色，发挥着不可替代的作用。

（二）雨水资源化及其利用

1. 雨水资源化概念

虽然在目前的水资源定义中，雨水并没有被作为水资源来对待。但就水资源利用实践而言，雨水利用已具有上千年的历史，而且在人类历史发展长河中始终扮演着十分重要的角色。自20世纪90年代以来，被人们广泛热议的“雨水资源化”是指通过采取工程和其他技术措施，对目前在概念上还不属于水资源范畴的雨水加以收集、储存和利用的过程。同时认为，该过程形成的且能够被调控利用的雨水资源量，一方面体现了雨水资源化的程度，另一方面成为评价雨水资源利用潜力的重要依据，并由此共同奠定了雨水资源化及其利用的理论基础。

雨水资源化理论认为：能够被加以利用的那部分雨水事实上已经转化成了资源，并且成为水资源的重要组成部分，是水资源利用的主要途径之一。雨水资源化的过程，事实上是全球水资源严重短缺、水危机持续加剧、供需矛盾日益凸显的必然，是水资源评价、保护、开发与利用过程与环节的重大变革，被喻为开辟了水资源利用的新途径，拓展了水利建设的新领域，为实现水资源可持续利用奠定了坚强基础。

2. 雨水资源化利用

水的问题是世界各国历来非常关注的问题之一。在我们生存的地球上，由于水资源时空分布的不均匀，加之人类对水资源的不合理开发利用和严重浪费，工业化程度的提高对水源污染的加重，所有这一切使得全球用水矛盾越来越突出，水资源的日益枯竭和全球性的用水危机已不是危言耸听。自20世纪90年代以来，由于世界性用水矛盾的日益尖锐和全球旱象的不断扩大，水资源的合理开发和保护利用显得愈加重要。雨水作为全球范围内禀赋数量最大、分布范围最广和干旱山区唯一可供利用的潜在水资源，引起了水问题专家、学者的广泛兴趣和极大重视，针对雨水收集、储存等环节开展了大量研究并取得了重大成果，由此诞生了雨水集蓄利用技术，为实现雨水资源化及其利用奠定了基础。

雨水集蓄利用技术的重点和关键是对雨水的收集和储存，同时也使得雨水集蓄成为雨水资源化的前提和条件。如果说，雨水资源化是在理论层面上对雨水集蓄利用技术的发展和完善，那么，雨水资源化利用则是实践层面上对雨水集蓄利用综合技术体系及其内涵的进一步丰富和检验。自20世纪80年代中后期以来，我国广大的北方干旱、半干旱地区，在雨水资源化以及开发利用方面开展了大量研究工作，取得了显著成效，从而使雨水资源化及其综合、持续开发利用得以广泛实现。从20世纪90年代开始，甘肃、宁夏、内蒙古、陕西、四川等省（自治区）先后组织实施了大量雨水集蓄利用工程，很好地促进了雨水资源化及其利用过程。在此之前，雨水虽然作为一种水资源在干旱缺水山区的利用已经具有悠久历史，但千百年来广大群众对雨水的自发运用始终徘徊在低水平阶段，人类对雨水资源既没有形成规模利用，也没有产生规模效益。

三、雨水集蓄利用理论基础

（一）系统水资源学

1. 水资源系统

水资源系统是在一定区域内由可为人类利用的各种形态的水所构成的统一体。统一体中的各种形态的水具有相互联系并依一定规律相互转化，体现出明显的整体功能、层次结构和特定行为。统一体内部具有协同性、有序性和互补性，与外部进行着广泛的物质和能量交换。

从水资源的狭义概念来看，水资源系统内的主要水源为大气水、地表水、土壤水和地下水。各类水资源间相互联系，并在一定条件下相互转化。如降雨入渗和灌溉可以补充土壤水，土壤水饱和后继续下渗形成地下水；而地下水由于土壤毛细管作用形成潜水蒸发补充大气水，还可通过侧渗流入河流、湖泊继而补充地表水。同样，地表水一方面通过蒸发补充大气水，而另一方面通过河湖入渗补充土壤水和地下水。因此，不同的水资源利用方式会影响到水资源系统内各类水资源之间的构成比例、地域分布、相互转化及其转化特性等。

总体来看，水资源由两大系统构成，即地表水资源系统和地下水资源系统。根据水资源形成和转化规律，两大系统关系密切，相互联系，彼此转换。一个水资源系统通常包含一个或若干个由流域、水系、河流或河段组成的地表水资源系统以及与之分区相一致的地下水含水层系统。显然，按上述分区原则，一个水资源系统内还可进一步划分为若干个子系统，同时，其本身又是更大的水资源系统的子系统。由此可见，水资源系统具有明显的层次结构。同时，水资源系统具有一定的整体性，包含若干个整体功能。水资源不仅为人类生存所必需，而且一定质与量的供水，又是国民经济发展的重要物质基础。利用大坝和水轮机可以把天然径流中蕴藏的巨大势能积累起来并转化为电能；通过水库不仅可以拦蓄洪水减轻灾害，而且又可以发展灌溉；河流具有兴舟楫之利，湖泊可以发展水产养殖和旅游业。在生态环境方面，水还可以调节气候，保持森林、草原生态系统稳定，维持湿地生物多样性，丰富生态系统内涵，拓展生态系统功能。

由此可见，水资源系统的内在特点、整体功能及其与外部环境之间的联系，为发展水资源学奠定了基础。同时，系统水资源学是雨水集蓄利用的重要技术与理论基础，是实现水资源可持续利用的基本支撑技术和理论依据。

2. 水资源学

水资源学是对水资源进行科学评价、合理配置、综合开发、合理利用和有效保护，为社会和经济可持续发展提供用水保证，处理好水资源与社会经济发展及环境、生态系统之间的关系，以及对水资源科学管理和有效保护经验的系统总结及其在此过程中形成的知识体系，是指导水资源学科发展，完善水资源学科理论，实施水资源开发利用的重要理论基础。

水资源学旨在展望水资源领域研究动态、发展分析以及应着重研究解决的关键问题，探讨自然环境变化以及人类活动所引起的有关水资源开发利用全过程中，对水资源评价、规划、利用、保护和管理各个环节的问题，是分析水资源形成过程、转化关系、变化趋势，探讨水资源合理配置理论与方法的系统性科学。

（二）水资源评价理论

1. 水资源评价定义及内涵

水资源评价是对某一地区或流域水资源数量、质量、时空分布特征、开发利用条件、开发利用现状和供需发展趋势进行的分析评价，它是合理开发、利用、保护和管理水资源的基础。水资源评价内容一般包括水资源数量评价、水资源质量评价和水资源利用评价及综合评价。水资源评价工作要求在客观、科学、系统和实用的基础上，遵循地表水与地下水统一评价、水量与水质统一评价、水资源利用与保护统一评价等原则。

水资源评价的具体任务是科学分析区域或流域水资源特点，准确把握水资源数量、质量特性及其变化规律，分析水资源开发利用现状及存在问题，展望水资源开发利用前景，为合理开发、利用和保护水资源，实现以水资源的可持续利用支撑经济社会的可持续发展奠定基础。

2. 雨水资源评价的主要内容

随着雨水资源化的实现，雨水作为水资源的重要组成部分，在水资源开发利用中占有重要地位和作用。雨水资源评价是在遵循水资源评价原则的前提下，对一定区域内降水量、降水特性、下垫面条件、产流状况等进行综合分析的基础上，结合区域雨水集蓄利用目的、经济社会发展水平，分析雨水资源开发利用现状及存在问题，提出雨水资源可利用潜力，为进行雨水资源开发利用提供技术支撑。

雨水资源评价内容主要包括：①以区域降水特性、下垫面条件、集流效率为主的雨水资源利用条件；②以利用途径、利用现状、存在问题为主的雨水资源利用水平分析；③以雨水集蓄利用适宜范围、资源化水平、可实现潜力为主的雨水资源化评价；④以雨水集蓄利用收集手段、储存设施、利用目的、水质状况为主的水质评价。由此可见，在雨水资源化及其利用的背景下，雨水资源评价是水资源评价的重要组成部分，而水资源评价是雨水集蓄利用技术形成、发展与完善的重要理论基础。

（三）水资源配置理论

水资源配置是水资源可持续利用的核心内容之一，是实现水资源合理调度、优化配置与高效利用的基础，是水资源可持续利用的根本保证。水资源配置过程实质上是以水资源承载力为基础，对某一区域可利用水资源在空间和时间上重新分配的过程。

1. 水资源合理配置

水资源合理配置是指在某一特定流域或区域内，遵循有效、公平和可持续原则，对有限的、不同形式的水资源，通过工程与非工程措施在各用水户之间进行的科学分配。实际上，从广义的概念来说，水资源合理配置就是研究如何科学合理地利用好水资源，包括对水资源的开发、利用、保护、调度与管理，这是由水资源自身的稀缺性和经济社会发展对水资源合理配置要求的紧迫性所决定的。

水资源合理配置依赖于工程措施和非工程措施组成的综合体系实现，其基本功能涵盖

两个方面：①在需求方面通过调整产业结构、建设节水型社会并调整生产力布局，抑制需水增长势头，以适应较为不利的水资源条件；②在供给方面则通过协调各项竞争性用水，加强管理，并利用工程措施改变水资源的天然时空分布以便能够适应生产力布局。

合理配置是指依托现有水资源条件，在解决水资源供需矛盾、各类用水竞争、上下游左右岸协调、不同水利工程投资关系、经济与生态环境用水效益、当代社会与未来社会用水、各种水源相互转化等一系列复杂关系中，采取的相对公平与用水各方均可接受的水资源分配方案，是人们对稀缺资源进行分配的目标和愿望。

2. 水资源优化配置

水资源优化配置理论与方法可为水资源配置提供理论基础和指南。一般而言，基于合理配置的结果对某些局部或个体的效益或利益并不一定最优，但对整个水资源分配与利用群体而言，其总体效益或利益当属最优。由此可见，优化配置是人们在寻找合理配置方案中，依据一定理论，所采用的与之相关联的方法和手段。水资源优化配置是水资源合理配置的高级表现形式，是从经济效益的角度对水资源合理配置结果的检验和考量。

(四) 节水灌溉技术

节水灌溉是指根据作物需水、耗水规律及当地供水条件，为有效利用水资源以便获取农业最佳经济效益、社会效益和生态环境效益而采取的多种形式的高效利用水资源的灌溉措施。实施节水灌溉，可根据作物需水要求，适时适量进行灌水，用先进手段对土壤墒情和灌溉输配水系统水情进行监测、数据采集和计算机处理，可以科学有效地控制土壤水分含量，进行合理调度，做到计划用水、科学配水，以达到节水又增产的目的。目前常用的节水灌溉技术主要包括喷灌、滴灌和膜上灌等。

1. 喷灌

喷灌是指把具有一定压力的水通过管道输送到田间，再经喷头喷射到田间继而达到灌溉目的的一种灌水方式。一般来说，喷灌最明显的优点是灌水均匀，少占耕地，节省人力，对地形的适应性强。主要缺点是受风力影响大，设备投资高。在雨水集蓄利用工程中，通常更多地采用微喷灌系统。

微喷灌是利用微灌设备组装成喷灌系统，将有压水输送分配到田间，是利用直接安装在毛管或与毛管连接的微喷头将压力水以喷洒状湿润农田土壤的一种灌水技术。目前，微喷头主要有旋转式及折射式两种，流量一般在20～250L/h之间。

同滴灌一样，微喷灌也为低压灌溉、局部灌溉。与喷灌比，微喷灌省水且能耗低；微喷雾化好，有利于提高温室湿度，对要求湿度较高的叶类蔬菜及花卉生长较为有利。微喷还常常用于温室育苗盘灌溉或夏季温室降温，缺点是雾化的水滴使得温室湿度太高，不利于瓜果类蔬菜及湿度要求较低的花卉生长。在高标准温室灌溉系统中，常常既安装微喷灌又安装滴灌系统，微喷灌则主要结合降温与增湿的要求进行运行。

2. 滴灌

滴灌是将具有一定压力的水过滤后经滴灌系统及灌水器均匀而缓慢地滴入植物根部附近农田土壤的局部灌溉技术。滴灌具有省水、灌溉均匀、节能、对土壤和地形的适应性强、增产、省工、方便田间作业等优点；主要缺点是投资较高，容易堵塞，对水质要求高。它主要适用于果树、蔬菜、花卉、温室大棚等经济作物和水源短缺地区、高扬程提水

灌区及地形起伏较大地区的灌溉，同时在透水性强、保水性差的砂质土壤和咸水地区也有一定的发展前景。

3．膜上灌

膜上灌水技术是在地膜覆盖栽培技术基础上发展起来的一种新型节水灌溉技术，即利用地膜覆盖系统的防渗作用在田间输水灌水。灌水时，水在地膜上流动的过程中，通过放苗孔或膜料边缝慢慢渗透到作物根部，只对农田土壤的局部进行浸润灌溉，以满足作物需水要求。膜上灌水技术具有良好的适应性，几乎能够适应各种地膜覆盖栽培类作物。

膜上灌是一种新兴地面灌溉方法，它是将地膜平铺于采用垄沟种植模式的种植沟中，种植沟及其周边局部被地膜覆盖，从而实现利用地膜输水。适宜膜上灌的作物主要有蔬菜、玉米、小麦等，地膜栽培和膜上灌结合后具有节水、保肥、提高地温、抑制杂草生长和促进作物高产、优质、早熟等特点，在雨水集蓄利用工程中得到了大量推广应用，取得了很好的效果，展现了十分广阔的推广应用前景。

（五）水资源管理

水资源管理学研究对象为水资源开发、利用、保护环节的管理过程与行为，即经济社会发展中所有涉及水资源的包括行政、经济、技术和社会事务的管理。水资源是管理的对象，也是水资源管理学管理的核心。水资源管理学是管理学的一个分支，属于部门管理学的范畴。

水资源管理的目的是提高水资源有效利用率，保障水资源持续开发利用，充分发挥水资源工程的经济效益，在满足用水户对水量和水质要求的前提下，使水资源发挥最大的社会、环境、经济效益。水资源管理是“水资源开发利用的组织、协调、监督和调度。运用行政、法律、经济、技术和教育等手段，组织各种社会力量开发水利和防治水害；协调社会经济发展与水资源开发利用之间的关系，处理各地区、各部门之间的用水矛盾；监督、限制不合理的开发水资源和危害水源的行为；制定供水系统和水库工程的优化调度方案，科学分配水量”。

四、雨水调控技术原理

雨水集蓄利用是在雨水利用的基础上，通过采取集流面、引水渠槽、蓄水设施等人工措施，高效收集雨水、输送雨水，并加以蓄存和调节利用的过程，是对常规雨水利用的继承、发展和完善，完全实现了对雨水在时间、空间层面上的双重调控和社会、经济、生态系统的高效利用。

（一）时间调控

时间调控是指当天然降水与需水时节不一致时，通过一定的蓄水工程措施，对天然降水在时间尺度上进行调控利用的过程。如雨水集蓄利用生活用水工程要求在年内大致平均供水，继而引发的对天然降水时节在年内分布不均匀性的调控，雨水集蓄利用农业灌溉对天然降水过程与农作物需水时节不相匹配的调控等都属于时间调控的范畴。由此可见，所谓时间调控，事实上也就是借助蓄水工程设施，对天然降水过程在时间尺度上进行重新分配和利用的过程。在这个环节中，依托蓄水设施对天然降水进行调蓄是时间调控的重要内容。

（二）空间调控

空间调控是指当一定区域内的天然降水在数量上不足以适时适量地满足用水需求时，通过一定的集水工程措施，对天然降水在空间尺度上进行调控利用的过程。如农业生产过程中，当天然降水稀少，不能有效满足作物生育期耗水需求时，通过采取垄沟种植、膜料覆盖等微集水技术将甲地的降水集蓄后转移到乙地供农作物利用的过程，采用专用集流面收集雨水后对农作物实施高效节水灌溉的过程等都属于空间调控的范畴。所谓空间调控，事实上也就是借助集水工程措施，对天然降水过程在空间尺度上进行收集并转移利用的过程。由此可见，借助集流面对天然降水进行收集是空间调控不可或缺的手段和途径。也就是说，离开了集流面工程，对雨水集蓄利用的空间调控将沦为空谈。

（三）时间-空间调控

时间-空间调控是指受各种因素的影响，天然降水在时间、空间上均不能满足用水对象的需水要求时，通过一定的集水、蓄水等联合工程措施，对天然降水在时间、空间尺度上同时进行双重调控利用的过程。事实上，目前几乎所有的雨水集蓄利用工程都毫无例外地对天然降水过程同时实施了时间和空间尺度上的双重调控，如垄沟种植、膜料覆盖集雨，表面上看是对天然降水的空间调控，但进一步分析可知，在这个过程中并不是作物对叠加集水全部予以适时适量的利用，而是叠加后将多余的水量蓄存于土壤被作物分时段逐渐耗用。因此，如果说，包括了集水、蓄水、净水、供水、用水等诸多系统的雨水集蓄利用工程，构成了完整意义上的雨水集蓄利用工程技术体系，那么，集水工程、蓄水工程则是雨水集蓄利用的根本和源泉，是实现雨水集蓄利用时间-空间双重调控不可替代的重要措施和可靠保障。

第二节 雨水集蓄利用潜力及评价

一、雨水集蓄利用潜力的基本概念

雨水集蓄利用潜力是指在一定的技术经济条件下，在某一特定区域的一定时段内，运用工程和非工程等综合技术措施，将自然或人工集流面上的天然降水进行收集和储存，并对降水进行开发利用的最大能力。雨水资源和其他自然资源不同，开发利用必须限制在某一区域的一定时段内，这是由雨水资源内在的形成和转化规律决定的，而其他自然资源的开发利用潜力，一般则不受时间因素的限制。首先，只有通过资源化过程转化为一定区域内的可利用量时，雨水才可能被这个区域所利用，如果超出了区域的边界，那么对于这个特定的区域来说，雨水就变成了无法利用的资源。同时，雨水的资源化过程，也就是通过人工干预从水文循环中获取能够为人类所利用水资源的一种方式与方法。其次，雨水集蓄利用潜力是一个动态概念，在不同的科学技术水平条件下，其大小是各不相同的。应该说，随着科学技术水平的不断提高，雨水集蓄利用潜力无限接近于降水资源总量。根据雨水资源内在的形成和转化规律，一方面，在区域尺度不是足够大的条件下，径流形成发生在区域外部，受区域内部条件影响非常微小；另一方面，雨水资源的开发利用，在时间上

循环往复，而且前一时段雨水资源的开发利用，对后一时段雨水资源的形成影响甚微。因此，概括地讲，雨水集蓄利用潜力具有时间和空间尺度特征，不同的时空尺度下，其潜力有所不同。同时，在不考虑经济技术条件以及雨水利用对环境影响的情况下，降水量是有可能被全部利用的，这就是雨水资源集蓄利用的理论潜力。但在特定的经济技术条件下，无论采取何种技术措施，总是无法实现对降水量的全部收集利用，在此情况下，雨水集蓄利用的最大开发能力即为雨水集蓄利用潜力。

二、雨水集蓄利用潜力影响因素分析

雨水集蓄利用潜力影响因素主要有降水特征因子、径流、地形特征、土壤、植被、人为因素以及雨水利用方式等。

（一）降水特征因子

降水特征主要指降水的时空分布特征，主要包括次降水强度、降水量以及降水次数等。降水特征直接影响雨水资源化的过程和数量，降水特性（降水量、降水历时、降水强度、降水过程、降水面积、暴雨中心移动方向）对降水径流的发生具有重要作用。将一个水文年内降水最大富余月与年内最大缺水月之间的间隔定义为雨水集蓄利用的时间距离，用 l_t 表示；把区域内雨水利用率最低位置与最大缺水位置之间的距离定义为雨水集蓄利用的空间距离，用 l_s 表示；此外，把次降水小于5mm的降水量占总降水量的比值定义为天然降水的无效系数，用 P_5 表示。很显然，在一定的经济技术条件下，时间距离、空间距离以及无效系数是很难或无法改变的，把它们之间的组合定义为降水特征因子，用式（2-1）表示：

$$\lambda_p = 1 - \left(k_1 \frac{l_t}{12} + k_2 \frac{l_s}{l_{smax}} + k_3 P_5\right) \tag{2-1}$$

式中 λ_p——降水特征因子，%；

l_t——雨水集蓄利用的时间距离，月；

l_s——雨水集蓄利用的空间距离，m；

l_{smax}——区域最大长度，m；

P_5——天然降水的无效系数；

k_1、k_2 和 k_3——权重系数，对特定区域通过试验测定。

（二）径流

区域雨水集蓄利用包括三个部分：①降水直接降落到区域坑塘水面、湖面和河流水面等水体上形成的径流；②降水经过植被截留、填洼、土壤入渗后形成的地表径流；③降水入渗到土壤水库中的雨水。径流是区域雨水集蓄利用最重要的一部分水资源，径流的特性直接影响到雨水的利用方式。径流的形成过程事实上是雨水资源化的过程，包括两个阶段，即产流阶段和汇流阶段。当降水满足了植物截留、洼地蓄水和表层土壤储存后，后续降雨强度又超过下渗强度，其超过下渗强度的水量降到地面以后开始沿地表坡面流动，称为坡面漫流，始为产流的开始。如果雨量继续增大，漫流的范围也就继续增大，继而形成全面漫流，这种超渗降水往往沿坡面流动注入河槽，称为坡面径流，这种地面漫流的过程即为产流阶段。降雨产生的径流汇集到附近河网后，又从上游流向下游，最后全部流经流

域出口断面，称为河网汇流，这种河网汇流过程即为汇流阶段。在这个过程中，雨水可能要逐次经过不同的下垫面，而下垫面的特性直接影响着雨水转化为径流的效率，汇流面积的大小也直接决定着区域径流量的大小。对于入渗量较高而产流较小的下垫面，一般采取雨水就地利用方式；相反，对入渗量低而产流能力较强的区域则宜采取雨水异地集蓄利用方式。

（三）地形特征

在地形特征因子中，坡度、坡向、坡长、分水岭与谷底及河面的相对高差都对降雨径流的产生具有很大影响。①坡度直接影响径流汇流，一方面，坡度越大，汇流时间越短，径流损失越小；但另一方面，坡度越大，径流能量越大，径流损失也就越大。②坡向对日照时数和太阳辐射强度有重要影响，进而对蒸发产生影响。土壤含水量随坡向不同而变化，北坡光照强烈，蒸发量相对较大，土壤初始含水量低，径流量也就小。由此可见，对地形地貌条件的考虑最终可归结到坡面上，但对区域尺度而言，显然不可能顾及到某一具体的坡面上，具体可以根据区域内地貌类型情况进行宏观区分，选用一个能反映一定区域宏观地形状况的综合度量指标进行评价。按照“地面越是平坦，雨水集蓄利用难度越小，能够实现的雨水集蓄利用潜力越大”的思路，将坡度小于25°的面积占整个区域面积的比例定义为地形特征因子，具体可用式（2-2）表示：

$$\lambda_s = 1 - \frac{A_1}{A} \tag{2-2}$$

式中 λ_s——地形对雨水资源化的影响系数；

A_1——坡度大于25°的面积，m^2；

A——区域总面积，m^2。

（四）土壤

土壤也就是集流面下垫面，主要通过影响土壤入渗速率来间接影响径流。由于土壤类型、质地、肥力、利用方式的不同，导致土壤入渗速率变化具有明显的地域差异。正常情况下，土壤对径流的影响程度一般通过入渗量来表征，而入渗量的大小取决于土壤孔隙度，孔隙度是决定水分流入深层土层阻力的重要因素。土壤孔隙度随土壤类型不同而异，砂土的孔隙度最大，入渗量最高，而重黏土或壤土的孔隙度较小，入渗量则也相对较小。由此可见，对沙壤土区域宜采用雨水就地利用方式，对黏土和壤土区域则宜采用异地利用方式。

（五）植被

植被因素对降雨径流具有积极作用，良好的植被覆盖度可以显著减缓坡面降雨径流损失，提高区域雨水资源利用率。植被通过截留、渗漏的形式保存水分，起到保持水土、减少径流、防止洪涝的作用。植被厚度、植被种类、灌木盖度、草本盖度、倒木、枯立木、森林郁闭度和树龄等对地表径流的影响各不相同，也就是说植被密度决定着渗透系数的大小，植被密度越大，渗透系数越大，反之亦然。因此，可以根据植被覆盖情况确定雨水集蓄利用的形式，对于植被密度大的地区，由于地表产流少且大部分雨水被植被截留入渗，宜采用雨水就地利用方式；而对于植被密度较小的地区，则以雨水异地利用方式为主。

（六）人为因素

人类活动对降雨径流的影响主要是通过工程措施（水平梯田、水平阶、集雨水窖等）、

生物措施（植树种草等）和耕作措施对水文循环过程产生的影响，其表现形式主要是改变降雨径流平衡要素，改变蒸发与降水径流比例，影响降水径流与入渗到土壤中水分的比例以及径流在时间与空间上的重新分布等。

（七）雨水利用方式

按上述雨水利用的空间分类方式，区分就地利用与异地利用两种方式，分别计算不同雨水利用方式对雨水集蓄利用潜力的影响。

1. 雨水就地利用方式

雨水降落到下垫面后，主要通过入渗、径流、蒸发、植物截留等环节耗散，雨水就地利用量一般是指入渗到土壤中的这部分水量。由此可见，就地利用方式下雨水资源化潜力系数也就是区域平均渗透系数。

$$\lambda_{nU}=\frac{W_{nS}}{W}=\overline{f} \tag{2-3}$$

其中 $$W=W_{nE}+W_{nR}+W_{nS}+W_{nP}$$

式中 λ_{nU}——就地利用方式雨水资源化潜力系数；

W——降落到下垫面的雨水总量，m^3；

W_{nE}——蒸发损失量，m^3；

W_{nR}——径流量，m^3；

W_{nS}——入渗量，m^3；

W_{nP}——植物截流量，m^3；

$\overline{f}$——就地利用区域平均渗透系数。

在某一个区域内，径流可依据水文测验计算得到，蒸发可参考气象资料计算得到，植物截留则一般采用经验方法确定，而入渗量则一般无法直接测定。因此，就地利用方式下，雨水资源化潜力影响系数可用式（2-4）表示：

$$\lambda_{nU}=1-\frac{W_{nE}+W_{nR}+W_{nP}}{W_{nS}+W_{nE}+W_{nR}+W_{nP}} \tag{2-4}$$

2. 雨水异地利用方式

雨水异地利用是指将甲地的天然降水通过一定方式的雨水集蓄利用工程加以收集、储存并在乙地高效利用的过程。异地利用方式下，雨水资源化潜力系数可用式（2-5）表示：

$$\lambda_{dU}=\frac{W_{nR}}{W}=\overline{\rho} \tag{2-5}$$

式中 λ_{dU}——异地利用方式雨水资源化潜力系数；

$\overline{\rho}$——异地利用区域平均集流效率，%；

其他符号意义同前。

三、雨水集蓄利用潜力评价方法

（一）基于GIS的区域雨水集蓄利用潜力评价

1. 评价模型基本思想

区域雨水集蓄利用潜力的实现一般是利用宏观分区或网格化的方法，将一个大区域划分为若干个适合于进行区域评价的小单元，并认为所有评价单元内各影响因素一致。基本评价单元划分遵循尺度概念，尽管一个大区域被划分为若干个小单元，但实际上，各单元仍然被控制在某一尺度的“小区域”内反映区域信息，并服从于区域整体评价的需要。通过分析区域内雨水集蓄利用潜力诸影响因子，确定各项数理指标，并利用GIS等技术，集成多种来源、多种尺度以及多种类型数据，建立空间数据库，按照模型参数要求提取各相关专题信息，运用统计分析法，分析雨水集蓄利用潜力与诸影响因子之间的关系，进而建立以雨水集蓄利用可实现潜力为因变量，以诸影响因子评价指标为自变量的评价模型。

根据上述分析，所建立的评价模型，实际上是以区域雨水集蓄利用可实现潜力为因变量，以诸影响因素为自变量的统计回归模型。降水是雨水集蓄利用的对象，降水因子所蕴含的物理意义即可反映这一过程，并在土壤、植被、地形地貌和人为因素等辅助因子作用下，产生现实的雨水集蓄利用潜力。根据以上思路，借助概率论基本原理可知，影响区域雨水集蓄利用潜力的气候因素、土壤因素、地形地貌因素、植被因素与人为因素之间的关系是一个典型的乘法事件。据此，可用式（2-6）表达：

$$R_a = APSTZH \tag{2-6}$$

式中 R_a——雨水集蓄利用可实现潜力；

A——系数；

P——气候因素；

S——土壤因素；

T——地形地貌因素；

Z——植被因素；

H——人为因素。

2. 模型参数确定

利用模型定量评价区域雨水集蓄利用潜力分布状况，要求所选取的评价参数应具备以下特点：①宏观性，即指标能反映区域影响因子的宏观特征；②计算方便性，即评价指标具有数量化的概念，以适应定量评价的要求；③易于获取，使评价易于实现；④适于GIS处理，即指标均可直接或间接地由地理空间数据获得，同时适应于特定的GIS工具软件。

3. 建模数据的GIS集成与提取

根据评价参数数据处理需要，评价模型涉及的源数据主要包括：研究区边界图、多年降水量原始数据、土壤类型分布图及其土壤因素相关参数数据、区域植被数据和选定代表人为因素的数据以及区域径流数据。这些数据具有典型的多类型、多比例尺和形态多样的特点，必须进行GIS空间集成，使其统一到雨水集蓄利用潜力评价对数据要求的整体框架内。利用ArcGIS分别数字化研究区域边界图和土壤图；用图形分析软件Surfer处理汛期降水、径流数据，生成相应的等值线图，再建立起Surfer与ArcGIS之间的数据交换接口，使Surfer图文数据转换为相应的ArcGIS矢量数据，最后经投影变换，将各项模型参数所需数据集成为一个规范的GIS空间数据库。

基于GIS的区域雨水集蓄利用潜力评价思想，将携带各项影响因子信息的空间数据

依次与研究区边界图进行空间叠加（Overlay）。在叠加结果图的属性库中，以多边形的编号来统计各专题信息的参数值。在GIS属性库中，对多边形而言，每一个多边形便具有包括降水、径流、土壤、地形、植被以及人为影响因素等在内的全部雨水集蓄利用潜力评价信息。经过上述分析处理，就可以将各建模参数数据进行汇总，形成一个以多边形单元数量为记录总数，以各建模参数为记录字段的一个多边形对应6个字段的数据文件，它实际上构成了一个包括各项模型参数在内的数据矩阵。基于GIS的区域雨水集蓄利用潜力评价技术路线框图见图2-1。

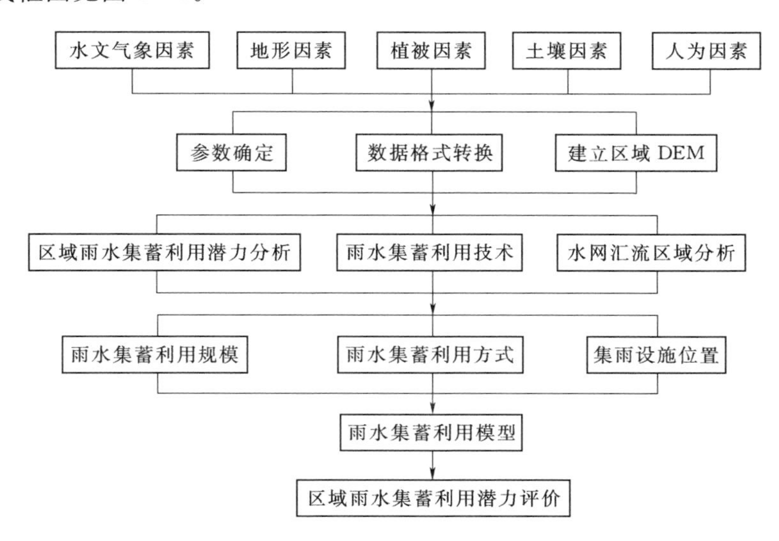

图2-1　基于GIS的区域雨水集蓄利用潜力评价技术路线框图

根据模型选定参数，结合研究区域实际状况，对模型进行分析验证，从而进一步对区域雨水集蓄利用潜力进行评价，实现对区域雨水集蓄利用潜力的估算与分析。

（二）基于集对分析法的区域雨水集蓄利用潜力评价

1. 集对分析原理

集对分析是我国学者赵克勤于1989年提出的一种处理不确定性问题的系统分析方法，其核心思想是把确定、不确定视作一个确定不确定系统。在这个确定不确定系统中，确定性与不确定性在一定条件下互相转化、互相影响、互相制约，并可用一个能充分体现其思想的确定不确定公式（$u=a+bi+cj$）来统一地描述各种不确定性，从而把对不确定性的辩证认识转换成一个具体的数学工具。其中u表示联系度，对于一个具体问题即为联系度，a表示同一度，b表示差异度，c表示对立度，i表示差异不确定度系数，$i\in[-1,1]$，j为对立度系数，计算时恒取-1。其中i在$-1\sim1$之间变化，体现了确定性与不确定性之间的相互转化，随着$i\to0$，不确定性明显增加，而i取-1或者1，都是确定的。联系度u与差异不确定度系数i是该理论的基石。该理论包括了随机、模糊、灰色等常见不确定性。

雨水集蓄利用作为一个庞大的系统工程，其中包含了许多确定和不确定因素。因此，区域雨水集蓄利用潜力评价，实质上是一个同时具有确定性评价指标和评价标准以及具有不确定性评价因子与其含量变化相结合的分析过程。将集对分析方法用于雨水集蓄利用潜力评价，可视待评区域雨水集蓄利用系统的某项指标和标准将其分为两个集合，这两个集合构成一个集对，若该指标处于评价级别中，则认为是同一；若处于相隔的评价级别中，则认为是对立；若指标在相邻的评价级别中，则认为是差异。取差异不确定度系数 i 在 $-1\sim1$之间变化，越接近所要评价的级别，i 值越接近 1，越接近相隔的评价级别，i 值越接近-1。根据集对分析联系度表达式中的同一度、差异度、对立度数值及其相互间的联系、制约与转化关系，进行雨水集蓄利用潜力评价。

2. 雨水集蓄利用潜力评价集对分析方法

基于集对分析法的雨水集蓄利用潜力评价，首先将评价区域的各个指标与评价标准构筑一个集对。对于某一区域的雨水集蓄利用潜力来说，设有 N 个评价指标，其中有 S 个评价指标优于标准，有 P 个较标准为差，有 F 个未测或缺乏比较，则该区域的联系度表达式为

$$\mu=\frac{S}{N}+\frac{F}{N}i+\frac{P}{N}j \tag{2-7}$$

式中　i——差异不确定度标记；

j——差异对立度标记。

设 $a=\frac{S}{N}$、$b=\frac{F}{N}$、$c=\frac{P}{N}$，则 a、b、c 依次为同一度、差异度、对立度，将式（2-7）简写为

$$u=a+bi+cj \tag{2-8}$$

根据集对分析理论，式（2-8）中的同一度、对立度是相对确定的，而差异度则相对不确定；同时由于 a、b、c 三者是对同一问题不同侧面的全面刻画，因而三者彼此之间存在相互联系、制约与转化关系。依据 a、b、c 三者大小关系及定量分析，可以分析区域雨水集蓄利用潜力情况。进一步分析评价指标的数值与评价雨水集蓄利用潜力分级标准之间的数量关系，可以看出，即使不同区域的雨水集蓄利用潜力处于同一级别，也会因为评价指标值的差异，而使雨水集蓄利用潜力有所不同。由此，相对于分级标准可继续进行同一、差异、对立的集对分析。

根据分析所选雨水集蓄利用潜力评价指标，可知评价指标都为成本型指标，具体计算可采用式（2-9）进行：

$$\mu_{mn}=\begin{cases}1+0i+0j & x\in[0,S_1]\\ \dfrac{S_2-x}{S_2-S_1}+\dfrac{x-S_1}{S_2-S_1}i+0j & x\in[S_1,S_2]\\ 0+\dfrac{S_3-x}{S_3-S_2}i+\dfrac{x-S_2}{S_3-S_2}j & x\in[S_2,S_3]\\ 0+0i+1j & x\in[S_3,+\infty]\end{cases} \tag{2-9}$$

式中　S_1、S_2、S_3——分别为对应于同一、差异、对立事件的评价标准门限值；

x——各个待评区域的雨水资源状况指标值；

m——第 m 个待评区域；

n——第 n 个评价指标。

由联系度式（2－7）计算结果，根据同一度、差异度和对立度大小可以对各个待评区域的雨水集蓄利用潜力进行评价排序。根据式（2－9）的计算结果，分别取其平均值，得到各个评价区域的平均联系度$\overline{\mu_{mn}}$，由$\overline{\mu_{mn}}$中同一度、差异度和对立度的大小来确定待评区域雨水集蓄利用潜力所属的等级阶段。

（三）基于物元分析法的区域雨水集蓄利用潜力评价

1．物元分析理论

（1）基本模型。根据物元分析理论，给定事物的名称 N，它关于特征 c 的量值为 ν，以有序三元 $R=(N,\ c,\ \nu)$ 作为描述事物的基本元，简称物元。如果事物 N 有多个特征，它以 n 个特征 c_1，c_2，…，c_n 和相应的量值 ν_1，ν_2，…，ν_n 描述，则物元可表示为式（2－10），这时 R 为 n 维物元，简记 $R=(N,\ c,\ \nu)$。

$$R=\begin{pmatrix} N & c_1 & \nu_1 \\ & c_2 & \nu_2 \\ & \vdots & \vdots \\ & c_n & \nu_n \end{pmatrix}=\begin{pmatrix} R_1 \\ R_2 \\ \vdots \\ R_n \end{pmatrix} \tag{2-10}$$

（2）经典域与节域物元。当 N_0 为标准事物，关于特征 c_i 量值范围 $\nu_{0i}=[a_{0i},\ b_{0i}]$ 时，经典域的物元可表示为式（2－11）；由各标准事物 N_0 确定关于特征 c_i 的量值范围 $\nu_p=[a_{pi},\ b_{pi}]$ 所组成的物元 R_p 称为节域物元。节域物元可表示为式（2－12），其中 $[a_{01},\ b_{01}]\in[a_{p1},\ b_{p1}]$（$i=1,\ 2,\ \cdots,\ n$）。

$$R_0=\begin{bmatrix} N_0 & c_1 & [a_{01},b_{01}] \\ & c_2 & [a_{02},b_{02}] \\ & \vdots & \vdots \\ & c_n & [a_{0n},b_{0n}] \end{bmatrix} \tag{2-11}$$

$$R_p=\begin{bmatrix} N_p & c_1 & [a_{p1},b_{p1}] \\ & c_2 & [a_{p2},b_{p2}] \\ & \vdots & \vdots \\ & c_n & [a_{pn},b_{pn}] \end{bmatrix} \tag{2-12}$$

（3）关联函数及关联度。关联函数表示物元的量值取值为实轴上一点时，物元符合要求的范围程度，其函数值即为关联度。由于可拓集合的关联函数可用代数式来表达，从而实现对不相容问题的定量化描述。令有界区间 $x_0=[a,\ b]$ 的模定义为：$|x_0|=|b-a|$，某一点 x 到区间 $x_0=[a,\ b]$ 的距离可用式（2－13）表示：

$$\rho(x,x_0)=\left|x-\frac{1}{2}(a+b)\right|-\frac{1}{2}(b-a) \tag{2-13}$$

其关联函数 $K(x)$ 定义为

$$K(x)=\begin{cases}\dfrac{-\rho(x,x_0)}{|x_0|} & x\in x_0\\[2ex] \dfrac{\rho(x,x_0)}{\rho(x,x_p)-\rho(x,x_0)} & x\notin x_0\end{cases} \tag{2-14}$$

式中 $\rho(x,\ x_0)$——点 x 与有限区间 $x_0=[a,\ b]$ 的距离；

$\rho(x,\ x_p)$——点 x 与有限区间 $[a_p,\ b_p]$ 的距离；

x、x_0、x_p——分别为待评物元的量值、经典域物元的特征范围和节域物元的特征范围。

（4）综合关联度和等级评定。综合关联度 $K_j(N_x)$ 表示待评事物 N_x 符合某等级 j 的隶属程度，可由式（2-15）计算：

$$K_j(N_x)=\sum_{i=1}^{n}a_iK_j(x_i) \tag{2-15}$$

式中 $K_j(x_i)$——待评事物关于等级 j 评价指标 i 的关联度（$j=1,\ 2,\ \cdots,\ n$）；

a_i——评价指标的权系数。

其中，按式（2-14）计算且当 $K_j(x_i)\geqslant 1.0$ 时，表示被评价对象超过标准对象上限，数值越大，开发潜力越大；当 $0\leqslant K_j(x_i)\leqslant 1.0$ 时，表示被评价对象符合标准对象要求的程度，数值越大，越接近标准上限；当 $-1.0\leqslant K_j(x_i)\leqslant 0$ 时，表示被评价对象不符合标准对象要求，但具备转化为标准对象的条件，且值越大，越易转化，当 $K_j(x_i)\leqslant -1.0$ 时，表示被评价对象不符合标准对象要求，且又不具备转化为标准对象的条件。如果待评事物关于某个等级的综合关联度最大，则待评事物 N_x 属于该等级，即 $K_{j_0}=\max(K_j(x_i))$ 则评定事物 N_x 属于等级 j_0。

2. 区域雨水集蓄利用阶段和评价指标

依据物元分析理论，将区域雨水集蓄利用阶段各特征值及相应标准作为经典物元，待评区域雨水集蓄利用特征值作为待评物元，可对区域雨水集蓄利用进行综合评价，即将区域雨水集蓄利用进行阶段分级，确定评价指标及指标值，然后由关联函数计算待评物元特征指标与经典物元特征指标关联度，加权求和得出待评物元关于各等级的综合关联度，进而分析雨水集蓄利用目前所属的阶段。

（1）区域雨水集蓄利用阶段。资源系统是自然和社会相互作用的动态系统，其开发利用程度随着社会需求的增加和经济技术水平的提高而不断增加，但这种增加的潜力相对有限。区域雨水集蓄利用即是在一定自然条件和社会经济技术水平约束下进行，根据目前雨水集蓄开发利用状况，可分为 V_1、V_2、V_3 3 个阶段。

1）V_1 阶段——自然阶段。该阶段基本没有雨水集蓄利用工程，雨水资源工程化控制程度低，雨水利用谈不上综合利用与管理。然而，该阶段雨水利用开发潜力巨大，我国大部分地区目前雨水集蓄利用程度都处于此阶段。

2）V_2 阶段——发展阶段。该阶段雨水集蓄工程已具有一定规模，雨水资源工程化控制程度较高，雨水集蓄利用技术已具有一定理论基础和实践经验，但雨水资源的进一步开发利用仍具有较大潜力。

3）V_3 阶段——饱和阶段。该阶段雨水资源工程化控制程度高，雨水资源开发利用程

度已接近极限，进一步开发利用潜力很小，由于配套实施了综合集水、配水和用水措施，雨水资源的综合管理达到相当高的水平。

（2）区域雨水集蓄利用潜力评价指标。区域雨水集蓄开发利用指标很多，评价指标的选取要求能够从不同方面、不同角度客观反映区域雨水利用供需关系以及开发利用状况，区域雨水集蓄利用潜力评价指标主要包括：

1）雨水资源控制率 I_1：用年人工集蓄雨水总量与多年平均区域降水量之比来表示，%。

2）农业灌溉中雨水灌溉所占比例 I_2：雨水灌溉耕地面积与区域内耕地总面积之比，%。

3）生活用水中雨水所占比例 I_3：生活用水中雨水用量与区域内生活总用水量之比，%。

4）工业用水中雨水所占比例 I_4：工业用水中雨水用量与区域内工业总用水量之比，%。

5）生态环境用水中雨水所占比例 I_5：生态环境用水量中雨水用量与区域内生态环境总用水量之比，%。

把 V_1、V_2、V_3 3 个阶段作为 3 个等级，各等级评价指标的指标值根据区域雨水集蓄利用状况进行分级并选取适当数值，在上述基础上结合建立的模型对区域雨水集蓄利用潜力进行评价。

（四）基于灰色关联分析法的区域雨水集蓄利用潜力评价

1. 灰色关联分析模型

灰色关联评价系统是根据所给出的评价标准或比较序列，通过计算参考序列与各评价标准或比较序列的关联度大小，通过判断该参考序列与比较序列的接近程度来评定该参考序列的等级。

灰色关联评价系统模型构建具体步骤如下：

（1）确定参考序列和比较序列。设实测样本序列数即参考序列为 m 个，包含 n 个评价指标，则第 i 实测样本序列可表示为

$$X_i=\{x_i(1),x_i(2),\cdots,x_i(n)\}\quad (i=1,2,\cdots,m)$$

将分级标准作为比较序列，共分 s 级。因此，第 j 级标准的比较序列可表示为

$$Y_j=\{y_j(1),y_j(2),\cdots,y_j(n)\}\quad (j=1,2,\cdots,s)$$

（2）归一化处理。由于系统中各因素的量纲不一定相同，而且有时量值的数量级相差悬殊，这样的数据很难直接进行比较，且它们的几何曲线比例也不同。因此，需要对原始数据消除量纲，转换为可比较的数据序列，也就是进行归一化处理：①使各序列无量纲化；②使各序列基本处于同一数量级。

（3）求关联系数。关联系数可用式（2-16）表示：

$$a_{ij}(k)=\frac{m_jinm_kin\Delta_{ij}(k)+Ym_jaxm_kax\Delta_{ij}(k)}{\Delta_{ij}(k)+Ym_jaxm_kax\Delta_{ij}(k)} \tag{2-16}$$

其中
$$\Delta_{ij}(k)=|x_i(k)-y_j(k)|$$

式中 $a_{ij}(k)$——关联系数；

$\Delta_{ij}(k)$——$\{x_i(k)\}$与$\{y_j(k)\}$在第 i 点第 k 项的绝对差，$k=1$，2，…，n；

$m_jinm_kin\Delta_{ij}(k)$——二极最小差；

$m_jaxm_kax\Delta_{ij}(k)$——二极最大差；

Y——分辨系数，其取值在0～1之间，一般取$Y=0.5$。

由于评价标准并非一具体数值，而是一个区间，故定义$y_j(k)=[a_j(k),b_j(k)]$，则

$$\Delta_{ij}(k)=\begin{cases}a_j(k)-x_i(k) & x_i(k)<a_j(k)\\ 0 & a_j(k)\leqslant x_i(k)\leqslant b_j(k)\\ x_i(k)-b_j(k) & x_i(k)>b_j(k)\end{cases} \tag{2-17}$$

式中 $a_j(k)$、$b_j(k)$——分别为指标k第j个级别的上限与下限。

（4）求加权关联度。加权关联度可用式（2-18）表示：

$$V_{ij}=\sum_{k=1}^{n}w(k)a_{ij}(k) \tag{2-18}$$

式中 V_{ij}——加权关联度；

$w(k)$——第k指标权重，$k=1,2,\cdots,n$；

$a_{ij}(k)$——关联系数。

关联度分析实质上是对序列数据进行空间几何关系比较，通过对两序列加权关联度大小的比较，得到V_{max}，即可确定该实测评价样本所属的等级。然后根据不同实测评价样本序列与比较序列即标准序列比较所得的V_{max}，可以对评价样本进行排序，从而实现排序和等级分类。

2. 区域雨水集蓄利用潜力分级和评价指标

（1）区域雨水集蓄利用潜力分级。同基于物元分析法的区域雨水集蓄利用潜力评价中区域雨水集蓄利用阶段分级。

（2）区域雨水集蓄潜力评价指标。同基于物元分析法的区域雨水集蓄利用潜力评价中区域雨水集蓄利用潜力评价指标。

四、雨水集蓄利用潜力评价指标体系

（一）雨水集蓄利用潜力评价程序

雨水集蓄利用潜力评价不能仅限于某一、两个方面的评价，其与生态、经济、技术和社会方面的许多因子密切相关，不同因子由于其性质和特征的不同，对雨水集蓄利用的影响不同，其评价指标和方法亦各有区别，对其评价应从社会适应性、经济合理性、技术可行性及生态环境合理性等多方面进行综合评价，并且要结合区域雨水资源特点，以提高区域雨水集蓄利用潜力为基本出发点，以经济合理性和技术可行性评价为主，以其他评价为辅进行综合评价。这种多目标评价要运用系统论思想和方法，采用定性分析与定量分析相结合方法，对区域雨水集蓄利用潜力进行全面和客观的描述和评价。

1. 雨水集蓄利用潜力评价目标

雨水集蓄利用潜力评价不仅包括对生态、经济、技术、社会各要素现状的调查与评价，而且还需要评价不同的雨水利用方式所导致生态过程、经济结构、技术和社会组成的动态变化，是有益的还是有害的，其目的是维持雨水资源的高效利用、持续发展和稳定性。评价指标可从生态、经济、技术和社会方面来讨论，主要反映雨水集蓄利用技术的生产可持续性、生态可持续性、技术合理性和社会适应性。

2. 评价指标体系构建原则

对区域雨水集蓄利用这样的复杂系统来说，目前还难以用少数几个指标来描述系统的状态和变化，需要采用多个指标组成一个有机的整体，通过建立指标体系来描述系统的发展状况。同时区域雨水集蓄利用是特定区域的系统工程，加之该技术必然与水资源的合理配置相结合。因此，评价指标一般由较多的影响因子构成，这些因子相互作用、相互制约，反映着区域雨水集蓄利用的整体状态。评价指标体系可依据区域特征和雨水集蓄利用目标进行构造，其特征主要表现为在时间上反映雨水集蓄利用的程度和趋势，在空间上反映生态系统的整体布局和结构，在数量上反映雨水集蓄利用的规模，从不同层次上反映雨水集蓄利用系统的环境效应。一方面，评价因子的选择是否合理对评价结果的正确性有极为重要的影响；另一方面，评价因子的选择又不可能面面俱到，而是要在众多的指标中筛选出那些最灵敏的、便于度量而且内涵丰富的主导性指标作为评价指标。因此，要针对具体的区域，可以选择主要的指标或增加、修改部分代表性指标。一方面要求反映研究区域的地域特征；另一方面更要注重单项指标在体系中的指示作用。为此，区域雨水集蓄利用潜力综合评价指标体系构建应遵循以下原则：

(1) 全面性。建立特定区域的综合评价体系，首先遵守全面性原则，即所建立的指标要能够全面反映区域雨水集蓄利用情况，包括社会、经济、防洪、生态环境及水源开发等各个方面。指标的内容和范围既要包括该系统与外部环境的相互关系，又要包括系统本身的各项特征参数，这些指标既有定量的，也有定性的；既有短期的，也有长期的；既要分析直接的因素，又要考虑间接的因素；既包括局部的影响因素，又要包括整体的影响因素。

(2) 简单性。区域雨水集蓄利用是特定区域的一个相对较为简单的系统，因而在评价指标的制定中，要借鉴区域水资源配置指标体系构建经验，避免繁琐性，应充分把握好区域雨水集蓄利用的特点，抓住主要方面，使分析计算及相应工作更加简捷。

(3) 科学性。综合评价体系在全面简单的基础上还要突出科学性，这就要求每个层次及指标在制定和计算过程中都必须科学、合理、准确，尽可能完整、准确地反映所评价对象，实现科学性、完整性和简单性的统一。

(4) 目的性。该系统指标的建立，重在分析区域雨水集蓄利用技术的合理性和科学性，因而该评价体系应该围绕合理配置展开，使评价的结果能够清楚反映评价的意图。

(5) 客观性。指标必须客观存在，符合区域实际情况，避免选择受人为影响严重的指标。指标必须简明扼要，具有独立内涵，能够充分反映区域雨水资源的本质特征，且不存在重复设置。

(6) 独立性。系统的状态可以用多个指标来描述，但这些指标之间往往存在信息交叉。因此，应在诸多交叉信息中，选择具有代表性和独立性较强的指标参与评价过程，指标之间尽量避免互相重叠，不存在运算或因果关系。

(7) 动态性。时间尺度上的持续性是资源可持续利用的主要特征之一，并且雨水资源在数量、质量、空间上都随着时间发生动态变化。因此，在构建指标体系时，必须选择相应的指标来标度系统的动态，将时间显性或隐性地包含在指标体系之中，使评价模型具有“活性”。

(8) 可比性。选取指标必须尽可能如实反映措施与效应之间的关系，确定环境改善与环境功能增加之间的关系，即剂量反应关系。也就是说措施数量与效应之间存在函数或者

易于统计的数学关系。

(9) 可操作性。指标必需的资料容易获得，必需的计算方法容易操作，尽量避免计算复杂、采集困难的指标。

(10) 层次性。雨水集蓄利用综合评价系统包括社会适应性、经济合理性、技术可行性及生态环境合理性评价子系统，每一子系统又可以用众多的具体指标进行标度，最终合成一个指标来描述系统的可持续利用状态。因此，指标体系的设置也应具有层次性，所选用指标要能同时反映单项效果与综合效果、局部效果和整体效果、微观效果和宏观效果等。

3. 指标体系建立程序与方法

区域雨水集蓄利用系统虽然结构较为简单、层次不多，但是各子系统之间既有相互作用，又有相互间的输入和输出，某些元素及子系统的改变有可能导致整个系统由优到劣或由劣到优的重大变化。因此，要建立一个具有科学性、全面性、简单性和目的性的综合评价指标体系，需要进行周密的考虑，避免指标的偏离。区域雨水集蓄利用综合评价体系建立一般包括以下几个步骤：

(1) 指标设置。采用系统分析、频度统计法。系统分析即根据资源可持续利用系统特征，可以不受条件的限制，凡是能够描述该系统各层次状态的所有指标应尽可能一一列出，这样做的目的是全方位地考虑问题，防止重要指标的遗漏。采用频度统计法对目前的研究报告、论文进行统计，选用使用频率较高的指标。

(2) 初步选择评价指标。从分析各评价因素的逻辑关系入手，对评价方案做出条理清晰、层次分明的系统分析，从整体最优原则出发，考虑局部服从整体、宏观结合微观、长远结合近期，综合多种因素，确定评价方案的总目标。然后，对目标按其构成要素之间的逻辑关系进行分解，形成系统完整的评价指标体系。初步选出的评价指标应包括各种效果与影响的定性分析和定量分析指标。

(3) 确立评价指标体系。为了使评价指标体系能够满足指标体系建立的原则，还需要开展进一步的筛选工作。筛选工作分为前期“一般性指标”筛选和后期“具体指标”筛选。筛选指标时应尽量选择那些可能受到该系统直接或间接影响的指标，选择那些具有时间和空间动态特征的指标。指标筛选方法有：频度统计法、理论分析法、专家咨询法、主成分分析法和独立分析法。按照上述方法，由最后选出的独立性指标和主成分指标共同构成评价指标体系。

(二) 雨水集蓄利用潜力评价指标体系建立

区域雨水集蓄利用潜力综合评价指标是用来度量、分析区域雨水集蓄利用程度的重要手段，它既是区域雨水资源利用现状与水平的表达，也是区域雨水资源合理配置和高效利用的反映。构建的指标体系须全面、完整、准确地反映雨水资源属性，并能从多角度、全方位对雨水资源利用进行综合评价，在遵循科学性、系统性、可表征性、可操作性等原则的基础上，借鉴国内外有关雨水集蓄利用研究成果作为指标选择的依据，从影响区域雨水资源集蓄利用的社会适应性、经济合理性、技术可行性和生态环境合理性 4 个方面出发，选择 35 个评价指标，建立由目标层（A）、准则层（B）、指标层（C）3 个层次组成的区域雨水集蓄利用潜力综合评价指标体系。区域雨水集蓄利用潜力综合评价指标体系层次结构见表 2-2。

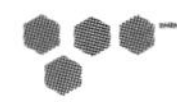

表 2-2 **区域雨水集蓄利用潜力综合评价指标体系层次结构**

目标层 A	准则层 B	指标层 C	指标描述
区域雨水集蓄利用潜力综合评价	社会适应性 B_1	公共参与率 C_1/%	公共参与雨水集蓄利用的程度
		人口环境容量 C_2	区域发展时空规模规定情况下所能承载人口数量的好坏
		灌溉保证率 C_3/%	生态灌溉用水满足程度
		缺水率 C_4/%	缺水量/需水量
		居民满意率 C_5/%	调查人数/调查总人数
		农业生产增长率 C_6/%	
		人均雨水资源占有量 C_7/(m^3/人)	区域雨水资源总量/区域人口总数
		人均消费水平 C_8	生活消费全部商品支出和非商品支出总额/区域人口总数
	经济合理性 B_2	新增水利设施投资 C_9/万元	雨水集蓄利用工程和节水技术工程及辅助设施投资
		节约水利设施投资 C_{10}/万元	未实施区域雨水资源合理配置前规划的工程在合理配置实施后没有实施的工程投资
		节水率 C_{11}/%	替代自来水量占总需水量的百分数
		提高雨水利用率 C_{12}/%	雨水利用前后雨水排出量差值/总降水量
		单位雨水灌溉增产效益 C_{13}/(元/m^3)	
		单位面积雨水资源占有量 C_{14}/(m^3/hm^2)	区域雨水资源总量/区域面积
		人均纯收入 C_{15}/(元/人)	减去生产费用的纯收入/区域人口总数
		城镇生活用水指标 C_{16}/万 m^3	
		人均粮食占有量 C_{17}/(kg/人)	
	技术可行性 B_3	雨水工程达标率 C_{18}/%	
		工程更新改造率 C_{19}/%	
		雨水利用信息化程度 C_{20}/%	
		雨水水质达标率 C_{21}/%	雨水水质及处理后水质达标程度
		雨水水量与规模 C_{22}/m^3	可利用的降水量及需水量
		引进先进技术程度 C_{23}/%	
		技术普及率 C_{24}/%	
	生态环境合理性 B_4	空气质量提高率 C_{25}/%	生态用水保证率的提高，使得绿化带净化空气的能力增强
		生态环境用水达标率 C_{26}/%	新开发水源的生态环境用水应达到一般绿地系统灌溉用水水质要求
		生态环境可持续发展能力 C_{27}/%	生态水需求量/极限可供生态水量
		水土流失治理度 C_{28}/%	实施水土保持措施面积/应治理面积
		多年平均降雨量 C_{29}/mm	反映区域水资源总量
		增加区域地下水补给模数 C_{30}/mm	反映雨水资源对地下水补给能力
		单位面积植被容积率 C_{31}/%	绿色植物的遮阴面积/绿化带的面积
		植被覆盖率 C_{32}/%	郁闭度在 0.4 以上林草总面积/区域总面积
		地表径流模数 C_{33}/(m^3/km^2)	区域多年平均径流量/多年平均降水量
		干燥度指数 C_{34}	反映区域的气候干燥程度
		水体污染率 C_{35}/%	雨水有效利用减少降水外排量，从而降低对水体污染

五、区域雨水集蓄利用潜力计算及评价

（一）雨水集蓄利用潜力计算原则

1. 区域水量平衡原则

在某一封闭的区域内，雨水是唯一的外界水源补给，在一定时段内，区域的雨水补给量与输出量之差等于区域内各类水体蓄变量之和。水资源输出包括径流流失、蒸发蒸腾及向区域外的水资源输出，其中，径流与蒸发蒸腾损失量是可以通过人工措施进行调控的，雨水资源化的目的就是尽量减少径流流失、蒸发蒸腾损失，促使其向有利于雨水资源利用的方向转化。

2. 承载力有限原则

区域内耗水类型主要包括生活、生产、生态三个方面，其中生态用水除特殊要求外，一般只采用雨水就地利用方式既可满足其需水量。同时，由于区域内总降水量与集流面积有限，因此可利用雨水资源与承载力也相对有限，从而使得生产、生活与生态供水存在一定限制。因此，任何一个区域的水资源都不可能实现超限供给，雨水资源的利用亦不例外。

3. 技术经济约束原则

从雨水集蓄利用技术的内涵来看，每一项技术都具备一定的径流调控能力，但同时也存在一定的自然、社会、经济等适用范围和限制条件。为实现径流调控能力，需要辅以一系列工程措施，同时需要一定的工程建设费用。一般而言，费用越高，集流效果越好，在相同的供水要求下所需集流面越小。因此，在不同的技术经济条件约束下，雨水集蓄利用工程在区域内存在不同的布局与规模。

（二）雨水集蓄利用潜力计算方法

区域雨水集蓄利用潜力是指区域内的降水中能被资源化且为人类社会经济活动所利用的量。根据最新研究成果，结合雨水集蓄利用实践，区域雨水集蓄利用潜力一般可划分为理论潜力、可实现潜力与现实潜力。

1. 理论潜力

由于大气降水是陆地上各种形态水资源的补给来源，它是一个流域或封闭地区当地水资源量的最大值。因此，区域雨水集蓄利用理论潜力实质上就是该区域的降水总量，具体可按式（2－19）计算：

$$W_t = 10^3 P_p A \tag{2-19}$$

式中 W_t——区域雨水集蓄利用理论潜力，m^3；

P_p——设计频率下的区域降水量，mm；

A——雨水集蓄利用区域面积，km^2。

2. 可实现潜力

实际上，任何一个区域的雨水是不可能完全资源化并被开发利用的。一方面，由于自然条件和技术经济水平的限制，人们只能利用部分雨水资源；另一方面，经济、社会与环境的协调发展也不允许对水资源进行完全意义上的开发利用。参考联合国粮农组织（FAO）提出的有效降水量概念，我们可以将区域雨水集蓄利用可实现潜力定义为：在一定自然和技术经济条件下，按照经济、社会、环境协调发展的要求，依托已有利用方式和

工程技术手段可以开发利用的最大雨水资源量。一般来讲，区域需水主要包括生活、生产和生态三个方面。因此，雨水资源化事实上就是指雨水转化为资源并能够被生活、生产和生态加以利用的过程。

一般情况下，经过下垫面的转化，雨水就成为地表水、地下水及土壤水中的一种，其中土壤水是其主要表现形式之一。无论从广义还是狭义的水资源概念和定义来看，土壤水并非水资源的范畴。然而，对于植物而言，能够直接吸收利用的是土壤水，而其他水资源（雨水资源、地表水资源、地下水资源）只有转化为土壤水时才能被其吸收利用。因此，对于农业生产及生态环境需水来说，雨水转变为土壤水，即可认为转变为现实可以利用的水资源。正因为如此，可以认为一定区域的雨水资源可实现潜力与区域降水特性（雨量、雨强、降雨历时等）、地形、土壤特性、降水前土壤含水量（土壤前期含水量）、作物种类及生育阶段、耕作措施等因素有关，同时，也与区域经济发展水平和付诸于雨水集蓄利用工程本身的技术有关。

依据雨水集蓄利用可实现潜力定义，构建式（2－20）：

$$W_e=10^3\lambda_e P_p A \tag{2-20}$$

式中 W_e——雨水集蓄利用可实现潜力，m^3；

λ_e——雨水集蓄利用可实现潜力系数；

其他符号意义同前。

3. 现实潜力

雨水集蓄利用现实潜力是指当前利用方式、技术水平和利用规模下，能够调控利用和已经实现的雨水资源利用量。现实潜力 W_y 是在可实现潜力 W_e 的基础上，综合考虑区域经济、社会发展对雨水集蓄利用的需求与组织管理水平等多种因素共同作用和影响的结果，是某一区域当前降水调控能力和水平的真实体现。

依据雨水集蓄利用现实潜力定义，构建式（2－21）：

$$W_y=10^3\lambda_y P_p A \tag{2-21}$$

式中 W_y——雨水集蓄利用可实现潜力，m^3；

λ_y——雨水集蓄利用现实潜力系数；

其他符号意义同前。

（三）不同雨水利用方式下的潜力计算

1. 雨水资源利用方式

雨水集蓄利用是指通过改变地表微观形状、调控土壤入渗能力等方式，有效改变雨水在地表上的分配变化以及地表径流汇集方式，延长地表径流时间，或改变地表径流运动路径等途径，继而达到径流局部汇集，实现雨水集蓄利用的目的。目前，我国雨水集蓄利用主要包括就地利用、异地利用和叠加利用三种方式。不同的雨水集蓄利用方式，势必对应不同的雨水集蓄利用潜力。

（1）就地利用方式。通过夷平或者隆起地表，改善径流汇集条件，增加雨水入渗量，如川台地、水平梯田、鱼鳞坑等雨水利用方式。

（2）异地利用方式。通过修建小型集流场和一定数量的蓄水设施，将某一区域的降水汇集、存储并供其他区域利用的雨水利用方式。雨水汇集区域一般包括居民点、道路、人工集流场等，利用途径包括解决生活用水、发展农业灌溉和恢复生态植被等，该利用方式一般涉及集流场、蓄水设施和供水设施等。

（3）叠加利用方式。在充分利用当地降水，实现雨水就地利用的基础上，将邻近区域的地表径流加以汇集并在本区域进行利用的一种雨水集蓄利用方式。如隔坡梯田、垄沟种植、垄膜沟播技术，分别将梯田坡面部分、垄上部分、膜上部分的降水汇集和截留到作物种植区域并加以利用，实现了对雨水的叠加利用。事实上，雨水叠加利用是雨水就地利用和异地利用的集合。

2. 不同雨水利用方式下的潜力计算

不同的雨水集蓄利用方式有着不同的雨水资源转化能力，即当某一区域的雨水集蓄利用方式确定后，它所能实现的雨水资源化潜力也就确定了。在前述雨水集蓄利用潜力计算方法讨论中，分别提出了雨水集蓄利用理论潜力、可实现潜力和现实潜力。其中，理论潜力计算简单，只要给定区域降水和面积，就可以直接计算确定，但理论潜力对真正意义上的雨水集蓄利用意义、作用都不大，为此，不再进行详细讨论。现实潜力是指在区域当前雨水利用方式、技术水平和利用规模下，能够调控利用和已经实现的雨水资源利用量，对雨水集蓄利用规划不具备指导作用，本处亦不做重点讨论。因此，本节主要针对前述提出的三种雨水集蓄利用方式，计算确定雨水集蓄利用可实现潜力。

（1）雨水就地利用可实现潜力。

该种方式是通过雨水集蓄利用区域微地形的改变来增加地表土壤入渗能力，所有能够入渗到土壤水库中的雨水都有可能被植物吸收利用，而降雨形成的地表径流如果流出本地块，就认为是损失部分。因此，对于就地利用方式，按式（2－20）计算可实现潜力时，雨水集蓄利用可实现潜力系数 λ_e 值实际上就是雨水集蓄利用工程下垫面的就地利用系数，也就是雨水利用区域的平均入渗系数。

当天然降水与下垫面接触后（不计蒸发），一部分降水直接向土壤入渗被直接利用，其余部分降水则形成地面径流。根据就地利用定义，则就地利用系数可按式（2－22）计算：

$$\mu_{ai} = K_{ai}\left(1 - \frac{R_{ai}}{P_p}\right) \tag{2-22}$$

式中 μ_{ai}——第 i 种雨水就地利用下垫面的利用系数；

K_{ai}——去除植物截留后第 i 种雨水就地利用下垫面的降水利用系数，一般可取 0.95～0.98；

R_{ai}——第 i 种雨水就地利用下垫面的降水径流深，mm；

其他符号意义同前。

将式（2－22）代入式（2－20），可以得到雨水就地利用可实现潜力：

$$W_{ea} = 10^3 \sum_{i=1}^{m} K_{ai} A_{ai} (P_p - R_{ai}) \tag{2-23}$$

式中 W_{ea}——雨水就地利用可实现潜力，m^3；

m——计算区域内不同种类的雨水就地利用下垫面数量；

A_{ai}——计算区域内第 i 种雨水就地利用下垫面的面积，km^2；

其他符号意义同前。

前述概念中的入渗系数与径流系数为互补关系，即入渗系数越大，径流系数越小。其中，径流系数是指同一时间段内，区域面积上的径流深度（mm）与降水量（mm）的比值，不同的土地利用类型其径流系数取值各不相同。同时，在径流汇集过程中，由于地形、渗透以及地面水土保持等措施的拦蓄作用，径流量会有一个折减。因此，在用坡地径流资源公式计算雨水资源时，必须考虑折减系数。根据相关资料文献可得到丘陵区（山区）径流系数和折减系数取值范围，不同土地利用类型下径流系数与折减系数见表 2-3。

表 2-3　不同土地利用类型径流系数与折减系数

土地利用类型	径流系数	折减系数	土地利用类型	径流系数	折减系数
水田	0.00	0.05	水域	0.00	0.05
坡耕地	0.04～0.08	0.45～0.55	乡间道路	0.30～0.35	0.50～0.60
林地	0.05～0.07	0.30～0.45	沥青公路	0.70～0.75	0.30～0.35
人工草地	0.05～0.06	0.20～0.30	人工集流面	0.80～0.85	0.90～0.95
天然草地	0.07～0.10	0.45～0.65	难利用地	0.08～0.11	0.60～0.65
城镇	0.30～0.35	0.40～0.45			

（2）雨水异地利用可实现潜力。

对雨水异地利用方式而言，雨水集蓄利用可实现潜力系数事实上就是雨水集蓄利用工程集流效率，也就是降水径流系数，具体可用式（2-24）表示：

$$\lambda_{bj}=\frac{K_{bj}R_{bj}}{P_p} \tag{2-24}$$

式中　λ_{bj}——第 i 种雨水异地利用下垫面的径流系数；

K_{bj}——去除植物截留后第 j 种雨水异地利用下垫面的降水利用系数，一般可取 0.95～0.98；

R_{bj}——第 j 种雨水异地利用下垫面的降水径流深，mm；

其他符号意义同前。

将式（2-24）代入式（2-20），可以得到雨水异地利用可实现潜力计算公式（2-25）：

$$W_{eb}=10^3\sum_{j=1}^{n}K_{bj}R_{bj}A_{bj} \tag{2-25}$$

式中　W_{eb}——雨水异地利用可实现潜力，m^3；

n——计算区域内不同种类的雨水异地利用下垫面数量；

A_{bj}——计算区域内第 i 种雨水异地利用下垫面的面积，km^2；

其他符号意义同前。

对于一个特定的集流场来说，只要有不同材料处理的集流试验研究结果，就可以确定径流调控系数 λ_{bj}。

（3）雨水叠加利用可实现潜力。

雨水叠加利用工程实际上是雨水就地利用与雨水异地利用的组合，可以分为两个部分：用水区 $A1$ 和产水区 $A2$，雨水只有被集中在用水区才有可能被利用。因此，这种利用方式下的可实现潜力应当包括两个部分：用水区本身集蓄的雨水（就地利用部分）加上产水区供给的径流（异地利用部分）。具体计算可用式（2-26）表示：

$$W_{ec}=W_{A1ea}+W_{A2eb} \tag{2-26}$$

式中　W_{ec}——雨水叠加利用可实现潜力，m^3；

W_{A1ea}——雨水叠加利用用水区可实现潜力，m^3；

W_{A2eb}——雨水叠加利用产水区可实现潜力，m^3。

将式（2-23）、式（2-25）分别代入式（2-26）可得：

$$W_{ec}=10^3\left[\sum_{i=1}^{m}K_{ai}A_{A1ai}(P_p-R_{ai})+\sum_{j=1}^{n}K_{bj}R_{bj}A_{A2bj}\right] \tag{2-27}$$

式中　A_{A1ai}——雨水叠加利用第 i 种用水区面积，km^2；

A_{A2bj}——雨水叠加利用第 j 种产水区面积，km^2；

其他符号意义同前。

（四）区域雨水集蓄利用评价

区域雨水集蓄利用必须坚持可持续利用和可持续发展的原则，一方面，雨水资源的开发要尽量满足一定区域内的用水需求；另一方面，雨水资源的开发潜力并不是无穷大的，制定的开发规模和相应的需水量一定要有一个合适的程度，决不能超过雨水资源的承载能力。结合区域雨水资源潜力和需水状况，对区域雨水集蓄利用状况进行初步评价。用 R_{max} 表示小区域雨水集蓄利用最大可以开发的程度：

$$R_{max}=\frac{W_e}{W_t}\times 100\% \tag{2-28}$$

式中　R_{max}——雨水集蓄利用最大开发程度，m^3；

W_e——雨水集蓄利用可实现潜力，m^3；

W_t——雨水集蓄利用理论潜力，m^3。

如果用 R_r 表示区域雨水资源集蓄利用实际开发程度，则有式（2-29）：

$$R_r=\frac{W_r}{W_t}\times 100\% \tag{2-29}$$

式中　R_r——雨水资源集蓄利用实际开发程度，%；

W_r——雨水集蓄利用实际开发利用量，m^3；

其他符号意义同前。

如果用 R_d 表示区域的雨水集蓄利用实际需水程度，则有式（2-30）：

$$R_d=\frac{W_d}{W_t}\times 100\% \tag{2-30}$$

式中　R_d——雨水集蓄利用实际需水程度，%；

W_d——雨水集蓄利用实际需水量，m^3；

其他符号意义同前。

在前述定义的基础上，区域雨水集蓄利用评价可分为下列 4 种情况：

(1) $R_{max}>R_d>R_r$，表明制定的区域雨水资源集蓄开发利用规模较符合实际，尽管对雨水资源的集蓄利用不能满足区域需水要求，但可通过增加雨水集蓄利用工程和其他措施大力开发雨水资源。

(2) $R_d>R_{max}>R_r$，表明制定的区域雨水资源集蓄利用开发规模已超出了雨水资源最

大所能提供的潜力，必须对制定的规划进行修改。

（3）$R_{max}>R_r>R_d$，表明制定的区域雨水集蓄利用规模对雨水资源的利用还很不充分，没能有效发挥雨水资源的利用潜力，应当对规划进行调整，适当扩大雨水利用规模。

（4）$R_{max}=R_d=R_r$，表明制定的区域雨水集蓄利用开发规模已经达到雨水资源的最大潜力，而且实际的开发能力也符合所要求的开发规模，如能达到这样的结果，就真正实现了雨水资源的高效开发利用。但在现实中，这样的情况一般很少能够出现。

第三节　雨水叠加利用技术及其理论

旱作农业始终是我国北方干旱地区农业生产的主体。随着雨水集蓄利用技术的不断发展和技术体系的日益完善，结合旱作农业生产，应用微地形雨水叠加利用模式，有效增加种植区土壤水分含量，提高雨水资源利用效率，缓解干旱地区作物生育期供水不足的矛盾，已经成为提高旱作农业生产水平的重要途径。

一、基本原理

微地形雨水叠加利用技术是在覆盖种植技术基础上发展起来的，是将覆盖保墒技术、起垄沟播技术和膜侧种植技术有机结合的一种复合种植技术。其技术原理的核心和关键是通过膜料覆盖作物行间非种植区（下称 A 区）的土地，将膜上的天然降雨有效叠加到作物种植区（下称 B 区），继而增加 B 区土壤含水量供作物生长利用，同时可有效减少 A 区的水分蒸发损失，显著提高水分利用效率。雨水叠加利用技术示意见图 2-2。

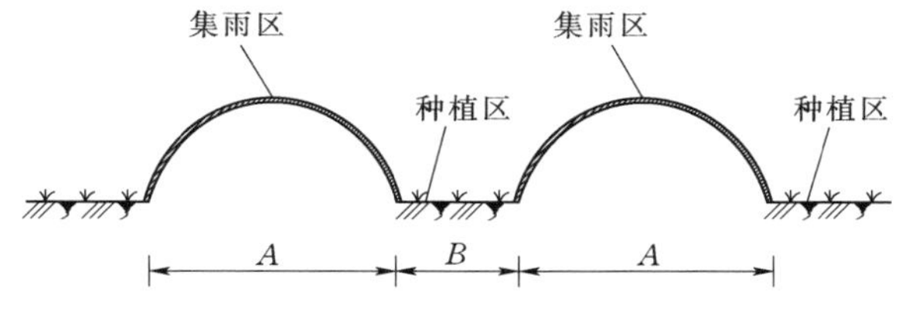

图 2-2　雨水叠加利用技术示意图

微地形雨水叠加利用过程实际上是一个对天然降雨在空间范围内的富集叠加过程，其基本原理是由于膜料的防渗作用，A 区的降雨自然汇集到 B 区，从而增大了 B 区的土壤含水量，其结果是两块土地（A、B 区）上的雨水被其中一块（B 区）土地集中利用，在同等的降雨条件下使得 B 区的可利用水量显著增加，从而提高了雨水利用效率，改善了农作物水分供给条件，保障了作物正常生长的水分需求，为实现稳产高产创造了十分有利的条件。

二、数学模型

根据微地形雨水叠加利用原理，叠加以后 B 区的可利用雨水为降落到 B 区的雨水与降落到 A 区的雨水经膜料汇集后平铺到 B 区后的数量之和。由此可知，当拟定种植模式作物的生育期降水量已知，微地形雨水叠加利用模式确定时，可用式（2-31）计算确定叠加后作物种植 B 区的有效降水量：

$$P_0=P_i+P_iE\frac{A}{B} \tag{2-31}$$

引入垄沟比概念，并令 $K=\frac{A}{B}$，代入式（2-31）后，据此可建立式（2-32）的数学模型：

$$P_0=P_i(1+KE) \tag{2-32}$$

其中

$$P_i=P_pK_iK_0 \tag{2-33}$$

式中 P_0——作物全生育期种植区（B 区）叠加以后的总有效水量，mm；

P_i——作物全生育期有效降水量，mm；

P_p——设计保证率 p 时的年降水量，mm；

K_i——生育期降水系数（生育期降水量占年总降水量的比）；

K_0——有效降水系数（年有效降水量占年总降水量的比）；

K——垄沟比，即膜料覆盖区（A 区）宽度与作物种植宽度（B 区）的比值；

A——膜料覆盖（垄）宽度，m；

B——作物种植（沟）宽度，m；

E——塑料薄膜集流效率，在降水量 300～600mm 地区，分别取 0.85～0.92。

式（2-32）为微地形雨水叠加利用模式的基本数学模型方程。由式（2-32）可以看出，利用微地形叠加以后的雨水可利用量与作物生育期有效降水量、垄沟比以及膜料的集流效率均成正比关系。

三、模型求解

（一）非充分灌溉条件下的求解模型

非充分灌溉（deficient irrigation）也被定义为补充灌溉或者限额灌溉，是指在干旱缺水条件下，为提高水分利用效率而采取的一种以满足作物生育期部分需水要求为原则和标准的灌溉方式。非充分灌溉技术以灌溉农业技术和旱作农业技术为基础，形成了一整套完备的旱作农业理论体系。有研究成果表明，非充分灌溉定额一般按充分灌溉定额的60%～80%确定。

微地形雨水叠加利用是指将 A 区的水分叠加以后供给 B 区集中使用。为推求非充分灌溉条件下雨水叠加利用模式垄沟比的求解模型，首先引入作物全生育期需水量 P_s 和非充分灌溉保障系数 K_s（非充分灌溉定额与充分灌溉定额之比）。根据前面已经建立的微地形雨水叠加利用基本数学模型方程和非充分灌溉概念，灌溉水量应满足式（2-34）：

$$P_sK_s=P_i(1+KE) \tag{2-34}$$

式中 P_s——作物全生育期需水量，mm；

K_s——非充分灌溉保障系数；

其他符号意义同前。

定义生育期有效降水量 P_i 与作物全生育期需水量 P_s 之比值为天然状态下的水分供需比，并令 $K_p=P_i/P_s$，代入式（2-34），则有式（2-35）的数学关系存在：

$$K=\left(\frac{K_s}{K_p}-1\right)\frac{1}{E} \tag{2-35}$$

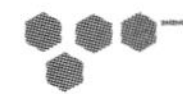

式（2-35）所确定的数学关系就是非充分灌溉条件下，微地形雨水叠加利用模式垄沟比的数学求解模型（模型一）。从式（2-35）可以看出，非充分灌溉条件下，垄沟比与灌溉保障程度成正比，与水分供需比以及膜料的集流效率成反比。

（二）以 *A*、*B* 区全部面积为依据确定灌溉定额时的求解模型

生产实践中，一般习惯于将 A、B 区均视为种植面积，并以此确定相应的灌溉定额。当按 A、B 区全部面积为依据确定灌溉定额时，由于灌溉仅集中在 B 区进行，为此，当灌溉定额为 W 时，B 区的灌水深度可用式（2-36）表示：

$$P_B = 1.5W\frac{A+B}{B} \tag{2-36}$$

式中 P_B——设计灌溉定额时集中在 B 区上的灌水深度，mm；

W——以 A、B 区全部面积为依据确定的灌溉定额，m^3/亩；

其他符号意义同前。

根据微地形雨水叠加利用原理，当灌溉定额为 W 时，用于 B 区的灌溉水量全部来源于 A 区，即有式（2-37）的数学关系存在：

$$P_iEA = P_BB \tag{2-37}$$

将式（2-36）代入式（2-37）中，可以得到式（2-38）所表示的数学关系：

$$\frac{A+B}{A} = \frac{P_iE}{1.5W} \tag{2-38}$$

将 $K=\frac{A}{B}$ 代入式（2-38），整理后可以得到式（2-39）的数学模型关系：

$$K = \frac{1.5W}{P_iE - 1.5W} \tag{2-39}$$

式（2-39）所表示的就是以 A、B 区全部面积为依据确定灌溉定额为 W 时，微地形雨水叠加利用模式垄沟比的数学求解模型（模型二）。然而，如果仅从式（2-39）来看，本式存在无解和负解（当 $P_iE \leqslant 1.5W$ 时）。但进一步分析式（2-38）可以知道，由于事实上 A、B 区的存在，使得 $A+B>A$，由此可知 $P_iE>1.5W$。这一点，是由以 A、B 区为全部面积确定灌溉定额所决定的，与求解模型本身的表达也是严格一致的。

（三）以 *B* 区面积为依据确定灌溉定额时的求解模型

虽然人们习惯于将 A、B 区所占据的整个面积看作是种植面积，但由于这种二元（A 区覆盖集水，B 区种植）结构的形成，使得 A 区在事实上并没有参与作物生长过程中的水分耗散。为此，一般认为，仅以 B 区面积为依据确定灌溉定额，更加符合生产实际需求，也更加容易与真正意义上的灌溉定额相衔接。

当灌溉定额为 W_B 时，B 区的灌水深度可用式（2-40）表示：

$$P_B = 1.5W_B \tag{2-40}$$

式中 W_B——以 B 区面积为依据确定的灌溉定额，m^3/亩；

其他符号意义同前。

当灌溉定额为 W_B 时，用于 B 区的灌溉水量全部来源于 A 区，此时仍满足式（2－37）。将式（2－36）代入式（2－40），整理后可以得到式（2－41）所示的数学模型：

$$\frac{A}{B}=\frac{1.5W_B}{P_iE} \tag{2-41}$$

将 $K=\frac{A}{B}$ 代入式（2－41），可以得到式（2－42）的关系式：

$$K=\frac{1.5W}{P_iE} \tag{2-42}$$

式（2－42）是以 B 区面积为依据确定灌溉定额时，微地形雨水叠加利用模式垄沟比的数学求解模型（模型三）。从式（2－42）可以看出，此时，垄沟比与灌溉定额成正比，与作物生育期有效降水以及膜料的集流效率成反比。

（四）一定水分满足率条件下的求解模型

对于北方干旱、半干旱地区而言，现状天然降水量条件下，各种作物生育期水分供给均处于亏缺状况。以降水量400mm地区为例，正常情况下，小麦水分亏缺43.7%，玉米水分亏缺30.6%，糜谷水分亏缺22.0%。实施微地形雨水叠加利用，可有效改善作物水分供给状况，确保作物正常生长。

基于前述事实的存在，根据微地形雨水叠加利用模式的基本数学模型方程，引入水分供给满足率（供给水分占全生育期需水量的比例）概念，并分别用叠加利用前后的水分供给满足率表示。

根据上述概念和定义，对式（2－32）表示的方程两端同时除以 P_s，可得到以下表达式：

$$\frac{P_0}{P_s}=\frac{P_i}{P_s}(1+KE) \tag{2-43}$$

令 $X=\frac{P_i}{P_s}$、$X'=\frac{P_0}{P_s}$ 并代入式（2－36），可以得到：

$$K=\left(\frac{X'}{X}-1\right)\frac{1}{E} \tag{2-44}$$

式中　X、X'——平地未覆膜、起垄覆膜种植时作物水分满足率；

其他符号意义同前。

式（2－43）表示的即为一定水分满足率时，微地形雨水叠加利用模式垄沟比数学求解模型（模型四）。从式（2－43）可以看出，垄沟比与起垄覆膜种植时作物水分满足率成正比，与平地未覆膜种植时作物水分满足率以及膜料的集流效率成反比。

四、实例验证

（一）背景资料

对于干旱缺水的甘肃省定西市安定区，以小麦作物为例，全生育期总需水量 P_s＝347mm；50%频率年降水量 $P_{50\%}$＝417mm，有效降水系数 K_0＝0.80，生育期降水系数 K_i＝0.489，则作物全生育期有效降水量 P_i＝163.1mm，塑料薄膜集流效率 E 取0.90进行计算。

（二）计算结果

模型一：根据前述定义，则 $K_p=P_i/P_s=0.47$，假设微地形雨水叠加利用模式设计的非充分灌溉满足系数 $K_s=0.80$。代入式（2-35），经计算，设计的垄沟比 $K=0.780$；如 K_s 降低到 0.60，则 $K=0.307$。

模型二：依据数学模型二，假设微地形雨水叠加利用模式设计的以全部面积计算确定的灌溉定额 $W=20m^3$/亩，代入式（2-39），经计算，设计垄沟比 $K=0.257$；如 W 增加到 $40m^3$/亩，则垄沟比 $K=0.691$。

模型三：依据模型三，假设微地形雨水叠加利用模式设计的以 B 区面积计算确定的灌溉定额 $W=30m^3$/亩，代入式（2-42），经计算，设计垄沟比 $K=0.307$；如 W 增加到 $50m^3$/亩，则 $K=0.511$。

模型四：根据前述定义，平地未覆膜时作物水分满足率实质上也就是作物生育期有效降水 P_i 和生育期需水 P_s 比值的百分数，即 $X=P_i/P_s=47\%$；假设起垄覆膜种植时设计的作物水分满足率 $X'=80\%$，代入式（2-44），经计算，设计的垄沟比 $K=0.780$。

由此可以看出，模型四设计结果与模型一完全相同，只是模型一、模型四对水分需求与满足程度的定义不同罢了。

五、结论

前述各模型的建立，是依据微地形雨水叠加利用基本技术原理，在建立的微地形雨水叠加利用基本数学模型方程的基础上进行的。也就是说，各种求解模型的数学表达均无一例外地遵循微地形雨水叠加利用基本原理，符合微地形雨水叠加利用基本数学模型方程。

应用微地形雨水叠加利用模式垄沟比数学求解模型，可以很方便地求解各种应用条件下微地形雨水叠加利用的设计垄沟比，对微地形雨水叠加利用技术的推广应用具有很好的指导作用。

第四节　塑料大棚雨水高效利用技术及其理论

随着农业生产领域应用技术的不断发展，农业产业化和集约化发展迅速，日益短缺的水资源形势对农业领域水资源的高效利用提出了新的要求。雨水高效利用技术已经成为目前旱作农业地区发展农业生产，特别是进行设施农业生产和实现农业产业化、集约化经营的主要途径。在半干旱地区，以塑料大棚棚面集雨、棚内高效灌溉利用的水量自给模式，已经被证明是一种新型实用和安全经济的雨水集蓄利用方式。

一、种植模式

塑料大棚设施农业包括蔬菜种植、菌类及珍稀物种养殖和高附加值农产品深加工等，但现状主要以蔬菜种植为主。从近几年塑料大棚蔬菜种植结构及全生长过程来看，比较适宜并被普遍采用的种植季节为当年 2 月中旬至次年 1 月中下旬。目前已经形成并被广泛应用的塑料大棚蔬菜种植模式主要为辣椒＋秋冬茬黄（番）瓜、早春西红柿＋秋冬茬黄

(番)瓜和早春黄(番)瓜+秋冬茬番(黄)瓜以及单茬黄瓜、辣椒等。本节仅对目前应用最为普遍且经济效益较好的六种组合模式进行分析论述。

二、种植面积与需水量

(一)塑料大棚结构及面积

目前推广应用的塑料大棚结构种类繁多,大小、规格各不相同。本项技术应用中,实际采用的塑料大棚为钢拱架支撑,塑料薄膜保温自动升降结构。大棚占地长60m,宽8m,作物种植带长57m,宽7m,面积399m^2(折合0.6亩)。

(二)灌溉需水量

为了确保蔬菜种植取得良好的经济效益,塑料大棚蔬菜种植主要以反季节蔬菜为主,灌溉用水量根据蔬菜灌溉试验资料,结合拟定的种植模式组合和塑料大棚蔬菜种植特点计算确定。在拟定的蔬菜种植结构模式下,单座塑料大棚蔬菜生长期年灌溉需水量 W_x 在126.0~153.6m^3 之间,详见表2-4。

表2-4 塑料大棚种植模式组合情况表

种植模式	种植模式	起始时间	终止时间	灌溉定额/(m^3/亩)	单棚需水量 W_x/m^3
模式一	辣椒+秋冬茬黄瓜	2月18日	1月21日	252	151.2
模式二	辣椒+秋冬茬番瓜	2月18日	1月8日	256	153.6
模式三	早春西红柿+秋冬茬黄瓜	2月18日	1月21日	210	126.0
模式四	早春西红柿+秋冬茬番瓜	2月18日	1月8日	214	128.4
模式五	早春茬黄瓜+秋冬茬番瓜	1月21日	1月8日	242	145.2
模式六	早春茬番瓜+秋冬茬黄瓜	1月21日	1月21日	256	153.6

三、集水面积与集水量

(一)降水量等别及年内分布

半干旱地区降水量及分布规律研究表明,这些地区降水量的年内分布大多集中在6—9月,约占全年降水量的70%左右。以甘肃省中东部地区降水量分布为例,汛期6—9月占71.5%~73.1%,枯水期当年10月至次年5月占26.9%~28.5%。同时,越是干旱少雨的地区,降水量的年内分布具有越不均匀的特点,尤其在4—5月作物生育关键期旱象尤为突出。典型代表区降水量及年内分布见表2-5。

表2-5 典型代表区降水量及年内分布情况表($P=50\%$)

项目		月份												合计
		1	2	3	4	5	6	7	8	9	10	11	12	
代表区 *A*	降水量/mm	0.1	0.3	0.9	13.2	21.1	16.3	61	78.1	66.4	37.9	8.5	0	303.8
	所占比例/%	0.03	0.10	0.30	4.34	6.95	5.36	20.08	25.71	21.85	12.48	2.80	0	100
代表区 *B*	降水量/mm	0.3	0.9	0	9.3	31.1	36.1	128	62.2	50.7	52.5	16.4	0.3	387.8
	所占比例/%	0.08	0.23	0	2.40	8.02	9.31	33.01	16.04	13.07	13.53	4.23	0.08	100

（二）不同材料集流效率

随着降水量的不同，各种材料的集流效率也有所不同。塑料薄膜集流面年平均集流效率可达75%～80%甚至更高，单次降水量较大时，集流效率可达95%以上。混凝土集流面集流效率大小与混凝土标号、施工质量、管理水平等因素有关，正常情况下，年平均集流效率在70%～75%之间。依据有关试验资料，不同降水量地区不同防渗材料集流效率见表2-6。

表2-6　不同降水量地区不同防渗材料集流效率

降水量/mm	300	350	400	450	500
塑料薄膜/%	75	76	77	78	80
混凝土/%	72	73	74	75	75
沥青混凝土/%	70	71	72	73	74

（三）可集水量计算

塑料大棚薄膜棚面以其良好的集流效果在雨水集蓄利用中发挥了重要作用。塑料大棚集水量包括两部分：①棚面本身的集水量；②保温墙顶部混凝土衬砌部分的集水量。其中，保温墙厚度2.0m，有效集雨宽度按1.5m计算。总集水量可按式（2-45）进行计算：

$$W_s=10^{-3}P_{50\%}(S_sE_s+S_hE_h) \tag{2-45}$$

式中　W_s——塑料大棚可集水量，m^3；

$P_{50\%}$——代表区50%频率年降水量，mm；

S_s、S_h——塑料大棚棚面、保温墙混凝土衬砌部分的有效集水面积，m^2；

E_s、E_h——塑料薄膜、混凝土集流面集流效率，%。

不同降水量地区塑料大棚集水量计算结果见表2-7。由表2-4可见，拟定模式塑料大棚最大灌溉需水量为153.6m^3。所以说，在降水量400mm及其以上地区，依靠棚面集雨就可确保棚内灌溉用水，而在降水量不足400mm的地区则需要采取其他的补充措施。

表2-7　不同降水量地区塑料大棚集水量计算结果表

降水量/mm	300	350	400	450	500
集水量/m^3	125.3	148.1	171.5	195.5	222.0

（四）补充集流面面积确定

在塑料大棚集雨利用技术中，常常遇到的一个问题是，受降水量大小、年内分布和蔬菜种植结构等多方面因素的制约，在降水量较小地区，单纯依靠大棚薄膜棚面集雨往往难以满足棚内灌溉需水要求。因此，工程实践中不得不依靠其他集流面作为补充，以保证蔬菜全生长期对水量的需求。实际应用中，主要采用混凝土硬化棚间空闲地和交通道路解决。部分有条件的，也可采用沥青公路作为补充集流面来增加集水。这种薄膜棚面与空地硬化相结合的集流模式已成为半干旱山区成功解决大棚种植灌溉用水的新途径。当需要补充集流面时，按50%供水保证率设计，大棚集雨系统可供水量可按式（2-46）计算。

$$W_g = W_s + W_b \tag{2-46}$$

其中 $$W_b = 10^{-3} P_{50\%} S_b E_b$$

式中 W_g——大棚集雨系统可供水量，m^3；

W_b——补充集流面可集水量，m^3；

S_b——补充集流面面积，m^2；

E_b——补充集流面集流效率，%；

其他符号意义同前。

补充集流面面积可根据供需平衡原理（$W_x = W_g$）试算求得。不同降水量地区设计种植模式下，补充集流面面积计算结果见表2-8。

表2-8 补充集流面面积计算结果

项目		模式一	模式二	模式三	模式四	模式五	模式六
300mm	缺水量/m^3	25.9	28.3	0.7	3.1	19.9	28.3
	混凝土集流面/m^2	120	131	3	14	92	131
	沥青路面/m^2	123	135	3	15	95	135
350mm	缺水量/m^3	3.1	5.5	−22.1	−19.7	−2.9	5.5
	混凝土集流面/m^2	14	25				25
	沥青路面/m^2	15	26				26
400mm	缺水量/m^3	−20.3	−17.9	−45.5	−43.1	−26.3	−17.9
	混凝土集流面/m^2						
	沥青路面/m^2						

注 1. 补充集流面中，混凝土、沥青路面设计数据为互斥方案。
2. 表中缺水量栏数值为"—"，表示不缺水，即不需补充集流面。

从表2-8可以看出，在300mm降水量地区所有模式及350mm地区模式一、模式二、模式六均需要补充集流面，在这种情况下，遵循"以需定供"的原则，即按照水量需求确定集流面大小；在400mm降水量地区所有模式及350mm地区模式三、模式四、模式五，塑料大棚集水量可满足灌溉需水量，不再需要单独建设补充集流面。

四、水量平衡分析

（一）水量平衡分析

为了实现高效用水和减少投资的目的，塑料大棚蔬菜种植在规划阶段必须通过水量供需平衡分析，计算确定补充集流面的大小。当大棚薄膜棚面集水不能满足自给而需要修建补充集流面时，水量平衡分析以蔬菜生长过程水量供需平衡为目标。为此，我们可以得出如下两条结论：

（1）当降水量较小，需要补充集流面时，集流面的大小根据单座大棚的水量需求计算确定，水量平衡以需定供，整个供水系统灌溉需水量等于供水量，即$W_x = W_g$，此时，供水系统不发生弃水。

（2）当降水量较大，不需要补充集流面时，薄膜棚面集水满足作物生长需水要求，灌

溉需水量小于或等于供水量，即 $W_x \leqslant W_g$，此时，可能有弃水发生。

（二）水量调节计算

前已述及，虽然根据水量平衡原理，实现了蔬菜种植全生长期水量供需的平衡，但由于天然降水在季节上的不均匀性，致使用水系统在具体的某一用水时段内的水量供需并不平衡。为此，还需要通过一定的工程措施，对可供水量（有效集水量）进行调控，实现以丰补枯，达到高效利用的目的。

为保证拟定种植模式作物全生长期不缺水，水量调节计算选择某一时段作为水量供需平衡点进行计算。根据水量平衡计算方法，供需平衡点选择在丰水期开始，平衡点的选择应满足作物全生长期整个供水过程不缺水。然后，通过逐时段水量供需平衡（盈亏）计算，确定整个时段（全生长过程）的最大蓄存水量，以此作为确定蓄水设施容积的依据。其中，可供水量根据代表性地区 50%频率降水量年内分配计算，需水量根据拟定的种植模式和作物生育阶段需水量分段计算确定。

由水量调节计算结果可以看出，在 300mm 降水量条件下，由于按照水量供需平衡确定工程措施，为此，塑料大棚蔬菜全生长过程很少甚至没有弃水发生；而在 400mm 降水量地区，由于供水量全部由塑料大棚棚面集水供给，整个用水过程可能有弃水发生，最大达 45.5m^3。300mm、400mm 降水量地区塑料大棚蔬菜种植模式水量平衡计算结果分别见表 2－9 和表 2－10。

（三）蓄水工程容积确定

与塑料大棚集雨配套的蓄水工程总容积，根据系统年供水量和设计种植模式下作物需水量，通过调节计算确定。蓄水工程的容积应在年调节的过程中，保证设计模式下作物全生长期不缺水。调节过程以年为调节计算单元，其中当年末的蓄水量应能满足来年除天然降水以外的蔬菜生长灌溉水量需求。从水量调节计算过程可以看出，在降水量 300mm 地区，不同种植模式的蓄水设施调蓄容积分别在 53.8～65.6m^3 之间，而在降水量 400mm 地区，调蓄容积相对较小，在 44.8～62.0m^3 之间，而且大部分种植模式连续 2 个月出现弃水，个别模式甚至连续 3 个月出现弃水。选用的蓄水工程形式以埋藏式水泥砂浆抹面水窖为主，容积一般确定为 15～30m^3，与之配套的设计配套容积见表 2－11。

（四）蓄水工程复蓄指数

复蓄指数是指蓄水工程在年内的重复利用次数。就塑料大棚集雨利用模式来说，蓄水工程复蓄指数即年内总用水量与蓄水设施总容积的比值，具体可按式（2－47）计算确定：

$$K=\frac{W_y}{V_z} \tag{2-47}$$

式中　K——复蓄指数；

W_y——总用水量，m^3；

V_z——配套蓄水设施总容积，m^3。

塑料大棚集雨利用模式蓄水工程复蓄指数见表 2－11。

由前述计算结果可以看出，设计的六种塑料大棚蔬菜种植模式中，模式三、模式四所需的调蓄容积较小。尤其是在降水量 400mm 地区，不仅蓄水设施配套容积较小，而且蓄水设施复蓄指数较大，工程的利用效率较高，是塑料大棚蔬菜种植最为经济的利用模式。

表 2-9　**300mm 降雨量地区塑料大棚蔬菜种植模式水量平衡计算表**　单位：m^3

种植模式	项　目	1月	2月	3月	4月	5月	6月	7月	8月	9月	10月	11月	12月	合计
模式一	供水量	0.05	0.15	0.45	6.51	10.43	8.12	30.39	38.86	33.11	18.9	4.23	0	151.20
	需水量	5.07	5.07	14.29	13.83	14.29	13.83	14.29	14.29	13.83	14.29	13.83	14.29	151.20
	水量平衡	−5.02	−4.92	−13.84	−7.32	−3.86	−5.71	16.1	24.57	19.28	4.61	−9.6	−14.29	
	蓄存水量	40.67	35.65	30.73	16.89	9.57	5.71	0	16.10	40.67	59.95	64.56	54.96	
模式二	供水量	0.05	0.15	0.46	6.61	10.61	8.25	30.87	39.48	33.64	19.2	4.3	0	153.62
	需水量	5.15	5.15	14.52	14.05	14.52	14.05	14.52	14.52	14.05	14.52	14.05	14.52	153.62
	水量平衡	−5.10	−5.00	−14.06	−7.44	−3.91	−5.80	16.35	24.96	19.59	4.68	−9.75	−14.52	
	蓄存水量	41.31	36.21	31.21	17.15	9.71	5.80	0	16.35	41.31	60.90	65.58	55.83	
模式三	供水量	0.04	0.13	0.38	5.42	8.69	6.76	25.33	32.38	27.59	15.75	3.53	0	126.00
	需水量	4.23	4.23	11.91	11.52	11.91	11.52	11.91	11.91	11.52	11.91	11.52	11.91	126.00
	水量平衡	−4.19	−4.10	−11.53	−6.10	−3.22	−4.76	13.42	20.47	16.07	3.84	−7.99	−11.91	
	蓄存水量	33.90	29.71	25.61	14.08	7.98	4.76	0	13.42	33.89	49.96	53.80	45.81	
模式四	供水量	0.04	0.13	0.39	5.52	8.86	6.9	25.81	33	28.12	16.05	3.6	0	128.42
	需水量	4.31	4.31	12.14	11.74	12.14	11.74	12.14	12.14	11.74	12.14	11.74	12.14	128.42
	水量平衡	−4.27	−4.18	−11.75	−6.22	−3.28	−4.84	13.67	20.86	16.38	3.91	−8.14	−12.14	
	蓄存水量	34.54	30.27	26.09	14.34	8.12	4.84	0	13.67	34.53	50.91	54.82	46.68	
模式五	供水量	0.04	0.15	0.43	6.23	10.01	7.8	29.19	37.32	31.79	18.15	4.07	0	145.18
	需水量	4.87	4.87	13.72	13.28	13.72	13.28	13.72	13.72	13.28	13.72	13.28	13.72	145.18
	水量平衡	−4.83	−4.72	−13.29	−7.05	−3.71	−5.48	15.47	23.60	18.51	4.43	−9.21	−13.72	
	蓄存水量	39.08	34.25	29.53	16.24	9.19	5.48	0	15.47	39.07	57.58	62.01	52.80	
模式六	供水量	0.05	0.15	0.46	6.61	10.61	8.25	30.87	39.48	33.64	19.2	4.3	0	153.62
	需水量	5.15	5.15	14.52	14.05	14.52	14.05	14.52	14.52	14.05	14.52	14.05	14.52	153.62
	水量平衡	−5.10	−5.00	−14.06	−7.44	−3.91	−5.80	16.35	24.96	19.59	4.68	−9.75	−14.52	
	蓄存水量	41.31	36.21	31.21	17.15	9.71	5.80	0	16.35	41.31	60.90	65.58	55.83	

表 2-10　　400mm 降雨量地区塑料大棚蔬菜种植模式水量平衡计算表　　单位：m^3

种植模式	项　目	1月	2月	3月	4月	5月	6月	7月	8月	9月	10月	11月	12月	合计
模式一	供水量	0.05	0.17	0.51	7.37	11.83	9.21	34.47	44.08	37.56	21.44	4.80	0.00	171.49
	需水量	5.07	5.07	14.29	13.83	14.29	13.83	14.29	14.29	13.83	14.29	13.83	14.29	151.20
	水量平衡	−5.02	−4.90	−13.78	−6.46	−2.46	−4.62	20.18	29.79	23.73	7.15	−9.03	−14.29	20.29
	蓄存水量	37.24	32.22	27.32	13.54	7.08	4.62	0.00	20.18	49.97	60.56	60.56	51.53	
模式二	供水量	0.05	0.17	0.51	7.37	11.83	9.21	34.47	44.08	37.56	21.44	4.80	0.00	171.49
	需水量	5.15	5.15	14.52	14.05	14.52	14.05	14.52	14.52	14.05	14.52	14.05	14.52	153.62
	水量平衡	−5.10	−4.98	−14.01	−6.68	−2.69	−4.84	19.95	29.56	23.51	6.92	−9.25	−14.52	17.87
	蓄存水量	38.30	33.20	28.22	14.21	7.53	4.84	0.00	19.95	49.51	62.07	62.07	52.82	
模式三	供水量	0.05	0.17	0.51	7.37	11.83	9.21	34.47	44.08	37.56	21.44	4.80	0.00	171.49
	需水量	4.23	4.23	11.91	11.52	11.91	11.52	11.91	11.91	11.52	11.91	11.52	11.91	126.00
	水量平衡	−4.18	−4.06	−11.40	−4.15	−0.08	−2.31	22.56	32.17	26.04	9.53	−6.72	−11.91	45.49
	蓄存水量	26.18	22.00	17.94	6.54	2.39	2.31	0.00	22.56	44.81	44.81	44.81	38.09	
模式四	需水量	0.05	0.17	0.51	7.37	11.83	9.21	34.47	44.08	37.56	21.44	4.80	0.00	171.49
	供水量	4.31	4.31	12.14	11.74	12.14	11.74	12.14	12.14	11.74	12.14	11.74	12.14	128.42
	水量平衡	−4.26	−4.14	−11.63	−4.37	−0.31	−2.53	22.33	31.94	25.82	9.30	−6.94	−12.14	43.07
	蓄存水量	27.24	22.98	18.84	7.21	2.84	2.53	0.00	22.33	46.32	46.32	46.32	39.38	
模式五	供水量	0.05	0.17	0.51	7.37	11.83	9.21	34.47	44.08	37.56	21.44	4.80	0.00	171.49
	需水量	4.87	4.87	13.72	13.28	13.72	13.28	13.72	13.72	13.28	13.72	13.28	13.72	145.18
	水量平衡	−4.82	−4.70	−13.21	−5.91	−1.89	−4.07	20.75	30.36	24.28	7.72	−8.48	−13.72	26.31
	蓄存水量	34.60	29.78	25.08	11.87	5.96	4.07	0.00	20.75	51.11	56.80	56.80	48.32	
模式六	供水量	0.05	0.17	0.51	7.37	11.83	9.21	34.47	44.08	37.56	21.44	4.80	0.00	171.49
	需水量	5.15	5.15	14.52	14.05	14.52	14.05	14.52	14.52	14.05	14.52	14.05	14.52	153.62
	水量平衡	−5.10	−4.98	−14.01	−6.68	−2.69	−4.84	19.95	29.56	23.51	6.92	−9.25	−14.52	17.87
	蓄存水量	38.30	33.20	28.22	14.21	7.53	4.84	0.00	19.95	49.51	62.07	62.07	52.82	

注　对 400mm 降水量地区，由于可集水量全部为塑料大棚集水，为此，各种模式供水量完全相等。

表 2-11 塑料大棚雨水利用模式蓄水工程复蓄指数计算结果表

种植模式	需水量/m^3	300mm			400mm		
		计算容积/m^3	设计配套容积/m^3	复蓄指数	计算容积/m^3	设计配套容积/m^3	复蓄指数
模式一	151.2	64.6	60	2.52	60.6	60	2.52
模式二	153.6	65.6	60	2.56	62.0	60	2.56
模式三	126.0	53.8	60	2.10	44.8	45	2.80
模式四	128.4	54.8	60	2.14	46.3	45	2.85
模式五	145.2	62.0	60	2.42	56.8	60	2.42
模式六	153.6	65.6	60	2.56	62.0	60	2.56

五、结论

随着雨水集蓄利用技术的不断发展和技术体系的进一步完善，在水资源短缺地区，雨水作为潜在资源已经实现了资源化利用、产业化发展、规模化效益，对解决干旱区农村生活用水、发展补充农业灌溉、恢复生态植被发挥了重要作用。塑料大棚棚面集水、棚内利用种植模式的提出，为干旱缺水地区发展设施农业生产提供了强有力技术支持，对推动区域经济社会发展具有十分重要的意义和不可忽视的作用。

第五节 雨水集蓄利用设施匹配技术及其理论

一、匹配原则与方法

雨水集蓄利用工程主要由集水工程、蓄水工程、净水工程和取水工程等构成。其中，作为集水工程的集流面是雨水集蓄利用工程的“水源”工程，主要用来收集天然降水，从而保障规划用水对象的用水需求，其面积大小取决于规划区域的天然降水量以及规划用水对象的规模；蓄水设施主要是保证用水过程的水量调节与供给，与规划区域的降水过程、降水特性、用水规模以及规划用水过程有关；包括水质处理设施与过滤、消毒、终端净化等处理设备在内的净水系统主要用于雨水水质处理，其处理能力大小决定于工程规模与用水过程；取水工程是指包括取水、用水在内的终端取用水系统，与规划用水对象的用水规模、用水强度、用水方式等因素有关。由此可见，在雨水集蓄利用工程系统中，由于集流面工程主导的“来水过程”与蓄水设施调节控制的“用水过程”之间存在的这种关联作用，实质上就是水量变化过程与时间变化过程之间的关系，从而使得无论是在满足规划工程的设计供水保证率方面，还是实现雨水集蓄利用工程的经济利用方面，都需要通过集流面与蓄水设施之间的良好匹配来保障整个系统的安全运行和保障供给。

（一）匹配目的

在具体工程实践中，雨水集蓄利用工程集流面面积与蓄水设施容积之间存在着不相匹配的缺陷，要么集流面面积过大，蓄水设施容积不足，要么集流面面积不足，蓄水设施容

积偏大，这种集蓄矛盾导致在工程建设实践中长期存在着“有水无窖蓄”和“有窖无水蓄”的不合理现象，造成了工程设施的巨大浪费。因此，进行集流面与蓄水设施匹配研究，对提高雨水集蓄利用工程利用效率，保障可持续发展具有极其重要的意义。

实现集流面与蓄水设施之间的合理匹配，实质上就是在确定具体用水对象的前提下，采用一定的规划理论，根据雨水集蓄利用工程集流面的集水过程和蓄水设施的调节供水过程，对雨水集蓄利用工程进行具体设计的过程。在这个过程中，不同的规划理论决定了规划设计过程与结果之间的差异。总而言之，为实现这一环节的科学合理，从保障供水、经济利用的角度来看，实现集流面与蓄水设施匹配的目的主要体现在如下三个方面：

(1) 解决雨水集蓄利用工程水量不足的问题，提高供水保证率和供水保障程度，满足不同用水对象的水量需求。

(2) 实现雨水集蓄利用工程设施之间的合理配置，最大限度地发挥工程设施的应有作用，提高雨水集蓄利用工程的使用效率和效益。

(3) 实现雨水集蓄利用工程设施之间的最佳配置，最大限度地降低工程建设成本，为工程的可持续发展奠定基础。

(二) 匹配原则

集流面与蓄水设施的匹配是指规划的雨水集蓄利用工程，按照设计供水保证率要求，为满足规划用水对象的用水需求，集流面集蓄水量多少与蓄水设施容积大小之间存在的某种数量上的对应关系。在此条件下，集流面与蓄水设施实现良好配置，杜绝工程设施的闲置和浪费，保证其最大限度地发挥应有的作用，从而显著减少工程量，节省工程建设成本，提高雨水集蓄利用工程的使用效率和效益，满足建设资源节约型社会的要求。

综上所述，实现雨水集蓄利用工程设施的合理配置和最佳配置，是进一步提高雨水集蓄利用工程供水保证率，确保安全供水、经济利用的唯一途径。因此，在雨水集蓄利用工程的规划设计中，必须坚持如下的规划设计原则，才能确保雨水集蓄利用工程设施的合理配置和最佳配置。

(1) 坚持以需定供的原则。根据规划用水对象的用水需求，按照以需定供的原则，规划雨水集蓄利用工程的集流面与蓄水设施。

(2) 坚持经济利用的原则。通过对不同集流面面积与蓄水设施容积组合的经济分析，进一步降低雨水集蓄利用工程的使用成本。

(3) 坚持科学发展的原则。依据供水保证率、用水定额等指标，科学规划、统筹布局，进一步提高雨水集蓄利用工程设施的使用效率。

(4) 坚持高效利用的原则。在高标准集水工程、蓄水工程设施建设的基础上，进一步提高水资源利用效率，实现水资源的高效利用。

(5) 坚持人与自然和谐的原则。按照经济、社会与生态环境协调发展的要求，坚持人与自然和谐的原则，充分考虑区域环境与生态的用水需求。

(三) 匹配方法

对一个特定的雨水集蓄利用工程而言，由于规划用水过程的唯一性和用水总量的确定性，在某一个特定的规划区域内，当采用相关理论进行雨水集蓄利用工程的规划设计时，满足实现保障供水要求的集流面面积与蓄水设施容积数量之间必然存在一定的数量关系，

这种数量关系也就是集流面与蓄水设施之间的匹配关系。研究表明，集流面与蓄水设施之间的这种匹配主要包括合理匹配与最佳匹配两种，即在满足设计供水保证率要求的前提下，以集水量与蓄水设施容积相协调的合理匹配和以集水量与蓄水设施容积相协调且工程造价最低的最佳匹配。进一步研究表明，前述两种匹配的实现，可在获得规划区域长系列降水资料的前提下，分别采用典型年法与长系列法计算确定。

1. 集流面与蓄水设施合理匹配方法——典型年法

集流面与蓄水设施合理匹配采用典型年法计算确定。所谓典型年法，是指依据规划区域的典型年降水资料，通过调节计算确定集流面面积与蓄水设施容积的一种计算方法。集流面与蓄水设施合理匹配是指为满足具体用水要求，按照以需定供的原则，通过建设足够数量的集流面，在确保规划工程水量需求的前提下，根据典型年的降水量年内分配情况，充分利用蓄水设施的调节功能，通过调节计算确定满足供水需求时的蓄水设施容积。在此前提下，认为集流面面积与蓄水设施容积实现了合理匹配。

2. 集流面与蓄水设施最佳匹配——长系列法

集流面与蓄水设施最佳匹配采用长系列法计算确定。所谓长系列法，是指依据规划区域的长系列降水资料（一般要求不少于20年），首先假定不同的集流面面积与蓄水设施容积组合，计算规划工程在长系列降水情况下的供水保证率，选取满足设计供水保证率的设施组合即为合理组合，经反复计算形成多组不同的集流面面积与蓄水设施容积组合；其次是通过计算多组集流面面积与蓄水设施容积组合条件下的工程设施总造价，从中选出的最小投资组合即为规划雨水集蓄利用工程的最佳匹配。在此集流面面积与蓄水设施容积组合下，不仅满足了工程的设计供水保证率，实现了保障供水，而且使得工程的建设造价最低，达到了经济利用，为雨水集蓄利用工程的可持续发展奠定了基础。

二、集流面与蓄水设施合理匹配技术

综上所述，集流面与蓄水设施合理匹配是指在计算时段内，为满足设计供水保证率要求，实现保障供水，按照集流面可集水量对蓄水设施容积的要求，使得雨水集蓄利用工程的集流面与蓄水设施容积相协调。事实上，实现这种协调的过程也就是总水量在整个计算时段内调节供给的过程，这个过程可通过典型年计算方法加以实现。

（一）年调节水量保障技术

年调节计算是指以一个用水年度为计算时段，对规划工程的年内来水、用水进行供需平衡分析的过程，其调节计算的基本原则是以需定供，即在计算时段内既无余水，亦无弃水现象发生。

1. 需水过程及需水量

雨水集蓄利用工程重点解决农村生活用水、发展农业补充灌溉、恢复生态植被，其需水过程及需水量可根据具体工程规划用水对象的实际情况计算确定。

（1）单纯地以解决生活用水为目的的需水量计算。

根据农村生活用水特点，需水过程在整个计算时段内（1年）均匀分布，其需水量应依据规划用水对象数量及相应规划定额计算确定。单纯地以解决生活用水为目的的农村生活用水工程，当采用年调节方法进行计算时，逐时段需水量、整个计算时段的总需水量可按式（2－48）、式（2－49）计算确定：

$$W_{xi} = \frac{1}{1000} t_i \sum_{j=1}^{n} A_{ij} Q_{ij} \tag{2-48}$$

式中 W_{xi}——第 i 时段需水量，m^3；

t_i——第 i 规划时段的天数，d；

A_{ij}——第 i 时段第 j 类规划用水对象的数量，人（头或只）；

Q_{ij}——第 i 时段第 j 类规划用水对象的供水定额，L/[人(头或只)·d]；

n——规划用水对象的种类总数。

$$W_x = \frac{1}{1000} \sum_{i=1}^{m} t_i \sum_{j=1}^{n} A_{ij} Q_{ij} \tag{2-49}$$

式中 W_x——计算时段总需水量，m^3；

m——计算时段总数；

其他符号意义同前。

若整个计算时段规划用水对象数量保持不变，则式（2－49）可简化为

$$W_x = 0.365 \sum_{j=1}^{n} A_j Q_j \tag{2-50}$$

式中 A_j——第 j 类规划用水对象的数量，人（头或只）；

Q_j——第 j 类规划用水对象的供水定额，L/[人(头或只)·d]；

其他符号意义同前。

（2）兼有其他供水目的的需水量计算。

当规划工程除满足生活用水要求外，还具有其他供水目的时，应根据具体用水对象的用水特点逐时段分析确定。对一些短期用水对象的集中用水，可将时段用水总量直接分配到计算时段内。在此情况下，逐时段需水量、整个计算时段的总需水量可按式（2－51）、式（2－52）计算确定：

$$W_{xi} = W_{qi} + \frac{1}{1000} t_i \sum_{j=1}^{n} A_{ij} Q_{ij} \tag{2-51}$$

式中 W_{qi}——其他用水对象在第 i 时段内的总需水量，m^3；

其他符号意义同前。

$$W_x = W_q + \frac{1}{1000} \sum_{i=1}^{m} t_i \sum_{j=1}^{n} A_{ij} Q_{ij} \tag{2-52}$$

式中 W_q——其他用水对象在整个计算时段内的总需水量，m^3；

其他符号意义同前。

若整个计算时段规划生活用水对象数量保持不变，则式（2－52）可简化为

$$W_x = W_q + 0.365 \sum_{j=1}^{n} A_j Q_j \tag{2-53}$$

2. 供水量及集水量

（1）供水过程及供水量。

根据以需定供的原则，按照规划工程的设计供水保证率，最大限度地实现保障供水是

雨水集蓄利用工程的设计核心。因此，雨水集蓄利用工程的供水过程事实上就是需水过程。因此，时段供水量可按式（2-54）计算确定：

$$W_{gi}=W_{xi} \tag{2-54}$$

式中 W_{gi}——第 i 时段供水量，m^3；

其他符号意义同前。

由此可见，按照以需定供的原则，在整个计算时段内既无余水，也无弃水，总供水量等于总需水量。即，$W_g=W_x$。

（2）集水量。

雨水集蓄利用工程设计集水量除应满足需水要求外，还应考虑蓄水、供水环节的渗漏损失和蒸发损失。目前，雨水集蓄利用工程的蓄水工程一般都采用砂浆抹面水窖、混凝土水池等封闭式结构，具有良好的防渗、防蒸发性能，总体来说蒸发、渗漏损失不大；另外，由于农村供水方式简单，供水线路较短，供水环节的水量损失也相对有限。研究表明，对设施完好的雨水集蓄利用工程来说，蓄水、供水环节的蒸发、渗漏损失一般仅在5%～10%左右。为确保安全供水，进一步提高供水保证率，分析认为，在工程规划设计环节按设计供水量的10%考虑蒸发、渗漏损失比较合理。即：

$$W_l=1.1W_g \tag{2-55}$$

式中 W_l——规划工程在整个计算时段内的总集水量，m^3；

W_g——规划工程在整个计算时段内的总供水量，m^3；

其他符号意义同前。

3. 集流面分析确定

集流面是雨水集蓄利用工程的水源，其供水量全部由集流面收集提供。用于雨水集蓄利用工程的集流面主要由屋面小青瓦、机瓦、水泥瓦、庭院混凝土、道路沥青混凝土、砂石（土）路面以及荒山荒坡组成，在缺乏当地实测资料时，其集流面的集流效率依据《雨水集蓄利用工程技术规范》（GB/T 50596—2010）有关规定确定。

集流面是实现保障供水的首要设施，集流面面积除与规划工程的总供水量有关外，还与规划区域的降水特性（降水量、降水强度）、集流面防渗材料类型（集流效率）有关。

（1）单一集流面面积计算。

当采用单一材料集流面时，规划工程的集流面面积可采用式（2-56）计算确定：

$$S=10^5\frac{W_l}{P_pE} \tag{2-56}$$

式中 S——集流面面积，m^2；

W_l——计算时段设计总集水量，m^3；

E——集流面防渗材料的集流效率，%；

P_p——满足设计供水保证率 P 时的典型年降水量，mm。

（2）多种集流面面积计算。

当某一项规划工程采用几种防渗材料联合作为集流面时，如前 $n-1$ 种集流面面积已知，则第 n 种集流面面积可按式（2-57）计算确定：

$$S_n=\frac{1}{E_n}\left(\frac{10^5 W_l}{P_p}-\sum_{j=1}^{n-1}S_jE_j\right) \tag{2-57}$$

式中 S_n——第 n 种防渗材料的集流面面积，m^2；

E_n——第 n 种防渗材料的集流效率，%；

S_j——第 j 种防渗材料的集流面面积，m^2；

E_j——第 j 种防渗材料的集流效率，%；

n——规划工程集流面种类总数；

其他符号意义同前。

4. 集水过程分析确定

雨水集蓄利用工程的集水过程完全受控于典型年年内降水的分配过程。事实上，采用典型年法进行计算时，一般按月（旬）进行水量调节计算。为此，首先可进行典型年降水量 P 的逐月（旬）分配并记作 P_i，再据此进行集水过程的计算。

（1）单一集流面来水过程。

当采用单一集流面时，规划工程的逐时段（月或旬）集水、整个计算时段（年）的总集水可分别按式（2－58）、式（2－59）计算确定：

$$W_{li}=10^{-5}SEP_i \tag{2-58}$$

$$W_l=\sum_{i=1}^{m}W_{li}=10^{-5}SEP \tag{2-59}$$

式中 W_{li}——规划工程第 i 时段集水量，m^3；

P_i——第 i 时段降水量，mm；

其他符号意义同前。

（2）多种集流面集水过程。

当联合采用多种集流面时，规划工程的逐时段集水、计算时段总集水可分别按式（2－60）、式（2－61）计算确定：

$$W_{li}=10^{-5}P_i\sum_{j=1}^{m}S_jE_j \tag{2-60}$$

$$W_l=\sum_{i=1}^{m}W_{li}=10^{-5}P\sum_{j=1}^{m}S_jE_j \tag{2-61}$$

（二）集流面与蓄水设施合理匹配技术

如前所述，雨水集蓄利用工程设施的合理匹配是指集流面集水量与蓄水设施容积之间存在的一种可显著提高设施利用效率的数量配置关系。当采用典型年法进行计算时，这种数量关系的建立，可在最大可能地满足规划用水对象需水要求、实现保障供水的同时，合理有效地杜绝设施的闲置和浪费，从而提高雨水集蓄利用工程设施的使用效率和效益水平。

1. 供需水过程及调节计算

供水调节计算在前述水量保障技术研究的基础上进行，是雨水集蓄利用工程设施合理匹配的主要途径。具体计算依赖于蓄水设施对水量的有效调蓄，按照年调节水库兴利库容计算方法进行计算。其调节计算的基本方法是按照以需定供的原则，在整个计算期内，充分利用蓄水设施的调节功能，通过对集流面来水和用水对象需水过程的调节供给实现保障供水，使之在整个供水时段内既无缺水、也无弃水现象发生。

具体计算过程中，在用水中应同时考虑用水过程的蒸发、渗漏损失。前已述及，对雨水集蓄利用工程蓄水设施而言基本不发生蒸发损失，其渗漏损失按总用水量的10%考虑。严格地说，渗漏损失的大小与蓄水设施的适时蓄水量有关。然而，由于来水的不确定性，导致蓄水设施的实际蓄水在整个计算时段内不断变化。在这种情况下，要准确计算各时段的渗漏损失尚存在一定难度。为简化计算过程，分析认为，各计算时段水量损失按照各计算时段用水量的10%计算尚属合理。在此前提下，时段蓄水量可由式（2-62）计算得到：

$$\Delta W_i = W_{li} - 1.1W_{xi} \tag{2-62}$$

式中 ΔW_i——规划工程第i时段蓄水量，m^3；

其他符号意义同前。

逐时段累计蓄水量计算可按式（2-63）进行：

$$W_i = W_{i-1} + \Delta W_i \tag{2-63}$$

式中 W_i——规划工程第i时段累计蓄水量，m^3；

W_{i-1}——规划工程第$i-1$时段累计蓄水量，m^3；

其他符号意义同前。

且各时段最小蓄水量应满足式（2-64）的条件：

$$\min\{W_1, W_2, \cdots, W_n\} \geqslant 0 \tag{2-64}$$

式中 W_1——规划工程第1时段累计蓄水量，m^3；

W_2——规划工程第2时段累计蓄水量，m^3；

W_n——规划工程第n时段累计蓄水量，m^3；

n——规划工程计算时段总数；

其他符号意义同前。

2. 最大蓄水量及蓄水容积确定

在前述计算中，为确保整个计算期内的保障供水，各计算时段末的蓄水设施蓄水量W_1，W_2，…，W_n中，势必存在一个最大值，此值即为满足设计供水保证率时的规划工程蓄水设施容积。在此容积下，可按设计供水保证率保障水量安全供给。该容积可按式（2-65）计算确定：

$$V = \max\{W_1, W_2, \cdots, W_n\} \tag{2-65}$$

据此，我们认为，通过调节计算确定的蓄水设施容积V与前述水量保障技术研究提出的集流面面积S之间实现了合理匹配。该匹配模式不仅为保障水量安全供给奠定了坚实基础，而且显著提高了工程设施使用效率，为雨水集蓄利用工程的可持续发展创造了条件。

（三）典型年计算方法

1. 基本原理

雨水集蓄利用工程集流面与蓄水设施容积的合理匹配，是指构成雨水集蓄利用工程系统的集流面集水量与相应配套的蓄水设施容积的相适应，即集水量与蓄水设施容积之间反

映为某种数量上的对应关系。在雨水集蓄利用工程的具体应用中，应当按照以需定供的原则，通过计算确定集流面面积后，集水量（来水过程）完全受控于工程所在地的天然降水过程，而需水过程则因具体规划工程服务用水对象的不同而各有差异。利用蓄水设施的调蓄功能可以有效调节来水过程与需水过程在时间上的不一致性，从而满足规划用水对象在各个用水时段内的用水需求，继而提高供水保证率，实现农村安全供水目标。

2. 计算方法

雨水集蓄利用工程蓄水设施容积典型年法计算方法应用水文学基本原理，按照年调节水库兴利库容计算理论和方法，选择典型年、划分计算时段进行调节计算。其中，典型年的选择在获得长系列降水资料的基础上，根据设计供水保证率与相应保证率时的降水量分析确定，各计算时段则根据典型年的年内降水分配过程确定，一般以月或旬作为计算时段。具体计算时，首先考虑年内各时段的来水、用水过程（包括损失水量）以及各时段内水量的增减变化情况；其次，一般以各计算时段连续水量平衡出现负值的结束时段作为典型年法计算的起始时段，且令此时段末的蓄水设施储存水量 $W_n=0$，并据此进行各时段水量调节计算。

按照典型年法水文计算的基本原理和要求，在一个完整的计算时段内，从起始计算时段开始至全部计算时段结束，各计算时段末蓄水设施的储存水量是一个连续的增减变化过程并直接受控于来水、用水过程，而在这个储存水量的连续变化阈值内，势必有一个最大值出现，此值即为以实现保障供水为前提的雨水集蓄利用工程设施合理匹配的蓄水设施蓄水容积。

3. 计算步骤

结合雨水集蓄利用工程实际以及典型年法计算流程要求，确定雨水集蓄利用工程蓄水设施容积典型年法计算按如下步骤进行：

（1）确定规划用水对象的具体数量（解决生活用水人口、农业灌溉面积以及其他用水情况）、用水时段、用水定额等。

（2）根据设计用水对象的用水时段、用水定额，逐时段（月或旬）计算需水量 W_{xi} 和整个计算时段内的总需水量 W_x，且 $W_x=\sum_{i=1}^{n}W_{xi}$。

（3）按需水量的10%考虑整个计算时段内的蒸发、渗漏损失，按 $W_l=1.1W_x$ 计算整个时段的总来水量（可集水量）。

（4）依据规划区域的长系列降水资料，选定满足设计供水保证率的典型年降水 P，并进行逐时段（月或旬）降水量 P_i 分配计算，且 $P=\sum_{i=1}^{n}P_i$。

（5）按照因地制宜，就地取材的原则，确定规划工程选用的集流面材料类型。

（6）根据集流面材料类型及规划所在地降水资料，确定规划集流面的集流效率 E_j。

（7）依据前述集流面面积计算公式，按照供需平衡、以需定供的原则，根据总用水量（$W_y=W_l$）计算雨水集蓄利用工程在满足设计供水保证率时所需的集流面面积 S_j。

（8）分别计算逐时段（月或旬）余缺水量 ΔW_i，即 $\Delta W_i=W_{li}-1.1W_{xi}$。

（9）以计算时段内枯水期末（余缺水量连续为负值的结束时段）作为计算起始时段，

并令起始计算时段的存储水量 $W_n=0$，开始累加计算典型年内各计算时段（月或旬）末的累计储存水量 W_i，并使年内储存水量不出现负值，即 $W_i \geqslant 0$ 即可满足年内供水需求，且 $W_i=W_{i-1}+\Delta W_i$，同时满足 $W_n=0$。

（10）在整个计算时段内，选择各计算时段末蓄水设施储存水量的最大值即为典型年法计算确定的蓄水设施容积 V。

雨水集蓄利用工程蓄水设施容积典型年法计算方法流程图见图 2-3。

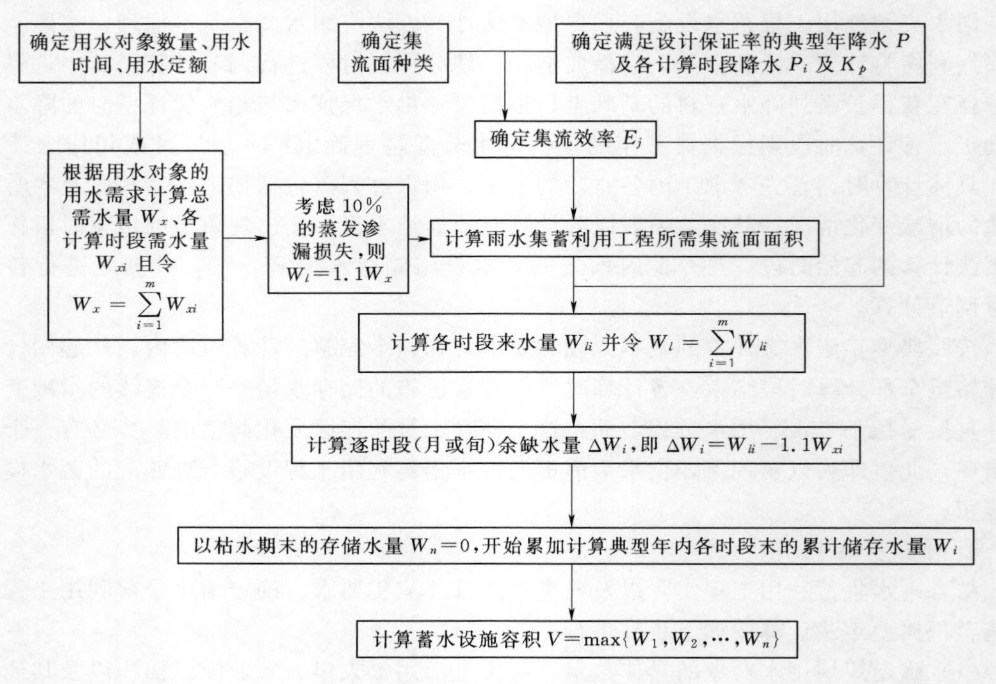

图 2-3 典型年法计算方法流程图

三、集流面与蓄水设施最佳匹配技术

所谓集流面与蓄水设施最佳匹配是指在满足设计供水保证率条件下，按照经济利用的原则，使得构成雨水集蓄利用工程设施的集流面与蓄水设施之间的匹配实现最优组合，即提出雨水集蓄利用工程的经济利用模式。也就是说，在此匹配模式下，集流面与蓄水设施的工程总造价达到最低。由此可见，实现最佳匹配的过程包括两大环节：①满足设计供水保证率条件的水量保障环节；②保障水量供给需求的工程设施集流面与蓄水设施造价分析环节。研究证明，集流面与蓄水设施的最佳匹配可采用长系列计算方法，在得到多组集流面面积与蓄水设施容积组合的前提下，通过相应工程造价的分析比较确定。

（一）多年调节水量保障技术

多年调节计算是以规划区域长系列降水资料为依据且以资料年限为计算时段，对规划工程在整个计算时段内的来水、用水进行计算和供需平衡分析的过程，其调节计算以规划工程设施的实际供水保证率能够满足设计供水保证率，实现保障供水为目标。

当采用长系列方法进行雨水集蓄利用工程设计时，一般采用给定集流面与蓄水设施容

积组合，计算供水保证率的方法进行。

1. 基本资料与设计参数

（1）资料系列与时段降水量。为保证长系列计算结果的科学合理，一般要求具有不少于20年的实测降水系列资料。同时，在收集整理长系列实测降水资料的基础上，可按月或旬确定计算时段，计算逐时段降水量 P_i 与设计供水保证率（来水频率）下的年降水量 P_p。

（2）设计参数：①按照相关规定，分析确定雨水集蓄利用工程的设计供水保证率 P；②分析确定相应来水频率 P 时的 P -Ⅲ曲线模比系数 K_p；③根据设计供水保证率时的年降水量 P_p 值，参照《雨水集蓄利用工程技术规范》(GB/T 50596—2010)，分析确定各类集流面的集流效率 $E_j(j=1, 2, 3, \cdots, n)$。

2. 供需水过程及水量调节

（1）需水过程。如前所述，雨水集蓄利用工程重点解决规划区域的人口与大小牲畜用水，部分工程同时兼有其他供水目的，其需水过程及时段需水量根据具体工程规划用水对象的实际情况计算确定，其时段需水量仍按式（2-48）、式（2-51）计算确定。

（2）供水过程及水量损失。与典型年计算方法一样，长系列计算方法的供水过程同样涉及整个计算时段，其时段供水过程就是时段需水过程。因此，$W_{gi}=W_{xi}$。

与年调节计算相一致，长系列计算方法供水过程的水量损失主要是渗漏损失，按时段供水量的10%计算。

（3）来水过程。事实上，雨水集蓄利用工程的来水全部通过集流面实现，来水过程受集流面集流过程控制。在一般的雨水集蓄利用工程中，首先选择利用现有集流面，不足部分新建混凝土等高效集流面作为补充。如前所述，当采用长系列方法进行雨水集蓄利用工程设计时，一般采用给定集流面面积与蓄水设施容积组合，计算工程实际供水保证率的方法进行设计。因此，在来水过程计算时，首先进行现有集流面的量测和集水量的计算，当现有集流面集水量不足时，再修建一定数量的补充集流面。其来水过程仍按式（2-60）、式（2-61）计算确定。

（4）水量调节。在分析确定供水、需水及来水过程的前提下，可进行时段水量调节计算。在此基础上，可在给定蓄水设施容积 V 的前提下，按起始计算时段累计水量为0开始计算逐时段累计水量。计算过程中，逐时段累计剩余水量受给定蓄水设施容积大小的控制，当上一计算时段累计水量出现负值时即认为该计算时段内缺水，下一时段计算时上一时段累计水量按0计算；当上一时段累计水量大于蓄水设施容积时，该时段出现弃水，下一时段计算时上一时段累计水量按蓄水设施最大容积控制计算。按此原则，时段累计水量计算可分别采用式（2-66）进行：

$$W_i=\begin{cases} W_{i-1}+\Delta W_i & (0\leqslant W_{i-1}\leqslant V) \\ \Delta W_i & (W_{i-1}<0) \\ V+\Delta W_i & (W_{i-1}>V) \end{cases} \tag{2-66}$$

3. 实际供水保证率

实际供水保证率是指给定集流面面积与蓄水设施容积组合条件下的规划工程供水保证

程度，用保障供水时段（计算时段内不缺水）占整个供水时段的百分数来表示。可用式（2-67）计算确定：

$$P_s=\frac{(B-A)}{B}\times 100\% \tag{2-67}$$

式中 P_s——实际供水保证率，%；

A——发生缺水的计算时段数；

B——整个供水过程的计算时段总数。

根据前述计算过程，只有在给定的集流面面积与蓄水设施容积组合下，计算的实际供水保证率满足设计供水保证率要求，即 $P_s \geqslant P$，才认为规划工程在水量上满足了设计供水保证率要求，达到了保障供水的目的。

（二）工程设施最佳匹配技术

如前所述，最佳匹配模式要求构成雨水集蓄利用工程的集流面与蓄水设施的总造价最低，从而实现雨水集蓄利用工程的经济利用。然而，研究表明，实现最佳匹配的过程包括两个环节：①满足设计供水保证率条件下的水量保障计算环节；②保障水量供给的工程设施集流面与蓄水设施造价经济分析计算环节。为此，工程设施的最佳匹配研究必须在多年调节水量保障技术研究的基础上才能进行。

1. 集流面面积与蓄水设施容积组合

在多年调节水量保障技术研究的基础上，通过保障水量需求的集流面面积与蓄水设施容积组合的多次重复计算，可以得到多组不同的集流面面积与蓄水设施容积组合结果。为方便叙述，定义该组合为面积—容积组合 D_i，且：

$$D_i=\{S_i, V_i\} \tag{2-68}$$

式中 D_i——集流面面积与蓄水设施容积的第 i 个组合；

S_i——集流面面积第 i 个计算结果，m^2；

V_i——蓄水设施容积第 i 个计算结果，m^3；

i——集流面面积与蓄水设施容积组合计算序号，取值 1，2，3，…，n。

进一步研究表明，在前述集流面面积与蓄水设施容积合理匹配的多组组合中，遵循集流面面积越大，蓄水设施容积越小；集流面面积越小，蓄水设施容积越大的规律。

2. 工程设施最佳匹配

如前所述，在集流面面积与蓄水设施容积最佳匹配模式下，可实现工程设施造价最低，达到经济利用之目的。由此可见，最佳匹配过程事实上就是工程设施造价分析和经济比较的问题。

（1）单位工程造价分析与确定。单位工程造价分析可结合集流面材料性质与蓄水设施结构类型，根据工程所在地施工水平、材料单价等分析确定。

为方便研究，我们暂且给定集流面单位面积造价为 D_s，蓄水设施单位容积造价为 D_v。

（2）蓄水设施造价。在前述分析确定单位工程造价的基础上，保障水量需求的雨水集蓄利用工程设施造价可用式（2-69）计算确定：

$$C_i = S_i D_s + V_i D_v \tag{2-69}$$

式中　C_i——第 i 种组合时的蓄水设施造价，元；

D_s——集流面单位面积造价，元/m^2；

D_v——蓄水设施单位容积造价，元/m^3；

其他符号意义同前。

(3) 最佳匹配组合确定。通过前述计算，在水量保障工程设施造价 C_1，C_2，C_3，…，C_n 中势必存在一个最小值，此最小值对应的工程设施组合即为保障水量需求时的雨水集蓄利用工程设施最佳组合。其最佳组合 C 可按式（2-70）确定：

$$C = \min\{C_1, C_2, \cdots, C_n\} \tag{2-70}$$

一般情况下，要求前述计算得到的面积—容积组合数量不少于7组。而且，当计算确定的满足设计供水保证率的集流面面积与蓄水设施容积组合数量持续增加到 $n+m$ 组时，此最小值仍为最小。也就是说，此最小值须同时满足式（2-71）的要求：

$$C \leqslant \min\{C_{n+1}, C_{n+2}, \cdots, C_{n+m}\} \tag{2-71}$$

据此，通过经济分析确定的集流面面积与蓄水设施容积组合 C 即为满足设计供水保证率，且能够实现保障供水的雨水集蓄利用工程最佳匹配组合。

（三）长系列计算方法

1. 基本原理

长系列计算方法是通过对一定数量的集流面匹配相应容积的蓄水设施，从而实现对雨水的收集和调控利用，使得设计用水对象在整个长系列降水过程中的用水能够满足设计供水保证率要求。在此计算过程中，由于调蓄利用水量同时受控于集流面面积和蓄水设施容积两个因素，因而具体计算结果存在多个不同的集流面面积和蓄水设施容积组合。也就是说，在长系列计算方法中，在总集水量大于总用水量的前提下，只要给定一定量的集流面面积数值，总会有一个相应的蓄水设施容积使得设计工程能够满足设计供水保证率要求。进一步分析可知，在这些组合中，总有一组组合使得构成雨水集蓄利用工程的集流面与蓄水设施组成的工程设施组合造价最低。因此，这组组合即被认为是满足设计供水保证率时的雨水集蓄利用工程集流面与蓄水设施容积的最佳匹配模式。

2. 计算方法

(1) 满足设计供水保证率的水量保障计算方法。雨水集蓄利用工程蓄水设施容积长系列计算方法的基本原理是在划分计算时段的基础上，利用蓄水设施的调蓄能力，通过对不同时段来水、用水过程的水量平衡计算，确定长历时条件下满足设计供水保证率时的集流面面积和蓄水设施容积组合。其中计算时段可根据长系列资料情况确定，一般以月或旬作为计算时段。

为减少试算工作量且在实现工程设施之间合理匹配的同时，尽量满足最佳匹配的要求，具体计算时，首先根据长系列降水资料分析确定设计供水保证率情况下的年降水量并以此为依据，大致按照“供需平衡”的原则初步估算集流面面积，作为长系列计算确定集流面面积的参考数据；其次是给定集流面面积，假定蓄水设施容积，依据计算时段的来水过程和设计用水过程，进行供水环节的水量调节计算；最后根据整个计算时段内的水量余缺情况计算实际供水保证率，满足设计供水保证率时的集流面面积与蓄水设施容积组合即为长系列计算确定的雨水集蓄利用工程合理匹配设计结果。

采用雨水集蓄利用工程长系列计算方法，确定规划工程的集流面面积和蓄水设施容积组合的过程是一个多次反复试算的过程，当工程的实际供水保证率满足设计供水保证率时，对应的一组集流面面积与蓄水设施容积组合则就是设计工程设施的合理匹配结果。

（2）蓄水设施最佳匹配计算方法。按照设计保证率要求，通过集流面面积与蓄水设施容积组合的多次重复计算，在得到多组不同集流面面积与蓄水设施容积组合的基础上，进行工程设施建设造价分析，其中造价最低的一组集流面面积与蓄水设施容积组合即为雨水集蓄利用工程的经济利用组合，此时就认为实现了雨水集蓄利用工程集流面与蓄水设施的最佳匹配。

3. 计算步骤

（1）收集并整理规划工程所在地的长系列降水资料，进行计算时段月（旬）降水量 P_i 的分配计算。

（2）确定规划雨水集蓄利用工程的设计用水对象数量、用水时段和用水定额。

（3）按照实现保障供水的要求，确定雨水集蓄利用工程的设计供水保证率 P。

（4）依据长系列降水资料，确定保证率 P 时的多年平均降水量 P_p。

（5）分析确定相应来水频率 P 时的 P－Ⅲ曲线模比系数 K_p。

（6）参照《雨水集蓄利用工程技术规范》（GB/T 50596—2010），分析确定规划工程各类集流面的集流效率 E_j。

（7）分析确定计算时段的需水量 W_{xi}，并按 10% 考虑各计算时段内的蒸发、渗漏损失。

（8）根据 P_p 值，按照供需平衡的原则初步估算集流面面积 S_p，并将其作为长系列计算确定集流面面积的参考依据。其中，S_p 计算按典型年方法进行。

（9）给定集流面面积 $S_i = S_p + \Delta S$，计算各时段来水量 W_{li}。

（10）假设蓄水设施容积 V_i，考虑蒸发、渗漏损失，进行长系列降水过程各计算时段的水量调节计算，确定各计算时段末的蓄水设施累计水量。

（11）统计整个计算时段数量和发生缺水的计算时段数量，计算实际供水保证率。

（12）当实际供水保证率小于设计保证率时，重复前述（10）、（11）的计算步骤；当实际保证率大于或者等于设计保证率时，统计集流面面积、蓄水设施容积并记作 $D_1 = \{S_1, V_1\}$。

（13）重复前述（9）～（12）的计算步骤，得到多组面积—容积组合计算结果 $D_i = \{S_i, V_i\}$。

（14）结合集流面材料性质与蓄水设施结构类型，根据工程所在地施工水平、材料单价等分析确定集流面面积、蓄水设施容积单位工程造价。

（15）计算多组组合方案下的雨水集蓄利用工程集流面与蓄水设施建设造价。

（16）选择集流面面积、蓄水设施建设造价最低组合，此组合为工程设施最佳匹配组合。

雨水集蓄利用工程设施最佳匹配长系列计算流程见图 2-4。

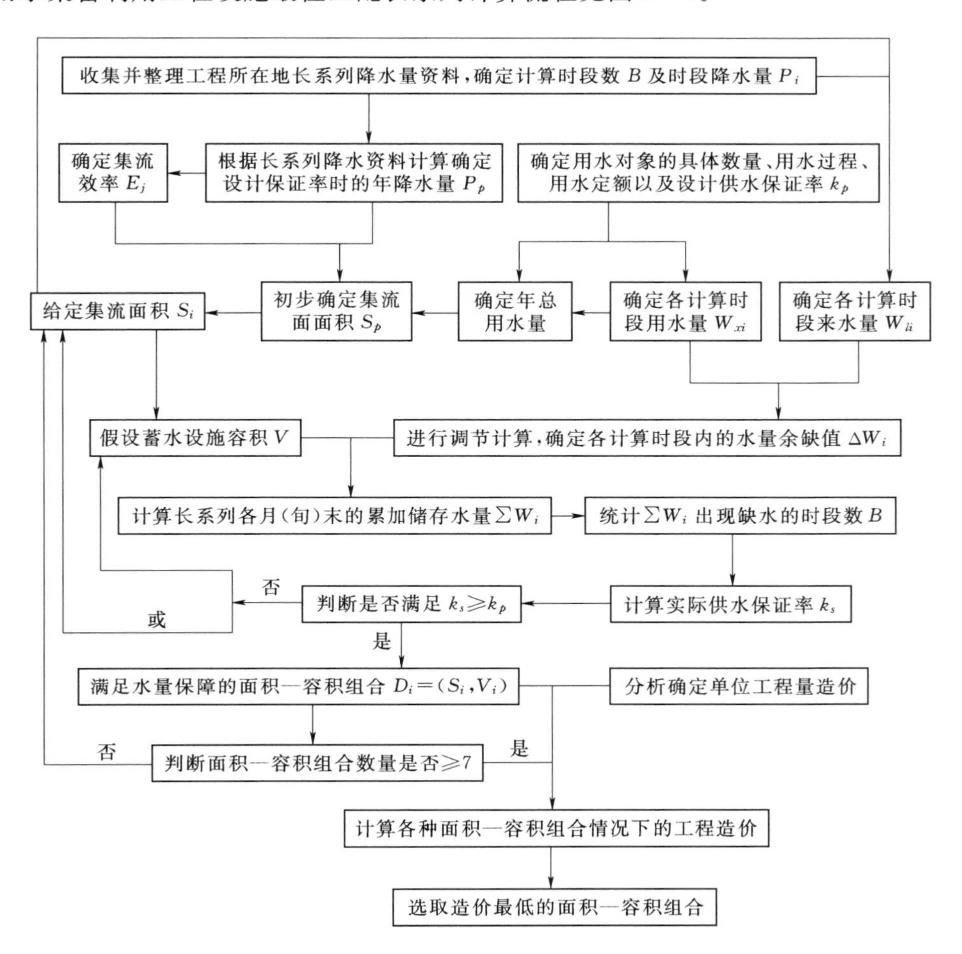

图 2-4　雨水集蓄利用工程设施最佳匹配长系列计算方法流程图

四、结论

实施雨水集蓄利用工程集流面与蓄水设施匹配，是干旱缺水地区提高有限水资源利用效率以及雨水利用设施使用效率，降低工程建设成本的有效途径，对实现雨水集蓄利用工程的可持续发展具有重要意义。

(1) 提出了雨水集蓄利用工程典型年计算方法，采用典型年时段降水量分配资料，按照以需定供的原则，计算确定了典型地区集流面与蓄水设施合理匹配结果，实现了集流面面积与蓄水设施容积之间的相互协调，为满足设计供水保证率，实现保障供水奠定了基础。

(2) 提出了雨水集蓄利用工程长系列计算方法，以长系列降水资料为依据，依据水库工程多年调节计算原理，通过对整个计算时段来水、用水和供水、需水过程的分析计算，在确定满足设计供水保证率要求的集流面面积与蓄水设施容积组合的基础上，通过工程设

施建设造价的比较分析，确定了雨水集蓄利用工程集流面与蓄水设施的最佳匹配，确保了雨水集蓄利用工程的经济利用。

第六节　设施农业雨水集蓄长系列计算经济利用模式及其理论

依托雨水集蓄利用技术发展设施农业，可有效提高土地产出率、资源利用率和劳动生产率，提高农产品质量、农业综合效益和市场竞争力，既是当前农村经济发展的客观要求，也是克服资源和市场制约、应对国际竞争的现实选择，对于保障农产品有效供给，促进农业增产、农民增收、农村发展，增强农业综合生产能力具有十分重要的意义。在甘肃中部地区，以设施弱透水面、适当辅以补充集流面集水，配套水量调蓄设施，继而实现设施农业灌溉用水的自给，是一种费省效宏的现代农业发展模式。

一、设施农业种植模式及灌溉制度

（一）种植模式

设施农业是具有一定工程设施，能在局部范围改善或创造环境气象因素，为植物生长提供良好环境条件而进行有效生产的农业，是一种高新技术产业，是目前最具活力的农业产业之一，它主要包括设施果树、设施蔬菜和设施花卉三大类。从近几年甘肃中部设施农业发展来看，矮化果树、蔬菜、花卉等效益显著，呈现良好发展态势，其中果树以矮化油桃、红提葡萄为主，蔬菜以番茄＋黄瓜、番茄＋番瓜为主，花卉则以唐菖蒲、香水百合等为主。本节仅以单座设施为例，对适宜范围较广、经济效益较好的矮化油桃、番茄＋黄瓜、唐菖蒲种植模式重点进行分析论述，在此基础上提出设施农业雨水集蓄长系列计算经济利用模式。

（二）灌溉制度

设施农业灌水定额依据相关作物灌溉试验资料，结合当地近几年设施农业种植灌溉经验确定。其中，果树类代表作物矮化油桃为稀植作物，不同生育期灌水定额在 7～12m^3/亩之间变动，全生育期灌水次数 27 次，灌溉定额 255m^3/亩；蔬菜类代表作物番茄＋黄瓜连茬种植为行播作物，不同生育期灌水定额在 8～12m^3/亩之间变动，全生育期灌水次数 50 次，两茬作物累计灌溉定额 532m^3/亩；花卉类代表作物唐菖蒲为密植作物，不同生育期灌水定额在 9～14m^3/亩之间变动，全生育期灌水次数 20 次，灌溉定额 250m^3/亩。设施作物矮化油桃、早春番茄＋秋冬黄瓜、唐菖蒲等灌溉定额见表 2－12。

表 2－12　　甘肃中部地区常见设施农业种植模式基本情况表

序号	作物品种	种植模式	起始时间	终止时间	灌溉定额/(m^3/亩)	单座设施需水量/m^3
1	果树	矮化油桃	—	—	255	512.6
2	蔬菜	早春番茄＋秋冬黄瓜	2月15日	1月20日	532	1069.3
3	花卉	唐菖蒲	4月20日	8月15日	250	502.5

二、设施农业面积及灌溉需水量

（一）设施结构及面积

设施农业温室结构种类繁多，就其现状利用情况来看，大小、规格各不相同。目前，甘肃中部地区普遍采用的温室为钢拱架支撑，塑料薄膜保温，自动开启、升降结构。典型设施占地长120m、宽15m，作物种植带长112m、宽12m，实际灌溉面积1344m^2（折合2.01亩）。同时，为满足温室采光需要，温室间预留空地宽度15m。

（二）灌溉需水量

在拟定的设施农业灌溉制度、设施面积等种植模式下，矮化油桃、番茄＋黄瓜、唐菖蒲等单座设施作物全生育期灌溉需水量分别为512.6m^3、1069.3m^3和502.5m^3。

三、资料系列及特性分析

选用典型代表站1951—2000年共50年长系列资料，作为设施农业雨水集蓄经济利用模式分析计算的依据。经分析，代表区多年平均年降水量532.0mm，50％频率降水量612.6mm，75％频率降水量456.1mm，90％频率降水量427.7mm。分析代表站多年平均月降水量可知，汛期6—9月占68.3％，枯水期当年10月至次年5月占31.7％。同时，具有越是干旱少雨的年份，降水量的年内分布越不均匀的特点，与作物生长需水时节不相一致。典型代表站多年平均降水量及年内分布见表2-13。

表2-13　典型代表站多年平均降水量及年内分布情况表

项　目	月份												合计
	1	2	3	4	5	6	7	8	9	10	11	12	
降水量/mm	3.80	4.96	15.16	33.38	63.71	66.62	107.30	112.50	77.12	37.13	7.93	2.39	532.00
所占比例/％	0.72	0.93	2.85	6.27	11.98	12.52	20.17	21.14	14.50	6.98	1.49	0.45	100

四、设施弱透水面可集水量

（一）设计灌溉保证率

如前所述，雨水高效灌溉设施农业主要为果树、蔬菜、花卉等高产值、高附加值经济作物，依据《灌溉与排水工程设计规范》（GB 50288—99），设计灌溉保证率取90％。

（二）不同材料集流效率

不同降水量地区，塑料薄膜年内平均集流效率可达75％～80％甚至更高，单次降水量较大时，集流效率可达95％以上；混凝土集流面年内平均集流效率可达70％～75％甚至更高，单次降水量较大且前期存在有效降水时，集流效率可达85％以上；沥青混凝土集流效率稍低，黄土夯实集流效率则更低。依据有关试验研究资料，400mm降水量地区不同材料集流效率见表2-14。

（三）可集水量计算

设施弱透水面包括塑料大棚棚面与保温墙顶部混凝土面，两者均具有良好的集流效果，

表 2-14 400mm 降水量地区不同材料集流效率表 %

项 目	塑料薄膜	混凝土	沥青混凝土	原土夯实
集流效率	77	73	72	32

在设施农业雨水高效利用中发挥着十分重要的集水作用。设施弱透水面总集水量可按公式(2-72)进行计算：

$$W_s = 10^{-3} P_p (S_s E_s + S_h E_h) \tag{2-72}$$

式中 W_s——设计灌溉保证率下的设施弱透水面可集水量，m^3；

P_p——典型代表区设计灌溉保证率下的降水量，mm；

S_s、S_h——塑料大棚薄膜棚面、混凝土衬砌部分的有效集水面积，m^2；

E_s、E_h——塑料薄膜、混凝土的集流效率，%。

设施弱透水面可集水量计算结果见表 2-15。

表 2-15 设施弱透水面可集水量计算结果表

塑料大棚棚面			保温墙混凝土			设计频率降水量 /mm	可集水量 /m^3
有效长度 /m	有效宽度 /m	集流效率 /%	有效长度 /m	有效宽度 /m	集流效率 /%		
115	13	0.77	115	1.5	0.73	427.7	546.2

由计算结果可知，在设计灌溉保证率情况下，单座设施弱透水面可集水量 546.2m^3。由于拟定单座设施农业矮化油桃、番茄+黄瓜、唐菖蒲种植模式下灌溉需水量分别为 512.6m^3、1069.3m^3 和 502.5m^3。由此可见，在设计灌溉保证率下，对矮化油桃、唐菖蒲而言，典型代表区设施弱透水面总集水量完全能够满足作物灌溉需求，但由于降水季节与作物生长需水时节的不相一致，需要配套蓄水设施进行水量调节；但对番茄+黄瓜而言，设施弱透水面总集水量不能满足拟定作物灌溉需水要求，需要采取其他集流面进行补充集水，同时需要建设蓄水设施进行多年水量调节。

五、配套设施规模分析确定

在设施农业雨水高效利用工程系统中，当采用长系列法计算方法确定补充集流面面积、蓄水设施容积等工程规模时，需要同时假定多组不同规模的集流面面积、蓄水设施容积，通过比选不同设施组合的工程投资确定经济利用模式。

（一）满足设计灌溉保证率时的配套设施组合

依据雨水集蓄利用工程长系列计算方法，给定集流面面积，假设蓄水设施容积，计算各计算时段的来水量和拟定种植模式下的用水量，实施长系列操作，以蓄水设施初始水量为 0 进行各计算时段的水量调节计算，确定各计算时段内的水量余缺值，累加计算各月(旬)末的累加储存水量，当累加储存水量出现负值时即认为该时段缺水，并依据缺水时段统计供水保证率。经计算，在设计灌溉保证率情况下，拟定作物雨水集蓄利用工程系统补充集流面与蓄水设施组合及投资情况见表 2-16。

表 2-16　　拟定作物雨水利用系统补充集流面与蓄水设施组合及投资情况表

作物类型	项　目	方案组合						
		一	二	三	四	五	六	七
矮化油桃	补充集流面面积/m^2	0	215	355	740	1050	1360	1620
	蓄水设施容积/m^3	405	390	380	360	350	340	330
	工程组合造价/万元	1.01	2.59	3.61	6.45	8.75	11.05	12.98
番茄+黄瓜	补充集流面面积/m^2	880	902	950	1005	1330	1690	2120
	蓄水设施容积/m^3	900	800	700	600	500	475	450
	工程组合造价/万元	8.85	8.77	8.88	9.04	11.23	13.86	17.03
唐菖蒲	补充集流面面积/m^2	0	225	470	705	810	1080	1440
	蓄水设施容积/m^3	180	160	140	120	100	80	60
	工程组合造价/万元	0.45	2.09	3.88	5.59	6.33	8.30	10.95

（二）配套设施经济利用模式组合

在通过长系列分析计算确定设施组合的基础上，按照砂浆抹面水窖单方容积造价 75 元、混凝土集流面单位面积造价 25 元/m^2 计算，不同配套设施组合工程造价见表 2-16。由此可见，由于灌溉需水量相对较少，果蔬类作物矮化油桃、花卉类作物唐菖蒲经济利用模式均为方案一，其集流面、蓄水设施组合分别为 {0，405}、{0，180}，也就是说这两种作物不需要补充集流面，仅需通过蓄水设施对非旱年份或与作物生长时节不相一致的水量进行调节即可满足灌溉用水要求；而由于灌溉需水量较大，蔬菜类作物番茄+黄瓜仅仅依靠设施弱透水面集水不能满足灌溉需求，需要建设补充集流面补充集水，经济利用模式为方案二，其补充集流面、蓄水设施组合为 {902，800}，所需补充集流面可利用温室间预留空地进行建设。

（三）经济利用模式蓄水设施复蓄指数

复蓄指数是指蓄水设施在年内的重复利用次数。就设施农业雨水集蓄长系列计算经济利用模式而言，蓄水设施复蓄指数即为长系列计算期内，蓄水设施总调蓄水量与蓄水设施设计总容积的比值，具体可按式（2-73）计算确定：

$$K=\frac{W_y}{V_z} \tag{2-73}$$

式中　K——蓄水设施复蓄指数；

W_y——长系列计算期内蓄水设施总调蓄水量，m^3；

V_z——长系列计算期内配套蓄水设施总容积，m^3。

设施农业雨水集蓄长系列计算经济利用模式蓄水设施复蓄指数计算结果见表 2-17。

由前述计算结果可以看出，设施农业经济利用模式组合显著提高了工程设施利用率，蓄水设施复蓄指数均在 1.2 以上，符合相关规范要求，可在生产实践中大力推广应用。

表 2-17 蓄水设施复蓄指数计算结果表

种植模式	蓄水量/m^3	配套容积/m^3	总容积/m^3	复蓄指数
矮化油桃	25628	405	20250	1.27
番茄+黄瓜	53466	800	40000	1.34
唐菖蒲	25125	180	9000	2.79

六、结论

雨水集蓄利用技术的发展为半干旱区设施农业生产提供了重要水源。利用设施弱透水面集水，适当辅以补充集流面、配套蓄水设施灌溉设施农业经济利用模式的提出，为干旱缺水地区摆脱传统农业束缚，发展设施农业生产，实现农产品反季节上市，进一步满足多元化、多层次消费需求提供了强有力技术支持。

第七节 雨水集蓄利用蓄水设施结构优化技术及其理论

水窖是我国北方地区为配合雨水集蓄利用工程实施而大量采用的蓄水设施，在生产实践中得到了大量推广利用。事实上，作为传统而古老的蓄水设施，土质红胶泥水窖的应用具有悠久的历史。只是随着现代建筑材料与施工技术的发展，采用水泥砂浆抹面防渗的新型水窖才得以大量推广应用，尤其是在雨水集蓄利用工程的建设发展中，拱盖、圆柱形池身水窖以其结构简单、安全实用、造价低廉而受到广泛推崇。然而，由于原来认知的有限，现有拱盖结构水窖在结构设计方面存在一些不足。为此，进行蓄水设施结构优化设计，确保其在满足安全的前提下，尽量减少工程量，从而降低雨水集蓄利用工程建设成本，可为全面推广雨水集蓄利用技术，建设资源节约型社会创造更加有利的条件。

一、结构优化研究思路

现行的拱盖水窖结构深径比一般采用 1.0 进行设计，是在没有考虑窖体结构衬砌厚度的前提下，将水窖简化为圆柱形等厚衬砌结构，通过建立水窖衬砌面积数学模型求解的结果。而事实上，由于拱盖水窖矢跨比和各结构部位衬砌厚度与材料的不同，使得拱盖水窖最佳断面结构各不相同。

本节仅针对拱盖平底水窖和拱盖弧底水窖矢跨比和深径比进行结构优化探讨，通过衬砌工程量的计算，建立水窖衬砌结构工程量数学模型，从而使得对深径比的求解在更加宽泛的意义上进行，并能够真实反应水窖的结构特点。最后，利用土方工程容积置换系数和衬砌工程容积置换系数，进行水窖结构优化结果的评定。

二、拱盖平底水窖结构优化技术

(一) 水窖主要技术指标

拱盖平底水窖技术指标主要有直径 D、池深 H、顶拱矢高 f、拱盖与平底衬砌厚度 t_1

以及边壁衬砌厚度 t_2。

（二）优化方法

1. 矢跨比

所谓矢跨比是指拱形结构中矢高与拱跨宽度的比值，而在水泥砂浆抹面水窖结构中，反映为顶拱矢高 f 与直径 D（顶拱宽度）的比值，并定义为 $k=f/D$。矢跨比不仅直接决定着顶拱的受力状况和结构的安全稳定，而且，不同的矢跨比同时也是影响水窖造价的主要因素。

根据《雨水集蓄利用工程技术规范》（GB/T 50596—2010）规定，要求水窖结构矢跨比不宜小于 1/3，此参数系根据大量的工程实践得出。但根据无弯矩薄膜内力计算结果，削球壳体的矢跨比为 1/5 是池盖环向内力由压力变为拉力的分界线。因此，理论上只要矢跨比等于或大于这个数值即可维持结构稳定。但在一般的工程实践中，往往考虑一定的安全余度和施工影响等因素确定矢跨比。据此，进行拱盖平底水窖结构优化分析时，参考无弯矩薄膜内力计算结果，水窖拱盖矢跨比采用 1/4.5。

拱盖平底水窖示意见图 2-5。

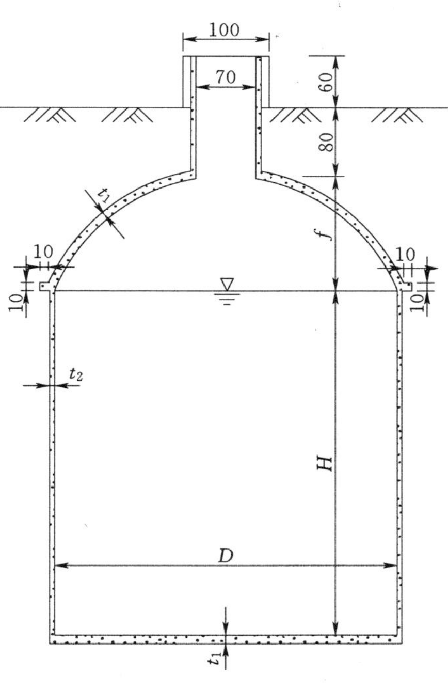

图 2-5　拱盖平底水窖示意图（单位：cm）

2. 深径比

在顶盖矢跨比确定的前提下，通过优化确定水窖的深径比 H/D，可以使得一定蓄水容积水窖的衬砌工程量达到最小，从而降低工程投资。现行的拱盖平底水窖衬砌分别由上顶盖削球壳体现浇混凝土、窖身水泥砂浆抹面、窖底现浇混凝土三部分构成。对此，水窖的衬砌工程量可用式（2-74）进行计算：

$$W=\frac{1}{4}\pi D^2(1+4k^2)\times t_1+\pi DH\times t_2+\frac{1}{4}\pi D^2\times t_1 \tag{2-74}$$

式中　W——水窖衬砌工程量，m^3；

D——水窖直径，m；

k——顶盖矢跨比，无量纲；

H——水窖深度，m；

t_1——顶盖、窖底衬砌厚度，m；

t_2——边壁衬砌厚度，m。

规划时，水窖顶盖削球壳体部分一般不装水，此时，水窖的体积可用式（2-75）表示：

$$V=\frac{1}{4}\pi D^2 H \tag{2-75}$$

由式（2－75）可得到：

$$H=\frac{4V}{\pi D^2} \tag{2-76}$$

将式（2－76）代入式（2－74）中可得到式（2－77）：

$$W=\frac{1}{4}\pi D^2(1+4k^2)\times t_1+\frac{4V}{D}\times t_2+\frac{1}{4}\pi D^2\times t_1 \tag{2-77}$$

对式（2－77）求导，并令 $W'=0$，即：

$W'=\frac{1}{2}\pi D(1+4k^2)\times t_1-\frac{4V}{D^2}\times t_2+\frac{1}{2}\pi D\times t_1=0$，整理可得：

$$D=\sqrt[3]{\frac{4V}{\pi(1+2k^2)}\times\frac{t_2}{t_1}} \tag{2-78}$$

再把式（2－78）代入式（2－76），有：

$$H=\frac{4V}{\pi}\times\frac{1}{\sqrt[3]{\left(\frac{4V}{\pi(1+2k^2)}\times\frac{t_2}{t_1}\right)^2}} \tag{2-79}$$

用式（2－79）除以式（2－78）可以得到：

$$\frac{H}{D}=(1+2k^2)\times\frac{t_1}{t_2} \tag{2-80}$$

式（2－80）即为水窖经济断面深径比，即当水窖深径比满足式（2－80）时，可使得拱盖平底砂浆抹面水窖具有最小的衬砌工程量。

（三）常用水窖优化结果

在我国北方地区的雨水集蓄利用工程中，最为常用的水窖容积一般都在 50m³ 以下。为此，这里分别给出推广应用最广的拱盖平底结构 30m³、50m³ 水窖的结构优化结果。拱盖平底水窖结构优化结果及主要工程量见表 2－18。

表 2－18　拱盖平底水窖结构优化结果及主要工程量表

蓄水容积/m³	结构型式	矢跨比 K	池深 H/m	井径 D/m	深径比 H/D	顶拱、窖底衬砌厚度 t_2/cm	井壁衬砌厚度 t_1/cm	混凝土量/m³		砌砖量/m³	开挖量/m³
								窖体	窖口		
30	现状结构	1/3	3.37	3.37	1	6	3	2.49	0.02	0.28	50.02
	优化结构	1/4.5	5.69	2.59	2.20	6	3	2.17	0.02	0.28	39.66
50	现状结构	1/3	4.00	4.00	1	6	3	3.48	0.02	0.28	80.96
	优化结构	1/4.5	6.75	3.07	2.20	6	3	3.03	0.02	0.28	64.31

三、拱盖弧底水窖结构优化技术

（一）水窖主要技术指标

拱盖弧底水窖技术指标主要有直径 D、池深 H、顶拱矢高 f_1、窖底矢高 f_2 以及拱盖、弧底衬砌厚度 t_1 以及边壁衬砌厚度 t_2。

（二）优化方法

1. 矢跨比

根据《雨水集蓄利用工程技术规范》（GB/T 50596—2010）规定，要求水窖拱盖矢跨比不宜小于 1/3，但根据无弯矩薄膜内力计算，削球壳体的池盖矢跨比为 1/5 是池盖环向内力由压力变为拉力的分界线。据此，进行拱盖弧底水窖结构优化分析时，水窖拱盖矢跨比采用 1/4.5。同时，参考工程实践经验，窖底矢跨比采用 1/8 计算。

拱盖弧底结构砂浆抹面水窖示意见图 2-6。

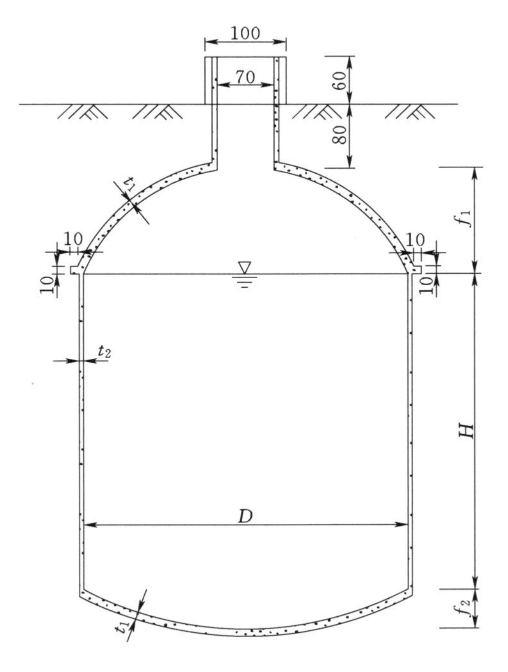

图 2-6　拱盖弧底水窖示意图（单位：cm）

2. 深径比

拱盖弧底水窖衬砌工程量可用式（2-81）计算确定：

$$W=\frac{1}{4}\pi D^2(1+4k_1^2)\times t_1+\pi DH\times t_2+\frac{1}{4}\pi D^2(1+4k_2^2)\times t_1 \tag{2-81}$$

式中　W——水窖衬砌工程量，m^3；

D——水窖直径，m；

k_1——拱顶矢跨比，无量纲；

k_2——窖底矢跨比，无量纲；

H——水窖深度，m；

t_1——顶盖、窖底衬砌厚度，m；

t_2——边壁衬砌厚度，m。

规划时，水窖顶盖削球壳体部分一般不装水，此时，水窖的蓄水容积（V）可用式（2-82）表示：

$$V=\frac{1}{4}\pi D^2 H+\frac{1}{6}\pi k_2 D^3\left(k_2^2+\frac{3}{4}\right) \tag{2-82}$$

由式（2-82）可得到：

$$H=\frac{4V}{\pi D^2}-\frac{1}{6}k_2(3+4k_2^2)D \tag{2-83}$$

将式（2-83）代入式（2-81）中可得到式（2-84）：

$$W=\frac{1}{4}\pi D^2(1+4k_1^2)\times t_1+\frac{4V}{D}\times t_2-\frac{1}{6}\pi D^2 k_2(3+4k_2^2)\times t_2+\frac{1}{4}\pi D^2(1+4k_2^2)\times t_1 \tag{2-84}$$

对式（2-84）求导，并令 $W'=0$，即：

$$W'=\frac{1}{2}\pi D(1+4k_1^2)\times t_1-\frac{4V}{D^2}\times t_2-\pi Dk_2\left(1+\frac{4}{3}k_2^2\right)\times t_2+\frac{1}{2}\pi D(1+4k_2^2)\times t_1=0$$

整理可得：

$$D=\sqrt[3]{\frac{4Vt_2}{\pi\left[t_1(1+2k_1^2+2k_2^2)-t_2k_2\left(1+\frac{4}{3}k_2^2\right)\right]}} \tag{2-85}$$

再把式（2-85）代入式（2-83），可以得到：

$$\frac{H}{D}=(1+2k_1^2+2k_2^2)\times\frac{t_1}{t_2}-\frac{1}{2}k_2(3+4k_2^3) \tag{2-86}$$

式（2-86）即为水窖经济断面深径比，即当水窖深径比满足式（2-86）时，可使得拱盖弧底水窖具有最小的衬砌工程量。

（三）常用水窖优化结果

对顶拱、窖底衬砌厚度均为 6cm，井壁衬砌厚度为 3cm 的拱盖弧底结构 30m³、50m³ 水窖分别进行计算，给出结构优化结果。拱盖弧底水窖结构优化结果见表 2-19。

表 2-19　　拱盖弧底水窖结构优化结果及主要工程量表

蓄水容积/m³	结构型式	矢跨比		池深 H/m	井径 D/m	深径比 H/D	顶拱、窖底衬砌厚度 t_2/cm	井壁衬砌厚度 t_1/cm	混凝土量/m³		砌砖量/m³	开挖量/m³
		K_1	K_2						窖体	窖口		
30	现状结构	1/3	1/8	3.37	3.37	1.00	6	3	2.52	0.02	0.28	53.91
	优化结构	1/4.5	1/8	5.42	2.62	2.07	6	3	2.15	0.02	0.28	40.78
50	现状结构	1/3	1/8	4.00	4.00	1.00	6	3	3.53	0.02	0.28	87.43
	优化结构	1/4.5	1/8	6.43	3.10	2.07	6	3	3.00	0.02	0.28	66.15

四、蓄水设施结构优化效果分析

（一）拱盖平底水窖结构优化效果分析

进行水窖结构优化的目的是为了以最小的工程量获得最大的蓄水容积，从而实现水窖工程建设的安全性和经济合理性。根据水窖工程的结构特点，提出了土方工程容积置换系数和衬砌工程容积置换系数概念并据此进行优化结果的评定。

1. 土方工程容积置换系数

土方工程容积置换系数是指完成单位土方工程量所能获得的蓄水设施容积。具体可用式（2-87）表示：

$$K_T=\frac{V}{W_T} \tag{2-87}$$

式中　K_T——土方工程容积置换系数，无量纲；

W_T——土方工程量，m³；

V——水窖设计容积，m³。

拱盖平底结构水窖容积置换系数计算结果见表 2-20。从此可以看出，目前推广应用

最为普遍的 30m³、50m³ 拱盖平底结构水窖的土方工程容积置换系数分别由优化前的 0.600、0.618 提高到优化后的 0.756、0.777。也就是说，优化后完成单位土方工程开挖量所能获得的蓄水设施容积分别增加了 0.156m³ 和 0.159m³，增长幅度达到了 26.0%和 25.7%，优化效果十分显著。换句话说，也就是完成单位蓄水设施容积分别可少开挖土方工程量 0.35m³、0.33m³，降低幅度均达到 20%以上。

表 2-20　拱盖平底结构水窖容积置换系数计算结果表

蓄水容积/m³	结构型式	池深 H/m	井径 D/m	混凝土量/m³		开挖量/m³	土方工程容积置换系数 K_T	衬砌工程容积置换系数 K_C	单位衬砌工程量增加容积/%
				窖体	窖口				
30	现状结构	3.37	3.37	2.49	0.02	50.02	0.600	12.048	—
	优化结构	5.69	2.59	2.17	0.02	39.66	0.756	13.825	14.75
50	现状结构	4.00	4.00	3.48	0.02	80.96	0.618	14.368	—
	优化结构	6.75	3.07	3.03	0.02	64.31	0.777	16.502	14.85

注　衬砌工程容积置换系数计算未计窖口混凝土工程量。

2. 衬砌工程容积置换系数

衬砌工程容积置换系数是指完成单位衬砌工程量所能获得的蓄水设施容积。具体可用式（2-88）表示：

$$K_C=\frac{V}{W_C} \tag{2-88}$$

式中　K_C——衬砌工程容积置换系数，无量纲；

W_C——衬砌工程量，m³；

V——水窖设计容积，m³。

目前推广应用最为普遍的 30m³、50m³ 拱盖平底结构水窖容积置换系数计算结果见表 2-20。

从表 2-20 可以看出，30m³、50m³ 拱盖平底水窖的衬砌工程容积置换系数分别由优化前的 12.048、14.368 提高到优化后的 13.825 和 16.502。也就是说，优化后完成单位衬砌工程量所能获得的蓄水设施容积分别增加了 1.777m³ 和 2.134m³，增长幅度达到了 14.7%和 14.9%，优化效果同样十分显著。

（二）拱盖弧底水窖结构优化效果分析

拱盖弧底水窖评定方法与拱盖平底水窖评定方法相同。30m³、50m³ 拱盖弧底结构水窖容积置换系数计算结果见表 2-21。从表 2-21 可以看出，土方工程容积置换系数分别由优化前的 0.556、0.572 提高到优化后的 0.736、0.756，即优化后完成单位土方工程开挖量所能获得的蓄水设施容积分别增加了 0.180m³ 和 0.184m³，增长幅度达到了 32.4%和 32.2%；衬砌工程容积置换系数分别由优化前的 11.906、14.182 提高到优化后的 13.944 和 16.640，即优化后完成单位衬砌工程量所能获得的蓄水设施容积分别增加了 2.038m³ 和 2.458m³，完成单位衬砌工程量分别可增加 17.12%、17.34%的蓄水容积。

表 2-21 拱盖弧底结构水窖容积置换系数计算结果表

蓄水容积/m^3	结构型式	池深 H/m	井径 D/m	深径比 H/D	混凝土量/m^3		开挖量/m^3	土方工程容积置换系数 K_T	衬砌工程容积置换系数 K_C	单位衬砌工程量增加容积/%
					窖体	窖口				
30	现状结构	3.37	3.37	1.00	2.52	0.02	53.91	0.556	11.906	—
	优化结构	5.42	2.62	2.07	2.15	0.02	40.78	0.736	13.944	17.12
50	现状结构	4.00	4.00	1.00	3.53	0.02	87.43	0.572	14.182	—
	优化结构	6.43	3.10	2.07	3.00	0.02	66.15	0.756	16.640	17.34

第八节 雨水集蓄利用水质净化技术及其理论

一、雨水污染成因分析

（一）雨水污染来源

通常情况下，雨水资源化利用一般需要经历四个过程，即降雨过程、径流过程、储存过程和利用过程。在这四个过程中，各不相同的原因造成了不同程度的雨水污染。一方面，降雨具有随机性、非连续性和突发性等特征，雨水水质受集雨水源地所处地域、季节、降雨特征、水源地类型及性质、地表径流过程等诸多因素影响，导致雨水水质变化随机性大；另一方面，降雨径流污染的一般规律是初期径流比较严重，但随着降雨历时的延长，各类污染物浓度逐渐下降并最终趋于一个相对稳定的数值。

1. 降雨过程雨水污染分析

降雨过程主要是指雨水降落到地面之前的过程。大气污染是雨水最初受到污染的最直接因素。据分析，雨水的化学组成有：气体转化物 SO_4^{2-}、NO_3^-、NH_4^+、H^+，人为排放源 Cr、Pb、Hg 等的化合物，有机酸、烷烃等有机物以及燃料燃烧排放到大气中的不溶物等。由于不同地区经济发展水平不同，大气中的污染物有所不同，导致雨水的化学组成也有较大差别。如硫氧化物、氮氧化物和碳氢化合物等，这些物质主要来自矿物燃料燃烧、汽车尾气排放和薪柴焚烧等。因此，城市雨水中 SO_4^{2-}、NO_3^-、NO_2^-、Pb 含量普遍高于郊区和农村，城市雨水 pH 值则低于郊区和农村。有研究表明：Pb、Cu 在城市雨水中的中值浓度为偏远地区雨水中的 489 倍、683 倍。在干旱年份除了硝酸盐，雨水中其他所有物质的浓度均大于非干旱年份，这是由于在一定的大气污染物水平下，雨水中的污染物浓度与年降雨量成负相关关系。

2. 径流过程雨水污染分析

地表径流中的污染物主要来自降雨对地表的淋洗和冲刷。公路集雨面或邻近公路的集雨面，收集到的雨水大多重金属超标，尤其是铅；有些集雨面由于管理不好，在雨水径流过程中，枯枝落叶、人畜粪便、生活垃圾等一并进入水窖，导致水体富营养化或大肠杆菌超标；黄土高原区水土流失剧烈，使得部分泥沙进入水窖，导致窖水悬浮物、浑浊度等增加；沥青油毡类屋顶材料在初期径流雨水中 COD 浓度很大，且色度超标、有异味。典型研究表明，沥青材料集流面雨水 COD 可达到 131mg/L；黏土夯实集流面雨水浑浊度高达 2000NTU；自

然集流面雨水细菌总数可达到3300个/L。由此可见，雨水水质与集流面材料有很大关系。JZOBRIST等人研究表明，从瓦片和聚酯材料屋顶收集的雨水中，总碳、总氮、总磷、重金属离子、杀虫剂等物质在径流初期浓度很大，然后急剧下降。AL-Khashman等人研究表明，由于无雨时期空气中大量灰尘等物质积累，降雨初始阶段雨水中各中污染物浓度最高。对典型的坡顶瓦屋面和平顶沥青油毡屋面径流雨水进行比较，发现后者的污染明显重于前者，其初期径流浊度可高达上千，色度大，有异味，且污染物主要以可溶性物质为主，其原因主要是由于沥青为石油的副产品，其成分较为复杂，许多污染物质可能溶入雨水中，而瓦屋面不含溶解性化学成分。同时，两种屋面初期径流浓度一般相差3～8倍左右，而且，随着气温升高差距进一步增大。

3. 储存过程雨水污染分析

在我国饮用雨水的地区，一般家庭使用较多的净水剂主要有明矾、漂白粉、熟石灰、次生矿化物等，对加速水体澄清，净化水质起到了重要作用。然而，某些常用的化学物质如漂白粉可与水中有机物发生反应，形成副产品三卤甲烷继而影响人体健康。因此，雨水净化技术有待于进一步研究，以便尽量减少或避免在雨水储存环节产生有害物质。同时，以水泥胶凝材料为主的蓄水设施在投入运行的初期，往往会由于胶凝材料中Ca^{2+}、Al^{3+}等的结晶和析出而污染水体。另外，与通常的认识相反，雨水在水窖中的长时间存储不但不会使雨水变得不新鲜，而且随着细菌和病原体的逐渐死亡，水质还会有所提高。但即便如此，在雨水的储存期内往往由于疏于管理等人为因素造成雨水的污染，从而使得雨水水质不能满足使用要求。

4. 利用过程雨水污染分析

利用过程的雨水污染主要发生在取水、用水环节上。一方面，因为传统的吊桶取水模式，对吊桶的存放、保管十分随意，而且潮湿的吊桶很容易滋生细菌，当吊桶反复进入水窖中取水时，吊桶上的细菌等污染物随之进入水体中造成污染；另一方面，几乎所有终端用水普遍采用水缸储水，夏季室温较高，为细菌繁殖创造了有利条件，造成了新的水体污染。

（二）雨水污染物及其特点

从前述雨水污染来源分析可见，雨水污染物主要包括泥沙、有机物、无机物、浮游生物和微生物等，其对水质的评价主要包括浊度以及有机物、氨氮、重金属、微生物等指标。

1. 浊度

浊度是由于水中含有泥沙、有机物、无机物、浮游生物和微生物等悬浮物质所造成的，可使光散射或吸收，是评价水质的感官性状指标之一。在降雨过程中，初期径流雨水中含有大量泥沙等悬浮物，导致雨水浊度较高。但随着降雨历时的延长，径流雨水中的悬浮物经冲刷、淋洗而减少，其浊度也随之降低。通常情况下，径流雨水的浊度介于15～105NTU之间，窖水浊度介于1～40NTU之间。

2. 有机物

雨水中的有机物主要为天然有机物，包括BOD、COD_{Mn}等。COD_{Mn}是反映水域受还原性物质污染的一个重要指标，雨水中的COD_{Mn}一般在4～7mg/L左右。

3. 重金属

随着环境污染的加重，雨水不同程度地受到重金属物质的污染。根据对雨水中重金属

物质污染程度的检测，雨水中重金属铬含量介于0～0.1mg/L。但初步分析认为，该项指标值与水窖的分布区域关系密切。

4. 微生物

微生物是雨水污染的主要污染源之一，细菌总数是指大肠菌群数、病原菌、病毒及其他细菌数的总和。大肠菌群数是每升水样中含有大肠菌群的数目，是反映水体污染程度的重要指标。据检测，雨水中细菌总数一般介于120～28600Fu/mL之间，大肠菌群数一般在0～23800个/mL左右。

另外，现行的用水模式也极易造成窖水使用环节的污染，一是外界环境污染物随吊桶直接进入水窖；二是由于室温较高引起的细菌繁殖，造成新的水体污染。

典型地区雨水集蓄利用工程水窖水质见表2-22。由此可见，超标的污染物主要包括细菌、大肠杆菌、色度、浊度、重金属等。同时，在有机微污染物方面检出了多环芳烃等，具体见表2-23。

表2-22　典型地区雨水集蓄利用工程水窖水质检测结果表

编号	指标分类	项目	限值（集中/分散）	检测值		最大超标倍数	水样数量/个	超标率/%
				最小	最大			
1	感官性状指标	色度	15/20	0	40	2.00	51	1.96
2		浊度/度	3/5	0	150	15.00	50	30.00
3		肉眼可见物	不得含有	无	有		29	31.00
4	一般化学指标	pH值	6.5～8.5	5.08	10	1.67	65	10.77
5		总硬度①	450/500mg/L	22.5mg/L	340.3mg/L		75	0
6		铁	0.3/0.5mg/L	未检出	1.35mg/L	2.70	74	5.41
7		锰	0.1/0.3mg/L	未检出	1.39mg/L	4.63	57	1.75
8		氯化物	250/300mg/L	0	98.2mg/L		76	0
9		硫酸盐	250/300mg/L	1.46mg/L	152mg/L		78	0
10		COD_{Mn}	3mg/L	4mg/L	7mg/L	2.1	78	2.1
11		溶解性总固体	1000/1500mg/L	44mg/L	578mg/L		28	0
12	毒理学指标	氟化物	1.0/1.2mg/L	0.03mg/L	3.4mg/L	2.83	79	6.33
13		砷	0.01/0.05mg/L	未检出	0.03mg/L		51	0
14		汞	0.001mg/L	未检出	0.03mg/L		39	2.56
15		镉	0.005mg/L	未检出	0.004mg/L		51	0
16		铬	0.05mg/L	未检出	0.096mg/L	1.92	72	2.78
17		铅	0.01mg/L	未检出	0.062mg/L	1.24	52	3.85
18		硝酸盐	10/20mg/L	未检出	46mg/L	2.30	69	5.80
19	细菌学指标	细菌总数	100CFU/mL	120CFU/mL	28600CFU/mL	143.00	66	60.61
20		总大肠菌群	不得检出	未检出	23800	2163.64	70	78.57

① 总硬度以$CaCO_3$计。

表 2-23 典型地区水窖雨水有机污染物检测结果表

有机污染物	数量/个	检测值/(mg/L)	有机污染物	数量/个	检测值/(mg/L)
烷烃化合物	35	0.01～0.72	邻苯二甲酸酯	3	0.2～0.49
多环芳烃	13	0.03～0.28	磷酸酯类	4	0.003～0.09

二、水质净化处理技术及适宜性分析

（一）水质处理技术

雨水净化处理主要包括物理方法和化学方法两种。物理方法主要包括沉淀、阻隔（过滤）和吸附等几种，其中沉淀是指依靠自重力沉积并去除水中杂质的过程，阻隔是指利用各种不同孔径的滤材去除水中杂质的过程，吸附则是指依靠以活性炭为主的吸附材料去除水中有机污染物的过程。化学方法则是指利用各种化学药品将水中杂质转化为难溶于水或对人体伤害较小的物质，进而净化水质的过程。

总体来看，水质净化处理方式主要包括电化学絮凝处理、活性炭吸附处理、膜过滤处理、氯系消毒处理和紫外线杀菌处理等5种方式。

1. 电化学絮凝处理方式

利用絮凝剂降低浊度是水质净化处理最基本的方法，尤其是在饮用水的前处理中比较常见。水质浊度降低后，细菌、病毒等原生菌会裸露在透明的水中，失去保护，为水体的进一步净化处理创造条件。

按照其化学成分，絮凝剂总体可分为无机絮凝剂和有机絮凝剂两类。其中，无机絮凝剂又包括无机凝聚剂和无机高分子絮凝剂，有机絮凝剂又包括合成有机高分子絮凝剂、合成絮凝剂和微生物絮凝剂等。

（1）无机絮凝剂。无机絮凝剂主要分为两大类：铁制剂系列和铝制剂系列，当然也包括其丛生的高聚物系列。其中，铁制剂系列主要有三氯化铁水合物 $FeCl_3 \cdot 6H_2O$、硫酸亚铁水合物 $FeSO_4 \cdot 17H_2O$ 和硫酸铁，铝制剂系列有硫酸铝 $Al_2(SO_4)_3 \cdot 18H_2O$ 和明矾 $Al_2(SO_4)_3 \cdot K_2SO_4 \cdot 24H_2O$。

简单的无机聚合物絮凝剂主要是铝盐和铁盐的聚合物。如聚合氯化铝（PAC）、聚合硫酸铝（PAS）、聚合氯化铁（PFC）以及聚合硫酸铁（PFS）等。无机聚合物絮凝剂之所以比其他无机絮凝剂效果好，其根本原因在于它能提供大量的络合离子，且能够强烈吸附胶体微粒，通过吸附、桥架、交联作用，从而使胶体凝聚。同时还发生物理化学变化，中和胶体微粒及悬浮物表面的电荷，降低了电位，使胶体微粒由原来的相斥变为相吸，破坏了胶团稳定性，使胶体微粒相互碰撞，从而形成絮状混凝沉淀，增加沉淀表面积，提高吸附能力。

（2）有机高分子絮凝剂。有机絮凝剂的优点是比较经济、用法简单，但用量大、絮凝效果低，而且存在成本高、腐蚀性强的缺点。与传统絮凝剂相比，价格较低，因而有逐步成为主流药剂的趋势。加上产品质量稳定，有机聚合类絮凝剂的生产已占絮凝剂总产量30%～60%。天然高分子物质如淀粉、纤维素、壳聚糖等与丙烯酰胺进行接枝共聚，聚合物有良好的絮凝性能，或兼有某些特殊的性能。目前，国内研制的产品主要应用于污水处理和污泥脱水。

（3）复合絮凝剂。复合絮凝剂以品种多样和性能多元化占主导地位，其作用机理主要与协同作用相关。无机高分子成分吸附杂质和悬浮微粒，使形成颗粒并逐渐增大；而有机高分子成分通过自身的桥联作用，利用吸附在有机高分子上的活性基团产生网捕作用，网捕其他杂质颗粒一同下沉。同时，无机盐的存在使污染物表面电荷中和，促进有机高分子的絮凝作用，大大提高絮凝效果。我国无机高分子絮凝剂的生产和应用已取得长足进展，最具代表性的聚合氯化铝和聚合硫酸铁的研究，已居世界前列。

（4）微生物絮凝剂。微生物絮凝剂是利用生物技术，从微生物体或其分泌物提取、纯化而获得的一种安全、高效，且能自然降解的新型水处理剂。微生物絮凝剂是一类由微生物产生的具有絮凝功能的高分子有机物。主要有糖蛋白、黏多糖、纤维素和核酸等。从其来源看，也属于天然有机高分子絮凝剂，因此它具有天然有机高分子絮凝剂的一切优点。

絮凝剂的分子质量、分子结构与形状及其所带基团对絮凝剂的活性都有影响。一般来讲，分子量越大，絮凝活性越高；线性分子絮凝活性高，分子带支链或交联越多，絮凝性越差；絮凝剂产生菌处于培养后期，细胞表面疏水性增强，产生的絮凝剂活性也越高。处理水体中胶体离子的表面结构与电荷对絮凝效果也有影响。一些报道指出，水体中的阳离子，特别是 Ca^{2+}、Mg^{2+} 的存在能有效降低胶体表面负电荷，促进“架桥”形成。另外，高浓度 Ca^{2+} 的存在还能保护絮凝剂不受降解酶的作用。

2. 活性炭吸附处理方式

活性炭吸附是建立在常规给水处理基础上，一般设置在砂过滤之后，也可与砂滤料组成双层滤料过滤或以活性炭过滤代替沙过滤。目前，活性炭吸附广泛应用于城市污水处理、饮用水及工业废水处理。颗粒活性炭常用于吸附分子，其吸附性能决定于各种炭型的孔径大小与分布。泥煤基活性炭具有微孔和中孔，可用于多种污染物的吸附处理；褐煤基活性炭中孔较多，具有优良的可入性；椰壳基颗粒活性炭主要是微孔，仅适用于低分子的吸附去除。除此之外，利用化学品活化的颗粒活性炭多孔，泥煤基挤压型活性炭能制成各种不同孔径大小的品种，破碎型煤基颗粒活性炭兼有微孔和中孔。

在利用活性炭吸附进行饮用水深度处理的过程中，发现在活性炭滤料上生长有大量的微生物，使出水水质提高且再生延长，于是发展了一种经济有效的去除水中微污染物质的生物活性炭工艺，具体处理流程为：原水→澄清（加入混凝剂）→过滤（加入臭氧）→活性炭吸附→净水。

3. 膜过滤处理方式

膜过滤是一种与膜孔径大小相关的筛分过程，以膜两侧的压力差为驱动力，以膜为过滤介质，在一定的压力下，当原液流过膜表面时，膜表面密布的许多细小的微孔只允许水及小分子物质通过而成为透过液，而原液中体积大于膜表面微孔径的物质则被截留在膜的进液侧，成为浓缩液，因而实现对原液的分离和浓缩的目的。根据过滤精度的不同，膜过滤处理大致可分为超滤膜、纳滤膜、反渗透膜和微滤膜等几种。

（1）超滤膜。所谓的超滤就是指在一定的压力下，含有小分子的溶液经过被支撑的膜表面时，其中的溶剂和小分子溶质会透过膜，而大分子则被拦截，作为浓缩液被回收。超滤膜过滤粒径在 5～10nm 之间，操作压力在 0.1～0.25MPa 之间。

（2）纳滤膜。纳滤是一种在反渗透基础上发展起来的膜分离技术，纳滤膜的拦截粒径一般在0.1～1nm之间，操作压力在0.5～1MPa，对水中的有机小分子具有很好的分离能力。

（3）反渗透膜。反渗透也可以称为高滤，是渗透的一种逆过程，通过在待过滤液体一侧施加比渗透压更高的压力，使得原溶液中的溶剂压缩到半透膜的另一边。反渗透膜的过滤粒径在0.2～1.0nm之间，操作压力在1～10MPa之间。

（4）微滤膜。微滤是一种以静压差作为推动力，利用膜的筛分作用进行过滤分离的膜处理技术之一。微滤膜的特点是其整齐、均匀的多孔结构设计，在静压差的作用之下小于膜孔的粒子将会通过滤膜，比膜孔大的粒子则被拦截在滤膜的表面，从而实现有效的分离。另外，微滤膜是均匀的多孔薄膜，厚度在90～150μm之间，过滤粒径在0.025～10μm之间，操作压力在0.01～0.2MPa之间。

（5）生物膜。生物膜法是使微生物附着在载体表面上，污水在流经载体表面的过程中，通过有机营养物的吸附、氧向生物膜内部的扩散以及在膜中所发生的生物氧化等作用，对污染物进行分解。在生物膜反应器中，污染物、溶解氧及各种必须营养物首先要经过液相扩散到生物膜表面，进而到生物膜内部；只有扩散到生物膜表面或内部的污染物才能有机会被生物膜微生物所分解和转化，最终形成各种代谢产物（二氧化碳、水等）。随着时间延长（30d左右），微生物组成及其对有机物降解功能达到新的平衡和稳定状态，生物膜沿水流方向分布并逐渐成熟，继而形成有机物、细菌、原生动物、后生动物的复合生态系统。目前，各种慢滤处理技术都源于生物膜处理技术原理。最初，人们认为慢滤净化过程仅仅是滤料过滤、表面吸附的结果。但最新许多研究表明，慢滤净化过程主要是通过生物活动在起作用。

4. 氯系消毒处理

氯系消毒主要采用液氯和次氯酸盐。液氯消毒法指的是将液氯汽化后通过加氯机投入水中完成氧化和消毒的方法，是迄今为止最常用的水质消毒方法，其特点是液氯成本低、工艺成熟、效果稳定可靠。虽然液氯消毒将生成有害的有机氯化物，但是它的持续灭菌能力，使其成为目前水处理行业比较常用的工艺。氯溶于水后发生下列化学反应：

$$Cl_2+H_2O=HCl+HClO \tag{2-89}$$

$$HClO=H^++ClO^- \tag{2-90}$$

除液氯外，漂白粉［$Ca(ClO)Cl$］和漂粉精［$Ca(ClO)_2$］等也能用于消毒，其原理是利用次氯酸分解时产生的强氧化性，使其菌体有机物分解或丧失功能而呈现杀菌作用。$HClO$（次氯酸）或ClO^-（次氯酸根）形态的氯被称之为游离性残余氯。对细菌的杀灭能力而言，在较低的pH条件下，ClO^-比$HClO$更加有效。

5. 紫外线杀菌处理

紫外线杀菌主要是使用低压水银放电灯（杀菌灯）的人工253.7nm波长的紫外线能量。此波长的紫外线光，即使是在微量的紫外线投射剂量下，也可以破坏细胞的生命核心——DNA，因此阻止细胞再生，使细菌变得无害，从而达到灭菌的效果。像所有其他紫外线应用技术一样，系统规模取决于紫外线强度（照射器的强度和功率）和接触时间（水、液体或空气暴露在紫外线下的时间长短）。紫外线杀菌灯的原理与日光灯相同，只是

灯管内部不涂荧光物质，灯管的材质是采用紫外线穿透率较高的石英玻璃。一般紫外线装置依用途分为照射型、浸泡型及流水型等几种。

（二）雨水水质对处理技术的适宜性分析

1. 絮凝处理技术适宜性分析

絮凝剂的品种繁多，从低分子到高分子，从单一型到复合型，总的趋势是向廉价实用、无毒高效的方向发展。无机絮凝剂价格便宜，但对人类健康和生态环境会产生一定的不利影响；有机高分子絮凝剂虽然用量少，浮渣产量少，絮凝能力强，絮体容易分离，去除油及悬浮物的效果好，但这类高聚合物的残余单体存在“三致”危险（致畸、致癌、致突变），因而使其应用范围受到限制；微生物絮凝剂因不存在二次污染，使用方便。

针对我国西部集雨饮用水水窖水体的净化实践，综合考虑经济、方便、高效、可操作等因素，聚合氯化铝铁（PAFC）和聚合氯化铝（PAC）用于集雨水窖水质的絮凝实践效果都很好，是当前此类水质净化处理较好的絮凝剂，其特点是生成的矾花大，投药量少，效率高，沉降快。

2. 膜过滤-树脂-活性炭处理技术适宜性分析

随着净水技术的不断发展，普遍适宜于多种水质条件的膜过滤-树脂-活性炭三位一体的微小型净水器得到了大量推广应用。对雨水集蓄利用工程而言，在蓄前粗滤、蓄后沉淀处理的基础上，继而通过PP棉过滤、树脂去除有害金属、活性炭灭菌等水质处理工艺，满足生活饮用水水质标准，短期使用表明水质可完全可满足前述多种型号净水器对原水水质的要求。但由于雨水低温低浊度的特点，经过相对较长时间的使用后，这些净水器的过滤通道往往发生不同程度的堵塞，导致水处理能力下降。

3. 陶瓷膜过滤处理技术适宜性分析

根据雨水水质特点，净化处理的重点集中在色度、浑浊度、肉眼可见物、有机物、氨氮、微生物等方面。对此，甘肃省水利科学研究院依托项目执行，研究提出了微絮凝及陶瓷膜过滤水质处理技术，很好地解决了低温低浊度雨水杂质对普通净水器过滤通道的堵塞问题。

除此之外，限于工程规模、运行管理等条件的制约，氯系消毒处理技术、紫外线杀菌处理技术暂不适宜于雨水集蓄利用工程的水质深度处理。

第三章 农村雨水集蓄利用工程系统组成及其规划

第一节 雨水集蓄利用技术体系

一、雨水集蓄利用技术

（一）雨水集蓄利用技术构成

雨水集蓄利用是指在某一区域或范围内，通过采取一定的雨水收集、储存和利用等工程手段和技术措施，部分或全部改变天然降水的产流、汇流和径流过程，继而实现对天然降水的有效收集、合理储存、水质净化处理和高效利用。进一步分析雨水集蓄利用的全过程，可以认为“雨水集蓄”（“收集”与“储存”）属于雨水资源化的范畴，而“雨水利用”则属于水资源利用的范畴，从而也使得雨水集蓄利用技术从理论层面上包含了雨水资源化技术、雨水利用技术和雨水利用管理技术。

如前所述，农村雨水集蓄利用工程系统包括集水子系统、引水子系统、水质预处理子系统、蓄水子系统、生活用水子系统、农业灌溉子系统和生态用水子系统等。在长期的理论研究和工程实践中，每一个子系统都形成了相对系统、科学、完备的工程技术及其与之相应的技术体系，对确保雨水集蓄利用工程健康、稳定、协调与可持续发展，保障区域水资源有效供给发挥了重要作用。由此可见，与雨水集蓄利用工程各子系统相对应的雨水集蓄利用技术主要包括雨水收集技术、引水技术、水质处理技术、储存技术、生活用水技术、农业灌溉技术和生态用水技术等。

（二）雨水集蓄利用技术本质

众所周知，雨水——天然降水是一切水资源的源泉，无论是地表水，还是地下水，都离不开天然降水的补给。因此，从广义的角度来说，雨水集蓄利用仍然属于水资源利用的范畴。但是，人类对地表水、地下水的利用是在水资源自身的资源化基础上进行的，这个过程完全遵循水资源内在循环转化规律，也就说，地表水、地下水的利用不仅不包括“水”本身的资源化过程，而且还必须遵循天然状态下水资源内在固有的循环转化规律；而雨水集蓄利用过程则包括了对雨水的有效收集、合理储存、水质净化处理等资源化过程，是基于一系列工程技术、设施设备等条件的新型水资源开发、利用的全过程。从这个层面上讲，一方面，雨水集蓄利用基于水资源内在转化规律，但同时又对水资源循环与转化条件实施了重大改变与优化；另一方面，雨水集蓄利用基于水资源利用，但同时又是对水资源利用技术的丰富、完善和发展，尤其是雨水资源化技术，进一步充实了水资源开发技术，使得水资源的内涵与外延均发生了重大变化，拓展了水资源评价的新内容，开辟了水资源利用的新途径，由此形成了系统、科学、完备的雨水集蓄利用工程技术及其综合技术体系，为雨水集蓄利用技术的可持续发展奠定了坚实的理论基础。

当然，从雨水集蓄利用本身的定义来看，实质是依托集流面、引水渠槽、蓄水设施以及输水与供水等工程技术措施，关键是形成了雨水集蓄利用综合技术体系，核心是实现了对雨水在时间尺度和空间尺度上的双重调控以及在生活用水、农业灌溉和生态建设等方面的高效利用。也正因为如此，一方面，与雨水时间调控、空间调控相对应的雨水就地利用技术、雨水异地利用技术和雨水叠加利用技术应运而生；另一方面，彰显了不同时段、不同区域水资源利用的效益差别，从而也使得水资源利用的时间价值和空间价值研究有可能成为未来水资源领域研究的热点、难点和重点，并成为雨水集蓄利用综合技术体系的重要组成部分。

二、雨水集蓄利用技术体系

如前所述，雨水集蓄利用技术包括雨水收集技术、引水技术、储存技术、水质处理技术和生活用水技术、农业灌溉技术、生态用水技术等。而雨水集蓄利用技术体系是指在各单项雨水集蓄利用技术基础上，与雨水集蓄利用工程系统构成相对应的、用于保障雨水集蓄利用工程系统各环节有机配套、有序协调、有效运转的系列化、成套化、标准化技术的总称，是对包括集水技术、引水技术、储水技术、水质处理技术和生活用水技术、农业灌溉技术、生态用水技术等在内的雨水集蓄利用技术的高度集成、系统配套和完善创新。

从雨水集蓄利用技术发展到雨水集蓄利用技术体系形成来看，建立在各单项技术之上的雨水集蓄利用技术体系，最大限度地涵盖了雨水集蓄利用各单项技术的方方面面，继承了雨水集蓄利用技术的精髓和特点，同时，又极大地丰富、发展、完善和创新了单项雨水集蓄利用技术，使得雨水集蓄利用技术在理论和实践层面上得到了理论支撑和实践佐证，由此也奠定了雨水集蓄利用的理论基础，涵盖了包括系统水资源学、水资源评价、水资源配置、节水灌溉与水资源管理在内的水资源开发、利用与保护等学科。

农村雨水集蓄利用技术体系构成见图 3－1。

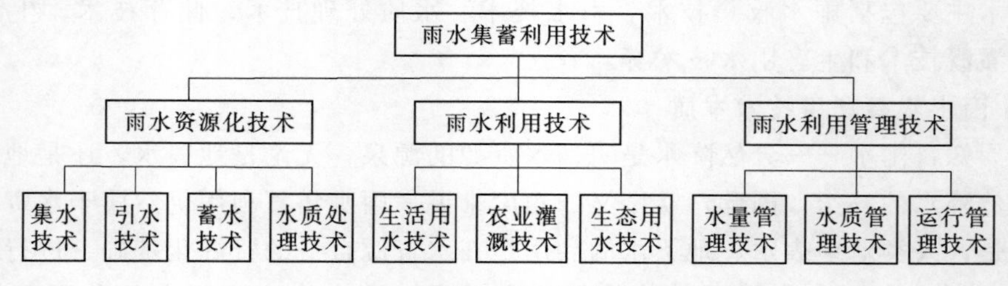

图 3－1 农村雨水集蓄利用技术体系构成图

第二节 农村雨水集蓄利用工程系统组成

农村雨水集蓄利用工程是指采取相应的工程措施对雨水进行收集、储存和高效利用的小微型水利工程。农村雨水集蓄利用工程系统一般由集雨子系统、水质预处理子系统、引

水子系统、蓄水子系统、生活用水子系统、农业灌溉子系统和生态用水子系统等组成。农村雨水集蓄利用工程系统构成见图 3-2，农村雨水集蓄利用工程系统示意图见图 3-3。

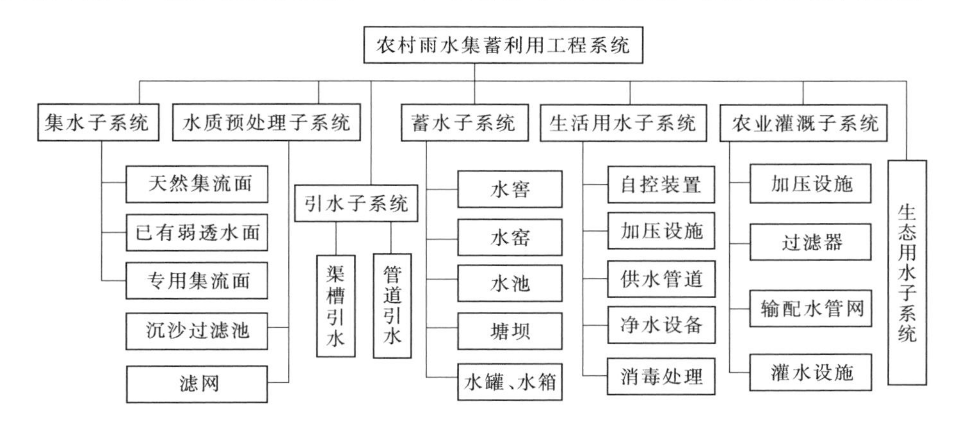

图 3-2　农村雨水集蓄利用工程系统构成图

一、集水子系统

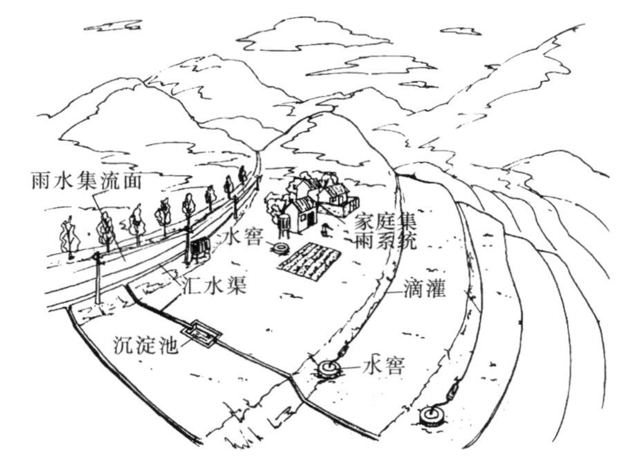

图 3-3　农村雨水集蓄利用工程系统示意图

集水子系统是农村雨水集蓄利用工程的水源部分，其功能是为整个系统提供满足供水要求的水量。因而，集水子系统要求必须具有一定面积的集流面且具有较高的集流效率。集流面是农村雨水集蓄利用工程系统的主体，是农村雨水集蓄利用工程规划环节首先必须考虑的重要组成部分之一。

农村雨水集蓄利用工程集水子系统主要是指收集雨水的场地，一般包括天然集流面、已有建筑物弱透水面和为达到收集雨水目的、实现某种用途而专门建设的集流面。

(一) 天然集流面

天然集流面主要是指天然或已经形成的渗透系数小、集流效果好、适宜就地集蓄、利用雨水的集流场所，西北黄土高原地区主要包括荒山、荒坡等自然坡面以及人类经济社会活动中形成的庭院、场院、操场、农用道路、草坪等。

(二) 已有建筑物弱透水面

已有建筑物弱透水面主要是指由各类已有建筑物与工程设施表面形成的集流效率较高、渗透系数较小，适宜进行雨水收集利用的场地。已有建筑物弱透水面主要包括已有屋顶、楼面、混凝土硬化庭院与场院、混凝土或沥青混凝土路面以及其他可用于收集雨水的各种建筑物与工程设施表面等。

（三）专用集流面

专用集流面是指依据规划，为实施农村雨水集蓄利用而专门建设的用于收集雨水的集流面。从目前实施的农村雨水集蓄利用工程情况来看，专用集流面一般采用现浇混凝土、膜料、砌石、水泥土、原土夯实以及其他新型材料等衬砌防渗，以便减小集流面渗透系数，有效提高雨水收集利用效率。

二、水质预处理子系统

在农村雨水集蓄利用工程中，水质预处理子系统通常设置在蓄水设施之前，主要用于对收集的雨水进行预处理，以便去除水中的杂草、大颗粒泥沙等影响工程安全使用的杂质。在农村雨水集蓄利用工程系统中，设置水质预处理子系统可有效提高农村雨水集蓄利用水质，提高蓄水、供水、用水子系统的利用效率和供水安全保障程度。就目前农村雨水集蓄利用工程而言，水质预处理子系统主要包括沉沙池和滤网。

（一）沉沙池

沉沙池通常位于集流面与蓄水设施之间的引水沟（渠、管）上，其结构型式、种类相对比较繁多，可有效沉淀水中泥沙，显著改善雨水水质，确保整个农村雨水集蓄利用系统的安全、正常和高效运行。总体来看，目前应用较为广泛的沉沙池主要包括平流式沉沙池、格栅式沉沙池、砂石过滤池和虹吸式沉沙池等。

（二）滤网

滤网是千百年来我国劳动人民在收集利用雨水过程中惯常采用的水质预处理措施，其材料、型式、规格形形色色，多种多样，一般安装在沉沙池出口或蓄水设施进水管进口位置。随着现代材料技术的发展，目前农村雨水集蓄利用工程中较多采用的有钢筋格栅、钢（铁）丝网、尼龙网以及通过对不同材质（如铁皮、钢板、有机塑料板等）打孔形成的用于过滤水中杂质、提高雨水水质的设施。

三、引水子系统

引水子系统用于从集流面汇流处向蓄水设施中引水，是衔接集水子系统与蓄水子系统的主要工程措施。就目前我国农村雨水集蓄利用工程而言，引水子系统主要包括渠槽引水工程和管道引水工程。

（一）渠槽引水工程

农村雨水集蓄利用工程通常主要采用渠槽引水工程。当蓄水设施距离集流面汇流出口较近时，引水渠槽一般采用宽浅式结构；当蓄水设施距离集流面汇流出口较远时，一般采用矩形或梯形混凝土渠槽。

（二）管道引水工程

管道引水在雨水集蓄利用工程中的应用尚不广泛，一般在集流面汇流水质较好、引水流量较小时使用，主要采用 UPVC、PE 等塑料管道，但在一些砂石料丰富地区也使用混凝土管。

四、蓄水子系统

蓄水子系统是农村雨水集蓄利用工程系统中除集水子系统外，另一个必不可少的重要

组成部分，对调节水量供给、保障供水安全发挥着举足轻重的作用，是农村雨水集蓄利用工程的中枢系统，其主要作用是：对上——承接来自于集流面的雨水，对下——提供满足用户需求的供水量。现状农村雨水集蓄利用蓄水子系统主要包括水窖、水窑、水池、塘坝和水罐、水箱等。

（一）水窖

作为蓄水设施，水窖具有悠久的历史，利用范围相对比较广泛，在我国干旱缺水地区的农村生活用水中历来发挥着十分重要的作用。我国传统的水窖大多采用红黏土防渗，存在防渗效果差、安全性差、供水保证程度低等问题。伴随着农村雨水集蓄利用技术的发展，水窖在建筑材料、结构型式、蓄水容量等方面发生了重大变化。就建筑材料而言，目前常用的水窖主要有水泥砂浆抹面薄壁水窖、砖砌砂浆抹面水窖、现浇混凝土水窖等。就结构型式而言，主要有瓶（花瓶、酒瓶）式、烧杯式、盖碗式、球形等。

（二）水窑

水窑是我国北方丘陵地区一个古老的蓄水设施，一般依地形条件建设在崖坎或陡坡下。传统的水窑仅对正常水面线以下采用红黏土防渗，不可避免地会出现渗漏、坍塌等问题。就目前推广应用与建设情况来看，水窑除在防渗材料上发生了较大变化，改用水泥砂浆防渗外，同时对水面线以上尤其是窑顶部位采用水泥砂浆进行了加固处理，提高了工程建设标准，有效避免了水窑蓄水后返潮造成的顶部坍塌破坏，延长了工程使用寿命。

（三）水池

水池是目前小微型水利工程中使用最为广泛、也最为频繁的蓄水设施，是有效调节水量供给、提高供水保障程度必不可少的重要工程措施之一。就农村雨水集蓄利用工程而言，目前使用较多的水池主要有现浇混凝土水池、现浇钢筋混凝土水池、浆砌石水池等，其结构型式主要有圆形、矩形两种。当用于生活用水时，一般采用地埋式全封闭有盖结构；当用于农业灌溉时，通常采用开敞式无盖结构。

（四）塘坝

塘坝是我国劳动人民在长期的水资源利用实践中总结提出的一项蓄水措施，传统上采用红黏土或黏土防渗，具有结构简单、使用方便、易于推广等显著特点，但其不足之处是蒸发、渗漏损失大，供水水质差，安全保证度低。随着材料技术的推广应用，与农村雨水集蓄利用工程配套使用的塘坝更多地采用现浇混凝土、预制混凝土板以及膜料（塑料薄膜、土工布）防渗，不仅显著提高了防渗效果和雨水收集利用效率，而且通过设置取水踏步等，提高了供水安全性，方便了清淤、维修等运行管理。

（五）水罐、水箱

水罐、水箱是伴随着农村雨水集蓄利用技术的发展和推广应用而新近诞生的蓄水设施，目前较多采用聚乙烯塑料、镀锡铁皮（马口铁）制作，已经实现了专业化、成套化生产与商品化供应。主要特点是可以通过购买安装，使用方便、配置灵活、适应性强，几乎无蒸发、渗漏损失；但不足之处是容量有限，夏季不利于水质稳定，冬季低温季节使用时需要进行保温处理，增加了工程投资。

五、生活用水子系统

作为农村雨水集蓄利用工程的主要用途之一，农村生活用水主要通过生活用水子系统供给。事实上，农村雨水集蓄利用工程在解决干旱缺水地区农村生活用水中曾经甚至仍在发挥着不可估量的作用，甚至可以说，农村雨水集蓄利用工程发展于生活用水，成就于生活用水，时至今日，农村雨水集蓄利用的重点仍在干旱边远山区的生活用水。

在我国，早期的农村雨水集蓄利用工程生活用水子系统相对比较简单，通常仅由取水设施、供水管道等组成，水质处理完全依赖于自然沉淀，消毒则依赖于加热煮沸。随着经济社会的不断发展，工程技术、管理技术应用日益广泛，目前相对完整的生活用水子系统一般包括供水自动控制设施、加压设施、供水管道、净水设施与消毒处理等。

（一）自动控制设施

生活用水供水自动控制设施是指设置在供水终端，通过开启供水阀门（水龙头）即可实现自动供水的装置。装置由密闭水箱、压力补偿装置、进水口、电源、单向压力水控开关和供水阀门等组成，其基本原理是在开启供水阀门的瞬间，依靠密闭水箱的压力水流操控水动开关，继而控制电源开关，开启加压供水水泵，实现供水环节的自动控制。

（二）加压设施

加压设施常见于各类需要提供压力输水的供水工程，对农村雨水集蓄利用工程而言，最为常见的加压设施为水泵；对于农村雨水集蓄利用生活用水子系统，由于供水的长期性、时段性、随机性和微量化等特点，早期采用的加压设施主要有手压泵、电潜泵，但目前大多数均采用电潜泵加压供水，一是提高了取用水的方便程度，降低了劳动强度；二是可完全实现供水环节的自动控制，提高供水水平。

（三）供水管道

供水管道是各类供水工程必不可少的重要组成部分。对于农村雨水集蓄利用生活用水子系统而言，供水管道仅为从蓄水设施到生活用水取水点的距离，供水线路一般较短，供水流量相对较小，其供水管道一般采用 UPVC、PE 塑料管或镀锌钢管，管道首端与加压设施连接，置于蓄水设施最低水位以下，终端连接供水阀门，置于厨房或其他需要取水、用水的地方。

（四）净水设施

净水设施是指近期随着经济社会发展和人民生活水平提高而发展起来的水质净化与处理设施，是农村雨水集蓄利用系统中，一项对水质的二次处理或深度净化处理措施，产品已经标准化、系列化、成套化，一般可通过市场购买获得。现行市售净水器净化处理方式主要包括吸附法、氧化法、生物法、膜过滤法、有机高分子絮凝等几种，具体工程实践中可根据水质状况选用。根据雨水水质、水温等特点，目前采用较多的是活性炭吸附和膜(包括钢制滤网、陶瓷滤棒等）过滤。

（五）消毒处理

很长时期以来，农村雨水集蓄利用生活用水环节对雨水的消毒处理一直沿用相对传统的加热煮沸方法，但这种方法却能有效消灭包括大肠杆菌、伤寒沙门氏杆菌、肺炎球菌等在内的各种杂菌，确保饮用水卫生安全。大量应用事实证明，加热消毒处理至今仍然是一项费省效宏的水质消毒处理措施，在目前实施的农村雨水集蓄利用农村生活用水工程中，一直被广泛推崇，大量使用，效果良好。除此之外，近些年来，随着广大群众安全饮水意识的提高，以二氧化氯泡腾消毒片、高纯二氧化氯消毒粉剂等氯系消毒产品为主的片剂、

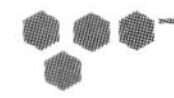

粉剂消毒产品在雨水集蓄利用实践中发挥了重要作用，成为保障雨水水质安全的重要手段和方法。与此同时，传统的明矾、消石灰、碱式氯化铝等化学药剂在实施水质消毒的同时还可加速水体澄清，对提高水质同样起到了很好的作用和效果。

六、农业灌溉子系统

农业灌溉也是农村雨水集蓄利用工程的主要用途之一，其农业灌溉用水主要通过农业灌溉子系统供给。农村雨水集蓄利用农业灌溉工程是在农村雨水集蓄利用生活用水工程基础上发展起来的，针对农作物生育期缺水实施补充灌溉的一项农业实用技术，系统规模受当地降水量、集流面条件等多种因素的制约，其灌水时间、灌水量均具有一定的随机性和不确定性。目前常见的农业灌溉子系统一般包括取水设施、过滤器、输配水管网和灌水设施等。

（一）取水设施

根据地形条件，农业灌溉子系统一般包括自压供水和加压供水两种，其中自压供水适应于具有一定地形条件，具有实施自重力供水的雨水集蓄利用工程；而加压取水设施常见于各类需要提供压力输水的供水工程，一般设置在地形较缓，不具备自压供水条件的供水管网首部。加压设施主要有小型汽（柴）油喷灌机组、电潜泵等。配合农村雨水集蓄利用技术推广应用，曾经小范围推广应用了人力杠杆驱动活塞泵、柱塞泵，但由于造价、管理等诸多方面的原因，未能获得大规模推广应用。

（二）过滤器

过滤器是高效节水灌溉农业重要的水质处理设施，对有效去除灌溉水中杂质，确保灌水器安全运行发挥着十分重要的作用。从目前我国农村雨水集蓄利用农业灌溉系统推广应用情况来看，使用较为广泛的主要是网式过滤器，在部分规模稍大的工程中，为提高供水保证率，可采用砂石过滤器和网式过滤器配合使用，能显著提高灌溉水中的杂质去除率。

（三）输配水管网

输配水管网是农村雨水集蓄利用工程农业灌溉子系统的重要组成部分，承担着从蓄水设施到田间用水点的输水、配水任务，一般采用UPVC或PE塑料管材。当采用自压供水时，输水管道首端设滤网并直接埋设在蓄水设施中；当采用加压供水时，管道首端与加压设施连接，置于蓄水设施最低水位以下。配水管道终端连接田间灌水设施，由灌水设施直接向田间、地头供水。

（四）灌水设施

灌水设施是农业灌溉子系统的终端设施，通过灌水设施——灌水器可直接向田间供水。早期的农村雨水集蓄利用农业灌溉往往是抗旱保苗，灌溉水平相对较低，灌溉方式主要是坐水种和移动软管沟灌。这一阶段农村雨水集蓄利用工程农业灌溉子系统尚不完善，没有形成固定模式的终端灌水设施。随着农村雨水集蓄利用技术与农业高效用水技术的有机结合，管灌、滴管、微喷灌、膜上（下）灌、注水灌等技术大量应用。从目前农村雨水集蓄利用工程实施情况来看，应用效果较好，使用范围较广的灌水器主要有给水栓、滴头、滴灌带、喷头等。同时，在农村雨水集蓄利用设施农业灌溉中，也有结合降温需求采用微喷头实施微喷灌溉的，但总体而言，数量不大，尚不能成为农村雨水集蓄利用农业灌溉的主流和发展方向。

七、生态用水子系统

随着雨水利用技术的发展，采用雨水集蓄利用技术灌溉生态植被也成为农村雨水集蓄利用工程的主要用途之一。就现状而言，农村雨水集蓄利用生态用水工程主要包括反坡梯田、鱼鳞坑以及局部区域的膜料覆盖集水等就雨水就地利用模式，真正意义上采用雨水集蓄利用技术进行生态灌溉的，目前在利用区域、利用规模等方面还相对较少。但尽管如此，采用雨水集蓄利用技术，恢复生态植被仍然被认为是未来雨水集蓄利用的主要途径之一。

第三节　农村雨水集蓄利用工程规划要求

一、基本要求

（1）全面收集与规划相关的各种资料。农村雨水集蓄利用涉及经济社会发展的方方面面，规划编制要全面收集、整理与规划密切相关，包括供水范围、供水对象、供水规模以及与之相关的地理位置、地形条件、地质构造、水文气象、集流面条件、土壤条件、作物种类与构成，已建集水工程、蓄水设施、设备配套、能源供给情况和近期相关发展规划等。

（2）协调处理好与其他相关规划的关系。作为专项规划，农村雨水集蓄利用工程是经济社会发展到一定阶段的产物。农村雨水集蓄利用规划不仅具有一定的时间性、阶段性，而且具有一定的政策性、特殊性。因此，规划编制要充分衔接和处理好与其他相关区域规划、专业规划、专项规划的关系，既不能全面照搬其他规划内容，也不能违背和否定其他规划成果，尽量做到有机衔接，互相支撑，彼此印证。

（3）合理安排好近期、远期发展目标与规划任务。要严格按照总体目标与任务需求，根据不同发展阶段对农村雨水集蓄利用的客观要求，分阶段提出供水规模，合理安排好工程布局、建设模式、建设标准与工程规模。

（4）准确估算工程投资需求。要在充分调查、广泛收集资料的基础上，区分不同类型工程及其特点，综合考虑时间变化、物价增长、施工管理水平等因素，合理分析确定单项工程投资指标，准确估算工程投资需求，科学安排工程实施进度与投资计划。

（5）科学评估项目实施效果。要紧密结合规划总体目标与任务需求，针对具体项目对经济、社会与环境协调、稳定与可持续发展可能产生和带来的影响，全面、准确、客观地评估项目的实施效果。

二、规划任务

规划是建立在对某一事项全面认识和深入分析基础之上的，对其未来发展趋势、可能走向和计划任务的预期安排；是在项目定位的基础上，对其进行总体设计及具体对策措施

的安排部署，以便保证其事项在功能布局、发展规模、发展模式与发展方向等方面能够符合其预期定位，满足不同发展阶段设定预期目标的要求。因此，农村雨水集蓄利用工程规划的任务主要包括以下几个方面：

（1）评价规划区域水资源利用现状。结合规划区域水资源现状，评价现状水利工程种类、构成及其供水能力，进行现状供用水量及水资源供需平衡分析，分析水资源开发利用率、供水保障程度以及现状水资源开发利用与水利工程存在问题。

（2）论证雨水集蓄利用技术的适应性。结合规划项目必要性、可行性分析，重点从当地自然条件、社会经济发展水平、水资源供需现状等方面，分析论证农村雨水集蓄利用工程在当地推广应用的技术适应性。

（3）确定工程总体目标与任务需求。在分析确定规划区域供水范围、供水对象的基础上，进一步明确规划总体目标，分析确定不同水平年供水人口与牲畜数量、发展灌溉面积以及规模养殖、小型加工业等综合利用规模，提出规划工程规模。

（4）提出工程规划原则与指导思想。结合规划区域经济社会发展状况，依据规划供水对象对水资源利用的阶段需求，分析确定设计供水（灌溉）保证率、规划水平年，提出规划思路、基本原则与指导思想。

（5）安排规划工程布局与技术措施。在总体设计的基础上，结合区域地形、资源、气候特点，分析确定规划工程布局及其相应工程技术措施、利用模式，为区域经济、社会稳定与协调发展提供水源保障。

三、规划原则

（1）坚持需求引导，区别对待的原则。要充分考虑规划区域水资源及其开发利用现状、经济社会发展对水资源利用的需求，全面掌握当地生活、生产现状，要严格区别不同行业、具体用水对象对水质、水量、供水时段的不同要求，合理确定工程布局、模式、规模与标准。

（2）坚持整体规划，分步实施的原则。紧密结合项目区自然条件、发展需求、经济状况、组织实施能力等条件，按照统一标准，整体规划的要求，统筹兼顾，区分轻重缓急，有所侧重，分步实施。

（3）坚持以点带面，稳步推广的原则。要充分考虑规划工程的技术适应性，以及推广应用环节对工程运行、维护与管理的需求，结合当地实际，从技术示范入手，做好技术指导，做到稳步推广，确保工程能够“建一处，成一处，发挥效益一处”。

（4）坚持因地制宜，就地取材的原则。要紧密结合当地实际，确保提出符合区域特点的工程规划措施，集流面、蓄水设施、引取水方案、输配水管道、灌溉方式选择等要因地制宜，就地取材，达到既能解决实际问题，又能节约投资的目的。

（5）坚持统筹兼顾，综合利用的原则。要统筹兼顾，更加注重雨水集蓄利用在生活用水、农业灌溉以及其他综合利用的有机结合、协调利用与均衡发展，突出雨水集蓄利用灵活多样、效果显著、综合利用的特点。

（6）坚持节约为先，高效利用的原则。要坚持水资源节约利用与高效利用，切实突出节水措施，不断优化用水结构，找准提高水分利用率与利用效率的关键环节，大力推广高

效节水、用水技术，以最小的水资源利用谋求最大的社会、经济与生态效益。

(7) 坚持人水和谐，持续发展的原则。要充分贯彻科学发展观思想，坚持人水和谐的水资源利用理念，切实协调好人、水、自然与经济社会发展之间的关系，为实现可持续发展创造更加良好的外部发展环境。

(8) 坚持技术引领，科学实施的原则。要坚持依靠技术，引领发展，科学规划集水、引水、蓄水、净水、供水、用水各环节工程技术、利用模式，合理匹配主要工程措施建设规模，切实提高工程使用效率。

(9) 坚持政府主导，完善机制的原则。充分发挥政府在雨水集蓄利用中的主导作用，建立长效投入机制和政策激励机制，齐抓共管、共同推进的工作机制，科技成果快速转化与推广应用机制以及广泛的用水户参与机制。

四、规划内容

规划工作必须针对某一个特定而具体的事项或工程进行，对于一个具体的农村雨水集蓄利用工程，规划内容主要包括以下几个方面：

(1) 明确任务目标。结合当地经济社会发展、水资源现状、灌溉与供水工程现状以及对水资源利用的要求，明确农村雨水集蓄利用工程的具体任务与综合利用目标，即明确规划工程的具体供水对象，是单一的解决生活用水、发展农业灌溉，还是兼具多项供水目标的综合利用工程。

(2) 论证技术方案。根据当地自然条件、社会经济状况与水资源供需状况，分别从水资源利用、促进当地经济社会发展需求，从当地建筑材料、施工技术、运行管理对农村雨水集蓄利用的保障程度等方面论证工程建设的必要性与可行性。

(3) 确定供水规模。在明确任务目标的基础上，进一步明确供水范围、供水人口与牲畜数量、发展灌溉面积以及规模养殖、小型加工业等综合利用需求，依据有关规范、规程与标准，分别提出供水水平年、供水（灌溉）保证率、供水（灌溉）定额等技术指标，计算确定农村雨水集蓄利用工程供水规模。

(4) 提出技术措施。结合当地降水特性、集流面性质、集流效率等技术参数，分别提出保障供水的集流面布局、类型、面积与蓄水设施布局、结构型式、容积等集水、蓄水工程措施；分别提出满足生活用水、农业灌溉需求的取水方式、取水设施、管道布置等技术参数；合理确定田间灌水方式、技术参数，选择适宜的灌水设施。

(5) 安排实施进度。紧扣关键控制性工程布局与任务目标，综合考虑水资源利用需求、投资可能性及其强度、施工水平及其强度等因素，遵循先主后次、先易后难的原则，科学合理地提出工程实施进度计划。

(6) 估算工程投资。依据规划工程规模，确定价格水平年，区分集水、引水、净水、蓄水、供水、输配水、田间灌溉等工程，分别估算不同水平年工程投资，提出资金筹措方案与分阶段投资需求。

(7) 提出保障措施。分别从组织管理、政策法规、投资保障、技术指导、监督考核、社会参与、运行维护等方面，提出确保规划实施的保障措施。

(8) 评价实施效果。对照农村雨水集蓄利用工程的规划任务目标，分别从解决生活用

水、发展农业灌溉以及满足其他综合利用要求的角度出发，综合评价工程实施所能产生的社会效益、经济效益和生态效益，提出综合评价结论。

第四节　农村雨水集蓄利用工程规划方法

一、资料收集

规划是工程实施的前提和保障，与所有工程一样，农村雨水集蓄利用工程建设同样离不开规划的支撑。因此，为做好农村雨水集蓄利用工程规划、设计与施工工作，首先应做好基本资料的收集整理。雨水集蓄利用工程规划基本资料主要包括：供水范围、供水对象、供水规模以及与之相关的地理地形、水文气象、现有设施、供水对象、地质与土壤以及其他相关资料等。

（一）地理地形资料

地理地形资料包括拟建农村雨水集蓄利用工程所在地的地理位置、海拔、地形高差与地物地貌等。地理位置应能准确描述工程所处位置以及与周边文物、保护区及其他相关工程之间的关系；对于规模较大的农村雨水集蓄利用工程，应当收集或测绘 1/10000～1/5000的区域地形图；对于规模较小的农村雨水集蓄利用工程，可不要求地形图，但应有集流面、蓄水设施及灌溉耕地等之间的相对位置及高差资料；对于地形复杂的集流场和灌溉耕地，应测绘 1/500 的局部地形图；工程区域内若有重要建筑物、树木、湖泊以及其他需要重点保护设施时，应进行重点说明并尽可能在图中注明其所在的具体位置。

（二）水文气象资料

与农村雨水集蓄利用工程规划相关的水文气象资料主要包括工程所在地天然降水资料和气象资料两部分。

（1）降水资料。应收集工程所在地或代表站年降水量实测资料，资料系列年限要求不少于 10 年，并据此统计分析多年平均、50%、75%及 90%降水保证率的年降水量及其年内分配情况，必要时还应收集整理典型年逐日降水量资料，分析确定降水参数。对于无实测资料的地区，可根据当地降水量等值线及 C_V 等值线图查算。

（2）气象资料。包括多年、月平均蒸发量，最大、最小月蒸发量；年、月平均气温，最高、最低气温（发生年月）；日照时间、积温；风速及主导风向；无霜期及起止日期；冰冻期及最大冻土深度；历年旱期、干旱类型、发生频次以及对农作物生长的影响等。

（三）现有设施资料

对于以天然坡面为集流场的农村雨水集蓄利用工程，应实地勾绘量算集流面面积和地面坡度，还应收集集流场植被情况资料；以屋顶、庭院、场院、公路、乡村道路等为集流面时，应实地丈量集流面面积；应对工程实施范围内已建集流面布局、型式、材料、面积和集流效率，蓄水设施分布、种类、结构和容积，节水灌溉方式、灌溉制度与工程运行管理情况等资料一并收集。

（四）供水对象资料

供水对象资料包括供水范围、供水对象、供水规模等资料。用于解决生活用水时，应

收集供水人口分布范围与数量，牲畜分布范围、种类与数量；用于发展农业灌溉时，应收集灌溉面积分布、作物种类和相应规模等，并应调查了解当地灌溉现状、农业生产现状与适宜节水灌溉方式、灌溉制度等。

（五）地质与土壤资料

地质与土壤资料包括工程实施范围的地层构造、土壤类型、容重、田间最大持水量、渗透系数、酸碱度及有机质含量、集流场地层岩性等资料，以便更好地进行集流面、蓄水设施等工程规划设计，合理确定灌溉作物类型，科学合理地选用节水灌溉技术。

（六）其他相关资料

与农村雨水集蓄利用工程规划、设计相关的其他资料主要包括：当地社会经济现状、社会经济发展规划、农业发展规划、水利发展规划及其他相关规划；建筑材料来源、产地、储（产）量、质量、价格、运距、交通道路、能源供应等资料。

二、工程布局

（一）总体布局

农村雨水集蓄利用工程是一项小微型水利工程，具有形式多样、类型复杂、结构多变、特色鲜明等特点，其总体布局应坚持以下原则：

（1）坚持需求引导，工程保障的原则。必须始终把需求放在首要位置，作为进行工程规划、实施的重要依据，必须依托各单项雨水集蓄利用工程措施的有机配套，最大限度地保障规划用水对象的水资源利用需求。

（2）坚持以需定供，供需平衡的原则。必须严格执行以需定供，依据具体规划用水对象的水资源利用需求，确定雨水集蓄利用工程的建设规模，做到各类工程措施合理配套，确保水资源供需平衡。

（3）坚持因势利导，节约能源的原则。充分利用各种有利地形条件，做到各类工程措施的合理布局、有机结合和良好衔接，始终把节约能源放在首要位置，尽可能依靠自重力供水，实现高水高用，低水低用。

（4）坚持统筹规划，综合利用的原则。必须始终坚持以提高水资源利用率、利用效率为终极目标，统筹规划，综合利用，谋求有限水资源在解决农村生活用水、发展农业灌溉、恢复生态植被等方面利用效益的最大化。

（二）集流面工程布局

集流面工程是雨水集蓄利用工程的水源工程，集流面工程的布局事关水源的安全、稳定与可靠。因此，集流面工程布局应坚持以下原则：

（1）坚持现有为主，补充为辅的原则。在充分利用各种天然集流面、现有建筑物弱透水面，有效收集天然降水的基础上，依据供需平衡原理，规划建设补充人工集流面数量，最大限度保障水资源供给。

（2）坚持相对集中，便于集水的原则。作为水源工程的集流面要相对集中，选址合理，在布局上创造有利于收集雨水的良好条件，以便尽可能缩短引水渠（管）道长度，尽可能提高雨水收集利用效率。

（3）坚持就近利用，提高效率的原则。通过集流面收集的雨水要尽可能实现就地蓄

集，就近利用，尽量缩短引水、输水工程距离，减少引水、输水过程的水量损耗。一方面，最大限度降低工程建设投资；另一方面，显著提高水资源综合利用效率。

（4）坚持就地取材，节约投资的原则。在尽可能提高集流效率的前提下，因地制宜，就地取材，充分利用当地建筑材料规划建设集流面，最大限度节省工程投资，为实现雨水集蓄利用工程的可持续发展创造条件。

（三）蓄水工程布局

蓄水工程是雨水集蓄利用工程不可替代的重要组成部分，发挥着蓄集、调控水量供给的作用。因此，蓄水工程布局应坚持以下原则：

（1）坚持因地制宜，整体协调的原则。充分利用各种有利于蓄水的地形条件，因地制宜、因势利导，最大可能实现与区域环境及其他工程的协调、配套与有机结合，布设类型多样、型式各异的蓄水工程设施。

（2）坚持集蓄配套，高效利用的原则。依据集流面工程布局、规模，确保规划集水量与蓄水设施容积合理匹配要求，科学布局蓄水工程及其规模，最大限度提高集流面工程与蓄水设施的匹配程度，继而提高设施利用率。

（3）坚持管路最短，能耗最低的原则。在同时满足靠近集流面、靠近用水对象要求，最大限度缩短输水管道距离的基础上，充分利用有利地形布设蓄水设施，尽可能依靠自重力输水，降低供水过程的能源消耗。

（4）坚持便于管理，运行可靠的原则。蓄水设施布局应远离崖坎、树木，应靠近道路或者具有修建阀门井、管理房等管理设施的有利地形，应选择适合当地地形与地质条件、结构稳定、能够确保安全运行的蓄水设施。

（四）典型工程布置形式

1. 农村生活用水雨水集蓄工程布置

长期以来，我国北方地区常常利用机瓦、小青瓦屋面与混凝土庭院等作为集流面，采用水窖作为蓄水设施。近年来，随着人民群众生活水平的提高，对供水水质提出了新的要求，为实现分质供水提供了可能。于是，有些地区开始在屋檐下增设集水槽，将雨水引入高位储水池自压供水，不仅提高了供水水质，而且方便了供水利用。雨水集蓄利用生活用水工程示意图见图 3－4。南方地区则由于降水条件相对比较优越，仅依靠屋面集流即可满足生活用水需求，蓄水设施具体布置形式有高位储水池、地埋式有盖蓄水池等。

2. 公路雨水集蓄工程布置

公路一般采用沥青混凝土建设，具有较高的集流性能，是良好的集流面，规划中可以依据公路布局与具体用水对象分布情况，沿公路两侧布置蓄水设施（池、窖）群。引水可借助公路排水沟进行，在适当位置将水导引出排水沟，经过简单的预沉淀处理后，再通过输水渠将水流引入蓄水设施中以待利用。公路集水工程典型布置示意图见图 3－5。当灌溉耕地远离公路且比较分散时，宜根据灌溉分布情况，分散布设蓄水设施（池、窖）群。公路集水工程分散布置示意图见图 3－6。

3. 天然坡面雨水集蓄工程布置

植被较好的土质和岩石等天然坡面可以作为集流面直接加以利用。当坡面植被较差，容易引起冲刷时，一般在坡面适当位置平行等高线布置截流沟和汇流渠，分别汇集坡面径流后引入蓄水设施。近年来，南方一些降水量较大地区，往往在山坡、河谷适当位置修建蓄水设施（池、窖）群，储存坡面和沟道降雨径流，进行季节性缺水时的水稻补充灌溉。天然坡面雨水集蓄利用工程布置示例见图 3-7。

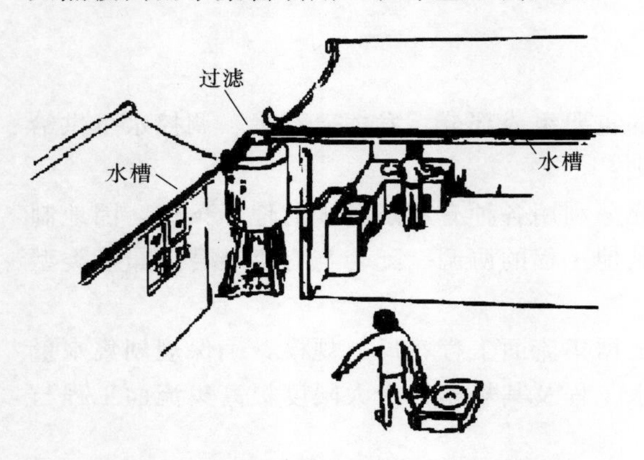

图 3-4 雨水集蓄利用生活用水工程示意图

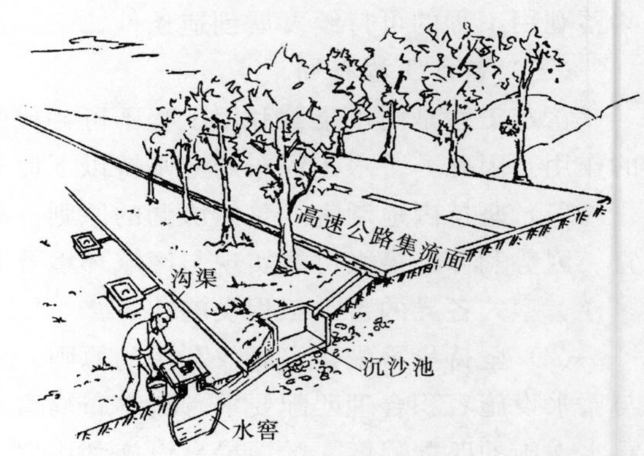

图 3-5 公路集水工程典型布置示意图

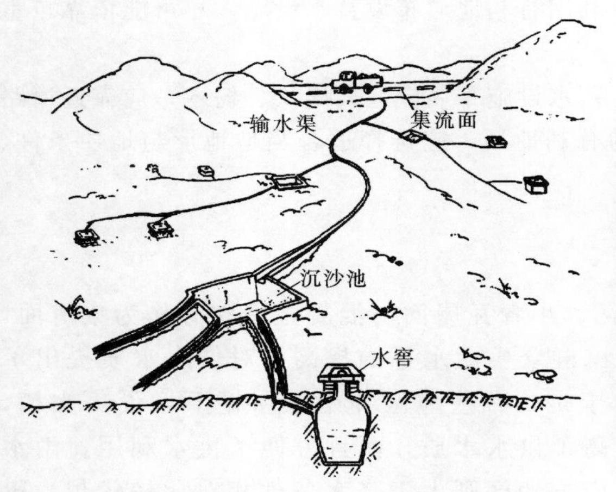

图 3-6 公路集水工程分散布置示意图

图 3-7 天然坡面雨水集蓄利用工程布置示例

4. 温室大棚雨水集蓄工程布置

如前所述，温室大棚塑料薄膜棚面是良好的集流面，在北方降水量较好以及广大的南方地区，仅仅依靠棚面集水即可满足温室大棚作物灌溉用水需求；北方降水量较小地区，当棚面集水不足以满足温室作物灌溉需水要求时，可通过新建集流面补充收集雨水。蓄水设施可布置在棚内或棚外，沿塑料薄膜棚面下沿修建汇流渠引水进入蓄水设施中，供温室大棚灌溉之用。塑料大棚雨水集蓄工程布置示意图见图 3-8。

三、工程规划

根据农村雨水集蓄利用工程系统构成，工程规划内容主要包括集流面工程、引水工程、净水工程、蓄水工程、供水工程和田间灌溉工程等。

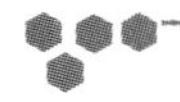

(一)集流面工程

集流面是雨水集蓄利用工程中承接和收集天然降水的设施，其类型可分为屋顶集流和地面集流两种类型。屋顶集流即利用屋面收集雨水，屋顶集水一般比较洁净，但也难免会有昆虫尸体、鸟类粪便、灰尘杂物等不同程度地污染雨水，但污染量相对较少，处理也比较容易。屋面集流面径流形成快，集流效率较高，且使用和管理方便，造价较低，应尽量加以利用或改造利用。地面集流有天然坡面、现成可以利用的庭院、场院、路面和人工修建的膜料、现浇混凝土、片石、水泥土、原土夯实等防渗集流面三种类型。集流面的选择应遵循因地制宜、就地取材、集流效率高、工程造价低等原则。

图 3-8 塑料大棚雨水集蓄工程布置示意图

1. 生活用水集流面

以解决生活用水为主的农村雨水集蓄利用工程，一般以户为单位修建，通常利用屋面、庭院、场院等作为集流面，集流面大小应根据解决生活用水人口、牲畜数量，结合当地降水量、集流面材质等计算确定。当现有集流面集水不足且集流效率较低时，可采用高标准防渗材料进行衬砌；如衬砌后水量仍不足时，可修建人工防渗集流场作为补充。由于屋面集流相对于庭院等集流一般水质较好，因此宜对这两种集流面上的径流分别蓄存。对屋面集流应紧靠屋檐下设置集水槽，将水流引入高位水池，形成自压供水——简易自来水。对庭院等集流则应设置宽浅式混凝土集水、引水槽，将雨水引入蓄水设施。在南方湿润地区，解决生活用水的集流面可选择盖度较好的天然植被坡面或岩石坡面。

2. 农业灌溉集流面

以农业灌溉为目的的雨水集蓄利用工程，应充分利用已有建筑物不透水面或弱透水面作为集流面，以便尽可能降低工程造价。集流面大小应根据规划农业灌溉规模、灌水定额，结合当地降水量、集流面材质等计算确定。实践中多以天然坡面、公路与农用道路等作为集流面。利用公路作为集流面时，可利用公路排水沟收集径流；利用乡村道路作为集流面时，需要配套建设集水渠槽收集径流。天然坡面在南方湿润地区被广泛应用为集流面，具有事半功倍的效果；在北方干旱地区虽然天然坡面集流效率较低，但由于地广人稀，可用作集雨的天然坡面数量较大，因此仍可加以利用。此外，随着现代农业、设施农业如雨后春笋般的发展，一些地区大量发展起来的温室大棚被广泛用作集流面。当天然降水量较少、大棚集水量不足时，可修建人工防渗集流场进行补充集流。

对于规模较大的天然坡面集流面，当沿坡度方向坡面较长时，为减少径流对坡面的冲刷和沿程水量损失，宜按一定间距平行等高线修建截流沟，分区收集雨水，再通过汇流渠槽引入蓄水设施中。同时，集流面的布设要尽量高于拟规划灌溉的耕地，使之形成一定的高差，尽量满足各种灌溉方式所需的工作水头，以便进行自压灌溉。

3. 其他供水集流面

对于其他供水目的的集流面，应根据不同供水对象对水质、水量的具体要求，尽量利用已有建筑物表面或天然坡面收集利用雨水，以便尽可能降低工程造价。集流面大小应根据规划供水对象的用水需求，结合当地降水量、集流面材质等计算确定。

（二）引水工程

引水工程是指从集流面汇流渠槽开始到蓄水设施前沉沙池之间的引水渠（槽、管）工程，一般在布置上要求线路平直，直线距离短，防渗效果好，引水效率高。引水工程断面尺寸根据引水流量，结合引水工程断面结构、材质、底坡等计算确定。

北方地区一般水质较为浑浊，为方便运行管理与清淤、维修，引水工程多采用开敞式断面结构，一般采用现浇混凝土、预制混凝土板、砌石（瓦）等衬砌防渗，但当引水工程坡降较大时也可采用混凝土暗渠、PVC管材等封闭式结构；南方水质较好地区，引水工程一般采用管状结构。

（三）净水工程

农村雨水集蓄利用净水工程包括水质预处理工程和用水终端的水质深度处理设施两部分。

水质预处理工程位于引水工程和蓄水工程之间，一般采用平流式沉沙池、格栅式沉沙池、砂石沉沙过滤池和虹吸式沉沙池等，仅对进入蓄水设施的原水进行预处理，以便有效去除水中泥沙、杂草等较大颗粒的杂质。水质预处理工程设施尺寸根据预处理水量、水质情况，结合预处理工程设施技术要求计算确定。

根据用水目的的不同，终端水质深度处理设施有所不同。用于农村生活用水的，主要采用净水器进行过滤与净化处理。处理方法主要包括吸附法、氧化法、生物法、膜过滤法、有机高分子絮凝等几种；用于农业灌溉用水的，主要采用砂石过滤器、碟片式过滤器、网式过滤器等进行过滤处理。净水器、过滤器规格型号根据原水水质、用水规模等，结合不同净水器、过滤器技术参数要求选定。

（四）蓄水工程

根据当地气候、地形、地质条件以及集流方式、用途等进行规划，其主要内容包括确定蓄水设施结构型式，进行工程总体布局，确定工程建设规模。

1. 结构型式

就现状而言，蓄水工程可分为水窖、水窑、水池、塘坝、涝池、水罐与水箱等类型。为减少蒸发损失和便于储存地面径流，北方地区宜采用埋藏式蓄水设施，如水窖、水窑、有盖水池等；受较好的降水条件惠顾，南方地区一般工程规模较大，宜采用地表开敞式无盖水池；当地形、地质条件允许时，宜修建塘坝蓄水，规模较小时也可以采用涝池。

2. 总体布局

安全是蓄水设施布局首先必须考虑的问题。因此，所有蓄水设施必须远离崖坎、滑坡、填方地段，避开根系发达的林地。当多个蓄水设施联合布置时，相邻设施之间的净距离应根据地形、地质、设施结构等情况分析确定，必须确保蓄水设施安全。依托已有建筑物收集雨水时，蓄水设施布置应符合相关部门要求，不得影响或者改变已有建筑物与道路使用功能。与蓄水设施相配套的引水渠（槽、管）、沉沙池等，应根据工程规模、集流面类型、降水条件等，统一规划、布置。

以生活用水为目的的蓄水设施应尽量布置在农户所在地的房前屋后或庭院、场院内，为管理与用水提供便利。以灌溉为目的的蓄水设施应结合灌溉耕地分布情况，尽量布置在靠近耕地、有利于提供自压水头的地方。

3. 建设规模

蓄水工程规模依据不同用水对象的具体用水要求确定。对于满足生活用水的蓄水工程，其工程规模依据解决用水人口、牲畜数量、用水定额、用水时段等，结合供水周期内集流面来水分布情况，通过调节计算确定；对发展农业灌溉的蓄水工程，其工程规模依据灌溉面积、灌溉定额、用水时段等，结合灌溉供水周期内集流面来水分布情况，通过调节计算确定。

（五）供水工程

供水工程是指从蓄水工程到用水点之间的供水系统，一般分为自压供水和加压供水两种形式。自压供水工程通常利用有利地形条件，依靠自重力输水，供水工程除管网系统外再无其他设施。加压供水工程一般包括首部加压设施和供水管网系统，其中加压设施通常采用小型汽（柴）油机组、电潜泵等，管网系统与自压供水工程一致，一般采用UPVC、PE管道。供水管道直径可依据不同管段的流量要求，按有压流管道计算确定。

（六）田间灌溉工程

田间灌溉工程主要是指位于供水工程末端直接供水到田间或作物根部的灌溉系统。就现状而言，雨水集蓄利用农业灌溉田间灌溉方式主要有管灌、喷灌、滴灌等，随灌溉方式的不同，田间供水设施主要包括给水栓、喷头、滴灌带、滴灌管和滴头等。

田间灌溉工程规划的主要内容是确定田间管网布设方式，选择与灌溉作物相适应的灌水器类型及相应技术参数。

第五节　雨水集蓄利用工程规模

一、供水规模

（一）生活用水工程

解决农村生活用水工程的供水规模根据农村生活用水人口、畜禽数量及其相应的供水定额计算确定。

1. 农村生活供水定额

根据《雨水集蓄利用工程技术规范》（GB/T 50596—2010）要求，农村居民生活、畜禽养殖供水定额按表3-1的规定选取。

表3-1　雨水集蓄利用工程农村生活供水定额表

分区	供水定额/{L/[d·人(头或只)]}				
	居民生活	畜禽养殖			
		大牲畜	猪	羊	禽
多年平均年降水量250～500mm地区	20～40	30～50	20～30	5～10	0.5～1.0
多年平均年降水量>500mm地区	40～60				

2. 农村生活需水量

农村居民、畜禽养殖需水量可按式（3-1）计算：

$$W_d = 0.365\sum_{i=1}^{n}A_iQ_i \tag{3-1}$$

式中 W_d——设计供水保证率条件下，雨水集蓄利用生活用水工程年需水量，m^3；

A_i——第 i 类规划用水对象的数量，人（头或只）；

Q_i——第 i 类规划用水对象的供水定额，L/[d·人(头或只)]，具体按表 3-1 取值；

n——规划农村生活需水对象的种类数。

（二）农业灌溉工程

农业灌溉工程的供水规模根据规划灌溉面积及相应灌溉定额计算确定。

1. 灌溉定额

灌溉定额应根据本地区农作物、果树、林草的需水特性，采用节水灌溉和非充分灌溉原理确定。缺乏资料时，灌水次数和灌水定额可按表 3-2 的规定选取。

表 3-2 不同降水量地区作物灌溉制度表

作　物	灌水方式	灌　水　次　数		灌水定额/(m^3/hm^2)
		多年平均年降水量 250～500mm 地区	多年平均年降水量 ＞500mm 地区	
玉米等旱田作物	坐水种	1	1	45～75
	点灌	2～3	2～3	45～90
	膜上穴灌	1～2	1～3	45～100
	注水灌	2～3	2～3	45～75
	滴灌	1～2	2～3	150～225
一季蔬菜	滴灌	5～8	6～10	150～180
	微喷灌	5～8	6～10	150～180
	点灌	5～8	6～10	90～150
果树	滴灌	2～5	3～6	120～150
	小管出流灌	2～5	3～6	150～240
	微喷灌	2～5	3～8	150～180
	点灌（穴灌）	2～5	3～6	150～180
一季水稻	“薄、浅、湿、晒”和控制灌溉		6～10	300～450

2. 农业灌溉需水量

农业灌溉需水量可按式（3-2）计算：

$$W_i = \sum_{i=1}^{m}\sum_{j=1}^{n}S_{ij}M_{ij} \tag{3-2}$$

式中 W_i——设计供水保证率条件下，雨水集蓄利用农业灌溉工程年需水量，m^3；

S_{ij}——第 i 类作物第 j 次灌溉面积，hm^2；

M_{ij}——第 i 类作物第 j 次灌水定额，m^3/hm^2，具体按表 3-2 取值；

m——规划灌溉作物种类数；

n——规划灌溉作物灌水次数。

（三）其他供水工程

其他供水主要包括小型加工业、小规模养殖业等，应按照节约用水、提高回收利用率的原则，综合考虑实际生产规模、生产过程等因素具体确定。

二、集流面积

在确定雨水集蓄利用工程供水规模的基础上，集流面面积可依据规划供水对象的供水保证率、设计保证率下的年降水量以及不同材料年集流效率等计算确定。

（一）供水保证率

供水保证率是指对具体用水对象用水需求的保证程度，一般根据水资源条件，结合用水对象的重要程度确定。开展雨水集蓄利用地区均为干旱缺水或季节性缺水地区，供水保证率可按有关规范就低确定。《雨水集蓄利用工程设计规范》（GB/T 50596—2010）确定的供水保证率见表 3-3，在进行工程的具体设计时可参考执行。但在我国南方一些降水量相对较大的地区，不需建设集流面，而主要以建设蓄水工程为主时，可适当提高供水保证率进行工程设计。

表 3-3　　雨水集蓄利用工程供水保证率表

供水项目	农村生活	农业灌溉	畜禽养殖	小型加工业
保证率/%	90	50～75	75	75

（二）集流效率

1. 集流效率定义

集流效率是指一定区域内集流面上收集到的雨水径流占整个降落到相应集流面上天然降水量的比例。集流效率的定义可用式（3-3）表述：

$$RCE=\frac{W_{径流}}{W_{降水}}\times 100\% \tag{3-3}$$

式中　RCE——集流效率，%；

$W_{径流}$——一定区域内集流面上收集的径流量，m^3；

$W_{降水}$——降落到相应区域内集流面上的天然降水总量，m^3。

2. 集流效率影响因素

影响集流效率的因素很多，主要有次降雨特性（降雨量和降雨强度）、集流面材料性能、集流面前期含水量以及集流面坡度与沿坡度方向的长度等。此外，降雨过程的气温、风速等都对集流效率有一定影响。

（1）降雨特性对集流效率的影响。全年降雨量及降雨强度是决定集流效率大小的首要因素。随着降雨量和降雨强度的增加，集流效率显著提高。多年平均降雨量越小，说明越是干旱，而越是干旱，则小雨量、小雨强的降雨过程也就越多，集流效率随之也就越低。

（2）集流面材料对集流效率的影响。集流面材料种类很多，各地试验结果表明，常见集流面材料中，以混凝土和水泥瓦集流效率最高，均可达70%～80%。这是因为这类材料密实性很好，吸水率低，在较小的雨量和雨强下即能产生径流。而土质集流面材料表面密实性差，空隙率大，防渗效果差，集流效率也就低，一般在30%以下。综合各地研究结论，各种防渗材料集流效率从大到小依次为混凝土、水泥瓦、机瓦、塑膜覆沙（或覆土）、青瓦、三七灰土、原状土夯实、原状土。但需要引起重视的是同一防渗材料在不同地区的集流效率也有差别，分析其原因，这主要是由施工质量差别所致，与材料的区域性分布并无太大关系。

（3）集流面前期含水量对集流效率的影响。集流面前期含水量较高时，当次降雨的集流效率就高。但随着下垫面材料的不同，这种影响的差别也较大，特别是土质类等表面密实度较差，渗透性较好的集流面，前期含水量对集流效率的影响更加明显。

（4）集流面坡度对集流效率的影响。一般来讲，集流面坡度较大，其集流效率也较大。因为坡度较大时可增加流速，从而减少降雨过程中坡面水流的厚度，一方面降低了降雨过程的入渗水头，继而减小入渗损失，提高集流效率；另一方面，降雨结束后坡面滞留水量也相应减少，因而也可提高集流效率。因此，为了提高集流效率，当建设专门集流面时，集流面纵坡一般应不小于1/10。

3. 场次集流效率

场次集流效率是指每场降雨的集流效率，一般通过试验确定。在降雨过程中，测量降雨量和降雨过程形成的径流量，就可按式（3-3）计算集流效率。

为了缩短试验研究的过程，也可以采用人工模拟降雨的办法进行。此时，应尽量使试验场地各点雨量分布均匀。降雨时在试验场地上按间距30～50cm均匀安放一定数量的标准量杯（无标准量杯时可用其他容器代替），降雨后测量量杯中的水深或水重，即可计算平均降雨量。

当采用标准量杯时，平均降雨量按式（3-4）计算确定：

$$\overline{R}=\frac{\sum_{i=1}^{n}R_i}{n} \tag{3-4}$$

式中 $\overline{R}$——平均降雨量，mm；

R_i——第i个标准量杯的水深，mm；

n——标准量杯的数量。

当无量杯而采用其他容器代替进行试验时，平均降雨量按式（3-5）计算：

$$\overline{R}=\frac{10\sum_{i=1}^{n}g_i}{nS} \tag{3-5}$$

式中 g_i——第i个容器中的水重，g；

S——试验容器的水平投影面积，cm^2；

其他符号意义同前。

检验降雨均匀度的方法是，量杯或容器中水深或水重的相对误差应不大于0.2。相对

误差可按式（3－6）计算确定：

$$E=\frac{\sum_{i=1}^{n}|g_i-\overline{g}|}{n\overline{g}} \tag{3-6}$$

式中 $\overline{g}$——试验容器中的平均水重，g；

其他符号意义同前。

降雨均匀度 K 可按式（3－7）计算：

$$K=1-E \tag{3-7}$$

4．年平均集流效率

年平均集流效率是进行雨水集蓄利用工程设计的主要参数，具体可按式（3－8）计算确定：

$$RCE_y=\frac{\sum_{i=1}^{n}RCE_iR_i}{\sum_{i=1}^{n}R_i} \tag{3-8}$$

式中 RCE_y、RCE_i——分别为年平均和年内第 i 次降雨的集流效率，%；

R_i——年内第 i 次降雨量，mm；

n——年内发生降雨的次数。

甘肃省水利科学研究院根据对不同材料集流面集流效率与降雨特性之间关系的试验成果，采用代表多年平均降水量 300mm、400mm 及 500mm 地区的 9 个雨量站的长系列降水资料，计算确定了不同降水量地区相关下垫面材料年平均集流效率。根据这些成果，推荐了不同集流面的集流效率，具体见表 3－4。

表 3－4　不同降水量条件下不同材料集流面的年集流效率　%

多年平均年降水量	降雨频率	混凝土	水泥土	覆盖式塑料薄膜	黄土夯实	水泥瓦	机制黏土瓦	小青瓦
200～300mm	50	78	47	41	20	71	41	34
	75	75	40	34	17	66	34	28
	95	73	33	28	13	62	30	24
300～400mm	50	80	52	46	26	75	49	40
	75	78	46	41	21	72	42	34
	95	75	40	34	17	67	37	29
400～500mm	50	80	53	46	25	75	50	41
	75	79	51	45	23	74	48	38
	95	76	42	36	19	69	39	31

5．《雨水集蓄利用工程技术规范》推荐的集流效率

计算年集流效率，需要有长系列降水资料以及集流效率与集流面材料、降水特性等多个因素之间的关系，这使得确定集流效率十分困难，对于部分资料缺乏的地区甚至无法进行。为方便雨水集蓄利用工程系统规划、设计，《雨水集蓄利用工程技术规范》（GB/T

50596—2010）规定了不同地区集流面材料的集流效率，工程实践中可结合当地实际情况参考使用，具体见表 3-5。

表 3-5 不同降水量地区不同防渗材料年集流效率 %

集流面材料	集流效率		
	多年平均年降水量 250～500mm	多年平均年降水量 500～1000mm	多年平均年降水量 1000～1500mm
混凝土	73～80	75～85	80～90
水泥瓦	65～75	70～80	75～85
机瓦	40～55	45～60	50～65
手工制瓦	30～40	40～50	45～60
浆砌石	70～80	70～85	75～85
良好的沥青路面	65～75	70～80	70～85
乡村常用土路、土场和庭院地面	15～30	20～40	25～50
水泥土	40～55	45～60	50～65
固化土	60～75	75～80	80～90
完整裸露膜料	85～90	85～92	90～95
塑料膜覆中粗砂或草泥	28～46	30～50	40～60
自然土坡（植被稀少）	8～15	15～30	25～50
自然土坡（林草地）	6～15	15～25	20～45

（三）集流面面积

雨水集蓄利用工程集流面面积计算均按照水量"以需定供"的原则确定。也就是说，按此要求计算确定的集流面面积为满足设计供水保证率时的最小集流面面积。

1. 单一集流面

当规划雨水集蓄利用工程采用单一集流面时，集流面面积可按式（3-9）计算：

$$S=\frac{1000W}{P_pK} \tag{3-9}$$

式中 W——雨水集蓄利用工程年供水量，m^3；

S——集流面面积，m^2；

K——集流面材料年集流效率；

P_p——设计保证率条件下的年降水量，mm。

2. 多种集流面

当规划雨水集蓄利用工程具有多种集流面且集流面面积不足需要补充建设集流面时，补充集流面面积可按式（3-10）计算确定：

$$S_n=\frac{1}{K_n}\left(\frac{1000W}{P_p}-\sum_{i=1}^{n-1}S_iK_i\right) \tag{3-10}$$

式中 S_n——规划雨水集蓄利用工程第 n 种集流面（补充集流面）的面积，m^2；

S_i——规划雨水集蓄利用工程第 i 种集流面的面积，m^2；

K_i——规划雨水集蓄利用工程第 i 种集流面的年集流效率；

n——集流面材料种类数；

其他符号意义同前。

三、引水工程断面

农村雨水集蓄利用工程一般采用庭院、屋面作为集流面，在相对低洼位置布设固定的径流汇集出口，在径流出口位置，可视不同情况建设不同形式的沟、槽、渠、管道等引水工程直接引水进入蓄水设施。

（一）渠槽引水工程

1. 渠槽结构与布设型式

当水窖距离集流面汇流出口较近时，引水渠槽一般采用宽浅式 U 形 C15 现浇混凝土渠槽；但当水窖距离集流面汇流出口较远时，一般采用矩形或梯形混凝土渠槽。

引水渠槽可视实际情况进行布设，坡度宜为 1/50～1/30，特殊情况下可允许达到 1/10 甚至更陡。

2. 引水工程断面计算

（1）引水流量。对雨水集蓄利用工程而言，一定集流面上的汇流量可按式（3-11）计算确定：

$$Q=1.667\times10^{-5}\times I\times S\times E \tag{3-11}$$

式中 Q——设计集流面上的汇流量，m^3/s；

E——集流面集流效率，%；

S——引水渠控制汇流区域的集水面积，m^2；

I——设计降雨强度，mm/min。可参考当地降水特性确定，无资料时取 0.2～0.3mm/min。

（2）断面计算。引水渠槽水流条件符合明渠均匀流条件。据此可得到混凝土渠槽过水断面计算公式（3-12）：

$$\omega=1.667\times10^{-5}\times\frac{ISEn}{R^{\frac{2}{3}}i^{\frac{1}{2}}} \tag{3-12}$$

式中 ω——引水渠槽断面面积，m^2；

R——过水断面水力半径，m；

i——输水渠槽比降；

n——输水渠槽糙率，混凝土渠道取 0.015；

其他符号意义同前。

由于 R（水力半径）与 ω（断面面积）有关，所以，采用前述公式计算时，一般采取假设断面面积校核过水能力是否满足设计流量的办法，通过试算确定引水渠槽的设计断面。考虑施工方便，当采用前述公式计算的输水渠槽断面面积较小时，最小渠槽断面可按宽度 15cm、深度 10cm 进行设计。但当采用宽浅式结构时，可不受此限制。

(二) 管道引水工程

1. 引水管道类型

管道引水条件好，防渗效果佳，但缺点是投资较大。一般在汇流水质好、引水流量较小时使用较多，一般采用 UPVC、PE 等塑料管道，管径一般在 80～120mm 左右。但在一些砂石料丰富地区也有使用混凝土管的，厚度一般为 3～4cm。施工时用一定规格的塑料管或钢管作为内模，在外包裹混凝土现浇施工，成型后从一端抽出管道内模，重复进行施工。

2. 管道直径

(1) 压力管道。当采用压力管道引水时，管道直径可按式（3-13）计算确定：

$$d_y=4.6017\times10^{-3}\times\sqrt{\frac{ISE}{V_y}} \tag{3-13}$$

式中 d_y——压力管道直径，m；

V_y——管道流速，m^3/s，一般可按 0.8～1.0m/s 进行设计；

其他符号意义同前。

(2) 无压管道。当采用无压管道引水时，过水深度不得超过管道直径的 75%。无压流输水管道满足明渠均匀流条件，其管道直径可按式（3-14）计算确定：

$$1.667\times10^{-5}\times ISE=\frac{1}{n}d_w^{\frac{8}{3}}\left(\frac{1}{6}\pi+\frac{\sqrt{3}}{16}\right)\times\left(\frac{1}{4}+\frac{3\sqrt{3}}{32\pi}\right)^{\frac{2}{3}}i^{\frac{1}{2}} \tag{3-14}$$

式中 d_w——无压输水管道内径，m；

i——输水管道糙率，塑料管道取 0.010；

其他符号意义同前。

代入已知条件，经对式（3-14）推导后，可得到式（3-15）的无压管道内径计算公式：

$$d_w=2.589\times10^{-2}\times\sqrt[8]{(ISEni^{-\frac{1}{2}})^3} \tag{3-15}$$

对塑料管道而言，式（3-15）可简化为

$$d_w=4.604\times10^{-3}\times\sqrt[8]{(ISEi^{-\frac{1}{2}})^3} \tag{3-16}$$

当雨水集蓄利用工程规模较小，计算得到的引水管道直径较小时，建议最小直径按 80mm 进行设计。

四、蓄水容积

雨水集蓄利用工程蓄水容积确定是雨水集蓄利用工程规划十分重要的一个环节，按照技术可行、经济合理的原则，结合多年试验研究与工程实践经验，可以采用容积系数法、模拟计算法（典型年法和长系列法）分别计算确定。

(一) 容积系数法

雨水集蓄利用工程蓄水设施容积可按式（3-17）进行计算：

$$V=\frac{KW}{1-\alpha} \tag{3-17}$$

式中　V——雨水集蓄利用工程蓄水容积，m^3；

W——雨水集蓄利用工程全年供水量，m^3；

α——蓄水工程蒸发、渗漏损失系数，可取0.05～0.1；

K——容积系数。容积系数可按表3-6的规定取值。

表3-6　雨水集蓄利用工程蓄水容积系数表

供水用途	容积系数		
	多年平均年降水量250～550mm	多年平均年降水量250～800mm	多年平均年降水量大于1000mm
家庭生活	0.55～0.60	0.50～0.55	0.45～0.55
旱作大田灌溉	0.85～0.90	0.80～0.85	0.75～0.80
水稻灌溉	—	0.75～0.80	0.70～0.75
大棚温室灌溉	0.55～0.60	0.45～0.55	0.40～0.45

（二）模拟计算方法

1. 基本方程

（1）来水量及其过程线。模拟计算原理与水库设计中的调节计算相同，不同的是在雨水集蓄利用情况下，即来水是由降雨形成的。因此，必须根据降雨资料和集流面情况计算入流量，而由于集雨效率与次降雨量和降雨强度有关，因此雨水集蓄系统的入流量必须按次降雨量和雨强所对应的集流效率乘以降雨量计算得到，然后再把次降雨产生的径流量累计计入每个计算时段，据此得出全年的来水过程线。

雨水集蓄利用工程蓄水设施容积计算时段可采用月或旬。一般来讲，生活供水工程全年用水比较均匀，采用月作为计算时段即可保证容积计算的足够精度；而农业灌溉工程一般年内供水只有少数几次，宜用旬作为计算时段，否则有可能造成容积计算的较大偏差。

（2）供水过程线确定。供水过程线在时段上必须与需水过程线保持一致，且应根据设计供水对象的需水情况，按照计算时段确定供水在年内的分配情况，继而得出全年供水过程线。

（3）调节计算方程。依据雨水集蓄利用定义及调节计算原理，在某一个时段内，雨水集蓄利用工程蓄水容积应满足式（3-18）：

$$V_{i+1}=V_i+F_{lin}-W_s-L_{i,i+1} \tag{3-18}$$

式中　V_i、V_{i+1}——分别为t_i、t_{i+1}时刻需要的蓄水容积；

F_{lin}——t_i至t_{i+1}时段内的来水量，也就是降雨形成的径流；

W_s——t_i至t_{i+1}时段内的供水量；

$L_{i,i+1}$——t_i至t_{i+1}时段内蓄水设施的蒸发渗漏损失量。

如果在时段中初始蓄水量或来水量太小，不足以满足供水和损失量，则该时段内发生缺水。缺水情况下，调节计算方程满足式（3-19）：

$$W_s>F_{lin}-(V_{i+1}-V_i)-L_{i,i+1} \tag{3-19}$$

如果时段初始蓄水容积较大或时段内来水量较大，则时段末所需蓄水容积可能超过规划设施最大容积，则该时段将发生弃水。弃水情况下，调节计算方程满足式（3-20）所示的表达式：

$$V_{max} < V_i + F_{lin} - W_s - L_{i,i+1} \quad (3-20)$$

2. 模拟计算方法

总结农村雨水集蓄利用工程规划、设计技术，目前常用的模拟计算方法主要包括典型年法和长历时法两种。值得指出的是，两种方法都是在最小集流面面积的基础上进行。

（1）典型年法。

1）典型年选择：选择年降水量等于或接近设计保证率降水量的年份作为典型年。为确保满足设计保证率要求，具体计算时可以选择2～3个符合条件的典型年分别进行计算，选用其中较大的蓄水容积作为设计容积。对于农业灌溉工程设计，典型年也可以不按照年降水量来选择，而选择作物生育关键期降水量等于或接近设计保证率的年份作为典型年进行计算。

典型年确定后，对所选典型年各月或旬的降水量，应按照典型年与设计年降水量的倍比关系放大或缩小，确保使典型年降水量与设计年降水量保持一致。

2）计算时段确定：计算时段可采用旬或月。一般来说，生活供水工程全年用水比较均匀，采用月作为计算时段即可保证容积计算的足够精度，但雨水集蓄灌溉工程供水一年内只有2～3次，宜采用旬作为计算时段，否则可能造成计算结果的较大误差。

3）来水过程线确定：雨水集蓄利用系统的来水应根据集流面面积、单次雨量和雨强所确定的集雨效率逐场次进行计算，然后把相应的降水径流分别计入每个计算时段（月或旬），即可得出该面积条件下雨水集蓄利用工程的全年来水过程线。

4）需水过程线确定：根据用水对象的具体用水需求，分时段（月或旬）计算用水需求，即可得出需水过程线。

5）逐时段容积计算：逐时段进行蓄水容积计算时，起始时段应在供水关键期末，即蓄水设施蓄水量为零时。对于生活用水工程，一般在枯水期末；而对于灌溉工程，一般在5—6月的农作物需水关键期。

（2）长历时法。

1）收集整理长系列资料：长历时法一般要求水文系列不短于30年，对雨水集蓄系统应要求有30年的场次降雨资料。

2）来水过程线与需水过程线：计算依据长系列降水资料进行，具体计算与前述典型年计算方法相同。

3）蓄水容积计算：为确定满足设计保证率条件下的蓄水容积，可以假设蓄水容积，计算该蓄水容积情况下，长系列降水过程能够保证供水的年份数并求得相应的供水保证率，绘制蓄水容积与保证率曲线，从两者的关系曲线上选取满足设计供水保证率的蓄水容积。

五、有关问题探讨

（一）雨水集蓄利用系统最佳组合

需要明确的是，前述无论典型年法还是长系列法计算的蓄水设施容积都是建立在水量“以需定供”基础上的，也即最小集流面面积情况下的蓄水设施容积。进一步分析表明，

此容积为规划工程满足设计供水保证率的蓄水设施最大容积，也就是说，据此得到的雨水集蓄系统的规模不一定是造价最低的系统。如果规划采用比最小集流面面积大的面积，则集流量将大于设计供水量。此时，由于缺水时段数或缺水量减少，调蓄的任务相应减轻，蓄水容积将会减少。如果蓄水设施容积减少所降低的造价大于因集流面面积扩大而增大的造价，则可以降低雨水集蓄系统整体的造价。因此，具体规划过程中，可以从最小集流面面积开始，假定若干个较大的集流面面积值，分别按照签署方法求得所需蓄水容积值，然后进行多种集流面面积与蓄水设施容积组合情况下的雨水集蓄利用系统经济比较，由此可以得到最低造价的雨水集蓄系统规模——雨水集蓄利用系统集流面面积与蓄水设施容积最佳组合。

（二）来水量计算

在计算雨水集蓄系统入流量时需要针对每场降雨逐次进行，计算工作量较大。如果能够针对某个类型地区，利用逐场降雨资料先得出该地区以旬或月为计算时段的入流量，再用相关方法得出以旬或月为时段的降雨—径流相关关系，在以后的规划设计计算中就可以采用旬或月为计算时段来计算入流量过程线，从而显著减少计算工作量。

（三）容积确定

上述模拟计算方法，不仅计算十分繁杂，需要借助计算机编程进行，而且需要大量降雨资料和集流效率的试验成果，难以在雨水集蓄利用工程规划、设计中普遍采用。同时由于在计算蓄水容积过程中，有许多因素是变化的。例如，供水量可能根据当地经济发展和雨水集蓄系统的改善以及当年的雨情而调整和改变，集流效率因集流面状况的变化而变化等，这些因素对蓄水容积计算结果都有不同程度的影响。因此，在具体工程的规划设计中没有必要对蓄水容积进行如此复杂、繁冗的精确计算。为此，《雨水集蓄利用工程技术规范》（GB/T 50596—2010）对计算方法进行了简化，明确推荐采用容积系数法来确定蓄水容积。

第四章　农村雨水集蓄利用工程系统设计

第一节　雨水集蓄利用集水工程技术

一、主要集水工程类型

所谓集水工程也就是雨水集蓄利用工程的集流面。集流面是雨水集蓄利用工程的水源工程，其作用是用于承接和收集天然降水。从目前我国雨水集蓄利用工程的推广应用情况来看，集水工程可分为天然集流面、现有建筑物集流面（不透水面或弱透水面）以及为实现雨水资源化利用而修建的专门集流面工程等。雨水集蓄利用工程常见集水工程一览表见表4-1。

表4-1　　　　雨水集蓄利用工程常见集水工程一览表

序号	工程类别	集流面类型
1	天然集流面	荒山荒坡、岩石坡面、庭院、场院、操场、农用道路、草坪等
2	现有建筑物集流面	屋顶、楼面、混凝土硬化庭院、混凝土或沥青混凝土路面等
3	专门集流面	膜料、混凝土、片石、水泥土、原土夯实以及其他新型材料等集流面

二、集水工程应用评价

（一）集水工程适宜性分析

1. 农村生活集水工程适宜性分析

农村生活用水对供水水质要求较高，要求集水工程提供的水质能够满足《生活饮用水水源水质标准》（CJ 3020—93），经净化、过滤、消毒等简单处理后可供农村生活直接饮用。因此，用于农村生活用水的集水工程应确保整洁、干净且无化学类、有机质等污染，为后续水质净化与消毒处理提供便利条件。就现状而言，包括屋面在内，农村住宅房前屋后的庭院、场院等都作为农村生活用水的集水工程被广泛利用，而且收到了很好的效果。除此之外，一些专用集水工程也应运而生，很好地补充了现有集水工程集水数量的不足，最大限度地保障了农村生活用水之需。由此可见，一般情况下，适宜于农村生活用水的集水工程主要包括天然集流面中的庭院、场院、操场，现有建筑物集流面中的屋面、楼面、混凝土庭院与道路，专门集流面中的膜料、混凝土、片石、水泥土、原土夯实防渗等无污染环保型集流面。

2. 农业灌溉集水工程适宜性分析

雨水集蓄利用农业灌溉在我国北方干旱、半干旱地区被广泛应用。通常情况下，农业灌溉对水质要求较低，只要能够满足《农田灌溉水质标准》（GB 5084—2005）即可，当用于喷灌、微灌等高效节水灌溉用水时，经过简单的沉淀、过滤处理后，应能确保不致对灌水器造成堵塞。因此，单纯地从水质条件来说，无论是天然集流面，还是现有建筑物集流面、专门集流面均普遍适宜于农业灌溉用水。大量应用事实证明，凡是能够产流并能够进行有效收集雨水的区域，均可作为农业灌溉良好的集流面被大量直接利用或改造利用。

3. 生态植被集水工程适宜性分析

目前，采用雨水集蓄利用技术进行生态植被建设仅局限在人工生态林方面。从人工生态林本身的布局来看，一般按行栽植并且具有一定株间距，因此使得人工生态林每株都独立占有一定面积的空间，这为实施“径流林业”带来了便利，反坡梯田、隔坡梯田、鱼鳞坑等林业集水技术随之应运而生，与此相适宜的荒山荒坡、农用道路、草坪、原土夯实、膜料覆盖等集流面被大量利用并在人工生态林建设中发挥了重要作用。

（二）集水工程技术可行性分析

1. 农村生活集水工程可行性分析

雨水集蓄利用农村生活用水工程供水保证率一般要求达到90%以上，可行性主要表现在对水量的满足程度和对水质的保障程度两个方面。正常情况下，为方便取用水，雨水集蓄利用农村生活用水工程一般要求靠近农户居住区，其集流面工程通常采用建设标准较高、集流条件较好的住宅屋面、硬化庭院与场院或专门集流面等，其供水量按相应设计供水保证率情况下的典型年降水量资料通过计算确定。一方面，这些区域一般由青瓦、机瓦、水泥瓦、混凝土和膜料等防渗效果较好的材料组成，具有较高的集流效率，在一个相对有限的区域内，在水量上容易达到农村生活用水的水量要求；另一方面，这些集流面整体性好，材料性能稳定，而且由于靠近庭院，便于管理、维护和清扫，对雨水的污染也相对较小，经过一定环节的蓄前粗滤、蓄后沉淀和终端精滤等沉淀、过滤与消毒处理后，一般均可满足农村生活用水的水质要求。

2. 农业灌溉集水工程可行性分析

一个特定的农业灌溉工程对水量、水质具有相应的要求。一方面，就水量而言，由于农业灌溉工程一般规模较大，需水量因此也相对较大；就水质而言，虽然农业灌溉对水质也有一定要求，但较农村生活用水而言要宽泛许多。另一方面，雨水集蓄利用农业灌溉工程通常采用天然坡面、荒山、农用道路、公路路面等作为集流面，这些集流面往往分布广、数量大，其雨水集蓄利用潜力也较大。但与此同时，由于这些集流面种类繁多，结构复杂，分布零散，带来了诸多利用方面的问题：①雨水收集难度大，所需引水工程数量较大；②泥沙、杂草等数量多，水质处理难度大，所需处理工程规模也较大。尽管如此，但在现有的工程措施和技术手段下，通过雨水收集、储存和处理等工程措施仍能有效解决这些问题，继而为农业灌溉提供满足设计灌溉保证率和水质要求的灌溉用水。

3. 生态植被集水工程可行性分析

雨水集蓄利用生态植被用水一般采用鱼鳞坑、反坡梯田等雨水就地叠加利用技术，

除在水量上要求能够满足生态植被最低限度的生长发育需水外，对水质几乎没有特殊要求。正因为如此，从而使得几乎所有的雨水集蓄利用技术手段与工程措施，均能够很好地满足生态植被用水对雨水集蓄利用工程的要求，一方面凸显了生态植被用水对雨水集蓄利用工程的普适性，另一方面也进一步彰显了雨水集蓄利用生态植被集水工程的技术可行性。

三、集水工程技术

（一）天然集流面集水

天然集流面主要包括荒山、荒坡、岩石坡面等自然坡面以及人类经济社会活动中形成的庭院、场院、操场、农用道路、便道、草地等。

1. 荒山荒坡集流面

荒山、荒坡在农村地区分布广泛，利用潜力巨大，可作为农村雨水集蓄利用，尤其是农业灌溉的重要集水场所。

荒山、荒坡一般分布范围广、面积大、形状不规则。但正常情况下，在一定范围内，荒山、荒坡坡向相对一致，符合小流域典型特征，具有相对统一的汇流沟槽和径流出口。因此，利用荒山、荒坡作为集流面收集雨水时，当坡面植被较好时，一般对集流面本身无需采取相应的工程措施，仅需在相应的汇流沟槽或出口位置修建引水渠槽，将荒山、荒坡集水引到沉淀设施或蓄水设施即可；对部分汇流沟槽不规则或走向不清晰、汇流有难度的，可沿荒山、荒坡集流面的最低处大致平行等高线修建截流沟，在截流沟的终端修建引水渠槽即可。但当坡面植被较差，容易引起冲刷时，一般还需要在坡面适当位置平行等高线布置截流沟和汇流渠，将一个大的坡面集流面分为若干个平行布设的小集流面，分区域分别汇集坡面径流后引入蓄水设施。

2. 岩石坡面集流面

岩石坡面以其良好的集流效果和抗冲刷能力，成为农村雨水集蓄利用中不可忽视的集水工程之一。但不足之处是岩石坡面大多分布在我国西南石质山区，在西北干旱缺水地区分布数量相对较少，而在甘肃的分布更加有限。

与荒山、荒坡集流面一致，岩石坡面也具有分布范围广、面积大、形状不规则和具有相对统一的汇流沟槽和径流出口。因此，利用岩石坡面作为集流面收集雨水时，仅需在相应的汇流沟槽或出口位置修建引水渠槽，将水流引入沉淀设施或蓄水设施即可，而对岩石坡面本身无需采取任何工程措施。

3. 庭院、场院、操场等集流面

庭院由农村住宅建设而形成，场院是指稻谷等农作物收获后进行打碾的场所，庭院、场院在雨水集蓄利用农村生活用水工程集流面中占有较大比例。操场是指学校进行体育活动和教学活动的场地，虽然总体数量不大，但同样不失为良好的雨水集蓄利用集流面之一。

庭院、场院、操场大多数采用土质结构，一般比较平整、规则、干净、整洁，相对于荒山、荒坡等集流面而言，庭院、场院、操场集流面具有较高的防渗集流效果。为满足生活、生产、教学活动的需要，现行的庭院、场院、操场坡度均较小，但为有效

汇集和排泄雨水，通常设置有双向坡度，一般能够向某一集中排泄出口汇集雨水。因此，当采用庭院、场院、操场等作为雨水集蓄利用工程集流面时，也无需对集流面本身采取任何工程措施，只需在雨水汇集出口处修建引水渠槽，将水流引入沉淀设施或蓄水设施即可。

4．农用道路、便道集流面

农用道路、便道在我国农村地区分布极为广泛，总体数量庞大，尽管其标准不一、规格零乱、布局分散，但随着农村雨水集蓄利用规模的逐步扩大和利用领域的不断拓展，农用道路、便道作为重要的集流面之一，在农村雨水集蓄利用中发挥着越来越重要的作用。

农用道路、便道分布在乡郊野外，通常随农村住宅、学校、重要集会场所以及农用耕地分布情况而布局，一般无统一的宽度与长度、无固定的走向与坡向、无规范的标准与要求。但尽管如此，在其局部或一定范围内，农用道路、便道仍具备向某一方向汇流的条件，利用其作为集流面时，一般仅需对农用道路、便道局部进行修正，在雨水汇集处修建引水渠槽，将水流引入沉淀设施或蓄水设施即可。

5．草地集流面

近年来，随着退耕还林还草战略的实施，林草地面积大量增加，为实施雨水集蓄利用工程创造了相对有利的条件。从广义的角度来说，草地可划分在荒山、荒坡集流面的范畴，但就其布局、规模、集流条件等而言，草地集流面又明显有别于荒山、荒坡集流面。

草地集流面通常规模较小，分布范围有限，一般不存在汇集径流的沟槽，由此产生的径流也相对比较分散。当利用其作为雨水集蓄利用工程集流面时，需要在草地集流面的最低位置平行等高线建设汇流引水渠槽，将水流引入沉淀设施或蓄水设施。

（二）现有建筑物弱透水面集水

如前所述，现有建筑物弱透水面主要包括已有屋顶、楼面、混凝土硬化庭院与场院、混凝土或沥青混凝土路面以及其他可用于收集雨水的建筑物与工程设施表面等。

1．屋面与楼面

屋面、楼面是目前应用非常普遍的现有建筑物弱透水面，尤其是农村住宅屋面是良好的生活用水集流面。由于该类集流面位置相对较高且大多设置了屋面排水管，因此，在利用屋面、楼面作为集流面且当利用规模较小、蓄水设施距离较近时，可直接在排水管出口接引；当利用规模较大或蓄水设施距离较远时，可结合地面集流面或建设引水渠槽引水。但在北方干旱少雨区，利用屋面集水作为生活饮用水时，应在接引前设置初雨弃流装置，以便排泄降雨初期含有较多杂质的雨水，为确保供水水质达标创造条件。

2．混凝土硬化庭院与场院集水

混凝土硬化庭院与场院一般兼具多种功能，除满足庭院、场院本身的使用功能外，同时还具有良好的防渗、集水作用，可作为雨水集蓄利用工程集流面加以利用。庭院、场院采用现浇混凝土进行硬化处理时，除特殊情况外，一般均双向找坡，以便汇集雨水集中外

排。此时，可在雨水集中外排的出口位置建设引水渠、槽引水利用；而当现有集流面排水比较分散时，可沿硬化集流面四周布设宽浅式引水渠、槽收集雨水。

3. 混凝土与沥青混凝土公路集水

混凝土与沥青混凝土公路集流面是目前现有建筑物与工程设施弱透水面中，除屋面、楼面集流面外，数量较大、分布范围较广、利用潜力也较大的集流面之一。当利用公路路面作为雨水集蓄利用工程的集流面时，一般可因势利导，利用公路两侧的排水沟收集雨水，在排水沟出口或者适当位置建设引水渠、槽引水到沉淀设施或蓄水设施内加以利用。

4. 其他已有集流面集水

其他已有集流面是指除前述已有屋顶、楼面、混凝土硬化庭院与场院、混凝土或沥青混凝土路面外，其他能够用于收集雨水的各类已有建筑物或设施的表面，如城市停车场、人行道、花园与公园草坪等，当利用其作为集流面时，应根据具体集流面情况，选择适宜的引水渠、槽引水到沉淀设施或蓄水设施内加以利用。

（三）专用集流面集水

从目前实施的农村雨水集蓄利用工程来看，专用集流面主要采用现浇混凝土、砌石膜料、原土夯实、水泥土、片石以及其他新型材料等衬砌防渗。

1. 现浇混凝土集流面

现浇混凝土集流面需要建设在形状规则、表面平整且进行夯实处理的基础上。现浇混凝土集流面强度等级一般采用C15，厚度3～4cm，分缝尺寸宜采用1.5m×1.5m，最大不超过2.0m×2.0m，填缝材料应采用性能稳定、对水质无污染的环保型材料。集流面宜采用纵向、横向双向坡度，纵向一般采用1/20～1/10的坡度，横向一般采用1/100～1/50的坡度。集流面混凝土配合比技术参数见表4-2。

表4-2　集流面混凝土配合比技术参数表

设计标号	水泥标号	水灰比	最大粒径/mm	配合比			水泥/kg	砂子		石子		水/kg
				水泥	砂子	石子		/kg	/m^3	/kg	/m^3	
C15	325	0.6	20	1	2.87	4.13	290	838	0.56	1215	0.71	170
			30	1	2.97	5.28	256	765	0.51	1374	0.80	150
	425	0.7	20	1	2.99	5.28	261	780	0.52	1377	0.81	185
			30	1	3.11	5.80	246	765	0.51	1428	0.84	175

2. 砌石集流面

砌石集流面也需要建设在形状规则、表面相对平整且进行夯实处理的基础上。砌石集流面坡度要求与混凝土集流面一致，厚度以20～30cm为宜，要求填缝平整，勾缝饱满，填缝、勾缝砂浆强度不低于M10。

3. 膜料集流面

塑料薄膜具有防渗性能优良、价格低、施工简便等优点，但缺点是容易老化，有时还会被植物根系刺穿或牲畜践踏破坏而降低防渗能力。目前常用的塑料薄膜防渗专用集流面

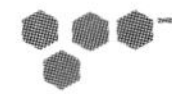

大多采用0.1～0.2mm厚的聚乙烯农用棚膜，敷设方法主要有固定式和移动式两种。

（1）固定式：对坡面集流面一般采用固定式，四周用现浇混凝土、砌砖或原土夯实压边。对固定式塑料薄膜集流面又可分为裸露式和覆盖式两种。裸露式铺设优点是集流效率很高，单次降水量较大时集流效率可以达到0.9以上，但寿命较短，一般2年左右需要更换；覆盖式是在塑料薄膜上铺设一层厚度为3～4cm的中粗沙或草泥，以防止膜料老化和机械破坏，延长使用寿命。

（2）移动式：结合打谷场、庭院或操场等适合集雨的场所铺设的塑料薄膜集流面一般可采用移动式，雨前铺设，雨后收拢，可有效延长膜料使用寿命，降低使用成本。

4. 原土夯实集流面

原土夯实集流面是一种完全就地取材的集流面，可最大限度降低工程投资，但其缺点是集流效率较低，抵御冻融循环破坏的能力较差，使用寿命较短，几乎每年雨季来临前都需要进行再次夯实和维修处理。原土夯实集流面夯实厚度以30cm为宜，夯实干密度应不低于1.50t/m³。同时原土夯实集流面应朝向汇流出口位置双向设置集水坡度，坡度取值参考混凝土集流面确定。

5. 水泥土集流面

水泥土集流面是由一定比例的水泥与当地黄土混合后，通过夯实或压实而形成的一种集流面，其集流效率介于原土夯实与混凝土之间。目前常用的水泥土集流面多为塑性水泥土，可以就地施工，适用于一家一户独立应用的集流面。

水泥土集流面的水泥含量一般占整个水泥土重量的8%～12%，压实后的水泥土集流面厚度以不小于15cm为宜，干密度应不低于1.55t/m³。同时，水泥土集流面应朝向汇流出口位置双向设置集水坡度，坡度取值一般与原土夯实集流面一致。

6. 化学固化剂集流面

近年来，有关单位先后开展了HEC（土壤固化剂）和AAM（活性铝酸盐混合物）、高掺量粉煤灰以及复合型石油沥青玻璃布油毡、机制防渗布等高分子材料集流面应用试验，取得了初步成果，在局部进行了小规模应用。除此之外，一些化学材料包括钠盐、石蜡、沥青、硅酮、土壤稳定剂和防蚀剂等坡面化学处理剂等材料集流面应用研究较多，也取得了一些初步成果。但总体来看，由于受材料价格、性能稳定性等因素影响较大，目前的推广应用数量还极为有限，相应集流面材料技术参数仍停留在试验阶段。

四、集水量计算

在某一规划区域内，无论采用何种类型集流面或者多种集流面联合应用，其集水量均可按式（4-1）计算确定：

$$W = 10^{-3} P_p \sum_{i=1}^{n} S_i E_i \qquad (4-1)$$

式中 W——规划雨水集蓄利用工程集水量，m³；

S_i——第i种材料的集流面面积，m²；

E_i——第 i 种材料集流面的年集流效率；

P_p——规划区域设计保证率条件下的年降水量，mm。

第二节 雨水集蓄利用引水工程技术

一、引水工程类型

所谓引水工程也就是雨水集蓄利用工程中用于连接集流面与蓄水设施的渠、槽和管路等，构成了雨水集蓄利用工程的引水子系统，其主要作用是把通过集流子系统收集的雨水输送到蓄水子系统中加以存储。从目前我国雨水集蓄利用工程的推广应用情况来看，使用较为普遍的引水工程可分为渠（沟）槽和管道两种。雨水集蓄利用工程常见引水工程见表4-3。

表4-3 雨水集蓄利用工程常见引水工程表

序号	工程类别	引水工程类型
1	引水渠（沟）槽	土质、混凝土、砌石（砖）等
2	引水管道	混凝土管、塑料管、陶瓷管及其他新型材料管道等

二、引水工程应用评价

（一）渠槽引水工程

渠槽引水工程普遍应用于雨水集蓄利用工程，无论是天然集流面、现有建筑物弱透水面，还是专用集流面都广为使用，尤其是在短距离引水情况下应用尤为普遍。从目前引水工程应用情况来看，除土质引水沟槽由于防渗效果差、抵抗冲刷破坏能力差、易于杂草生长、容易造成淤积堵塞等缺点仅适合在天然集流面上应用外，混凝土与砌石（砖）引水渠槽以其抗冲能力强、防渗效果佳、水流条件好等特点具有良好的适宜性，在各类集流面上均有使用，取得了很好的应用效果，是目前雨水集蓄利用工程应用最为普遍、输水效果最好、性价比最高的引水工程。

（二）管道引水工程

管道引水工程是基于渠槽引水工程而高于渠槽引水工程的高标准引水工程，一般在汇流水质好、引水流量较小时使用较多，多与现有建筑物弱透水面和专用集流面等高效集流面工程配套使用，尤其是在长距离引水时应用较多，广泛适用于多种复杂地形条件。就现状而言，雨水集蓄利用管道引水工程以UPVC、PE塑料管道为主，混凝土管引水工程目前应用还较少，仅在具有特殊使用要求的工程局部地段或个别工程中有所使用，而陶瓷管、橡胶管等其他新型材料管道工程应用还相对有限。

管道引水工程以其隐蔽性强、使用寿命长、水流条件好、适用于多种复杂地形等优点而备受青睐，但同样也存在引水断面有限、容易造成堵塞、建设造价较高等缺点，在工程实践中需要综合考虑多种因素，通过技术可行性、经济合理性等比选确定。

三、引水工程技术

（一）渠槽引水工程

1. 土质引水沟槽

土质引水沟槽一般与荒山荒坡、农用道路、林草地等天然集流面配套使用，位于集流面的最低处，大致平行等高线布设。同时，为防止淤积，引水沟槽纵向坡度宜采用1/50～1/30，特殊情况下可允许达到 1/10；引水断面一般采用宽 U 形或梯形结构，沟槽底部、两侧需进行夯实处理，边坡根据实际情况确定。

2. 混凝土引水渠槽

如前所述，混凝土引水渠槽以其良好的适应性在各类集流面上均有使用，正常情况下，大致平行等高线布设在集流面最低位置处，纵向坡度宜采用 1/50～1/30，特殊情况下可允许达到 1/10 甚至更陡，引水断面一般采用梯形、矩形或 U 形结构，混凝土标号不低于 C20。从目前应用情况来看，混凝土引水渠槽通常有现浇混凝土和预制混凝土两种类型，但工程实践中以现浇结构为主，渠槽底部、边坡厚度一般在 4cm 左右；当采用预制混凝土结构时，又分为混凝土块与 U 形渠槽两种结构，厚度可达到 6cm 以上。

3. 砌石（砖）引水渠槽

砌石（砖）引水渠槽是刚性衬砌引水渠槽中，除混凝土引水渠槽外又一种效果较好、应用较为广泛的引水工程，在工程布局、断面型式上与混凝土引水渠槽比较接近，通常依据建筑材料来源，与混凝土引水渠槽一并互有应用。当采用砌石结构时，渠槽衬砌厚度一般在 25cm 左右；当采用砌砖结构时，对较小断面的渠槽一般采用单砖平行护砌，而对相对较大断面的渠槽则通常采用 12 砖护砌。无论砌石还是砌砖引水渠槽，其砂浆标号均要求不低于 M10。

前述土质引水沟槽、混凝土与砌石（砖）引水渠槽断面可依据集流面面积、集流面特性、当地降水特性以及设计引水断面特性参数等条件，按第三章所述式（3-12）计算确定，但当计算断面较小时，最小渠槽断面可按宽度 15cm、深度 10cm 直接设计而不再进行计算。

（二）管道引水工程

1. 混凝土引水管

目前用于雨水集蓄利用工程的混凝土引水管道主要有预制钢筋混凝土管和现浇混凝土管两种，其中，预制钢筋混凝土管需要预制、安装，壁厚一般在 10cm 左右，由于造价较高、施工程序较为复杂等原因，主要用于具有特殊使用要求的局部地段和个别工程；而现浇混凝土管往往管道直径较小，管壁厚度一般在 3～4cm 左右，采用钢管作为内模进行施工，在一些砂石料丰富、施工条件较好地区得到了应用。

2. 塑料引水管

如前所述，塑料引水管一般采用 UPVC、PE 等管道，其特点是适应性强、施工简

单，但缺点是断面有限、容易造成堵塞、对水质的要求也较高，而且管道造价相对较高，在规模较大的工程中应用时受到限制。

3. 其他材料引水管

其他材料引水管道主要包括陶瓷管、橡胶管、蛭石材料等，这些材料引水管的应用一般可就地取材，造价相对便宜，具有较好的防渗效果。但从目前使用情况来看，仅适合在材料来源丰富的地区小规模使用，尚不具备大量推广应用的条件。

混凝土、塑料等引水管断面直径可依据集流面面积、集流面特性、当地降水特性以及引水管道运行方式、管道特性参数等条件，按式（3－13）、式（3－15）和式（3－16）计算确定。

第三节　雨水集蓄利用蓄水工程技术

一、蓄水工程类型

蓄水工程是雨水集蓄利用工程的重要组成部分，被认为是雨水集蓄利用工程的中枢系统，具有调蓄水量、保障供给的作用。从目前我国农村雨水集蓄利用工程的推广应用情况来看，使用较为普遍的蓄水工程主要包括水窖、水池、水窑、塘坝、水罐与水箱等。

二、蓄水工程应用评价

（一）水窖

长期以来，水窖是我国北方干旱地区十分重要的蓄水设施，以其适应性强，占地面积小，便于运行管理等特点而备受青睐，在蓄存雨水解决农村生活用水方面发挥了重要作用。历史上，传统的水窖一直沿用红胶泥防渗，但长期以来一直存在施工繁冗、费力耗时、坚固性不好、容易发生水毁事故等缺点。随着雨水集蓄利用技术的发展，现代建筑防渗材料为新型水窖发展提供了可能，砂浆抹面水窖、现浇混凝土水窖等蓄水设施先后应运而生，并逐渐取代了传统的红胶泥防渗水窖成为蓄水工程建设的主流。目前，砂浆抹面水窖、现浇混凝土水窖已在我国西北、华北、西南以及江西、山东、湖北、湖南等中部地区得到了大量推广应用，广泛适用于农村生活用水、农业补充灌溉等工程。

（二）水池

随着现代水利技术的发展，水池已成为目前生产、生活中应用最为广泛的蓄水设施。从目前推广应用情况来看，用于雨水集蓄利用工程的水池主要有现浇混凝土水池、浆砌石水池、砌砖抹面水池等。这些水池均具有结构稳定、防渗效果好、蓄水容积大、管理运行方便等特点，可广泛用于蓄存各种集流面来水，调节供水过程，满足农村生活、农业灌溉用水需求。

（三）水窑

与水窖一样，水窑也是我国西北地区传统的蓄水设施，尤其是在一些丘陵地区应用较多，一般依托崖面或陡坎进行建设，传统的水窑通常大都采用红胶泥防渗。随着雨

水集蓄利用技术的发展，自20世纪90年代以来，才开始采用砂浆抹面或现浇混凝土防渗。一方面，水窑具有施工容易、开挖难度小、施工场面宽敞等优点，但不足之处是稳定性较差，顶部容易发生坍塌，水毁事故也相对多发；另一方面，由于水窑的集流主要来自道路或天然坡面，其水质相对较差，因此一般不作为生活用水，而主要用于农业灌溉或牲畜饮用。

（四）塘坝

塘坝在我国南北方各地均有应用，通常依托沟道有利地形条件进行建设，用于蓄存小流域沟道或局部区域集水。塘坝一般蓄水容积较大，兼具沉淀泥沙、净化水质的功能，被广泛应用于农村生活、农业与生态植被灌溉。尤其是随着水资源供需矛盾的日益加剧和水资源开发利用程度的进一步提高，作为“五小水利”工程之一的塘坝在水资源保障供给中的作用进一步得到加强，利用范围越来越广，效益越来越突出。

（五）水罐与水箱

水罐与水箱是随着农村雨水集蓄利用技术发展而兴起的一种新兴简易蓄水装置，主要用于季节性缺水地区的农村生活用水，以其结构简单、造价低廉、便于拆装、方便运行等特点而受到青睐。但不足之处是调蓄能力有限，抵御外界温度变化的能力不足，在夏季炎热季节和冬季寒冷季节供水的可靠性不够，因此在利用范围、利用规模等方面均受到了一定限制。

三、蓄水工程技术

（一）水窖工程

1. 水窖结构

水窖是一种建在地下的埋藏式蓄水工程，与一般开敞式水池比较，具有节省建筑材料、减少蒸发损失、有利于水质稳定、不影响冬季使用等优点。按照建造材料、结构型式的不同，可以将水窖分为以下几种。

（1）水泥砂浆薄壁水窖。

水泥砂浆薄壁水窖是在传统的土质水窖结构型式基础上，改变传统红胶泥防渗为水泥砂浆抹面防渗的一种经济、实用型窖形结构。这种水窖适用于土质相对密实坚固的土层，在窖体土方开挖后要求能够维持自身稳定性。50m^3 水泥砂浆薄壁水窖结构见图4－1。

1）窖体组成。水泥砂浆薄壁水窖窖体由旱窖、水窖两部分组成。①旱窖部分位于水窖上部，由窖口经窖颈（窖筒）向下逐渐扩展，与水窖部分上口相接。受土壤力学结构的制约，旱窖的结构直接关系到水窖的稳定与安全，对此，矢跨比（矢高与直径比）应不小于0.5。②水窖部分是工程的蓄水部位，形似水缸，通常呈上大下小形状，应防渗良好，确保不渗漏，为保障水窖安全奠定基础。

2）防渗处理。水窖防渗处理分窖壁防渗和窖底防渗两部分。为了使防渗层与窖体土层紧密结合并防止防渗砂浆整体脱落，沿水窖中部直径以下的水窖部分每隔1.0m在窖壁四周沿等高线挖一条宽5cm、深8cm的圈带，在两圈带中间，每隔30cm打混凝土柱（码眼），梅花桩形布设，以增强防渗砂浆层与窖壁结构的整体性。窖壁结构为3～4cm厚的水泥砂浆抹面层，一般分2遍进行抹面处理：第一遍采用1∶3水泥砂浆抹面，第二遍采

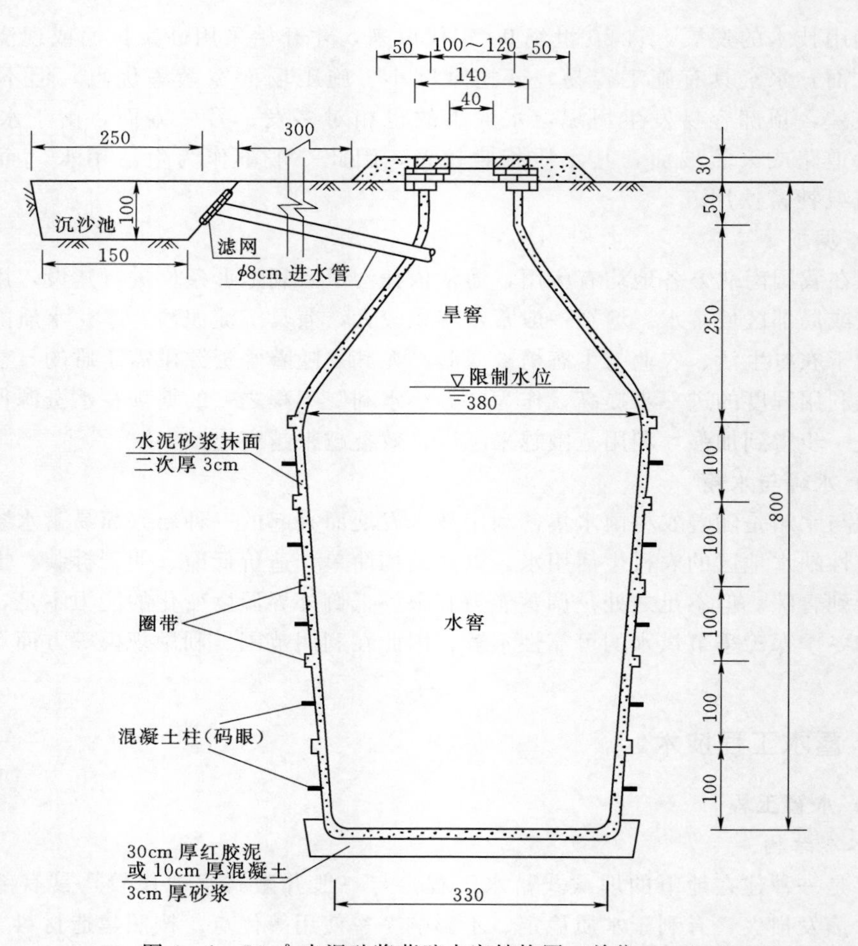

图 4-1 50m³ 水泥砂浆薄壁水窖结构图（单位：cm）

用 1∶2 水泥砂浆抹面，最后用纯水泥浆刷涂 2 遍，以达到良好防渗的目的。对窖底结构，以锅形或反弧形结构受力最好，即中心位置比四周低 0.2～0.3m 为宜。对窖底与窖壁的结合部位，也应以小弧段过渡，避免应力集中致使水窖结构受到破坏。在处理窖底时，首先要对窖底原状土进行夯实，增强土壤的密实度，防止底部发生不均匀沉陷。当土质状况良好时，窖底可采用 3～4cm 厚的水泥砂浆防渗处理，其处理程序与窖壁处理完全一致；但当窖底土质较差时，则应采用现浇混凝土进行处理，一般采用 C15 现浇混凝土，厚度8～10cm，随混凝土浇筑一并用 1.5～2cm 厚的 1∶2 水泥砂浆进行抹面防渗，需要时，再用纯水泥浆刷涂 2 遍，提高防渗效果。值得推广的是，对采用水泥胶凝材料建设的各类储水设施，在底部铺设厚度 20cm 左右的红黏土，可加速水体净化，有效改善水质。

3）主要技术指标。水泥砂浆抹面水窖总深一般控制在 5.7～8.1m 左右，其中水窖深 3.7～5.3m，底径 2.5～3.5m，中径 2.8～4.1m，旱窖深（含窖颈）2.0～2.8m，窖口径 0.8～1.1m。窖体由窖口以下 50～80cm 处圆弧形向下扩展至水窖中径部位，窖台高 30cm，蓄水量 20～60m³。水泥砂浆薄壁水窖主要技术指标及工程量见表 4-4。

表 4-4 水泥砂浆薄壁水窖主要技术指标及工程量表

容积/m^3	中径/m	底径/m	窖颈深/m	水窖深度/m	壁厚/cm	挖方/m^3	砂浆/m^3	水泥/t	砂子/m^3
20	2.8	2.5	2.0	3.7	4	43.4	1.93	1.06	1.97
30	3.2	2.8	2.2	4.2	4	58.5	2.47	1.36	2.52
40	3.5	3.1	2.4	4.6	4	73.0	2.96	1.64	3.02
50	3.8	3.3	2.6	5.0	4	87.8	3.45	1.91	3.51
60	4.1	3.5	2.8	5.3	4	101.3	3.87	2.14	3.95

(2) 混凝土盖碗水窖。

混凝土盖碗水窖形状类似盖碗茶具，故取名盖碗窖。此窖是在前述水泥砂浆薄壁水窖窖形结构的基础上，为适应不同土壤条件需要而进行的结构优化设计，将水窖上半部分结构改为混凝土穹形结构，具有结构安全、稳定性好等特点，一定程度上避免了因传统窖形窖颈过深带来的取土、提水及清淤等困难，普遍适应于土质比较松散的黄土和砂壤土地区。但不足之处是衬砌混凝土数量较大，导致工程投资有所增加。60m^3 混凝土盖碗水窖结构见图 4-2。

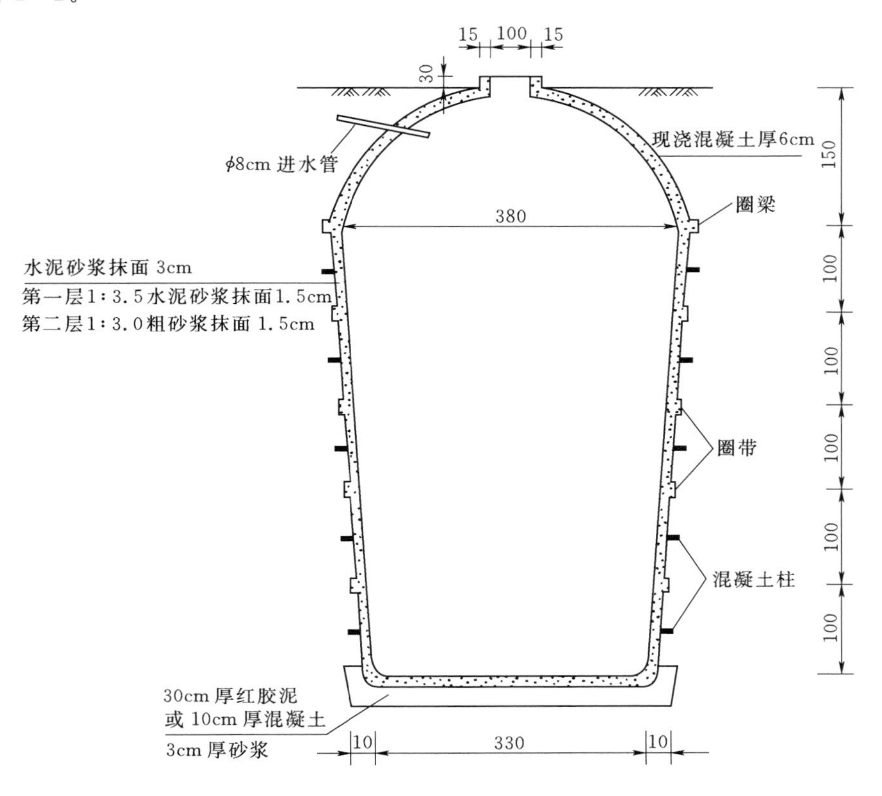

图 4-2 60m^3 混凝土盖碗水窖结构图（单位：cm）

1）窖体组成。混凝土盖碗水窖由顶部混凝土盖碗、边壁水泥砂浆抹面与窖底现浇混凝土3部分组成。与水泥砂浆薄壁水窖不同的是混凝土盖碗水窖的上半部分——混凝土盖碗部分同样可用于正常蓄水，从而增加了水窖容积。①上部混凝土盖碗部分为薄壳钢筋（钢丝、铅丝）混凝土穹形顶盖，矢跨比可采用1/4～1/2，一般在符合设计尺寸且修整好的土模上采用C15混凝土现浇成型，厚度6cm左右，在相应部位埋设进水管，穹顶部位预留窖口。具体见图4-3。②边壁水泥砂浆抹面部分、窖底现浇混凝土结构与水泥砂浆薄壁水窖完全相同，不同之处只是增大了中径尺寸和水窖深度，增加了蓄水量。

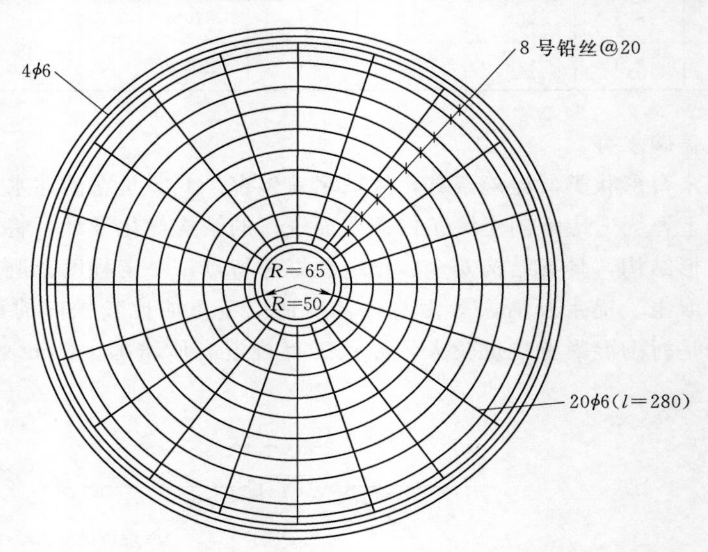

图4-3 混凝土帽盖铅丝网平面图（单位：cm）

2）主要技术指标。设计结果表明，水窖深度4.5～6.5m，底径2.3～3.3m，中径2.6～3.8m，窖口径1.0m，蓄水量20～60m³。混凝土盖碗水窖主要技术指标及工程量见表4-5。

表4-5 混凝土盖碗水窖主要技术指标及工程量表

容积/m³	中径/m	底径/m	矢高/m	水窖深度/m	壁厚/cm	挖方/m³	填方/m³	混凝土/m³	砂浆/m³	水泥/t	砂子/m³	石子/m³
20	2.6	2.3	1.1	4.5	4	29.4	7.28	0.51	1.61	1.29	1.92	0.40
30	3.0	2.6	1.2	5.1	4	42.5	9.97	0.58	2.11	1.66	2.46	0.45
40	3.3	2.9	1.3	5.6	4	55.8	12.56	0.64	2.56	2.00	2.95	0.50
50	3.6	3.1	1.4	6.1	4	69.1	15.08	0.69	2.98	2.32	3.41	0.53
60	3.8	3.3	1.5	6.5	4	81.5	17.38	0.73	3.36	2.60	3.81	0.57

（3）混凝土穹形顶盖圆柱形砂浆抹面水窖。

混凝土穹形顶盖圆柱形砂浆抹面水窖为圆柱形结构，顶盖、底部分别为穹形、反弧形混凝土结构。与盖碗水窖相比：①减小了穹顶结构矢跨比，采用钢筋（钢丝、铅丝）现浇混凝土结构，厚度增加到10～12cm；②边壁采用直立结构，仍采用3～4cm厚的水泥砂浆抹面防渗；③窖底采用反弧结构，增加了整体稳定性。50m³ 穹形顶盖圆柱形砂浆抹面水窖结构见图 4-4。

1）窖体组成。混凝土穹形顶盖圆柱形砂浆抹面水窖由窖颈、混凝土穹形顶盖、水泥砂浆抹面窖体和现浇混凝土反弧状窖底 4 部分组成。①窖颈采用混凝土预制或者红砖砌筑，高度以 30～50cm 为宜，砌筑砂浆标号不小于 M10。当采用预制混凝土井筒窖颈时，井筒直径不小于 60cm，厚度不小于 6cm；当采用砖砌结构时，一般采用内圆外方形，内圆直径不小于 60cm，外方边长不小于 80cm。②混凝土穹形顶盖采用 C15 混凝土现浇，厚度一般 10～12cm 即可，矢跨比按 1/5～1/3 控制。③窖体边壁采用水泥砂浆抹面，厚度按 3～4cm 设计，分两遍抹光压实，第一遍用 1∶3 水泥砂浆抹面处理，厚度 1.5～2.0cm，第二遍用 1∶2 防水砂浆压实抹光，厚度仍为 1.5～2.0cm。④窖底采用反穹形结构，C15 现浇混凝土防渗，厚度不小于 10cm，其上再用厚度 1.5～2.0cm 的 1∶2 防水砂浆进行抹面处理。

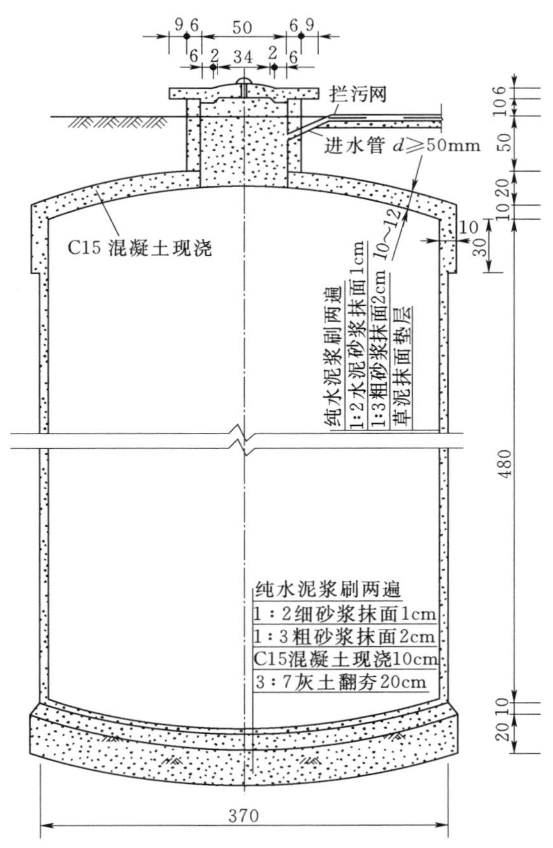

图 4-4　50m³ 穹形顶盖圆柱形砂浆抹面水窖结构（单位：cm）

2）主要技术指标。混凝土穹形顶盖圆柱形砂浆抹面水窖蓄水容积一般按 20～50m³进行设计，其主要技术指标及工程量见表 4-6。

表 4-6　混凝土穹形顶盖圆柱形砂浆抹面水窖主要技术指标及工程量表

容积 /m³	直径 /m	深度 /m	壁厚 /cm	挖方 /m³	填方 /m³	混凝土 /m³	砂浆 /m³	水泥 /t	砂子 /m³	石子 /m³
20	2.7	3.5	4	29.2	5.85	1.90	1.34	1.26	2.38	1.49
30	3.1	4.0	5	42.8	7.80	2.46	2.18	1.84	3.53	1.92
35	3.3	4.2	6	49.3	8.67	2.70	2.85	2.24	4.34	2.11
40	3.4	4.4	7	56.3	9.59	2.95	3.62	2.68	5.26	2.30
50	3.7	4.8	8	69.4	11.19	3.39	4.78	3.38	6.67	2.65

（4）混凝土球形水窖。

混凝土球型水窖具有结构稳定、适应地质条件能力强、使用寿命长等显著特点，在农

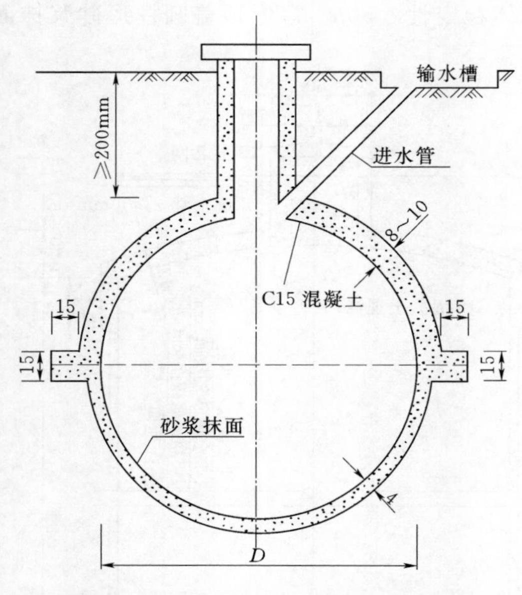

图 4-5 混凝土球形水窖结构示意图
（单位：cm）

村雨水集蓄利用工程中得到了广泛推广利用。但该窖型工程量大，施工比较复杂。混凝土球型水窖结构示意图见图 4-5。

1）窖体组成。混凝土球型水窖由窖颈、球形窖体两部分组成。①窖颈一般采用 C15 混凝土预制结构，井筒直径不小于 60cm，厚度不小于 6cm，长度不小于 2.0m，在球形窖体达到养护龄期后进行安装。②球形窖体分为上、下两个半球，在两半球结合部位设计有混凝土圈梁，可维持窖体结构稳定。其中，上半球采用 C15 混凝土现浇结构，厚度一般采用 8～10cm，表面用 1.5～2.0cm 厚的 1：2 防水砂浆压实抹光；下半球采用水泥砂浆抹面，厚度 4cm，分两遍抹光压实，第一遍用 1：3 水泥砂浆抹面处理，厚度 1.5～2.0cm，第二遍用 1：2 防水砂浆压实抹光，厚度仍为 1.5～2.0cm。

2）主要技术指标。从目前雨水集蓄利用工程实践来看，混凝土球型水窖蓄水容积一般按 20～35m³ 进行设计，其主要技术指标及工程量见表 4-7。

表 4-7　　　混凝土球型水窖主要技术指标及工程量表

容积 /m³	直径 /m	上半球厚 /cm	下半球厚 /cm	挖方 /m³	填方 /m³	混凝土 /m³	砂浆 /m³	水泥 /t	砂子 /m³	石子 /m³
20	3.36	10.0	4	48.8	25.43	2.45	1.08	1.72	2.40	1.91
25	3.65	10.0	4	59.8	30.32	2.80	1.27	1.94	2.78	2.18
30	3.85	10.0	4	68.3	34.00	3.06	1.42	2.11	3.06	2.38
35	4.06	10.0	4	78.1	38.13	3.34	1.57	2.29	3.37	2.60

（5）混凝土肋拱盖碗水窖。

混凝土肋拱盖碗水窖的窖体组成、适用范围、技术指标等均与混凝土盖碗水窖完全一致，唯一区别是在混凝土穹顶结构底层增加了混凝土肋拱，从而将原混凝土盖碗部分的钢筋（钢丝、铅丝）混凝土结构改为混凝土结构，减少了钢筋（钢丝、铅丝）用量。

从混凝土肋拱盖碗水窖结构来看，主要是在修整好的半球状土模表面上由中心窖口位置向圈梁呈辐射状均匀开挖 8 条宽 10cm、深 6～8cm 的矩形小槽，窖口外沿同样挖一条环形槽，盖碗混凝土浇筑后，拱肋与混凝土盖碗部分形成整体结构，肋槽部分混凝土厚度由拱壳的 6cm 增加到 12～14cm 即成为混凝土肋拱，从而起到有效支撑混凝土结构的作用。混凝土肋拱盖碗水窖土模示意见图 4-6。

混凝土肋拱盖碗水窖主要技术指标及工程量见表 4-8。

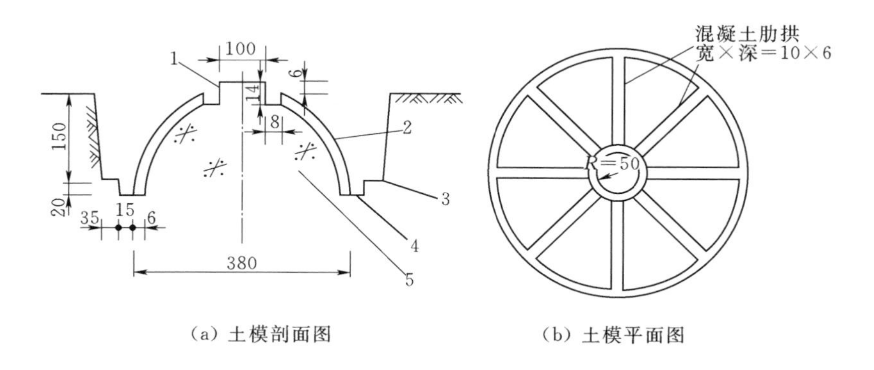

(a) 土模剖面图　　(b) 土模平面图

图 4-6　混凝土肋拱盖碗水窖土模结构示意图（单位：cm）

1—窖口土盘；2—土模外缘；3—工作平台；4—圈梁槽；5—弯形土模

表 4-8　混凝土肋拱盖碗水窖主要技术指标及工程量表

容积/m^3	中径/m	底径/m	矢高/m	水窖深度/m	壁厚/cm	挖方/m^3	填方/m^3	混凝土/m^3	砂浆/m^3	水泥/t	砂子/m^3	石子/m^3
20	2.6	2.3	1.1	3.4	4	29.4	7.18	0.61	1.61	1.31	1.97	0.48
30	3.0	2.6	1.2	3.9	4	42.5	9.85	0.70	2.11	1.69	2.52	0.54
40	3.3	2.9	1.3	4.3	4	55.8	12.44	0.76	2.56	2.03	3.02	0.60
50	3.6	3.1	1.4	4.7	4	69.1	14.94	0.82	2.98	2.35	3.48	0.64
60	3.8	3.3	1.5	5.0	4	81.5	17.23	0.87	3.36	2.63	3.89	0.68

（6）砖砌穹形顶盖水窖。

砖砌穹形顶盖水窖是为了就地取材，减少工程造价而设计采用的一种窖形，在砂石料缺乏地区有一定数量的利用。

1）窖体组成。砖砌穹形顶盖水窖包括砖砌穹形顶盖、边壁水泥砂浆抹面与窖底现浇混凝土3部分。50m^3 砖砌穹形顶盖水窖结构见图 4-7。

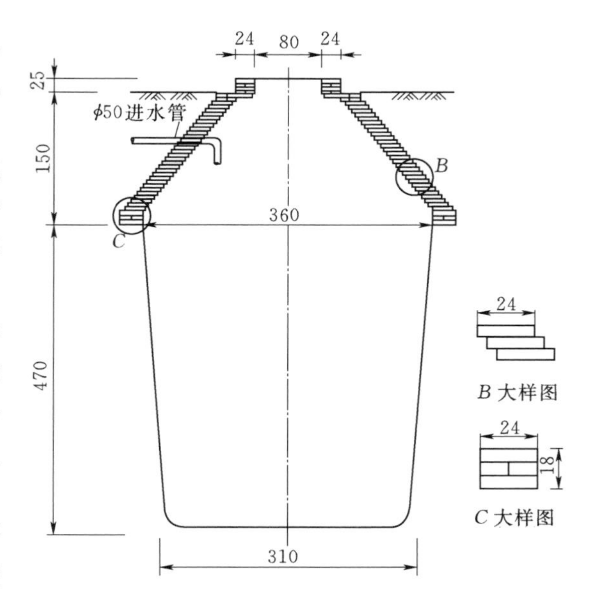

图 4-7　50m^3 穹形顶盖水窖结构图（单位：cm）

砖砌穹形顶盖水窖属盖碗窖的一种形式，不同之处是上部结构采用了砖砌穹形结构。设计矢跨比一般控制在0.4～0.5之间，采用红砖分层错位压茬砌筑。具体砌筑时，为确保穹形结构的稳定性，每砌3～5层砖后在砌体外侧填土并适当进行压实处理。砖砌穹形顶盖水窖边壁水泥砂浆抹面、窖底现浇混凝土部分与混凝土盖碗水窖完全一致。

砖砌穹形顶盖水窖主要技术指标及工程量见表 4-9。

表 4-9　砖砌穹形顶盖水窖主要技术指标及工程量表

容积 /m^3	中径 /m	底径 /m	矢高 /m	窖深 /m	壁厚 /cm	挖方 /m^3	填方 /m^3	砌砖 /m^3	混凝土 /m^3	砂浆 /m^3	水泥 /t	砂子 /m^3	石子 /m^3
20	2.6	2.3	1.1	3.4	4	29.8	7.38	2.37	0.25	2.16	1.62	2.33	0.19
30	3.0	2.6	1.3	3.9	4	43.1	10.11	3.10	0.28	2.82	2.11	3.03	0.22
40	3.3	2.9	1.4	4.3	4	56.5	12.75	3.77	0.31	3.43	2.55	3.66	0.25
50	3.6	3.1	1.5	4.7	4	70.0	15.32	4.39	0.34	4.00	2.97	4.26	0.26
60	3.8	3.3	1.6	5.0	4	82.6	17.67	4.94	0.36	4.50	3.33	4.78	0.28

2. 水窖容积确定

农村雨水集蓄利用工程蓄水容积已在第三章第五节进行了重点介绍，这里仅主要介绍确定单个水窖容积应重点考虑的问题。通常情况下，单个水窖容积越大，单位容积造价越低。因此，如果单纯地从经济角度考虑，一个雨水集蓄系统所需的蓄水容积应采用一个蓄水设施来满足，以便尽可能降低工程建设造价。但有关研究表明，蓄水设施容积取决于工程所在地的土壤质地条件、蓄水设施结构型式、施工方法和技术水平等诸多要素。因此，在工程实践中，应综合考虑各种因素，科学合理地确定单个蓄水设施的容积。

(1) 根据地质条件确定。水窖作为我国广大农村地区应用最广的蓄水设施，其容积大小受当地地形、土壤质地条件影响和制约，一般情况下，容积可选在 30～80m^3 之间。当土壤质地密实，如在红土、黄土区，当土壤结构比较完整且无裂隙时，水窖容积可适当选大些；而在土质较差地区，如砂壤土、黄绵土地区则应适当小一些。

(2) 按照不同窖形结构确定。水泥砂浆抹面水窖对地质条件、施工工艺要求高，砂浆抹面层较薄，省工省料，但这种结构的水窖适应变形能力较差，容积应控制在 30～50m^3 之间；而混凝土盖碗窖、肋拱盖碗窖、球形窖等容积则可适当大一些，但最大仍不宜超过 80m^3。

(3) 按照不同用途确定。

用于农村生活用水时，每户的水窖数量不应少于 2 眼，容积一般应控制在 30～50m^3；用于农田灌溉时，由于灌溉用水量相对较大，因而所需水窖容积也较大，一般控制在50～80m^3 即可。

水窖容积确定除考虑上述因素外，还受当地经济水平、投入能力、施工方法和施工技术水平等多种因素的制约。窖形结构不同，水窖造价差别很大；水窖容积不同，单位容积造价差别也很大。为此，在确定水窖容积时，要综合考虑前述诸因素，在进行技术合理性、经济可行性和运行安全性分析的基础上，按照因地制宜、就地取材的原则，科学合理地确定适宜的水窖结构型式和蓄水容积。

(二) 水池工程

1. 水池类型

水池按其结构型式可分为开敞式和封闭式两大类，按其形状又可分为圆形和矩形

两种，按防渗材料分包括现浇混凝土蓄水池、砌石砂浆抹面蓄水池、砌砖抹面蓄水池等。

在早期的雨水集蓄利用工程蓄水池建设中，混凝土、砌石抹面、砌砖抹面3种防渗结构型式的水池都有使用。但最新应用实践表明，随着使用年限的增加，砖砌水池很容易形成抹面防渗层的“空鼓”，继而出现防渗层脱落现象，最终导致水池毁坏而不能继续使用。因此，这里不再对砖砌抹面防渗水池进行介绍。

蓄水池结构型式分类示意图见图4-8。

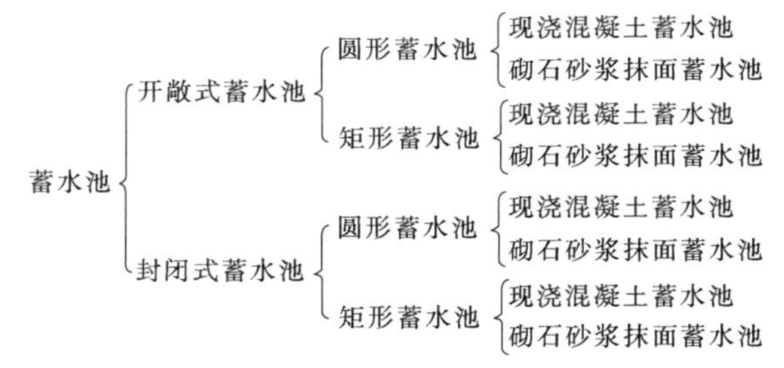

图4-8　蓄水池结构型式分类示意图

2. 水池结构

(1) 开敞式蓄水池。

开敞式蓄水池多建设在田间地头，主要用于对水质要求不高的农业灌溉等用途的蓄水。从防渗材料来看，目前推广利用的主要有混凝土现浇和砌石抹面防渗两种结构；从结构型式来看，主要以圆形结构为主，但部分受地形条件限制的地区也有采用矩形结构的，但数量相对有限。

开敞式水池的池体主要由池底、池壁两部分组成，随各地建筑防渗材料的不同，可采用砌石抹面防渗或者现浇混凝土防渗。

1) 最佳断面与推荐断面。①圆形水池：由结构优化分析可知，当池深等于直径的一半时，为开敞式圆形水池最佳几何断面。但事实上，由于影响工程建设因素的复杂性，仅仅依靠最佳断面几何尺寸并不能将工程的投资降到最低。这是因为蓄水池的建设不仅需要防渗衬砌材料，而且同时还有土方开挖工程量，涉及工程地质、地形、施工工艺等诸多方面，需要综合考虑当地的地质与地形条件以及施工水平等确定。结合已建工程及现有相关工程标准图集等情况，确定开敞式圆形水池推荐断面几何尺寸见表4-10，但当水池容积大于（包括）200m^3时，应参照国家建筑标准图集04S803《圆形钢筋混凝土蓄水池》执行。②矩形水池：矩形水池在结构上不仅增加了衬砌材料用量，而且在局部受力上没有圆形水池的优点，相对来说容易受到损坏，因而一般推广使用较少，只有在一些地形条件受到限制时才有所利用。同样，由结构优化分析可知，在地形条件受到限制时（如宽度方向），池深等于长度的一半是矩形开敞式水池的最佳几何断面。基于前述同样的理由，结合现行工程建设与有关工程标准图集，确定开敞式矩形蓄水池推荐断面几何尺寸见表4-11。工程实践中，当池长超过池宽的2倍时，应考虑增设隔墙或横撑，确保结构稳定；当水池容积大于（包括）200m^3时，应参照国家建筑标准图集05S804《矩形钢筋混凝土蓄水池》执行。

2) 结构设计。①混凝土水池：雨水集蓄利用工程混凝土水池一般均采用圆形结构，矩形结构只有在地形条件受到限制时才有所使用。其中圆形水池池底采用反穹形结构，矩形水池池底则沿池宽方向采用反弧形结构。无论圆形还是矩形水池均采用C15混凝土现浇，底板厚15～20cm，边壁厚10～15cm；混凝土浇筑完成后，用1：2水泥防水砂浆抹

表 4-10 开敞式圆形水池推荐断面几何尺寸表

容积/m³	30	40	50	70	100	150	200	300
直径 d/m	4.4	4.8	5.2	5.8	6.5	7.6	8.8	10.8
水深 h_0/m	2.0	2.2	2.4	2.7	3.0	3.3	3.3	3.3
池深 h/m	2.2	2.4	2.6	2.9	3.2	3.5	3.5	3.5

表 4-11 开敞式矩形水池推荐断面几何尺寸表

容积/m³	30	50	50	70	70	100	100	150	150	200	200	200	300	300	300
池宽 b/m	3.0	3.5	4.0	4.0	5.0	4.0	5.0	4.0	5.0	5.0	6.0	7.0	5.0	6.0	7.0
池长 a/m	4.7	5.5	5.2	6.1	5.5	7.6	6.1	11.4	9.1	12.1	10.1	8.7	18.2	15.2	13.0
水深 h_0/m	2.1	2.6	2.4	2.9	2.5	3.3	3.3	3.3	3.3	3.3	3.3	3.3	3.3	3.3	3.3
池深 h/m	2.3	2.8	2.6	3.1	2.7	3.5	3.5	3.5	3.5	3.5	3.5	3.5	3.5	3.5	3.5

面，厚度 1.0～2.0cm，需要时，再用纯水泥浆刷涂 2 遍，进一步提高防渗能力。同时，水池底板浇筑前，必须对基础进行 30cm 厚的原土翻夯处理，夯实干密度不小于 1.50t/m³。开敞式圆形、开敞式矩形混凝土水池结构示意图分别见图 4-9 和图 4-10。②砌石水池：开敞式砌石水池同样由池底和池壁两部分组成，基本形状与混凝土水池完全一致。池底结构自下而上依次为：30cm 厚原土翻夯，夯实干密度不小于 1.50t/m³；40cm 厚 M7.5 水泥砂浆坐浆砌石，并对空隙进行灌浆处理；1.0～2cm 厚 1：2 水泥防水砂浆抹光处理。池壁结构由外而里依次为：40～60cm 厚变断面 M7.5 水泥砂浆坐浆砌石；1.5cm 厚 1：2 水泥防水砂浆抹光处理。开敞式圆形、开敞式矩形砌石水池结构示意图分别见图 4-11 和图 4-12。

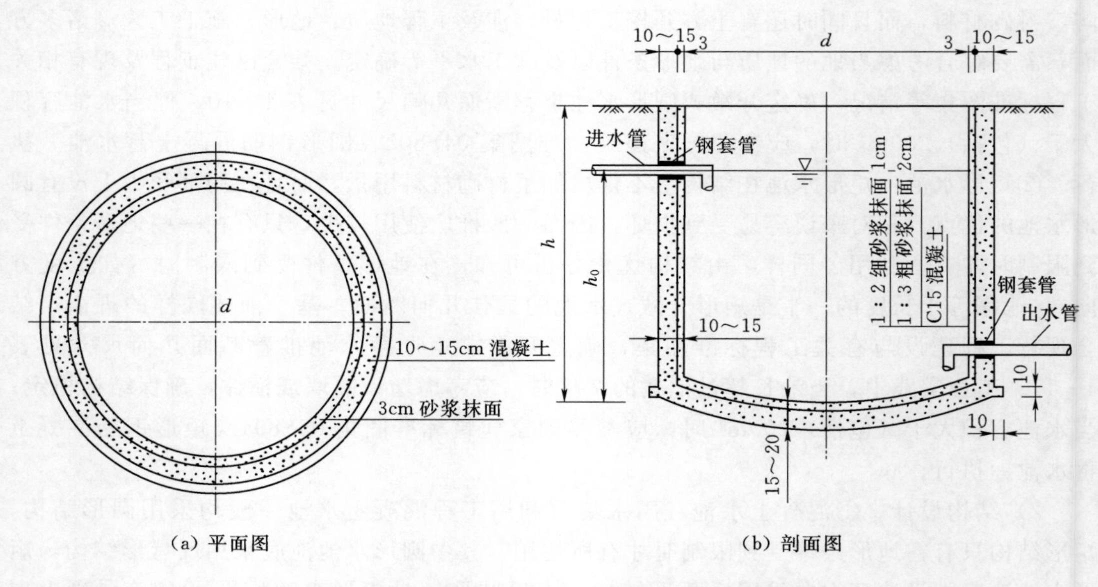

图 4-9 开敞式圆形混凝土水池结构示意图（单位：cm）

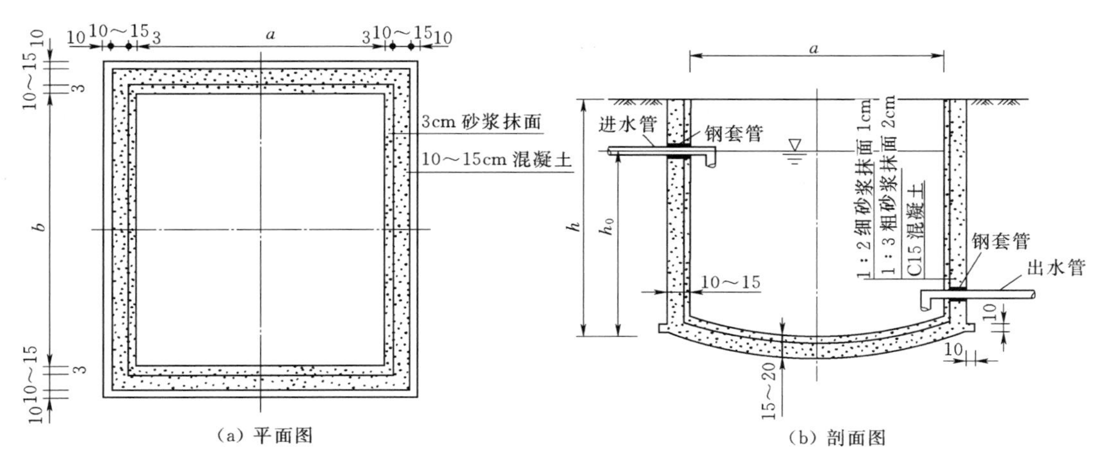

(a) 平面图　(b) 剖面图

图 4-10　开敞式矩形混凝土水池结构示意图（单位：cm）

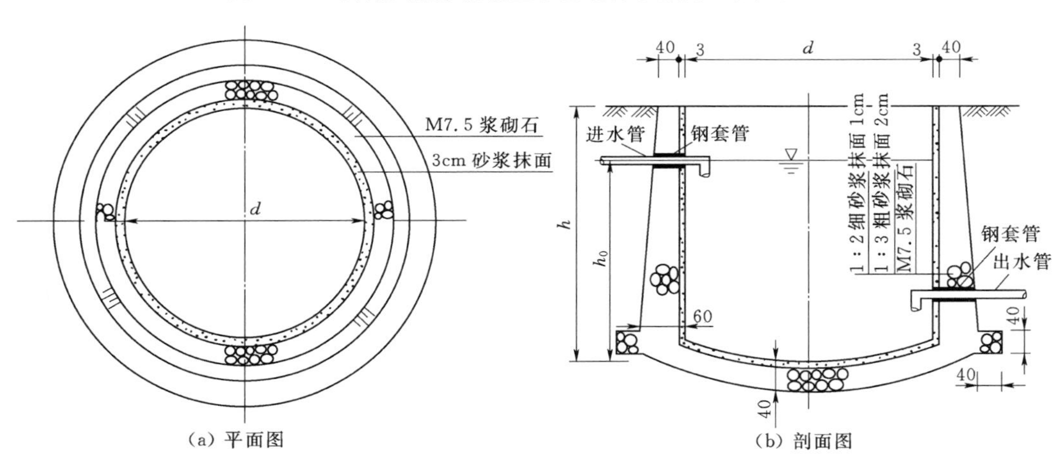

(a) 平面图　(b) 剖面图

图 4-11　开敞式圆形浆砌石水池结构示意图（单位：cm）

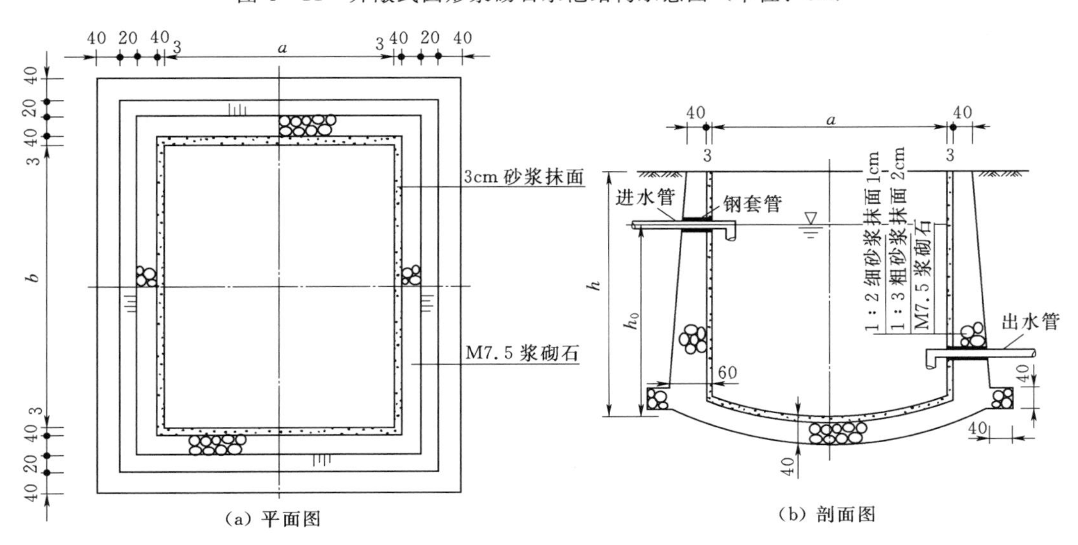

(a) 平面图　(b) 剖面图

图 4-12　开敞式矩形浆砌石水池结构示意图（单位：cm）

（2）封闭式蓄水池。封闭式蓄水池主要用于解决家庭生活用水等对水质要求较高的雨水集蓄利用工程，有些水源条件较好的地区，也有建设封闭式水池用于果树、蔬菜等高效经济作物灌溉的，但使用范围相对有限。用于解决生活用水的蓄水池一般以家庭为单元建设，规模不大，容积一般在 50～100m³ 之间，特殊情况下最大不超过 200m³，即使是用于农业灌溉的，一般也不会超过 500m³。

封闭式水池主要由池盖、池底和池壁 3 部分组成，随各地建筑防渗材料的不同，一般采用现浇混凝土或砌石抹面防渗。封闭式圆形和封闭式矩形混凝土水池结构示意分别见图 4-13 和图 4-14，浆砌石水池结构示意见图 4-15 和图 4-16。

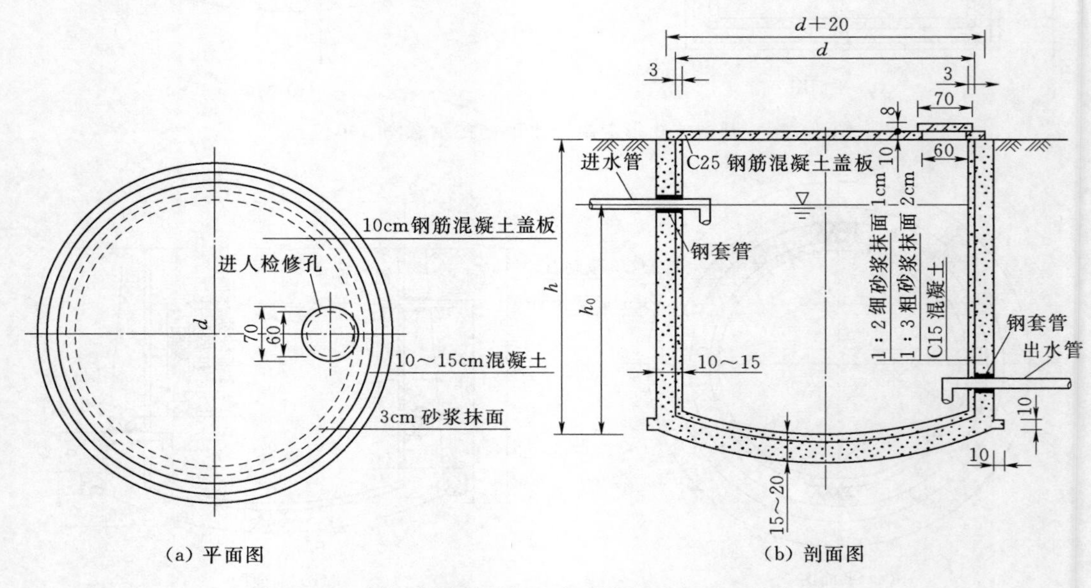

图 4-13 封闭式圆形混凝土水池结构示意图（单位：cm）

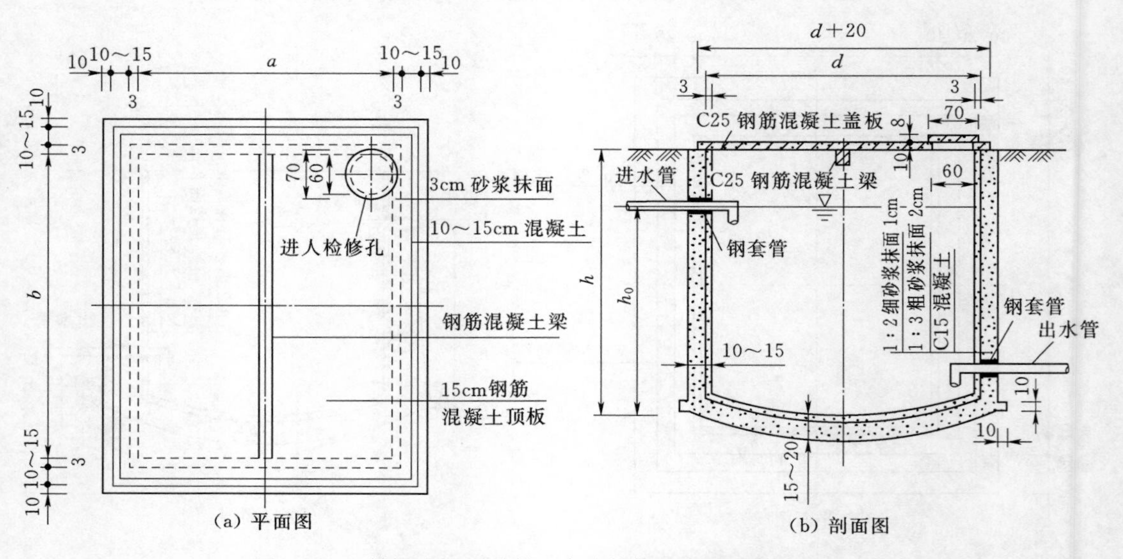

图 4-14 封闭式矩形混凝土水池结构示意图（单位：cm）

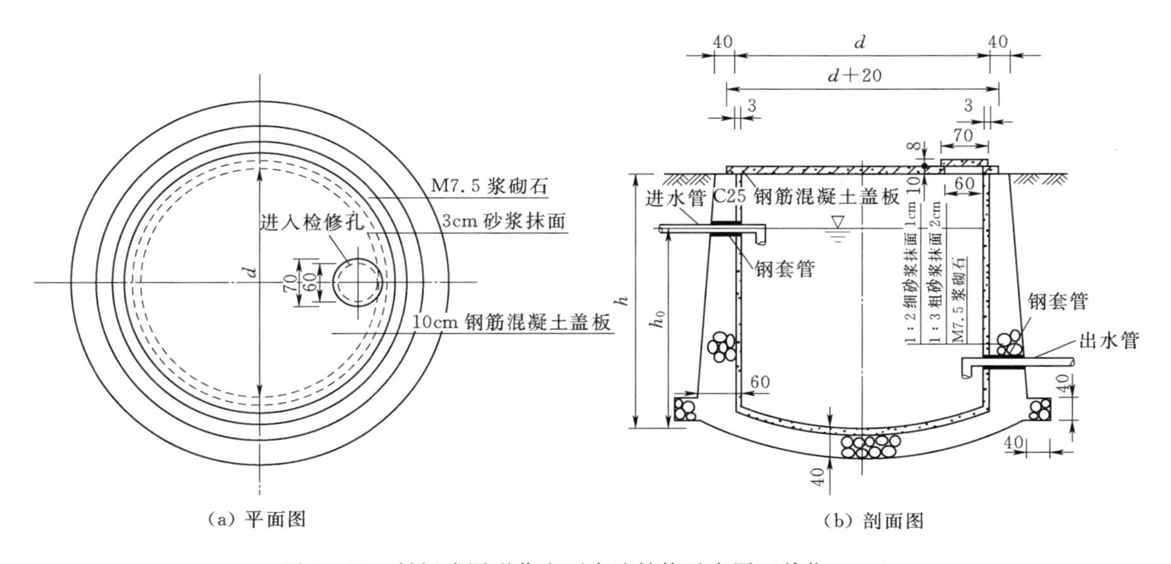

(a) 平面图　　(b) 剖面图

图 4-15　封闭式圆形浆砌石水池结构示意图（单位：cm）

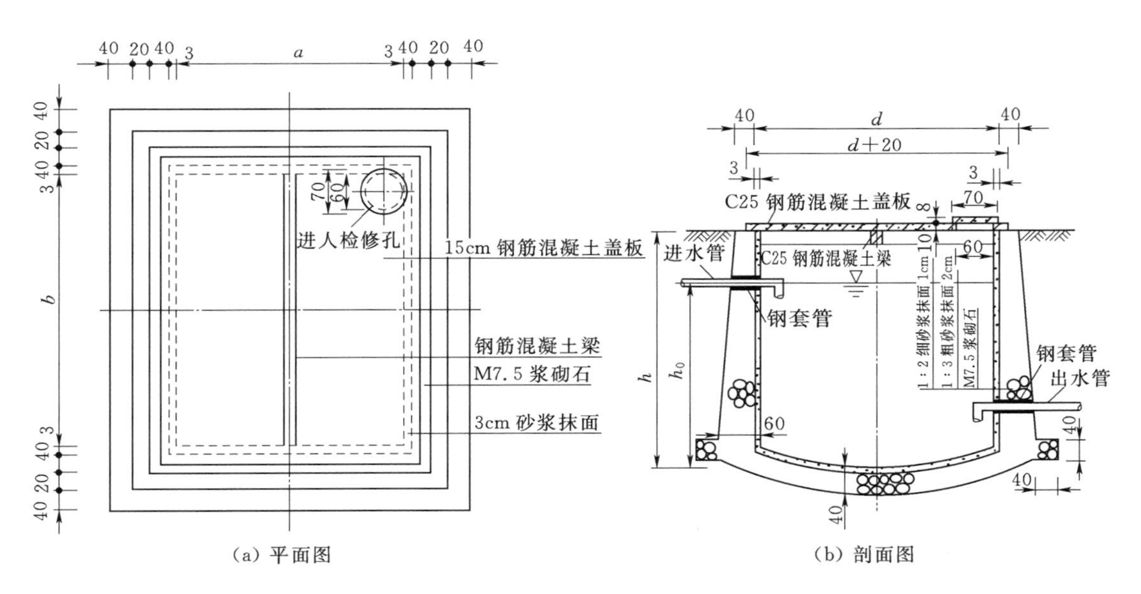

(a) 平面图　　(b) 剖面图

图 4-16　封闭式矩形浆砌石水池结构示意图（单位：cm）

1）最佳断面与推荐断面。①圆形水池：由结构优化分析可知，当池深等于直径时为封闭式圆形蓄水池的最佳几何断面，但综合考虑工程地质、地形、施工工艺与土方开挖量等诸多因素，参考已建工程及相关工程标准图集，确定封闭式圆形蓄水池推荐断面几何尺寸见表 4-12。工程实践中，当水池容积不小于 200m^3 时，具体结构按国家建筑标准图集 04S803《圆形钢筋混凝土蓄水池》执行。②矩形水池：无论是开敞式结构、还是封闭式结构，矩形水池显然不具备圆形水池节省材料、受力均匀等优点，一般使用较少，因而只有在地形等条件受到限制时才有所利用。由结构优化分析可知，在池宽受到限制的条件下，池深等于池长是矩形封闭式水池的最佳几何断面。基于前述同样的理由，参考已建工程及相关工程标准图集，确定封闭式矩形蓄水池推荐断面几何尺寸见表4-13。工程实践中，当水池容积不小于200m³时，具体结构按国家建筑标准图集05S804《矩形钢筋混凝土蓄水池》执行。同时，当池长超过池宽的2倍时，应考虑增设隔墙或横撑，增加池壁的稳定性。

表4-12 封闭式圆形水池推荐断面几何尺寸表

容积/m³	30	40	50	70	100	150	200	300
直径 d/m	3.4	3.9	4.4	5.2	6.2	7.6	8.8	10.8
水深 h_0/m	3.2	3.3	3.3	3.3	3.3	3.3	3.3	3.3
池深 h/m	3.4	3.5	3.5	3.5	3.5	3.5	3.5	3.5

表4-13 封闭式矩形水池推荐断面几何尺寸表

容积/m³	30	50	50	70	70	100	100	150	150	200	200	200	300	300	300
池宽 b/m	3.0	3.0	3.5	3.5	4.5	4.0	5.0	4.0	5.0	5.0	6.0	7.0	5.0	6.0	7.0
池长 a/m	3.3	5.1	4.3	6.1	4.7	7.6	6.1	11.4	9.1	12.1	10.1	8.7	18.2	15.2	13.0
水深 h_0/m	3.1	3.3	3.3	3.3	3.3	3.3	3.3	3.3	3.3	3.3	3.3	3.3	3.3	3.3	3.3
池深 h/m	3.3	3.5	3.5	3.5	3.5	3.5	3.5	3.5	3.5	3.5	3.5	3.5	3.5	3.5	3.5

2）结构设计。除增加了水池盖板外，封闭式水池与开敞式水池在其他结构方面完全一致，此处不再赘述。但关于水池盖板，按照如下技术要求进行设置。①当水池直径或宽度大于5.0m时，采用C25现浇钢筋混凝土结构，具体结构按有关标准图集要求执行。②当水池直径或宽度小于3.0m且无特殊使用要求时，可采用厚8～10cm的C25现浇钢筋混凝土平板结构。其中圆形水池双向配置ϕ8间距20cm钢筋；矩形水池短边配置ϕ12间距25cm钢筋，长边配置ϕ8间距25cm钢筋。③水池直径或宽度介于3.0～4.0m且无特殊使用要求时，可采用厚度10cm的C25现浇钢筋混凝土平板结构。其中圆形水池双向配置ϕ12间距20cm钢筋；矩形水池短边配置ϕ12间距20cm钢筋，长边配置ϕ8间距25cm钢筋。④水池直径或宽度介于4.0～5.0m且无特殊使用要求时，可采用厚度12cm的C25现浇钢筋混凝土平板结构。其中圆形水池双向配置ϕ12间距20cm钢筋；矩形水池短边配置ϕ16间距20cm钢筋，长边配置ϕ8间距25cm钢筋。

3. 水池容积确定

目前，配合农村雨水集蓄利用工程推广应用的水池结构、种类很多，但普遍应用的主要以现浇混凝土和浆砌石结构为主。根据水池用途、工程地质条件以及水资源等条件，可采用不同结构型式、不同容积的水池。

（1）开敞式水池。开敞式水池主要用于农业灌溉，在我国南方地区比较多见，一般建设于田间地头。水池的主要运行方式是“长蓄短灌”，即利用长历时蓄集分散径流，达到一定水量后，在短期内用于作物的集中灌溉。开敞式蓄水池一般根据来水量和用水量情况确定蓄水池容积，随来水、用水过程的不同其水池的容积变化幅度较大，但无论圆形还是矩形结构，一般容积均在100m³以上，最大可达到500m³。当水源条件

十分理想，可联合使用时，应根据水源条件、地质条件、水池结构、灌溉作物等具体情况论证确定，当确有需要时可允许达到 $1000m^3$ 以上。北方地区也有利用路面、山坡等作为集流面，建设倒圆台结构水池进行雨水规模利用的成功范例，水池容积一般在 $500\sim1000m^3$ 之间。

（2）封闭式水池。封闭式水池主要用于解决家庭生活用水等对水质要求较高的雨水集蓄利用工程，一般以家庭为单元进行建设，规模不大，容积一般多在 $50\sim100m^3$ 之间，最大不超过 $200m^3$。有些水源条件较好的地区，也有利用公路等天然集流面集水，建设封闭式水池用于果树、蔬菜等高效经济作物灌溉的，但容积一般多在 $100\sim200m^3$ 之间，最大不超过 $500m^3$。

（三）水窑工程

水窑是我国北方地区传统的蓄水设施之一，是依托崖面、陡坎修建的一种地下埋藏式蓄水建筑物。与水窖相比，水窑具有结构简单，施工方便，取水容易等特点。

1. 水窑结构

当崖面高度足够时，可设计建造Ⅰ型水窑。Ⅰ型水窑的蓄水部分完全位于崖面所在地平面以下，通常在崖面底部开挖口位置设置进水管，用水时依靠人力或水泵提水。蓄水容积 $35m^3$ Ⅰ型水窑结构示意图见图 4－17。

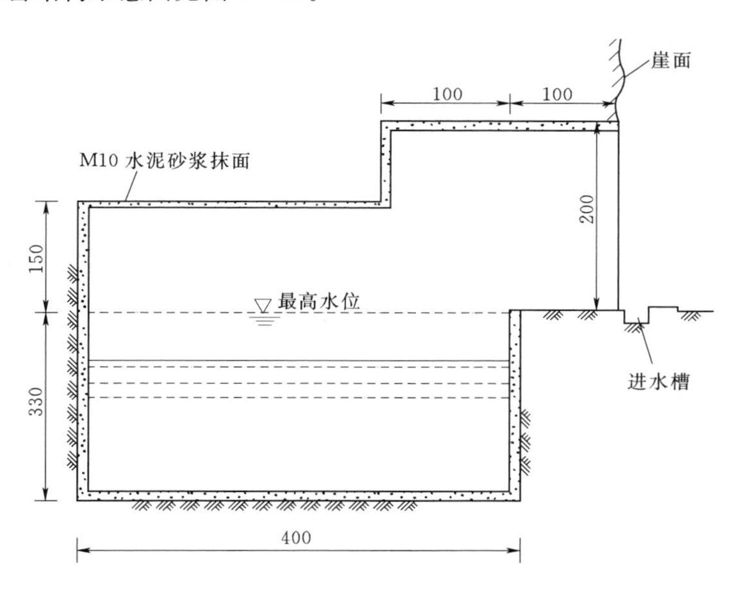

图 4－17　$35m^3$ Ⅰ型水窑结构示意图（单位：cm）

当崖面较低，水窑以上土层不是很厚时，可根据实际需要建造Ⅱ型水窑。Ⅱ型水窑在水窑顶部安装进水管，水窑的蓄水部位完全位于崖面所在地平面以上，可依据用水对象的分布范围和具体要求，分别采用自重力取水、人力或水泵提水。蓄水容积 $70m^3$ Ⅱ型水窑具体结构示意图见图 4－18。

水窑主体由土窑、窑池两部分组成，附属部分主要包括进水管、出水管、溢流管等。

（1）土窑。根据建窑所在地土质情况、来水量多少，结合农业灌溉要求确定水窑建设

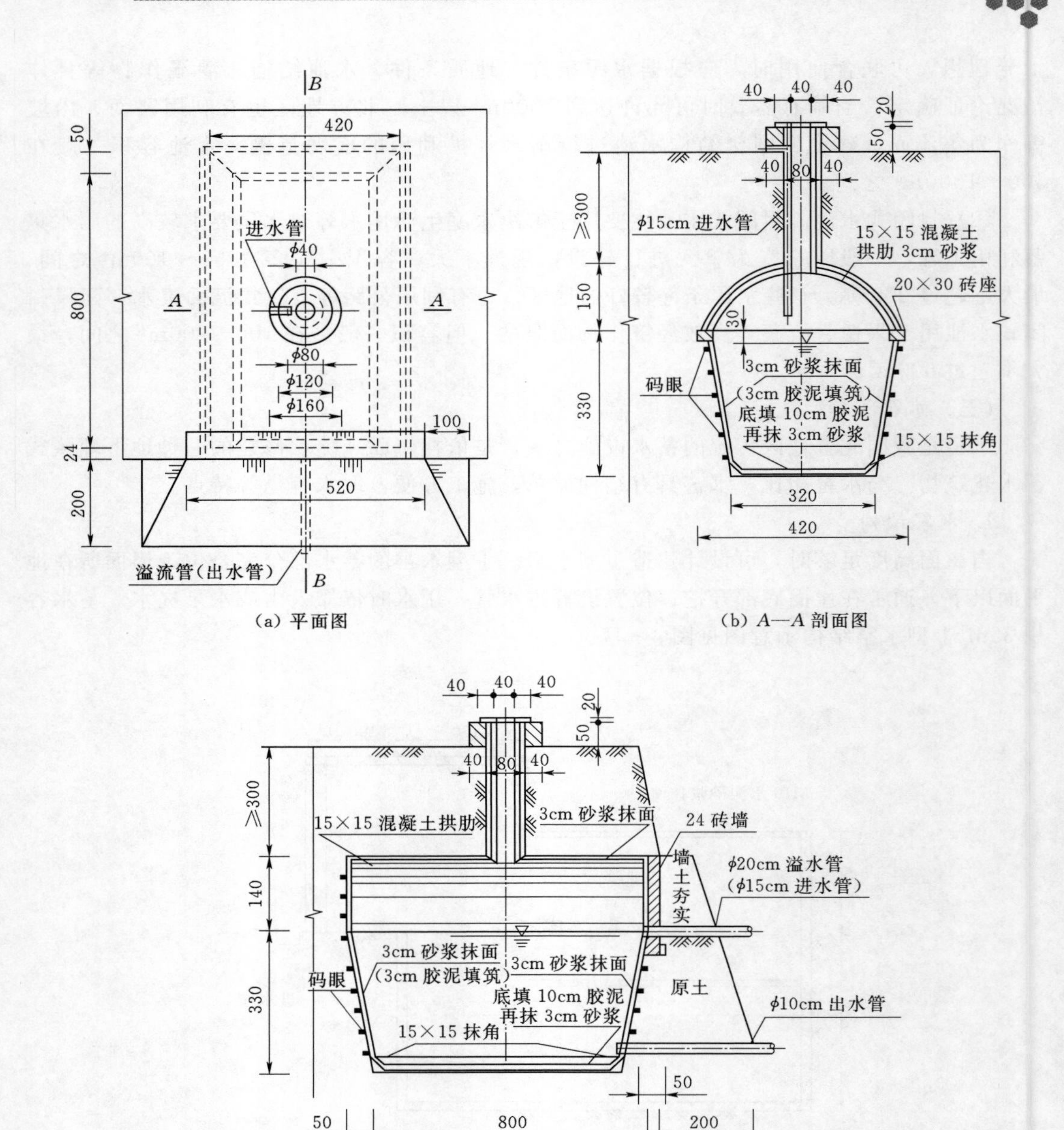

图 4-18　70m³ Ⅱ型水窖具体结构示意图（单位：cm）

规模。一般情况下，土窑部分不蓄水，宽度控制在 2.0～4.0m 左右，窑长 4.0～8.0m 之间，土窑顶拱形状一般采用半圆形，即矢跨比 1∶2，当土质较好时，矢跨比可适当减小。施工时，由窑口开始向内逐渐开挖，窑顶用水泥砂浆进行抹光处理。

（2）窖池。窖池位于土窑正下方，是水窖工程的蓄水部分，一般为梯形结构，窖池深 3.0～3.5m，池体成型后再进行防渗处理，其处理方法与水泥砂浆抹面水窖一致。砂浆抹面水窖技术参数及蓄水容积见表 4-14。

表 4-14　砂浆抹面水窖技术参数及蓄水容积表

水窖类型	容积/m^3	矢高/m	口宽/m	底宽/m	水深/m	窖长/m	壁厚/cm	砂浆/m^3	水泥/t	砂子/m^3	石子/m^3
Ⅰ、Ⅱ	20	1.0	2.0	1.4	3.0	4	4	1.64	0.79	1.70	0.44
	26					5	4	1.94	0.93	2.02	0.52
	41					8	4	2.87	1.38	2.98	0.77
	35	1.5	3.0	2.3	3.3	4	4	2.57	1.24	2.68	0.70
	44				3.3	5	4	3.04	1.46	3.17	0.82
	70				3.3	8	4	4.45	2.14	4.63	1.20
	51	2.0	4.0	3.3	3.5	4	4	3.56	1.71	3.70	0.96
	64				3.5	5	4	4.19	2.01	4.36	1.13
	102				3.5	8	4	6.10	2.93	6.34	1.65

（3）附属部分。水窖进水管、出水管、溢流管根据地形条件、来水方向与有利排水方向布设。当采用Ⅰ型水窖结构时，通常在崖面底部开挖口位置同时布设进水管（槽）与溢流管（槽）；当采用Ⅱ型水窖结构时，进水管一般采用混凝土管或塑料管，布设在水窖顶部，溢流管则布设在有利于排水的适当位置即可。

2. 水窖容积确定

水窖结构简单、用途单一，地质条件一般均为黄土，当采用Ⅰ型结构水窖时，容积一般在 30～50m^3 之间，最大不超过 100m^3；当采用Ⅱ型结构水窖时，容积一般在 50～100m^3 之间，个别水源条件较好且有特殊利用需求时，最大可允许达到 200m^3 左右。

（四）塘坝（涝池）工程

塘坝在我国各地都有大量应用，是指在山区或丘陵地区依托沟道、局部洼地等有利地形条件修筑的一种小型蓄水工程，实质上是一种微型化的水库工程，其结构型式、工程布置与水库工程十分类似，不同之处是与水库工程相比，塘坝的蓄水容积小于 10 万 m^3，主要作用是蓄集雨水、泉水、溪流和沟道径流，用于解决农村生活用水和进行农田灌溉、生态植被建设等。

塘坝是一种费省效宏的农村雨水集蓄利用蓄水设施，因此在降水条件较好尤其是我国南方降水量比较充沛的山区有着广泛应用，在解决农村人畜饮水和发展农业灌溉中发挥着重要作用。塘坝一般依托小型沟道、低洼地带等有利地形条件进行建设，正常情况下仅需局部建设挡水建筑物，具有工程量少、投资小等显著优点。在北方地区也有结合小流域综合治理，在沟谷上建坝拦沙蓄水的例证，事实上也是典型的雨水集蓄利用工程。

如前所述，作为一种微型化水库工程，塘坝的建设不仅需要一定数量的集水面积，而且需要有利地形、地质条件和建筑材料。塘坝一般选用当地建筑材料进行建造，可通过经济比较选用土石坝、浆砌石坝或混凝土坝。

（五）水罐与水箱

水罐与水箱主要用于我国西南降水量较大地区农村屋面集水的储存，其主要用途是解决农村生活饮用水。从目前的使用情况来看，用于雨水集蓄利用的水罐、水箱一般均为定型产品、塑料制品、市场购买，容积从 0.1m^3 到 3.0m^3 不等，个别集流条件较好、用水需求较大的

用户最大可选用 5.0m^3 左右的。但从水质角度出发，当单纯用于解决生活饮用水时，水罐、水箱内水的停留时间不应超过 15d，且在夏季炎热季节应采取隔热措施，防治水质恶化。

第四节 雨水集蓄利用净水工程技术

一、净水工程类型及应用评价

（一）主要净水工程类型

净水工程是雨水集蓄利用工程供水水质的重要保障措施，对提高供水水质，保障工程安全运行发挥着至关重要的作用。从目前应用情况来看，使用较为普遍的净水工程主要是沉沙池，包括平流式沉沙池、砂石过滤池、格栅式沉沙池和虹吸式沉沙池等。

（二）净水工程应用评价

1. 平流式沉沙池

目前，在我国农村雨水集蓄利用工程中配套使用的沉沙池绝大多数均为平流式结构。平流式沉沙池以其结构简单、施工方便、造价低廉和便于管理与运行维护而广受欢迎，无论是在农村雨水集蓄利用生活用水工程、还是农业灌溉工程中的推广应用都极为广泛。事实证明，平流式沉沙池可广泛适用于水中各种杂质的沉淀处理，但不足之处是占地面积相对较大，尤其是在农户庭院内建设时受到限制。

2. 砂石过滤池

砂石过滤池是在平流式沉沙池基础上，通过在池体中分层铺设一定级配的砂石材料，减缓水流在池中的运行速度，继而达到沉淀泥沙、净化水质的目的。砂石过滤池具有池体结构型式简单、过滤材料来源丰富、过滤效果良好等特点，在雨水集蓄利用生活用水工程中得到了一定范围的推广应用，但目前总体数量还相对有限。另外，砂石过滤池需要及时进行过滤材料中各种杂质的清理，某种意义上增加了运行维护费用。

3. 格栅式沉沙池

格栅式沉沙池是除平流式沉沙池外又一种常见的泥沙沉淀处理设施，在我国南北方雨水集蓄利用工程中均有使用。其基本原理是在平流式沉沙池的基础上，通过设置格栅延长水流路径，增加水体在沉沙池中的停留时间，继而实现对泥沙的沉淀处理。格栅式沉沙池一般较多地应用在集蓄雨水中泥沙含量较多的荒山荒坡、农用道路等集雨工程中，其雨水利用的对象主要是农业灌溉。

4. 虹吸式沉沙池

虹吸式沉沙池是一种新兴的雨水集蓄利用工程泥沙沉淀处理设施，其基本原理是按照设计降水量确定沉沙池容量，通过人工控制进水软管的位置高程，继而实现对沉沙池中水体停留时间的控制，以此达到沉淀泥沙、净化水质的目的。虹吸式沉沙池设计需要在依据长系列降水量资料，分析确定单次设计降水量的基础上，通过计算确定满足设计条件的沉沙池容量，而且净化后的水体需要通过人工控制才能进入蓄水设施中，设计、运行管理相对比较繁琐。但尽管如此，虹吸式沉沙池以其足够的停留时间保障了泥沙的沉淀和水质的净化处理，在雨水集蓄利用生活用水工程中具有广泛的应用前景。

二、净水工程技术

（一）平流式沉沙池

沉沙池是用以沉淀挟沙水流中颗粒大于设计沉降粒径推移质泥沙，降低水流中含沙量的建筑物。其工作原理是当水流进入沉沙池后，由于断面扩大，流速减小，水流挟沙能力大为降低，继而使水流中的泥沙在沉沙池中沉淀。

平流沉沙池是目前应用最为广泛的一种泥沙处理设施，目前常见的矩形或梯形断面单厢式、正方形断面井式都可归纳到平流沉沙池中。一般来说，沉沙池断面尺寸越大，沉沙效果越好，但是沉沙池的过分加大，不仅会占据有限的耕地面积，增加工程投资，而且还会造成有限雨水资源的浪费。为此，沉沙池结构设计应结合雨水水质特点，按照既节省投资又能收到较好沉沙效果的原则，充分研究沉沙池中的水沙运动规律，通过对影响沉沙池沉淀效果因素的分析，确定满足农村雨水安全集蓄利用的最佳平流式沉沙池结构型式。

1. 设计原理

（1）基本原理。

平流式沉沙池结构型式有多种，常见的有矩形、梯形断面单厢式等。沉沙池的大小与池内设计流速、工作水深、泥沙粒径等相关，也与地形条件关系密切。通常，沉沙池是根据水流从进入沉沙池开始，所挟带的设计标准粒径以上的泥沙流到出口时正好沉到池底来设计的，其泥沙沉降过程见图 4－19。泥沙在水平流速作用下向前移动，同时又受到重力作用向下沉降。

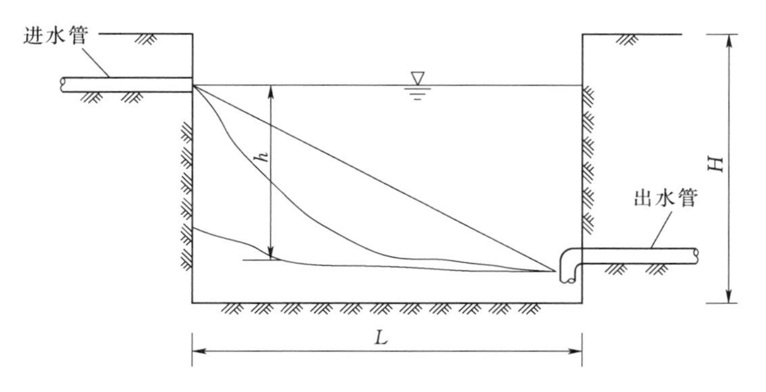

图 4－19　沉沙池泥沙沉淀过程示意图（单位：cm）

若计算时不考虑水流脉动现象，并假定水平向平均流速不变，沉沙池长、宽、深分别用 L、B、H 表示，则标准粒径泥沙的沉降时间 t_c 可用式（4－2）计算：

$$t_c=\frac{h}{v_c} \tag{4-2}$$

其中，v_c 可用式（4－3）计算：

$$v_c=0.563D_c^2(\gamma-1) \tag{4-3}$$

式中　v_c——设计标准粒径泥沙的沉速，m/s；

D_c——设计标准粒径，mm；

γ——泥沙颗粒密度，g/cm^3，一般取 $2.67g/cm^3$；

h——沉沙池有效工作水深，m。

设引水流量（汇流流量）为 Q，则泥沙颗粒的水平运移速度可用式（4-4）计算：

$$v=\frac{Q}{Bh} \tag{4-4}$$

故泥沙颗粒在池长范围内的运行时间可用式（4-5）表示：

$$t_L=\frac{L}{v}=\frac{BhL}{Q} \tag{4-5}$$

由设计条件得 $t_c=t_L$，则由式（4-2）、式（4-3）和式（4-5）可解得：

$$L=\frac{Q}{Bv_c} \tag{4-6}$$

式中 L——池长，m；

B——池宽，m；

其他符号意义同前。

由此可见，沉沙池长度与设计引水流量成正比，即引水流量越大，所需沉沙池长度越大；与设计标准粒径泥沙沉降速度、沉沙池宽度成反比，即沉降速度、沉沙池宽度越大，所需沉沙池长度越小。

（2）水流特性与影响因素分析。

以上是在理想状况下进行的分析，即泥沙颗粒处于自由沉淀状态，在沉淀过程中沉速不变；在过水断面上各点流速相等，在流动过程中流速不变；泥沙颗粒沉淀后不再受水流的扰动而再次启动进入水流运移。但实际上，沉沙池内的水流流速分布是不均匀的，且进口水流流速大于池中水流流速，因而形成紊流，往往造成实际沉沙池偏离理想沉沙池。

根据水力学理论，一方面，水流的紊动性可采用雷诺系数 Re 判别，当沉沙池中水流雷诺系数 Re 为 4000～15000 时，属紊流状态，沉沙池中的水流除具有水平流速外，尚有上、下、左、右的脉动分速，且伴有小的涡流体，这种情况十分不利于泥沙颗粒的沉淀；另一方面，水流稳定性用弗劳德数 Fr 来表示，Fr 数增大，表明惯性力作用相对增加，重力作用相对减少，水流对温差、密度、异重流及风浪等的影响抵抗能力强，沉沙池中的流态相对稳定。结合大量研究成果，一般认为，平流沉沙池的 Fr 数宜大于 10^{-5}。在沉沙池中，增大水流流速，一方面提高了 Re 数，增强了水流的紊动性，因而不利于泥沙沉淀，但另一方面却提高了 Fr 数，继而增强了水流的稳定性，提高沉淀效率。由此可见，工程设计要降低沉淀池中水流的 Re 数和提高水流的 Fr 数，必须设法减小水力半径。因此，对较大的沉沙池，往往采用格栅式导流墙将沉淀池进行分隔以减小水力半径，改善水流条件，提高沉淀效率。

2. 结构尺寸确定

根据沉沙池水流特性与影响沉淀效率因素的分析可知，沉沙池宽度决定于流量 Q、池深 H 和水平流速 v，其长度 L 取决于水平流速和停留时间 t。因而，沉沙池的长、宽和深度之间互相关联。若 H 值过小，将使池厢宽度 B 增大，水流紊乱，不利于泥沙下沉，也不经济。经过综合比较，结合目前已有工程经验，确定满足农村雨水集蓄利用工程的配套沉沙池深度通常采用 1.0m，长宽比 2∶1 比较适宜。

据此，沉沙池的设计尺寸为：$H=1.0m$，$L=2B$。将前述条件代入式（4-6）可得：

$$L=\sqrt{\frac{2Q}{v_c}} \tag{4-7}$$

也就是说，满足式（4－7）要求的沉沙池结构，可起到良好的沉沙效果，继而为雨水水质安全提供重要技术保障。

农村雨水集蓄利用工程沉沙池引水流量可按式（4－8）计算确定：

$$Q=1.667\times10^{-5}\times ISE \tag{4-8}$$

式中 Q——设计集流面上的汇水流量，m^3/s；

E——集流面集流效率；

S——引水渠控制汇流区域的集水面积，m^2；

I——设计降雨强度，mm/min，参考当地降水特性确定。

对于目前典型的农村雨水集蓄利用单元工程，一般多采用混凝土集流面（集流效率取75％），典型区域单元工程集流面积一般在 300m^2 左右，设计降雨强度取 0.30mm/min。经计算，引水流量为 0.00113m^3/s。同时，根据雨水水质特点，雨水挟带泥沙的设计标准粒径按 0.03mm 计算。

将前述已知条件代入式（4－7），计算得平流沉沙池长度 L＝1.63m。考虑综合条件以及安全余度，最后确定农村雨水集蓄利用单元工程配套沉沙池结构尺寸为长度 L＝2.0m，宽度 B＝1.0m，池深 H＝1.0m。农村雨水集蓄利用单元工程平流式沉沙池结构见图 4－20。

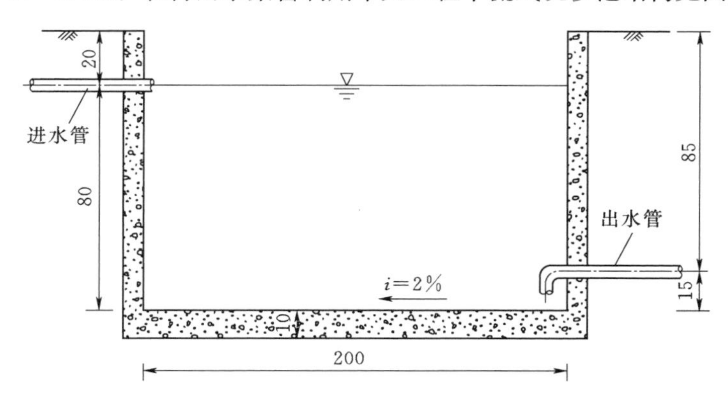

图 4－20 平流式沉沙池结构图（单位：cm）

3. 沉沙池结构设计与施工要求

农村雨水集蓄利用典型单元工程平流式沉沙池采用混凝土矩形结构，其结构尺寸为长 2.0m、宽 1.0m、深 1.0m。沉沙池用 C20 混凝土整体现浇，池墙、池底混凝土厚 10cm，且池底应按 2％的反坡设计。进水口高程可根据引水渠高程确定，并与沉沙池的正常水位相衔接，出水口则应设置在沉沙池底以上 15cm 左右的位置。

（二）砂石过滤池

砂石过滤池是在平流式沉沙池的基础上，采用砂石材料作为滤料进行水质过滤处理的一种兼有沉淀与过滤功能的泥沙处理设施。

1. 设计原理

（1）过滤机理。

过滤处理是通过悬浮颗粒与滤料颗粒之间的黏附作用和物理筛滤作用，在水流通过滤料或多孔介质的过程中截留水中的悬浮物质，从而使水体得到净化处理的一种物理处理方法。

水流在砂石过滤池中流动时，滤料空隙中的水流一般处于层流状态，被水流挟带的泥沙颗粒将随着水流做流线运动。当水中泥沙颗粒迁移到滤料表面时，在范德华力和静电以及某些特殊的化学键吸附力相互作用下，这些颗粒被黏附于滤料表面或者滤料表面原先黏附的颗粒上，继而达到过滤的作用。

（2）滤料层布置原则。

滤池之所以能够使水澄清，主要依靠滤料发挥过滤作用，而滤料选取应尽量满足就地取材、来源充足和价格低廉等要求。砂石过滤池的核心部分是砂石滤料层，一般由 2～4 层不同粒径的砂石料组成，层面大体与渗流方向正交，粒径顺着水流入渗方向由细到粗。要使过滤池达到预期的目的，滤料层必须满足以下条件：①滤料层应有适当的透水性，能畅通地排除渗水；②滤料层自身不应发生渗透变形，相邻滤层间较小粒径的滤料颗粒不应穿过较大粒径滤料颗粒的孔隙；③随水流下渗的特小颗粒允许通过滤料层，但不应堵塞滤料层。

要达到上述条件，各层滤料粒径的选择显得至关重要，每一层滤料的粒径应根据来水中泥沙含量及其颗粒性质等加以确定。严格来讲，滤料的每一层都应采用专门筛选过的砂石料，在实际工程中，一般都尽可能找到可直接利用的天然砂料作滤料。砂石过滤池尺寸可根据雨水集蓄利用工程来水量以及选用滤料的导水性能，通过计算确定。

2. 结构尺寸确定

（1）滤料布置。

结合雨水集蓄利用水质特点，且为提高滤层纳污能力，提高滤后的水体质量，砂石过滤池设计一般采用三层滤料，其平均粒径由上而下逐渐增大，也就是说，滤层孔隙尺寸由上而下均匀递增，这种滤料布置方式既能增加滤层纳污能力，保证滤后水质较好，又可有效减缓水头损失增长速度。同时，滤料的这种布设形式能使水流得以持续净化，其原理为：①隔滤作用，当水中悬浮杂质颗粒大于沙层空隙时，因不能通过而被阻留下来；②接触絮凝作用，当挟沙水流通过滤层空间时，沙粒接触过滤介质，使水中的微细颗粒与沙粒碰撞接触，继而促使这些杂质颗粒与细小的绒体被吸附在沙粒表面上。

滤料级配的不同直接决定着滤料的过滤效果。目前通常采用最大粒径 d_{max}、最小粒径 d_{min}和不均匀系数 K_{80}来控制滤料粒径分布。不均匀系数 K_{80}反映滤料的均匀程度，K_{80}越大，表示粗细颗粒尺寸相差越大，颗粒越不均匀，这对过滤和冲洗都很不利。因为 K_{80}较大时，滤层纳污能力减少，如果 K_{80}越接近于 1，滤料越均匀，过滤和反冲洗效果越好，但滤料价格相对增加。

参阅有关过滤介质颗粒粒径级配要求，结合雨水水质特点和已建工程实践经验，确定雨水集蓄利用的砂石过滤池滤料上层为直径 0.3～0.5mm 的细砂，中层为直径 2～5mm 的粗砂，下层为直径 15～30mm 的砂砾卵石，其中上层细砂用以最大限度地过滤水中各种运移杂质；中层粗砂、下层砂砾卵石分别用以防止上层砂滤料、中层粗砂滤料流失，并通过接触吸附再次截留水流中的残余杂质，达到持续过滤、深度净化的作用。

（2）滤速确定。

滤速是指滤料表面水流的下降速度，也可以说是滤池单位面积上的流量。常规慢滤池设计滤速一般为0.2～0.3m/h，快滤池滤速为6.0～10.0m/h。滤速是控制投资和影响水质的重要参数，在相同出水量条件下，设计滤速大，滤池面积相应就小，可以节省投资。但滤速太大，使过滤周期缩短，滤后的水质往往较差。考虑到雨水集蓄利用工程一般受场地限制，过滤池占地面积不能太大，且要求其过滤效果达到最好。因此，雨水集蓄利用工程过滤池设计滤速介于慢滤池和快滤池之间，确定过滤池滤速采用2.5m/h进行设计。

（3）过滤池尺寸确定。

对雨水集蓄利用工程而言，过滤池过滤面积可用式（4－9）计算确定：

$$S_s=\frac{0.06S_jEI}{v_s} \tag{4-9}$$

式中 S_j——农村雨水集蓄利用工程集流面面积，m^2；

v_s——过滤池设计滤速，m/h；

S_s——过滤池过滤面积，m^2；

其他符号意义同前。

对于典型的农村雨水集蓄利用单元工程，取集流面积300m^2，设计降雨强度0.30mm/min。经计算，满足农村雨水集蓄利用单元工程的过滤池过滤面积为1.62m^2，考虑综合因素及安全余度，确定过滤池面积按2.00m^2进行设计。

3. 过滤池结构设计与施工要点

根据以上分析，确定砂石过滤池的结构尺寸为长2.0m、宽1.0m、高1.0m。砂石过滤池一般采用地埋式矩形结构，内装不同级配的砂石材料组成过滤层，对雨水进行粗滤处理。过滤层总厚度60cm，共分三层设置，厚度各为20cm。农村雨水集蓄利用单元工程砂石过滤池结构见图4－21。

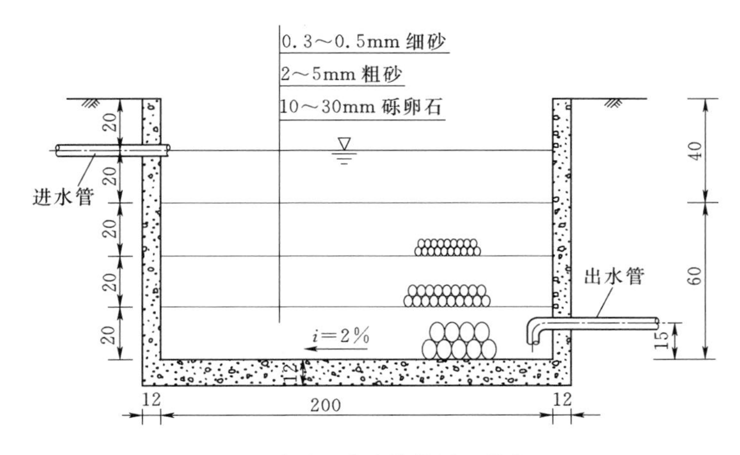

图4－21 砂石过滤池结构图（单位：cm）

施工时，池体混凝土浇筑参照平流沉沙池执行。滤料采用砂砾卵石、粗砂、细砂自下而上顺序依次铺垫，且各层厚度、粒径等应严格按设计要求控制。

（三）格栅式沉沙池

格栅式沉沙池是在平流式沉沙池的基础上，为最大限度减小沉沙池尺寸，通过在池内设置等距离的横向隔墙形成的一种由多个泥沙沉降区组成的泥沙处理设施，其主要目的是延长水流流程，增加水流在沉沙池内的停留时间，继而增加泥沙沉降时间，提高泥沙处理效果。

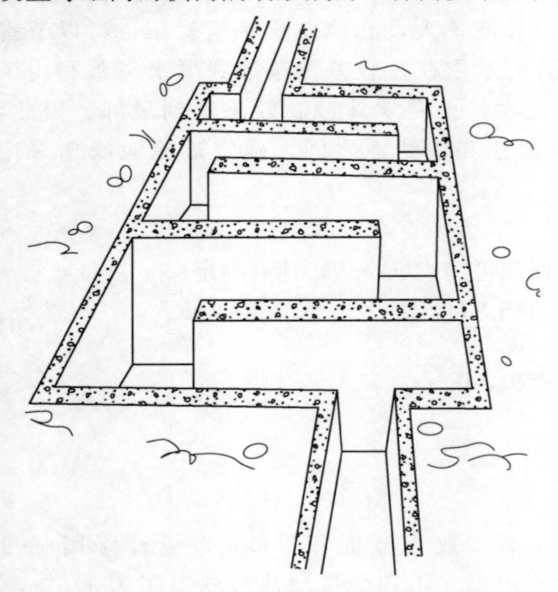

图 4-22 格栅式沉沙池结构示意图

格栅式沉沙池设计原理、结构尺寸计算等完全与平流式沉沙池一致，隔墙设计应采用与池体相同的材料建造。具体计算时，沉沙池宽度为隔墙间的宽度，长度为水流在沉沙池内行进的总距离。

格栅式沉沙池一般应用于水质较差的雨水集蓄利用工程中。农村雨水集蓄利用工程格栅式沉沙池结构示意图见图 4-22。

（四）虹吸式沉沙池

1. 工作原理

虹吸式沉沙池设计是利用虹吸管工作原理，对雨水进行较长时间（一般为 1～3d）沉淀后，利用升降式虹吸管将沉淀后的清水导入水窖。虹吸式沉沙池大小根据设计沉沙水量计算确定，进水由人工升降进水软管控制。

农村雨水集蓄利用工程虹吸式沉沙池结构示意图见图 4-23。

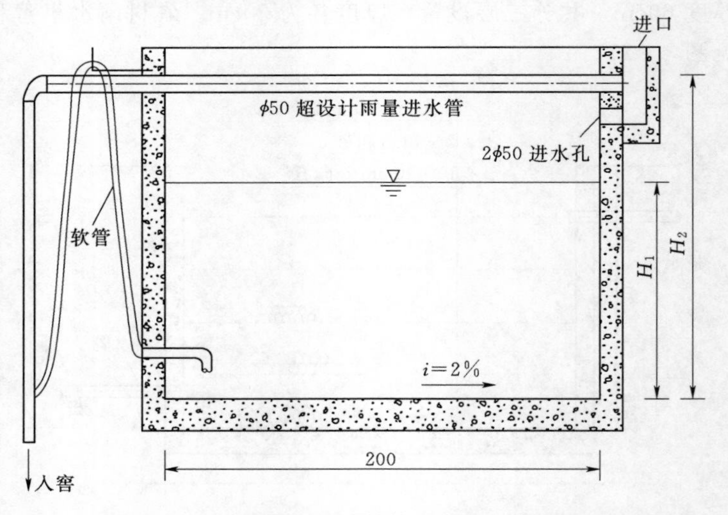

图 4-23 虹吸式沉沙池结构示意图（单位：cm）

（1）人工控制。将进水软管置于高于超越进水管的预埋挂钩上，单次降雨结束且待沉沙池中水质完全澄清后，人工控制进水软管高度，虹吸管开始工作，直到沉沙池水位达到

最低水位时停止进水。

(2) 超越管进水。当一次降水过程的降雨量超过设计雨量时，沉沙池水位达到 H_2。此时，降雨已进入后期，雨水中泥沙含量很小，雨水可通过超越管直接进入蓄水设施中。

(3) 絮凝沉淀。当水质较差，依靠自重力沉淀效果较差和时间较长时，可根据沉淀池中水量、水质情况，加入絮凝剂辅助沉淀，待水质澄清后人工操控进水软管高度，从沉沙池向蓄水设施放水。

(4) 沉沙池进水口分水控制。沉沙池进水口位置设有多个进水口，底部设置 2 个 $\phi 50$ 圆形孔为正常进水口，上部设置超越进水管。当实际降雨量大于设计降雨量时，沉沙池水位超过 H_2，雨水自动从超越管直接进入蓄水设施中。

2. 虹吸式沉沙池结构设计

虹吸式沉沙池的设计思路是将小于或等于设计雨量的降雨集中到沉沙池，通过 1～3d 时间的沉淀后，水流携带的直径大于 0.05mm 的泥沙大部分得到沉淀，此时，可允许雨水进入蓄水设施储存使用。当实际降雨大于设计降雨，沉沙池蓄满时，后期水流携带的直径大于 0.05mm 的泥沙已经很少，雨水可直接通过超越管进入蓄水设施中。

(1) 设计雨量确定。设计雨量是虹吸式沉沙池容积设计的主要技术参数，应根据不同的降雨特性分别确定。有关研究认为：沉沙池设计雨量应根据区域单次降雨量分级（小于等于 5mm、5～10mm、10～15mm、大于 15mm）出现的频率分析确定，即满足沉沙池对整个集流面单次可集水量 65%～80%的沉淀处理。

(2) 沉沙池容积与控制水位确定。根据前述确定的单次设计雨量，按《雨水集蓄利用工程技术规范》(GB/T 50596—2010) 相关条款以及第二章中的式 (2-58) 和式 (2-60) 计算确定单次设计水量，即为沉沙池容积。

沉沙池设计水位 H_1 可依据单次设计水量，结合沉沙池平面尺寸计算确定。结合工程实践，H_1 取值一般在 0.5～0.8m 之间，H_2 取值不小于 1.0m。

(3) 结构尺寸。参考沉沙池设计规范，为方便施工，虹吸式沉沙池设计为矩形混凝土结构，底板设有 2%倒坡。其中底板、侧墙采用 C20 混凝土现浇结构，厚度分别为 10cm、8cm；盖板采用 C25 预制钢筋混凝土结构，厚度 6cm。

(4) 进水孔布设。沉沙池进水口位置布设 3 个 $\phi 50$mm 圆形孔洞，按品字形排列，顶孔（1 个）为超越管进水口，底孔（2 个）为正常进水口。

(5) 进水管确定。超越进水管采用 UPVC 或 PE 管，直径 50mm；升降式虹吸管采用 PE 塑料软管，直径采用 32mm。

3. 虹吸式沉沙池结构特点

虹吸式沉沙池具有以下特点：①增加雨水沉淀时间，可有效减少进入蓄水设施的泥沙量，节省运行管理成本；②当实际降雨量大于设计雨量时，雨水可通过超越进水管直接进入水窖；③可通过投加絮凝剂，进行人为干预缩短泥沙沉淀时间；④清淤只在沉沙池进行，工作量小，便于操作；⑤升降式虹吸软管可随时调整虹吸高度，方便沉沙池在不同水位情况下能够向蓄水设施放水。

三、沉沙池结构影响因素分析

从水力学知识可知，影响过水建筑结构型式的因素主要是水流条件。因此，在雨水集

蓄利用沉沙池工程中，决定水流条件的因素主要可以归纳为降雨强度和水流挟带泥沙的设计标准粒径两个方面。

（一）降雨特性对沉沙池结构的影响

由前述平流沉沙池结构研究可知，沉沙池结构尺寸满足前述式（4-6）要求时，可起到良好的沉沙效果。而在式（4-6）中，对雨水集蓄利用工程而言，流量可按式（4-8）计算确定。将式（4-8）代入式（4-6）中可以得到：

$$L=1.667\times10^{-5}\times\frac{ISE}{Bv_c} \tag{4-10}$$

由前述探讨可知，现行沉沙池一般采用 $L=2B$ 的结构尺寸。据此可得：

$$L=5.774\times10^{-3}\times\sqrt{\frac{ISE}{v_c}} \tag{4-11}$$

由式（4-11）可见，池长 L 与降雨强度 I 成正比关系，即降雨强度 I 越大，沉降相同设计标准粒径的泥沙时，所需的沉沙池长度也就越大。

（二）工程规模对沉沙池结构的影响

由式（4-11）同时可见，池长 L 还与集流面积 S 成正比关系。也就是说，雨水集蓄利用规模越大，所需沉沙池也就越大。

（三）泥沙特性对沉沙池结构的影响

从前述研究可知，将式（4-3）代入式（4-11），可得与水流挟带泥沙设计标准粒径有关的沉沙池设计长度应符合如下关系式：

$$L=7.695\times10^{-3}\times\frac{1}{D_c}\times\sqrt{\frac{ISE}{(\gamma-1)}} \tag{4-12}$$

由式（4-12）可见，池长 L 与设计标准粒径 D_c 成反比关系，即沉降泥沙的设计标准粒径 D_c 越大，沉速越快，所需沉沙池的长度就越小。

第五节 雨水集蓄利用供水工程技术

一、供水工程类型及适宜性评价

（一）主要供水工程类型

供水工程是指为保障供水而采取的从蓄水设施到终端用水户之间的合理有效的供水方式和具体措施。从目前农村雨水集蓄利用工程建设、运行情况来看，供水方式主要有吊桶供水、自压供水和加压供水等方式。吊桶供水是指利用铁桶、木桶等取水设施，借助人力及其他联合措施从蓄水设施中取水的一种用水方式；自压供水是指充分利用有利地形条件，依靠自重力实现输供水的一种环保经济型供水方式；加压供水是指依靠人工手压泵、机械泵、电潜泵等加压措施，实现向终端用水户输供水的一种供水方式。

（二）供水技术适宜性评价

1. 吊桶供水

吊桶供水是一项传统的水窖取用水方式，在我国农村雨水集蓄利用工程生活用水中仍占有一定比例。一方面，随着农村生活水平的进一步提高，群众的健康、卫生意识不断增强，吊桶取水逐渐被手压泵、电潜泵取水所替代，所占比例逐渐减小，具有逐步退出应用市场的趋势；另一方面，从实现农村安全饮水和提高供水保证率的角度来看，吊桶取水由于存在二次污染、取水规模较小等原因，不利于水质、水量安全，在规划雨水集蓄利用工程中已经不再推荐采用。

2. 自压供水技术

如前所述，自压供水方式是指利用有利地形条件，依靠重力流供水的一种供水技术，具有节省能源、解放劳动力等显著优点，但不足之处是工程建设必须依托具有实现自压供水的有利地形条件和埋设输水管道的地势条件，一般适合在黄土丘陵区坡地、台地条件下的农业灌溉工程中使用，在农村生活用水工程中则相对较为少见。

3. 加压供水技术

加压供水是目前农村雨水集蓄利用工程中使用最为广泛、应用最为成熟的一种供水技术，现行的农村雨水集蓄利用工程中绝大多数选择手压泵、电潜泵等加压供水技术进行供水。由此可见，加压供水普遍适合于农村生活用水、农业灌溉工程供水，尤其是随着农用电网的普及，电潜泵加压供水技术以其设备技术成熟、能源匹配方便而得到大量应用，并逐渐成为农村雨水集蓄利用供水工程的主要方式。

二、供水工程技术

（一）吊桶取水

吊桶供水通常采用铁桶、木桶等取水设施，通过人力直接提升、滑轮牵引、手摇卷盘设施等从蓄水设施内直接取水，在传统的雨水集蓄利用工程中使用较为广泛。目前在雨水集蓄利用农村生活用水工程中仍在不同程度地有所使用，但利用数量总体呈现逐渐衰减的趋势。雨水集蓄利用工程吊桶取水示意见图 4-24。其吊桶容量可根据提升设施能力确定，人力直接提升的吊桶容量一般应控制在 10～20L 之间。

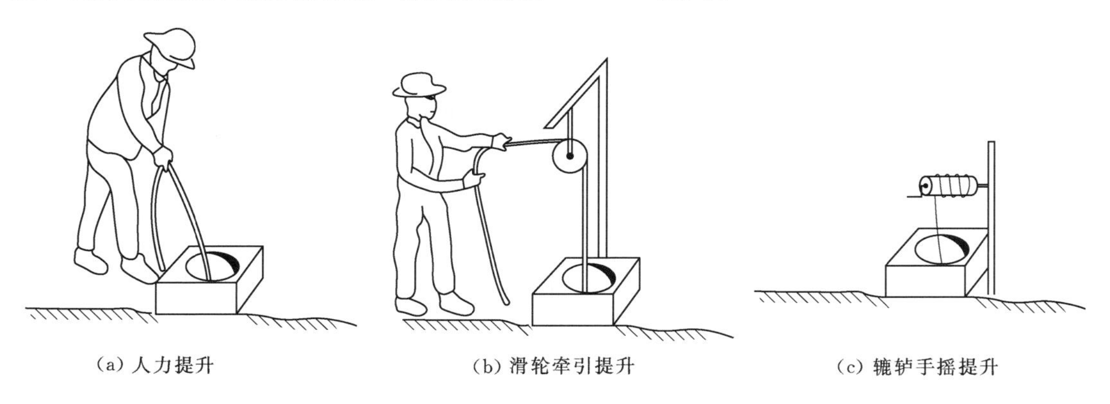

(a) 人力提升　　(b) 滑轮牵引提升　　(c) 辘轳手摇提升

图 4-24　雨水集蓄利用吊桶取水示意图

（二）自压供水技术

1. 重力流自压供水技术

重力流自压供水是指在有利于自压供水的地形条件下，充分利用有利于埋设自压供水管道的地势条件，在蓄水设施底部以上适当位置开始埋设供水管道至终端用水户，通过开启闸阀控制供水的一种供水方式。该种供水方式的供水过程依赖闸阀进行控制，可实现完全意义上的重力流自压供水，无需耗费能源。自压供水管道直径根据具体用水要求确定，无特殊要求时，一般应采用直径 20～32mm 的聚乙烯塑料管道。雨水集蓄利用自压供水示意图见图 4-25。

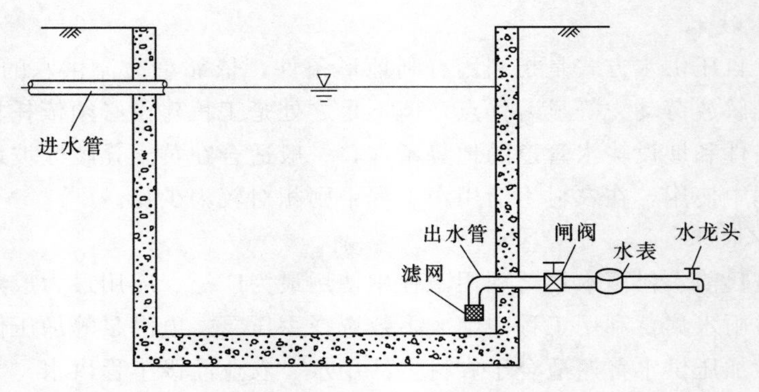

图 4-25 雨水集蓄利用自压供水示意图

2. 虹吸管自压供水技术

顾名思义，虹吸管自压供水是指依托安装在蓄水设施出口的虹吸管，通过虹吸现象实现自压供水的一种简易供水方式。虹吸管自压供水适合在具有自压供水的地形条件，但又不具备埋设重力流自压供水管道的地势条件下使用。采用虹吸管供水时，每次开始供水前需要采用人工提水或加压措施向虹吸管注水，一定程度上增加了工程运行费用和管理难度，在使用较为频繁的工程中一般较少采用。为确保供水流畅，虹吸式供水管道一般应采用直径 32mm 左右的硬质塑料管道。雨水集蓄利用工程虹吸式供水示意图见图 4-26。

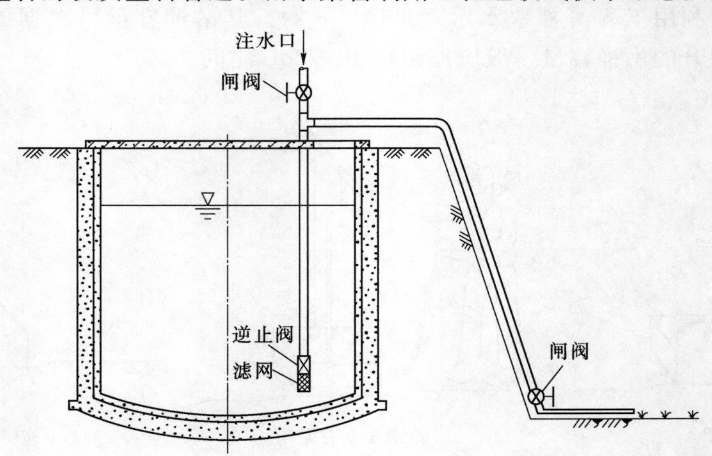

图 4-26 雨水集蓄利用虹吸式供水示意图

（三）加压供水技术

1. 手压泵加压供水

手压泵加压供水在我国早期的农村雨水集蓄利用工程尤其是农村雨水集蓄利用生活用

水工程中比较常见，泵型主要有立式和卧式两种，其泵体结构主要有活塞泵和隔膜泵两种。从目前应用情况来看，无论立式泵，还是卧式泵均安装在蓄水设施出口位置，通过人力驱动活塞或隔膜装置实现循环往复运动，继而产生负压并从蓄水设施内取水。目前，市售手压泵主要有真空泵、自吸泵等，产品已系列化、成套化、定型化，质量良好，品种齐全，流量一般在 3～10m^3/h 之间，扬程在 3～15m 之间，具体使用时可依据设计工程的取水扬程、取水流量等要求选配。同时，现状手压泵绝大部分结构部件精良，密封性能良好，运行效率较高，出水量有保障，仅个别采用橡胶作为密封装置的型号，每次使用前需要向泵体内加入一定量的水才能保证密封装置正常运行。雨水集蓄利用手压泵加压供水示意图见图 4－27。

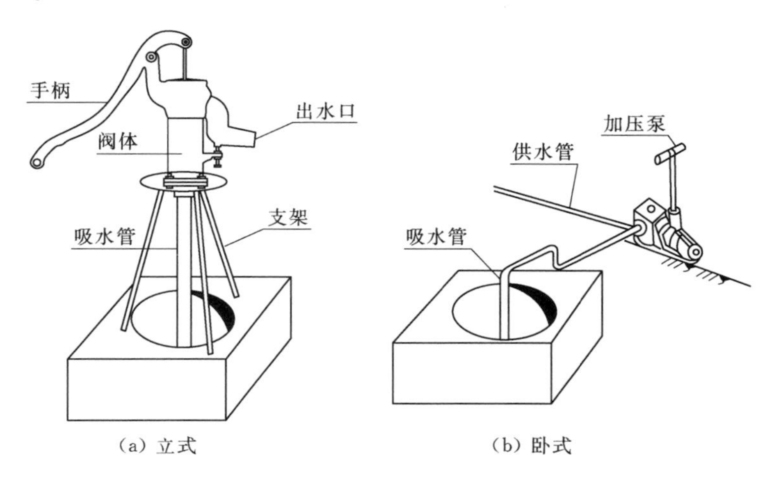

图 4－27 雨水集蓄利用手压泵加压供水示意图

2. 电潜泵加压供水

电潜泵是地下水机井供水工程中常见的加压提水设施，很好地解决了从机井取水以及向终端用水户供水的问题。电潜泵使用时需要将整个机组潜入水中才能正常工作，开泵前进水管和泵壳内必须充满水体，开机后叶轮高速旋转，泵壳内的水体随着叶片一起旋转，在离心力作用下，水体飞离叶轮向外射出，射出的水体在泵壳扩散室内速度逐渐变慢，压力逐渐增加，然后从水泵出水口流出。农村雨水集蓄利用工程蓄水设施蓄水后与地下水机井工程十分相似，完全可按照地下水机井取水方案，采用电潜泵加压供水，电潜泵流量、扬程可依据具体用水要求选择。为保证电潜泵正常运行，通常采用支架将电潜泵固定在距蓄水设施底部、边壁适当距离处，并在水泵进水口位置设置过滤网。雨水集蓄利用电潜泵加压供水示意图见图 4－28。

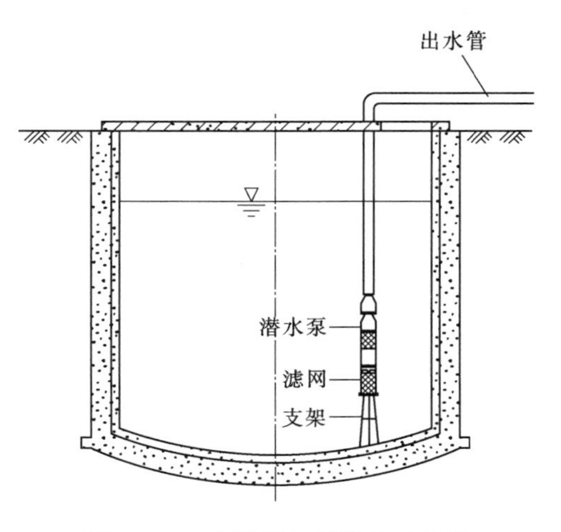

图 4－28 电潜泵加压供水示意图

第六节 雨水集蓄利用灌溉工程技术

一、主要灌溉工程类型及适宜性分析

（一）灌溉工程类型

灌溉是农村雨水集蓄利用工程除解决生活用水之外的又一主要用途，在我国北方干旱、半干旱地区以及西南等季节性干旱缺水地区得到了大量推广应用。从目前我国农村雨水集蓄利用工程实践来看，灌溉工程主要有管道灌溉、滴灌、微压喷灌、点浇点灌以及包括膜料覆盖、鱼鳞坑、反坡梯田等雨水就地（叠加）利用技术在内的其他灌溉技术，而在这些技术中，应用比较普遍的主要是管道输水灌溉技术和滴灌技术。

（二）灌溉技术适宜性分析

1. 管道灌溉技术

管道灌溉技术是20世纪80年代初随着新型材料管道制造技术的发展而逐渐发展起来的一项高效节水灌溉技术，其核心是利用管道直接输水到田间地头，具有输水速度快、水量损失小，操作简单、灌水方便等显著特点，几乎能够适用于各种土壤、地形条件下的各种作物灌溉，得到了灌区群众的普遍认可，在我国各地得到了大量推广应用。随着农村雨水集蓄利用技术的发展，管道输水灌溉技术以其显著特点，在雨水集蓄利用工程中也毫不例外地占有十分重要的地位并发挥了突出作用，取得了显著效益。

2. 滴灌技术

滴灌技术在我国的发展始于北京燕山滴灌技术开发研究所研发的“燕山”滴灌，在时间上晚于管道输水灌溉技术，其发展的初衷主要是解决果树等稀植作物在大水漫灌中一方面存在的灌水浪费，但另一方面又存在的供水不及时的时段性缺水问题。事实上，滴灌是在管道输水灌溉的基础上通过延长末端灌水管道，增加灌水器直接将水灌到作物根部，改变了传统的“灌地”为“灌作物”，尤其适合于果树、棉花、蔬菜以及玉米、马铃薯等稀植和行栽作物，在显著减少灌溉水量的同时，有效增加了作物可利用水分，提高了灌溉水利用效率，具有节水、节地、省工、高产等显著特点。与此同时，在雨水集蓄利用灌溉工程设计中，基于雨水集蓄利用工程有限水量而采用的限额灌溉、非充分灌溉设计理念，为滴灌技术推广应用提供了用武之地。

3. 微压喷灌技术

微压喷灌技术一般较多地应用于日光温室、塑料大棚等设施农业、经济作物的小区域、小范围灌溉，相对于管道输水灌溉和滴灌技术，微压喷灌技术不仅在应用规模上要逊色不少，而且在技术适应性方面也受到了诸多限制。但尽管如此，随着雨水集蓄技术、雨水水质处理技术和设施农业、经济作物栽培技术的发展，微压喷灌技术仍然得到了一定数量的应用，尤其是在温室、大棚作物夏季的辅助降温中应用较多。微压喷灌见图4-29。

4. 点浇点灌技术

点浇点灌在我国极度干旱缺水地区用于果树、蔬菜等作物旱季灌溉由来已久，但作为

一项灌溉技术被大量推广应用则始于雨水集蓄利用技术的发展。由此可见，点浇点灌技术是为实现抗旱保苗而采取的一种非常规灌溉技术，通常采用人工措施直接向作物根部灌水，适用于玉米、马铃薯、蔬菜、瓜类等稀植作物的抗旱保苗灌溉。点浇点灌见图4-30。

图4-29　微压喷灌

图4-30　点浇点灌

5. 其他灌溉技术

雨水集蓄利用其他灌溉技术主要包括以覆膜为主的农业垄沟种植技术、林业鱼鳞坑栽培技术、水土保持反（隔）坡梯田保水技术等，这些技术的一个显著特点都是以雨水的就地叠加和富集利用为核心，显著增加了可利用水量，提高了雨水利用效率。

二、灌溉工程技术

（一）管道灌溉技术

前已述及，管道灌溉技术就是指通过管道直接输水到田间地头进行作物灌溉的一项灌溉技术。管道灌溉系统相对简单，主要由首部枢纽和输配水管网两部分组成，具体工程设计可按照《农田低压管道输水灌溉工程技术规范》（GB/T 20203—2006）相关要求进行。

1. 首部枢纽

雨水集蓄利用管道灌溉依托现有供水工程进行，一般不再需要单独进行加压。因此，管道灌溉系统首部枢纽相对简单，主要包括控制设施和量测设施，其技术参数根据管道规格、供水压力等确定。

（1）控制设施：控制设施主要包括闸阀、逆止阀等，用于对输水管路系统及供水过程的控制与保护，其直径、压力级别等可依据相应管道技术参数与规格选用。

（2）量测设施：量测设施主要包括水表、压力表等，其中水表直径、压力级别可依据相应管道技术参数与规格选用，压力表规格、压力级别等根据管道输水压力确定。

2. 输配水管网

通常情况下，由于受灌溉规模、水量等因素的制约，以水窖为单元的雨水集蓄利用管道输水灌溉工程多采用可移动塑料软管进行灌溉，软管直径一般采用ϕ20～32mm的聚乙烯塑料管，首端与水窖出水口连接，当流量、水头均较小时，出水管末端直接出水入地；当部分工程流量、水头较大时，可临时增设防冲设施。

（二）滴灌技术

滴灌是以较小的流量均匀而准确地直接输水到作物根部附近土壤的一种灌水方法，是雨水集蓄利用工程中应用最为普遍的灌溉技术，可广泛应用于大田粮食作物、经济作物、设施农业以及瓜果、蔬菜等作物的灌溉，具有良好的节水、增产、提质作用和效果。

滴灌系统一般由首部枢纽、输配水管网和灌水器三部分组成，具体工程设计可按照《节水灌溉工程技术规范》（GB/T 50363—2009）、《微灌工程技术规范》（GB/T 50485—2009）相关要求进行。虽然雨水集蓄利用工程一般灌溉规模不大，但由于滴灌工程技术含量高，对水质要求也高，因此，对系统各组成部分的设计必须予以足够重视，才能确保滴灌系统的正常运行。

1. 首部枢纽

滴灌对灌溉水质要求高，系统首部枢纽比较复杂，主要包括加压设施、控制设施、量测设施、过滤装置、施肥装置等，其技术参数根据水源特性、工程规模等分析计算确定。

（1）加压设施：加压设施也即本章第五节“雨水集蓄利用供水工程技术”提出的供水设施，主要有手压泵加压、电潜泵加压等方式，其技术参数可依据灌溉系统对流量、扬程的具体要求计算确定。

（2）控制设施：主要是指闸阀、逆止阀等，用于对输水管路系统及供水过程的控制与保护，其直径、压力级别等可依据相应管道技术参数与规格选用。

（3）量测设施：量测设施主要包括水表、压力表，其中水表直径、压力级别可依据相应管道技术参数与规格选用，压力表规格、压力级别等根据管道输水压力确定。

（4）过滤装置：过滤装置是滴灌系统非常重要的设施之一，可有效滤除水中杂质，保障滴灌系统正常运行。目前常用的水质过滤装置主要有碟片式过滤器、网式过滤器、砂石过滤器等，其中碟片式过滤器、砂石过滤器比较适合雨水水质，在雨水集蓄利用工程水质处理中应用较为广泛。

（5）施肥装置：施肥装置也即施肥罐，一般采用旁路系统连接在输配水管道上，利用进、出口的压力差即可实现施肥目的。目前，施肥罐已实现批量化生产，具体设计中可依据灌溉工程对肥料的要求合理选用。

2. 输配水管网

雨水集蓄利用滴灌工程输配水管网系统一般由三级管道——输水干管、输水支管与灌溉毛管组成，分别采用 ϕ32mm、ϕ25mm 和 ϕ16mm 的 PE 塑料管即可满足灌溉要求，但有的工程规模很小，甚至只有输水管道和灌溉毛管两级管道，分别采用 ϕ25mm 和 ϕ16mm 即可。

3. 灌水器

滴灌工程末端灌水器主要有滴灌管、滴灌带、滴头等。早期的滴灌工程曾经采用发丝滴灌管作为灌水器，但由于种种原因已经遭到淘汰。目前，常用的滴灌管多采用 ϕ16mm 的内镶滴灌管、内镶扁平滴灌管、压力补偿式滴灌管等；滴灌带多采用 ϕ12mm、ϕ16mm 的内镶式滴灌带、迷宫式滴灌带等；滴头分为非压力补偿式和压力补偿式两种，但目前以纯滴头为主的单一灌水器已经很少采用，被兼具输水、灌水功能的滴灌管、滴灌带所取代。

目前市售灌水器品种、规格很多，流量多在 1.0～8.0L/h 之间，具体使用时可根据不同作物对灌水流量的适应性要求进行选用。

（三）微压喷灌技术

与滴灌系统一致，微压喷灌系统也包括首部枢纽、输配水管网和灌水器三部分。其中，首部枢纽部分与滴灌工程大体相同，其系统参数可依据微压喷灌工程技术参数要求进行选用；输配水管网部分与前述“滴灌技术”部分基本一致，较大规模工程采用3级管道输水，分别采用ϕ32mm、ϕ25mm、ϕ16mm的PE塑料管，较小规模工程则只有ϕ25mm、ϕ16mm的2级输水管道；末端灌水器选用工作压力3～5m、流量30～60L/h的微量微压喷头，直接安装在ϕ16mm的毛管上，喷洒强度4～6mm/h左右，湿润面积4～6m^2左右。目前常用的微喷头主要有折射式和旋转式两种，多适用于果园、苗圃、温室、草坪、花卉以及设施农业等灌溉。

（四）点浇点灌技术

点浇点灌是指采用容器或软管在作物生长的临界需水期进行到点到位灌溉的一种节水灌溉方式，适用于果树、玉米、马铃薯、蔬菜、瓜类等稀植作物种植，通常在特殊干旱年份的抗旱保苗灌溉中采用较多。当用于玉米、马铃薯、蔬菜、瓜类等当年生作物的保苗灌溉时，其灌水量可控制在1～2L/株左右，亩均灌水量仅在3～5m^3左右；当用于多年生果树等灌溉时，其灌水量可视实际情况分析确定。典型地如采用点浇点灌技术对压砂田西瓜进行补充灌溉3次，全生育期总灌水量6m^3，硒砂瓜亩产可达2500kg，取得了很好的节水增产效益，利用雨水灌溉种植硒砂瓜已成为当地的重要支柱产业。

第七节　雨水集蓄利用自动控制技术

一、系统构成与特点

（一）系统构成

雨水集蓄利用生活用水自动控制装置由密闭水箱、压力补偿装置、进水口、系统电源插头、系统电源插座、单向压力控制开关和供水阀门等构成。雨水集蓄利用生活用水自动控制装置结构示意图见图4-31。

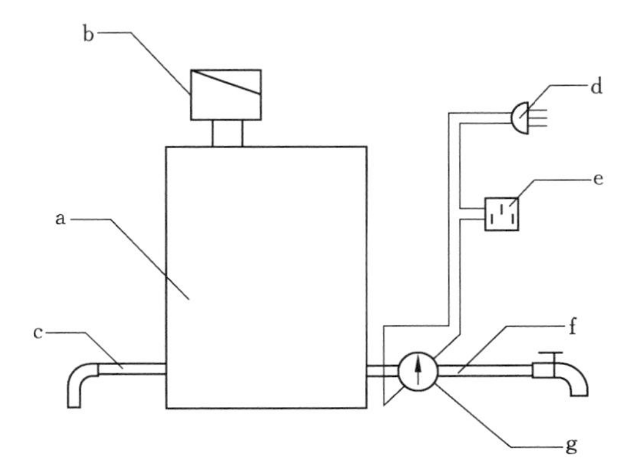

图4-31　自动控制装置系统结构示意图

a—密闭水箱；b—压力补偿装置；c—进水口；d—系统电源插头；e—系统电源插座；f—供水阀门；g—单向压力控制开关

（二）系统特点

构成装置的系统各单元组件及连接方式如下：

在密闭水箱上设有进水口、出水口和压力补偿装置，进水口与外接水泵的出水口相连，出水口上设有单向压力控制开关，单向压力控制开关连接带插头的电源线，电源线上串联插座，插座接外接水泵电源插头，插头连接外接电源插座。压力补偿装置平衡密闭水箱工作压力，在打开出水口的瞬间，可自动平衡密闭水箱工作压力，确保水泵启动供水。

（三）主要装置性能

1. 密闭水箱

为确保供水水质不受供水环节的二次污染，密闭水箱采用普通不锈钢材质制成。为保证出水口能够正常出水并带动单向压力控制开关闭合，密闭水箱设计承压能力应控制在 1.6～2.0kg/cm^2 之间。同时，为方便进行密闭水箱水位观测，在水箱上设置有液位计，液位计采用有机玻璃制作，要求承压能力与密闭水箱保持一致。另外，为方便安装，整个系统采用不锈钢外壳进行集成，集成后的装置仅外漏进水口、出水龙头和外接电源，而系统电源插座则固定在不锈钢外壳上。采用不锈钢材料的集成外壳和密闭水箱，可有效防止生锈，对确保供水水质、延长设备使用寿命具有重要作用。

2. 压力补偿装置

压力补偿装置采用铜质单向阀，在装置使用前，压力补偿装置单向阀阀门处于开启状态。当装置启动向压力水箱注水时，随着压力水箱中注入水量的增加，箱内空气从单向阀排出，水箱注满后，在压力水流作用下，单向阀被向上顶托继而关闭，整个装置处于密闭状态并始终保持设计工作压力，为下次供水过程单向压力控制开关的开启储备压力条件。

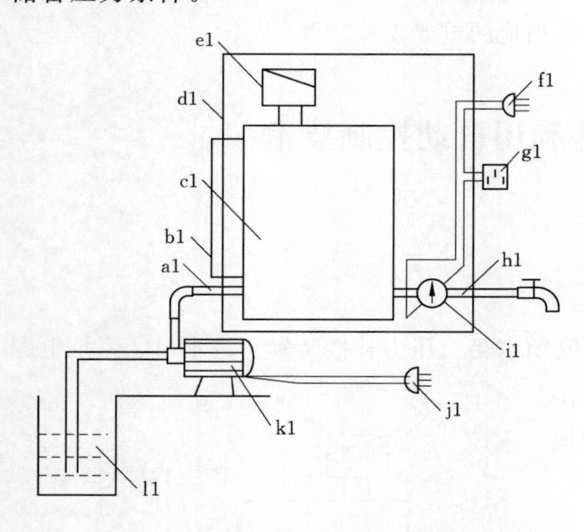

图 4-32　自动供水控制装置安装原理图

a1—进水口；b1—水位计；c1—密闭水箱；d1—外壳；e1—压力补偿装置；f1—电源插头；g1—电源插座；h1—出水阀门；i1—单项开关；j1—水泵电源插头；k1—水泵；l1—水源

3. 单向压力控制开关

单向压力控制开关和系统电源插座串联连接。正常运行时，打开水龙头，在密闭水箱压力作用下，当供水水流从供水阀流出时，可带动单向控制开关动作并接通电源，系统电源插座就为水泵提供电源并开始供电，继而启动水泵并开始工作，水窖内的水通过供水管道进入密闭水箱并从供水阀流出，实现了用水环节的自动供水，即无需开启其他任何设施，只要开启供水龙头，就可以随时自动供水。

二、系统工作原理

（一）系统安装

自动供水控制装置安装原理见图 4-32，整个系统主要包括水源（水窖）、加压机组（潜水泵）、自动控制装置以及外接电源等。

（二）工作原理

雨水集蓄利用生活用水自动控制装置的基本工作原理是：在开启出水龙头的瞬间，依靠压力水箱的水压操控单向压力控制开关，继而接通电路自动向水泵机组供电，水泵开始启动供水。然而，由于装置设置的单向压力控制开关要求必须在压力水流的作用下才能动作。因此，装置所处的状态不同其工作原理也不尽相同。

1. 初始启动

初次使用该系统时，人工先将外接水泵的电源插头插在外接电源插座上，水泵启动并从水源向密闭水箱送水，密闭水箱水位可通过水位计来观察，待水流注满密闭水箱后，压力补偿装置的单向阀门关闭。此时，先立即断开水泵电源插头，再将自动控制装置电源插头转接到外接电源插座上，自动供水控制系统转换为通过由外接电源供电。最后，将水泵电源插头插入电源插座，系统方可完成初始启动。

2. 正常使用

完成初始安装，进入正常使用后，只要打开供水开关就可以保证供水系统自动供水，随开随供，源源不断。其工作原理为：当供水开关开启后，单向水控开关接通，电源插座通电，并给水泵供电，水泵工作将水源里的水通过水箱进水口注入密闭水箱，水箱压力增大，压力补偿装置关闭，水箱里的水就从供水开关里流出。当供水开关关闭后，单向压力控制开关恢复原状而使插头断路，水泵电源切断，水泵自动停止工作。

三、系统功能与作用

（一）系统功能

雨水集蓄利用生活用水自动控制装置主要包括压力自动补偿功能、单向自动水控功能以及自动切换电路功能。

1. 压力自动补偿功能

在水源水由水泵注入密闭水箱前，水箱内的压力处于常压状态，置于水箱顶部的压力自动补偿开关处于开启状态，在系统初始运行时，水泵启动并开始向水箱内注水，随着水箱内注入水量的增加，水箱内的空气从压力补偿开关排出，当水注满水箱时，水箱内的空气从压力补偿开关完全排出水箱外，在压力水流顶托下，压力补偿开关自动关闭，此时水箱处于压力密闭状态。当在开启出水龙头出水而水泵尚未启动的瞬间，压力自动补偿装置自动打开进气继而实现压力补偿，确保水流持续作用于水控开关，带动水泵启动运行。

2. 单向自动水控功能

在水箱出水口位置设置有单向压力控制开关，在水流作用下，单向压力控制开关具有单向开启功能。系统正常运行时，开启水龙头后，在水箱压力作用下，水流从供水阀门自动流出，带动连接在单向控制系统上的电路开关打开，置于系统箱体外的系统电源插座接通并开始向水泵供电，水泵继而启动并开始工作，在用户端水就源源不断地从水龙头流出，实现了只要开启供水龙头，就可以随时自动供水，即开即供，简单方便。

3. 自动切换电路功能

系统在单向压力开关上设置有自动开关电路，电路的导通与切断受控于单向压力开关的开启与关闭，当供水龙头打开时，单向压力开关开启，连接在单向压力开关上的电路导通，水泵开始运行并向水箱注水。在供水龙头关闭时，单向压力开关关闭，连接在单向压力开关上的电路断开，水泵随之停止运行，这个过程随着供水龙头的开启或闭合而循环进行。

（二）系统作用

随着经济社会发展和人民生活水平的不断提高，农村群众生活日渐富裕，农村生活用水安全问题已成为农村经济快速发展和社会主义新农村建设的重要制约因素，也是广大农民迫切要求解决的重点、难点问题。

在我国北方广大农村，尤其是一些干旱山区，虽然农村群众生活质量日渐提高，但是，其生活用水水质问题还远没有得到根本解决。目前，北方农村依靠分散供水工程尤其是以水窖供水为水源的地区，仍然有一部分群众采取原始的吊桶取水方式供水，这种方式存在费时费力、供水二次污染等缺点。基于上述情况，针对目前农村供水系统现状，该装置的开发实现了雨水集蓄利用供水过程的自动控制，显著提高了农村生活用水水平。

该自动供水控制装置具有体积小、操作简便、价格低廉，适合广大农村特别是严重缺水的地方自动供水使用。系统的研究与开发提出了一种简便、无污染的自动供水方法，为农村雨水集蓄利用区提供了一种省时省力、高效节能、构造简单、操作使用方便的自动供水控制装置，方便于广大农村特别是更多地依赖于分散水源解决生活用水的农村实现供水自动化。

通过该自动供水控制装置，实现了从蓄水设施中自动取水的目的，随用随取，无需二次储存水箱，无需任何控制电路和操作面板，只在第一次使用时需要人工简单切换操作，使用十分方便。同时，该装置在设计上使用密闭水箱，体积小，价格低廉，适用于广大农村推广使用。对于暂没有使用潜水泵供水的群众可购买水泵并加装该自动供水控制装置，对于已使用潜水泵供水的家庭亦可方便地加装该自动供水控制装置，实现水窖供水过程的自动化控制。

四、推广应用前景

我国地域辽阔，南北差异较大，加之农村水源条件千差万别，农村供水情况各不相同。但总体来看，农村生活用水水源主要包括地表水（江河、湖库、池塘和水窖）、地下水（浅井、深井和引泉水）两种类型。

在我国干旱缺水的北方农村地区，农村生活用水主要依赖于天然降水，即通过建设集流面与蓄水设施集蓄雨水解决生活用水；在平原区地下水丰富地区，主要是使用浅井、深井和引泉水作为生活饮用水源；而在南方地区由于水资源丰富，农村生活用水多采用多水源供水，有的甚至根据不同用水需求实行分质供水。

在我国广大农村地区，由于受经济、传统等诸多因素的制约，不管采用哪种水源供水，从目前现状来看，农村生活用水供水方式较为落后，存在费时费力、效率低下、卫生条件差等诸多不利因素，落后的供水方式已经成为进一步提高农村生活社会水平乃至建设小康社会的重要制约因素。

该自动供水控制装置具备体积小、操作简单方便、价格低廉等特点，避免了取水、用水过程的二次污染，实现了供水的即开即用，即关即停，非常适合于广大农村地区小型分散水源工程的自动供水使用。因此，本自动供水控制装置在分散式农村生活供水中具有广泛的推广应用前景，对我国农村生活供水技术发展和用水水平提升具有深远影响和重要促进作用。

自动供水控制装置虽然是在西北干旱地区以窖水水源为主的供水背景下开发研制的，但该装置在使用上具有很好的兼容性，获得了国家实用新型专利证书，适合不同水源条件下农村分散供水工程的自动化控制。由此可见，自动供水控制装置无论是在干旱缺水的西北地区农村水窖供水，还是广大平原地下水丰富地区的分散供水，甚至在南方地区小型分散水源供水工程中都有着十分广阔的推广应用前景。

第五章　雨水集蓄利用农业高效用水技术

随着雨水集蓄利用技术的发展，耕作保墒技术、覆盖保墒技术、水肥耦合利用技术、坡地蓄水保墒技术、垄沟集水种植技术与化学保墒技术获得了长足进展，显著促进了旱作农业高效用水技术水平。

第一节　耕作保墒技术

一、一般概念

墒，指的是土壤水分。保墒，在古代文献中称为“务泽”——也就是“经营水分”。所谓经营，就是通过深耕、细耙、勤锄等手段来尽量减少土壤水分的无效蒸发，使尽可能多的水分用来满足作物蒸腾。而耕作保墒技术作为干旱缺水地区重要的防旱抗旱措施，就是通过耕、耙、耱、锄、压等一整套行之有效的土壤耕作措施，改善土壤耕层结构，更好地纳蓄雨水，尽量减少土壤蒸发和其他非生产性土壤水分消耗，为作物生长发育和高产稳产创造一个水、肥、气、热相协调的土壤环境。

耕作保墒包括蓄墒、收墒、保墒三个方面，是干旱缺水地区防旱抗旱的重要措施。主要技术内容包括深耕蓄墒、中耕保墒、耙耱保墒、镇压提墒、深耕、深种和深锄等。同时，采取选用抗旱良种、科学施肥、合理轮作等配套措施达到抗旱增产目的。蓄水保墒耕作技术适用于我国北方冬春初夏干旱发生频率高，降水量相对集中的地区。

二、主要技术措施

（一）深耕蓄墒

1. 深耕技术要领

（1）深耕时间。适时深耕是蓄雨纳墒的关键，深耕的时间应根据农田水分收支状况决定，一般宜在伏天和早秋进行，对于1年1熟麦收后休闲的农田要及早进行伏深耕。

（2）深耕深度。耕翻深度因耕翻工具、土壤等条件而异，应因地制宜，合理确定，一般耕深以20～22cm为宜，有条件的地方可加深到25～28cm，深松耕深度可增加到30cm左右。

深耕有明显的后效，一般可达2～3年，因此，同一块地可每2～3年进行一次深耕。

2. 深耕实现方式

深耕蓄墒可以通过两种途径来实现，即深翻耕和深松耕。

（1）深翻耕。深翻耕一般用有壁犁进行。长期的耕作实践和试验研究表明，深翻耕的作用和效能主要体现在以下几方面。

1）增加雨水入渗速度和入渗数量，增加土壤持水量2%～7%，从而提高农田水分利用效率和作物耐旱能力。

2）可以打破犁底层，创造深厚的耕作层，促进土壤熟化，增加活土层厚度，使土壤密度降低0.1～0.2g/cm^3，非毛孔隙率增加3%～5%，从而促进作物根系发育，为利用土壤深层水奠定基础。

3）深耕可以促进根系对土壤肥料的吸收，从而促进植株生长。深翻耕分为伏耕、秋耕和春耕三种，耕作深度一般以20～22cm为宜，深者也可增加至25cm左右，以遇上一次日降水量40～50mm降水过程而不产生严重径流为宜。

（2）深松耕。

所谓松土保墒中的“松土”就是指切断毛细管，堵塞土壤孔隙通道，从而“保墒”——抵制水分沿毛细管上升至地表蒸发和直接经土壤孔隙蒸发。该技术又被现代农业学称作“暄土覆盖法”。深松耕是用无壁犁或松土铲只疏松土层而不翻转土层的一种耕作方式。深松耕既可消灭杂草，翻埋肥料、秸秆及减少病虫害等，又不致在翻耕过程中散失大量的土壤水分，且利于抢墒及时播种。深松30cm后，一般30～60cm土壤中的储水量比对照增加8.6%～30.1%，相当于全年多蓄水80mm左右。

深松技术是土壤耕作技术的又一次改革和发展，它是指利用深松铲疏松土壤，加深耕层而不翻转土壤的耕作方法。土壤深松一是可以疏松土壤，打破犁底隔离硬层，增强降水入渗速度和数量；二是可以确保作业后耕层土壤不乱，动土量少，减少由于翻耕后裸露土壤水分蒸发损失，保墒作用强，对农业增产增收和土地资源可持续利用有着十分重要的现实意义。

分布在中国甘肃、青海等地区的“砂田”就使用卵石来覆盖地表，竟然也能在极度干旱的环境中生产出西瓜、蔬菜等高水产品。正宗白兰瓜就出产于砂田。毫无疑问，与石片覆盖、秸秆覆盖、塑料薄膜覆盖相比，“暄土覆盖”具有“同质覆盖”的无比优越性，这也是中国古典农业的“超前性”所在。

（二）中耕保墒

中耕是指在作物生育期间所进行的土壤耕作，如锄地、耪地、铲地、趟地等。中耕能有效切断土壤毛细管，从而在耕作层表层形成干土层，减少土壤蒸发。因此，在雨雪天气之后需及时中耕保墒，破除表层板结，减少土壤蒸发。旱地麦田的中耕适宜时期以耕层土壤含水率在17%以上时进行效果较好，低于15%时一般效果较差。中耕保墒应掌握好中耕时间、中耕深度等技术要领。

（1）中耕时间：中耕广泛适用于雨前、雨后、地干、地湿各个时期，亦可根据田间杂草及作物生长情况确定。

（2）中耕深度：中耕深度应根据作物根系生长情况而定。在幼苗期，作物苗小、根系浅，中耕过深容易动苗、埋苗；苗逐渐长大后，根向深处伸展，但还没有向四周延伸，因此，这时应进行深中耕，以铲断少量的根系，刺激大部分根系的生长发育；当作物根系横向延伸后，再深中耕，就会伤根过多，影响作物生长发育，特别是天气干旱时，易使作物

凋萎，本阶段中耕宜浅不宜深。因此，在长期生产实践中总结出“头遍浅，二遍深，三遍培土不伤根”的经验。

（三）耙耱保墒

耙耱是在耕后土壤表面进行的一种耕作技术措施，耙耱的主要作用是使土块碎散，地面平整，形成“上虚下实”的耕作层，纳秋雨保墒以防春旱，并为秋播全苗创造良好的水分条件。翻耕以后土壤松土层加深，大孔隙增多，且湿土层翻至地表，土壤蒸发量急剧增大，尤其秋深耕以后，雨季已过，气温尚高。此时，及时耙耱将能显著减少土壤水分的损失，并能避免在地表形成干土块，为春播奠定基础。秋耕结合施肥并进行耙耱，其保墒效果将更好，许多经过秋耕、施肥、耙耱保墒的地，次年春季遇旱时只要耙松地表即可播种，比进行春耕施肥要安全得多，其储水保苗的效果将显著增加。耙耱保墒应掌握好耙耱时间、耙耱深度等技术要领。

（1）耙耱时间：耙耱保墒主要是在秋季和春季进行。麦收后休闲期伏前深耕后一般不耙，其目的是纳雨蓄墒、晒垡，熟化土壤。但立秋后降雨明显减少，一定要及时耙耱收墒。从立秋到秋播期间，每次下雨以后，地面出现花白时，就要耙耱一次，以破除地面板结，纳雨蓄墒。一般要反复进行多次耙耱，横耙、顺耙、斜耙交叉进行，耙耱连续作业，力求把土地耙透、耙平，形成“上虚下实”的耕作层，为适时秋播保全苗创造良好的土壤水分条件。秋作物收获后，进行秋深耕时必须边耕边耙耱，防止土壤跑墒。早春解冻土壤返潮期间也是耙耱保墒的重要时期。在土壤解冻达 3～4cm 深，昼消夜冻时，就要顶凌耙地，以后每消一层耙一层，纵横交错进行多次耙耱，切断毛管水运行，使化冻后的土壤水分蒸发损失减少到最低程度。在播种前也常进行耙耱作业，以破除板结，使表层疏松，减少土壤水分蒸发，增加通透性，提高地温，有利于农作物适时播种和出苗。

（2）耙耱深度：耙耱的深度因目的而异，早春耙耱保墒或雨后耙耱破除板结，耙耱深度以 3～5cm 为宜。耙耱灭茬的深度一般为 5～8cm，但耙茬播种的地，第一次耙地的深度至少 8～10cm。在播种前几天耙耱时，其深度不宜超过播种深度，以免因水分丢失过多而影响种子萌发出苗。

（四）镇压提墒

镇压一般是在土壤墒情不足时采取的一种抗旱保墒措施。镇压后表层出现一层很薄的碎土时是采用镇压措施的最佳时期，土壤过干或过湿都不宜采用。土壤过干或在沙性很大的土壤上进行镇压，不仅压不实，反而会更疏松，容易引起风蚀；土壤湿度过大时镇压，容易压死耕层，造成土壤板结。此外，盐碱地镇压后容易返盐碱，也不宜镇压。

（1）播前播后镇压：播种前土壤墒情太差，表层干土层太厚，播种后种子不易发芽或发芽不好，尤其是小粒种子不易与土壤紧密接触，得不到足够的水分时，就需要进行镇压，使土壤下层的水分沿毛细管移动到播种层上来，以利种子发芽出苗。

（2）早春麦田镇压：早春经过冻融的土壤，常使小麦分蘖节裸露，进行镇压可使土壤下沉，封闭地面裂缝，既能减少土壤蒸发，防御冻害，又能促进分蘖，防止倒伏。早春麦田镇压一定要在地面稍为干燥后在中午前后进行，以免地面板结，压坏麦苗。

（3）冬季镇压：冬季地面坷垃太多太大，容易透风跑墒。为此，在土壤开始冻结前进行冬季镇压，压碎地面坷垃，使碎土比较严密地覆盖地面，以利冻结聚墒和保墒。

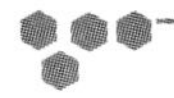

（五）水平等高耕作

水平等高耕作技术是在坡地上采用的一种微集水蓄墒耕作技术，有时也称横坡耕种或等高种植。所有在坡地上的耕种措施如耕翻、播种、中耕等均沿水平等高线进行，这样在耕地上自然形成了许多等高蓄水的小犁沟和作物种植行，可以有效拦截径流，增加降水入渗率，在2°左右的坡耕地上，等高耕作可比顺坡耕作减少径流量51.4%～57.37%，在0～70cm的土层内，其土壤水分比顺坡耕种可高出2.80%～9.60%。

（六）等高沟垄耕作法

等高沟垄耕作可起到蓄水、保肥、增产的效果，常见的等高沟垄耕作主要有以下三种形式：

（1）山地水平沟种植法：主要适用于25°以下的坡耕地，可以种植小麦、糜谷、马铃薯等多种作物。它的特点是播种时沿坡地等高线开沟，紧接着施入底肥。陡坡地自上而下进行，行距50～60cm。缓坡地自下而上进行，行距40cm。随时开沟随时下籽，小粒种子点在沟内半坡上，马铃薯等大粒种子可播入沟底，采用通行条播，然后再耕一犁进行覆土并及时镇压。覆土深度以不超过6～7cm为宜。覆土后要做到沟垄分明，中耕时，结合培土，使原来的沟变为垄、垄变为沟，从而达到拦截雨水的目的。

（2）垄作区田：垄作区田也是一种在坡地上非常有效的蓄水增产耕作方式。在播种时先从坡地下边开始沿水平等高线开犁，向下翻土，将肥料和种子均匀地播在犁沟的半坡上，接着回犁盖土，然后空一犁耕一犁，如此循环往返操作。空犁之处翻土成垄，犁过之处，则成为沟。中耕培土时再将土壅到作物行间，使原来的沟又变成了垄，垄则变成了沟。为避免集水冲毁沟垄，应在各条沟中每隔1～2m，筑一个稍低于垄的横土档，即成为垄作区田。试验表明，在同样降水情况下，垄作区田比传统的耕作法（平作）减少径流量77%，马铃薯增产8%～21%，谷子增产77%。但垄作区田不便于进行耙耱保墒，苗期土壤表面蒸发量较大，一般只适于20°以下的坡地和年降水量在300mm以上的地区。同时应特别注意保墒工作，播种后应及时完成打土块、镇压等工序，以便减少水分散失，利于作物出苗。

（3）平播起垄：平播起垄又叫中耕培垄，它是一种采取等高条播的播种方法，出苗后结合中耕除草，在作物根部培土起垄，适宜于20°以下的坡耕地。具体做法是在播种时采取隔犁条播，行距一般50～60cm，播种后进行镇压。在雨季前结合中耕，在作物的根部培土成垄，每隔1～2m做一土埂，以防发生横向径流。

（七）聚肥改土耕作法

1. 技术要领

聚肥改土耕作法，又名抗旱丰产沟。进行蓄水聚肥改土耕作时，先将有机肥料和用作底肥的化肥均匀撒到地表，然后在地边先空30～40cm的空带，再于空带内侧沿水平等高线将30～40cm宽的表土翻到田块内侧，于表土下再取一锹深的生土，置于预留的30～40cm宽的空带上，以形成地边埂。沟内底土再深翻一锹（约15～20cm），然后再将置于内侧的第1条带的表土及其下面的第二条带的表土全部移入第1沟内，这样便完成了第1种植沟；其次，再将第2条带的生土（表土已移入第1沟内）深翻一锹，再从其内侧30～40cm宽开出第3条带，同样将第3条带的表土移向内侧，将其生土挖出放在第2条带的

生土上，形成第1条生土垄。然后将置于内侧的表土及第4条带的表土都移入第3条带的沟内，这样便形成了第2种植沟，依此挖沟培垄。在种植沟内种植高粱、玉米、冬小麦等作物，在生土垄上种植豆科绿肥，具有极显著的蓄水、保土、增产效果。研究结果显示，增产效果一般在26.7%～131.1%之间。此外，这种耕作方法集中了表土，加厚了活土层，改良了土壤结构，同时可促进生土熟化，增加了土壤养分，从而促进了作物的生长发育，从而达到高产稳产的目的。

2. 配套技术

（1）选用良种：因地制宜地选择抗旱优良品种，并做到适时播种。

（2）科学施肥：结合深耕，施足有机肥；结合秋深耕，深施氮肥；根据土壤肥力状况和作物产量水平，确定合理的氮、磷、钾肥比例及施用量；作物生长期间，合理、适时进行土壤追肥或叶面喷肥。

（3）合理轮作：一年一熟区采用小麦、豆类、秋作物轮作方法；二年三熟区采用玉米、小麦复播豆类轮作方式；一年二熟区采用麦后复播夏玉米、谷子、豆类或绿肥轮作方式。

（八）土壤保墒剂

1. 主要功能

大田直播后喷施可提高种子出苗率，移栽后喷施可提高幼苗成活率。①由于抑制了土壤水分蒸发，可减少盐分在地表的累积，减轻对农作物的危害。喷剂一个月后，0～30cm土层内，处理方案含盐量较对照减少63.3%，0～5cm减少52.5%。②喷施土壤保墒剂还能显著增加土壤温度，有利于植物根系的生长。再者，还可以改善土壤结构，防止水分流失，促进农作物生长，提高作物产量。

2. 技术要点

（1）喷土覆盖：增温保墒剂需在用水稀释后喷施表土封闭表层土壤孔隙，所以一般用量较大，每公顷全覆盖用量为原液80～100kg，加水5～7倍稀释。喷施前，先少量多次加水而后大量加水至所需浓度，经纱布过滤后倒入喷雾器即可喷施地表。若先用清水将表土喷施湿润后，则更加有利于制剂成膜并节省用量。对于小麦这类条播作物只需喷施播种行，不必对土壤进行全覆盖，也同样能取得好的效果。

（2）混施改土：将保墒剂和土壤混合，用量一般为干土重的0.05%～0.3%，约每公顷53～200kg，可促进土壤团粒结构的形成，尤其是对土壤水稳定性团粒结构作用明显，有利于保持水土。

（3）渠系防渗：用沥青制剂喷于渠床封闭土壤可大大减少水分渗漏损失。在渠系表面或15cm处喷施沥青制剂每平方米用量80～110g，处理比对照渗漏率减少31%～39%。

（4）灌根蘸根：对于一些育苗移栽作物除了喷土覆盖外，也可以采用土壤保墒剂乳液直接灌溉，浓度比为1∶10。也可用此浓度乳液蘸根后经长途运输再移栽，用以减少水分蒸腾，继而提高作物成活率。

（5）刷干保护：对移栽的果树类作物和林木树干，可用制剂乳液喷涂刷干，通过膜层保护根系、树干，继而减少蒸发，防寒防冻，保护苗木安全越冬并防止早春抽条。

3. *适应区域*

土壤保墒剂喷施于表土、根系、树干后，可有效封闭地表孔隙，阻隔根系、树干水分散失，广泛适用各种地区不同类型的土壤、作物、林木等。

第二节 覆盖保墒技术

一、一般概念

根据干旱、半干旱地区无效蒸发剧烈的实际，耕作和播种后，在地表附加一层覆盖物，可降低、控制或回收利用地表蒸发所造成的水分损耗，提高土壤蓄水保墒效果。同时，对于某些覆盖物（秸秆）还能增加土壤有机质含量，培肥地力。

覆盖保墒技术是利用化学、物理和生物物质覆盖农田地面，防止土壤水分无效蒸发，使其产生对农作物有益作用的一种栽培技术措施。覆盖法是目前研究最为成熟、应用范围最广的保水措施。在干旱、半干旱地区，水分缺乏是植被恢复和生态环境改善的主要限制因素。覆盖保墒可有效减少土壤蒸发，保蓄土壤水分，促进植物生长。

由于覆盖物改变了土与大气的界面层状况，在土壤表面设置了一道物理阻隔层，同时改良了土壤结构，阻碍和减缓了土与大气层间的水分和能量交换，使得土壤水、肥、气、热等状况得到重新组合，其生态、社会和经济效益较高。在我国旱地农业中，覆盖保墒技术已被广泛应用，成为许多旱地作物提高产量的重要措施。在国外，覆盖保墒技术也被广泛应用于农作物生产、经济林、公路护坡等领域，并取得了可观的经济效益和生态效益。覆盖方法主要有秸秆覆盖、地膜覆盖、沙石覆盖、土壤覆盖、化学覆盖、厩肥覆盖、生物覆盖等，其中秸秆覆盖和地膜覆盖是目前应用最为广泛的两种覆盖方法，它具有保蓄水分、调节温度、改善土壤理化性能、促进土壤微生物活动、消灭病虫杂草、防止土壤盐碱化、避免土壤冲刷和风蚀、保持水土及促进农作物生长的作用。

二、技术要点与作用

（一）秸秆覆盖

秸秆覆盖是指利用农业副产品如茎秆、落叶、糠皮等或绿肥为材料进行的地面覆盖，一般采用麦秸和玉米秸。秸秆覆盖可以起到保墒、保温、促根、抑草、培肥的作用。将作物秸秆整株或铡成3～5cm的小段，均匀铺在植物行间和株间。覆盖量要适中，量过少起不到保墒增产作用；覆盖量过大，可能发生压苗、烧苗现象，并且影响下茬播种。每亩覆盖量约400kg左右，以盖严为准。秸秆覆盖还要掌握好覆盖期，覆盖前要先将秸秆翻晒，覆盖后要及时防虫除草。

1. *覆盖量*

夏冬休闲期覆盖4500～6000kg/hm^{2}为宜。麦播后（出苗前）或越冬前覆盖量3750～4500kg/hm^2，多于4500kg/hm^{2}可能发生压苗或烧苗现象，少于3750kg/hm^{2}则其保墒效果不理想。玉米、高粱整株秸秆覆盖量（用于冬闲地和中耕作物行间覆盖）约6000kg/

hm^2，以盖严为准。

总之，覆盖量应适宜，如覆盖量过少则起不到节水、保墒、增产的作用；覆盖量过大则会造成土壤温度过高，通气不良，分蘖减少，贪青晚熟，且秸秆不易腐烂，影响下茬播种。

2. *覆盖方法*

麦田休闲期覆盖是在麦收后及时翻耕灭茬，耙耱后随即把秸秆均匀覆盖于地面，小麦播种前10～15d将秸秆翻压还田，结合整地，可施尿素450kg/hm^2、磷400～600kg/hm^2做底肥。麦田生育期覆盖可在播种后（必须在出苗前）、冬前（小麦开始越冬后）和返青前进行，以冬前覆盖最好。覆盖时必须将秸秆撒铺均匀，力求避免厚薄不匀。如要追肥，可在覆盖前耧施尿素150kg/hm^2左右，并将地面耱平，小麦成熟收获后将秸秆翻压还田。春播作物覆盖秸秆的时间，玉米以拔节初期，大豆以分支期为宜。盖秸秆前结合中耕除草，追肥施尿素75～150kg/hm^2，然后将秸秆均匀撒在棵间或行间，成熟收获后将秸秆翻压还田。夏播作物生育期覆盖最好是在小麦收割时适当留高茬15cm左右，待夏播作物出苗后，结合中耕灭茬，把根茬覆盖在棵间或行间。

3. *覆盖效应*

（1）改土效应。在自然条件下，土壤表层受雨滴的直接冲击，土壤团粒结构破坏，土壤孔隙度减小，形成不易透水透气、结构细密坚实的土壤表层。秸秆覆盖可以改善土壤结构，有效防止土壤板结，使得土壤有较好的入渗能力和持水能力。据张志田报道，小麦拔节前覆盖处理的土壤饱和导水率为22.92cm/h，对照为8.25cm/h；小麦收获后覆盖处理的土壤饱和导水率为21.75cm/h，对照为10.29cm/h。曾木祥研究表明，土壤容重随秸秆用量增加而下降，两年后容重减少0.032～0.062g/cm^3。土壤总孔隙度则随秸秆还田量增加而增加，比对照提高1.25%～2.04%。吴崇海进行的小麦不同留茬试验发现，留茬处理后土壤密度降低0.15～0.2g/cm^3，总孔隙度增加5.6%～7.4%。同时，也有研究表明，被分解的作物秸秆处理对团聚体水稳性影响强烈。

（2）保墒效应。

秸秆覆盖可以切断蒸发表面与下层土壤的毛管联系，减弱土壤空气与大气之间的乱流交换强度，有效抑制农田棵间蒸发，提高农田水分利用效率，从而增强土壤蓄水保墒能力，改善土壤持水和供水性能。陈素英通过小麦套种研究发现，夏玉米覆盖小麦秸秆后，秸秆覆盖对土壤蒸发的抑制率3年平均为58%，前期叶面积指数（Leaf Area Index，LAI）小，土壤裸露，秸秆覆盖的效果更明显。

美国内布拉斯加州统计资料显示，常规耕作法蒸发损失为88%，免耕法却只有57%，土壤储水量增加10%～20%。据文献报道，春玉米拔节期秸秆覆盖处理，全生育期土壤蓄水比对照多69.3mm；麦田夏闲期秸秆覆盖处理，土壤蓄水量比对照多45.3mm；春玉米田冬闲期秸秆覆盖处理，土壤蓄水比对照多45.2mm。陕西农科院在合阳县的试验表明，准备播种春玉米的农田以6000kg/hm^2的麦秸提前进行冬覆盖或在当年进行春覆盖，至4月10日玉米播种前，0～30cm土层储存水量冬、春覆盖比未覆盖的对照分别多8～9.8mm和8.2～9.1mm。同时有研究表明，秸秆覆盖下，作物生育前期蒸散耗水比裸地少，中后期蒸散耗水比裸地多，全生育期总耗水量与裸地并无明显差异。其意义就在于秸

秆覆盖有调控土壤供水的作用，使作物苗期耗水减少，需水关键期耗水增加，农田水分供需状况趋于协调，从而提高水分利用效率。因此，周凌云提出覆盖并不减少小麦的耗水量。王玉坤亦指出，若覆盖量适宜，覆盖只改变棵间蒸发和叶面蒸腾的耗水比例关系，而小麦的耗水总量并不减少。

由于秸秆覆盖能抑制苗期土壤无效蒸发，可以把旱地有限的土壤水分保持到作物需水的关键时期利用，这就使农田供水与作物需水动态相一致，为作物生长发育提供有利的水分条件。因此，适宜的秸秆覆盖可以提高植物的水分利用效率，具有明显的节水作用。陶诗顺在绵阳郊区对免耕沟旱植物秸秆覆盖栽培技术的节水效果进行了初步研究，在水稻整个生育期内，与对照相比，该模式可节水33%以上，灌溉水生产效率大幅度提高。

（3）调温、培肥效应以及对土壤微生物的影响。

秸秆覆盖可调节土壤温度变化。秸秆覆盖条件下土壤温度年、日变化均趋缓和，在低温时有“增温效应”，高温时有“降温效应”。王玉坤研究表明，冬季可拉高耕层地温0.5～4℃，有减轻小麦冻害，降低死苗率，促进小麦根系发育的作用。春季覆盖有随气温调节麦田地温的滞后作用，可缩小地温变幅，抵御不利天气对小麦的危害，促进小麦个体和群体的协调发育和早发快发。

国内外试验均表明，秸秆覆盖后土壤有机质和养分含量明显增加，长期秸秆覆盖免耕可增加土壤氮素含量，提高磷素的有效性，降低磷素的固定，尤以表层差异显著。秸秆覆盖对土壤中微量元素的补充也有着重要作用。林荣新等研究证明，在缺硼土壤上施有机肥与单施化肥比较，施有机肥可提高油菜植株中含硼量，并降低N/B、Ca/B比值，减轻油菜缺硼症状。因此，秸秆还田可部分缓解我国农业生产上缺磷少钾及微量元素不足的问题。也有资料表明，秸秆覆盖可明显增加土壤微生物数量，增强土壤生物活性，主要表现在土壤真菌、细菌、放线菌等的数量均有所增加。这是由于秸秆覆盖改善了土壤微生物生存的生态环境，增加了土壤微生物的数量。徐新宇试验表明，秋播秸秆覆盖后10d左右，微生物活动开始增强，土壤二氧化碳的释放量增高，较没有覆盖处理的增加8.89%。高云超试验表明，微生物对养分有协调性作用。该研究指出，在春季和秋季冬小麦营养生长时期，作物吸收养分少，土壤养分含量较高，这时土壤微生物量较大，并对土壤养分进行固结作用，从而保蓄了养分；当夏季作物生长旺盛时，作物吸收养分多，土壤养分含量减少，微生物生物量降低，部分死的微生物体矿化并释放养分，所以微生物对土壤养分具有调控与补偿作用，而非竞争作用。

秸秆覆盖农田中蚯蚓和土壤微生物的数量增加，使得土壤结构疏松多孔，透气性好，促进土壤肥力的培育，协调养分的供应，增加土壤有机质的积累。但微生物的活动具有明显的季节性变化，随着气温的下降，分解变慢。越冬后，随着气温的升高，秸秆的分解也开始加速。

（4）抑盐、抑草及缓冲pH效应。

秸秆覆盖还能起到改良盐渍土的效果。通过秸秆覆盖能减轻土壤盐分的表聚，从而达到改良盐渍土的目的。据研究，在中度盐化土地上进行免耕秸秆覆盖试验，脱盐率达40%～70%，0～40cm土体盐分含量基本控制在0.1%以下，达到轻度盐化和非盐化程度。

农田覆盖秸秆有很好的抑制杂草生长的作用。秸秆覆盖与除草剂配合，提高了除草剂的抑草效果。播麦后3d，每亩喷施750倍丁草胺乳油后盖草，比单喷丁草胺处理，小麦生长后期每亩杂草减少12.4万苗。

覆盖秸秆土壤富含有机质，由于土壤有机质有较高的阳离子交换量，土壤的缓冲能力加强，不会因施用化肥或大量新鲜有机物质，使土壤pH发生太大变化而影响作物生长。调查结果显示，麦田耕层土壤试验前pH值为5.6，稻草覆盖种植处理一季小麦后，pH值为6.2，较裸地（pH值5.7）上升了0.5，且调节作用随覆盖量的增加而加强。

（5）对作物的影响。秸秆覆盖可以起到保墒、保温、促根、抑草、培肥的作用。将作物秸秆整株或铡成3～5cm的小段，均匀铺在植物行间和株间。覆盖量要适中，量过少起不到保墒增产作用；覆盖量过大，可能发生压苗、烧苗现象，并且影响下茬播种。具体覆盖量约6000kg/hm^{2}左右，以盖严为准。秸秆覆盖还要掌握好覆盖期，如生姜应在播后苗期覆盖，9月中下旬气温下降时揭除；夏秋大蒜可全生育期覆盖，夏玉米以拔节期覆盖最好，覆盖前要先将秸秆翻晒，覆盖后要及时防虫除草。

（二）地膜覆盖

地膜覆盖主要用于栽培棉花、蔬菜、玉米、瓜类等作物。近年来我国小麦也正在大力推广覆膜穴播技术。与秸秆覆盖相比，地膜覆盖不仅保墒效果明显，对土壤水的抑蒸力达80%以上。山西省有关部门在不同地区试验所得棉花地膜覆盖耗水量成果比较可知，地膜覆盖具有节水增产的双重效应。

1. *覆盖技术*

塑膜覆盖是选择厚度1.5丝，无色、透明、超薄塑料薄膜，铺膜前要浇好水，足墒播种，施足底肥，平整好土地。播种后用机械人工铺膜，注意把膜面要展开拉直，膜四周用土压实。地温回升后要及时打孔让幼苗出膜。先铺膜片后定植的，定植后要封好定植穴。在干旱地区全生育期覆盖地膜，每亩可节水100～150m^3，增产40%以上。作物收获后，应及时回收残膜。

2. *覆盖效应*

覆膜后，地膜阻隔了土壤水、气、热向空气中的传播，促进了土壤微生物活动和土壤养分的分解释放，形成了一个新的生态系统。

（1）提高地温。由于地膜的阻隔作用减少了地膜内外热量交换，同时水分只能在膜下地表缝隙间循环，不能向膜外蒸发扩散，相应提高了土壤热容量，使膜内土壤温度在较长时期保持稳定。更重要的是地膜覆盖后，表层与深层土壤的温度差，在白天远远高于未覆膜，而在夜间，其温度则低于未覆膜，由此证明，由于薄膜的阻隔作用，白天光照充足时，透过薄膜的阳光效应能使地面温度升高，再通过土粒的传导作用逐渐使耕层土温增高。覆膜比对照上层土壤温度上升迅速；在夜间，覆膜后的热量散失减少，而后下层传递增多。有研究结果曾表明：地膜覆盖后，土壤温度明显增加，为玉米的生长发育提供了所需的热量，从而促进了玉米的发芽、生长。在玉米的整个生育时期，平均可增温2℃以上，尤其在玉米拔节前的5—6月，5cm土层平均温度可增加3℃以上。随着土壤深度的加大，增温效果趋于降低，上下土层间平均相差1.5℃左右，但下层土层依然有一定的增温效果。有关资料表明，地面覆盖一层地膜能使土温提高3～5℃左右，地膜玉米、地膜

马铃薯栽培整个生育期可增加积温200℃以上，比露地提前播种15～20d。

（2）保持墒情。

地膜的阻隔作用切断了土壤水分与大气直接交换，从而抑制水分大量蒸发；同时由于膜下温度较高，使土壤水分梯度差异加大，导致深层土壤水分向表层聚集。因此，地膜覆盖有良好的保墒、提墒以及稳定土壤水分的效果。据各地调查研究得知，覆盖地膜以后，由于土壤蒸发量的减少，土壤水分一般比未覆膜增加1%～3%，最高可增加7%。

除灌溉外，农田的土壤水分主要来源于降雨。覆膜后，由于地膜阻隔了雨水的进入，土壤含水量在降雨后增加速度缓慢平稳。不覆膜土壤在降雨当天水分就达到最高值，随后开始迅速下降。而覆膜后，由于水分散失减少以及下层水分的逐渐提升，土壤含水量保持了相对稳定。耕层1～20cm土壤含水量比露地高2%以上。同时，因地膜的阻隔使土壤水分蒸发减少，散失缓慢，并在膜内形成水珠后再落入土表，减少了土壤水分的损失，起到保蓄土壤水分的作用。

由于薄膜的气密性强，地膜覆盖后能显著减少土壤水分蒸发，使土壤湿度稳定，并能长期保持湿润，有利于根系生长。在旱区可以采用人工造墒、补墒方法进行抗旱播种，从而提高种子的成活率。在较干旱的情况下，0～25cm深的土层中土壤含水量一般比陆地高50%以上。随着土层的加深，水分差异逐渐减小。

（3）促进土壤养分分解。

覆盖后，由于膜下地温的变化，膜内水汽不断发生胀缩运动，使土粒间空隙变大，土壤疏松透气，物理性状得到改善。同时土壤表面避免或减缓了雨水、灌溉水的淋洗，避免了养分流失，具有提高肥料利用率和节肥的作用。同时，中耕除草等田间作业的次数减少，避免了人畜的践踏，使土壤保持良好的松软状态，为农作物根系生长创造了良好的环境条件。

覆盖后提高了地温，膜内水分子的胀缩运动，使土壤结构得到改善，增加了土壤孔隙度，降低了土壤容重，提高了田间持水量。通过改善土壤物理性状，促使微生物活动的同时，加速了土壤有机物质的分解，从而增加了土壤可供给养分，提高了土壤供肥能力。试验表明，尤其在玉米生长前期，速效氮、磷的增加非常明显，到13叶展时，覆膜土壤速效氮的含量依然高出未覆膜的3倍，而土壤速效钾的增加量较少，且后期有降低的趋势。

（4）减少杂草和蚜虫的危害。在晴天高温时，地膜与地表之间经常出现50℃左右的高温，致使草芽及杂草枯死。一般覆膜的比不覆膜的杂草减少1/3以上，如结合施用除草剂，防除杂草的效果更明显。在覆膜前后配合使用除草剂，更可防止杂草丛生，可减去除草所占用的劳力。喷施除草剂后，覆膜的比不覆膜的能减少杂草89.4%～94.8%。地膜具有反光作用，还可以部分地驱避蚜虫、抑制蚜虫的滋生繁殖，减轻危害及病害传播。但是，覆膜质量差或不施除草剂也会造成草荒。覆盖地膜后由于植株生长健壮，可增强抗病性，减少发病率。同时，不同颜色的地膜具有不同的功能和作用，如银灰色膜可驱蚜避蚜，紫光膜可增加紫外线透射等。

（5）其他作用和效应。在盐碱地区，露地土壤水分通过毛细管作用上升到地表蒸发时，土壤盐分随水而上升，盐分就聚集在土壤表层。地膜覆盖后，就阻止了土壤水分的垂直蒸发，抑制了盐分上升，这样在膜下形成了一个低盐耕作层，形成一个有利于种子发

芽、幼苗生长的环境，保苗效果十分显著。在棚室生产中，地膜覆盖在减少土壤水分蒸发、节水保墒的同时，还大大降低了棚内的空气湿度，抑制了病害的发生等。

第三节　水肥耦合利用技术

一、一般概念

20世纪60年代，发达国家开始推广应用灌溉施肥技术，将灌溉与施肥技术有机结合，根据作物需水需肥规律进行少量、多次灌溉和施肥，最大限度地提高水、肥利用率和生产效率。近年来，为适应节水农业快速发展，推动水肥管理技术深化，提出了广义水肥一体化——水肥耦合概念或狭义水肥耦合利用技术，也就是把肥料溶解在灌溉水中，通过灌溉管道输送到田间每一株作物的根部，适时、适量地满足农作物对水分和养分的需求，实现水肥同步管理和高效利用的节水农业技术。通过对农田水分和养分进行综合调控和一体化管理，以肥调水、以水促肥，全面提升水肥利用效率，促进农业增产增效。这里的水，既包括降水和灌溉水，也包括土壤水、地表水和地下水；水分管理既要考虑缺水的威胁，也要考虑渍涝的影响。水肥耦合就是要使水和肥优化组合供应给作物，满足生产需要，不仅适用于灌溉区，也适用于旱作区和水田，有广阔的发展空间。

在全国不少地区示范推广全膜覆盖集雨保墒、灌溉施肥、膜下滴灌、测墒灌溉等节水农业技术，实现水分、养分一体化管理，增产增收和节约资源的效益十分显著。同时，对水肥耦合理论进行了有益探索和实践。

根据不同水分条件，水肥耦合技术提倡灌溉与施肥在时间、数量和方式上合理配合，促进作物根系深扎，扩大根系在土壤中的吸水范围，多利用土壤深层储水，并提高作物的蒸腾和光合强度，减少土壤无效蒸发，以提高降水和灌溉水利用效率，达到以水促肥，以肥调水，增加作物产量和改善品质的目的，适用于各类作物。同时，水肥耦合效应与土壤状况、作物种植方式等密切相关，不同作物在不同土壤条件下，水肥耦合关系也会不同。因此，使用水肥耦合技术时，应根据当地具体情况，将灌水与施肥技术有机结合起来，调控水分和养分的时空分布，从而达到以水促肥，以肥调水，进而使作物产量最高，经济效益最好。

水分和养分对作物生长的作用不是孤立的，而是相互作用相互影响。同时，土壤水分状况影响作物养分的吸收和有效性。由于在土壤中作物吸收的主要氮素形态为NO_3^-—N，故土壤中有机质和肥料中NH_4^+—N的硝化率可作为土壤中养分有效性的评价标准，土壤水分的多少决定着土壤中有机质和肥料中NH_4^+—N的硝化率。因此，通过灌溉提高土壤水分含量能够提高作物对养分的吸收和肥料的效果。反之，土壤中的肥料又影响水分利用效率。由于施肥不同而出现产量差异，水分利用效率也不一样，如果施肥提高作物产量，水分利用效率也可有所提高。作物吸收水分和养分是两个独立的过程，但是水分和养分对作物生长的影响却是紧密联系的。在农田系统中，水分和养分之间、各养分之间、作物与水肥之间相互激励的动态平衡关系，以及这些相互作用对作物生长发育和产量形成的影响叫做作物的水肥耦合效应。

二、技术原理

作物根系对水分和养分的吸收虽然是两个相对独立的过程，但水分和养分对于作物生长的作用却是相互制约的，无论是水分亏缺还是养分亏缺，对作物生长都将产生不利影响。这种水分和养分对作物生长作用相互制约和耦合的现象，称之为水肥耦合效应。研究水肥耦合效应，合理施肥，达到“以肥调水”的目的，能显著促进作物对有限水资源的充分利用，充分挖掘自然降水的生产潜力，提高水分利用效率，增强作物抵御干灾害的能力。

不同水分胁迫条件下，水肥对作物的生长发育和生理特性有着不同的作用机理和效果。首先，在水分胁迫较轻时，养分能显著促进作物根系和冠层生长发育，不仅增强了根系对水分和养分的吸收能力，而且提高叶片的净光合速率，降低气孔导度，维持较高的渗透调节功能，改善植株的水分状况，从而促进光合产物的形成，最终表现为产量和WUE的提高。然而，随着水分胁迫的加剧，养分的作用机理和效果发生了不同的变化。氮素的促进作用随水分胁迫的加剧慢慢减弱，在土壤严重缺水时甚至表现为负作用。说明氮肥并不能完全补偿干旱带来的损失。因此，随干旱胁迫的加重应适当减少氮肥的用量。与氮肥相反，在严重水分亏缺条件下，磷肥能促进作物的生长与抵御干旱胁迫的伤害。氮、磷有很强的时效互补性和功能互补性，合理搭配能显著增产，继而达到高产、稳产和提高水分利用效率的目的。

对氮素和水分相互关系研究发现，由于含氮化合物需要相对较大的能量用于合成和维持生命，限制氮素的供应则可能导致含氮化合物在老的组织中转移而供同样需要能量的幼嫩组织利用。在氮素亏缺条件下，植株地上部与地下部比率下降，导致非光合组织相对增加，因而不利于水分利用效率的提高。有研究指出，施肥使冬小麦叶水势下降，增加了深层土壤水分上移的动力，使下层暂时处于束缚状态的水分活化，扩大了土壤水库的容量，提高了土壤水利用率，达到了“以肥调水”的目的。

通过对一定区域水肥产量效应的研究，同时预测底墒、降水量，可以根据模型确定目标产量，拟定合理的施肥量，为“以水定产”和“以水定肥”提供依据，也可以在区域内实现“以肥调水”“以水促肥”“肥水协调”，提高水分和肥料利用效率，对大面积农业增产具有实际指导意义。但因为不同地区水量、热量、土壤肥力等条件的不同，其肥水激励机制也存在明显差异。

三、技术要点

（一）平衡施肥

平衡施肥是指作物必需的各种营养元素之间的均衡供应和调节，以满足作物生长发育的需要，从而充分发挥作物生产潜力及肥料的利用效率，避免使用某一元素过量所造成的毒害或污染。平衡施肥的技术要领一般包括如下几个过程：①采集土样并进行肥力分析；②确定土壤肥力基础产量；③确定最佳元素配比与最佳肥料施用量；④合理施用。

（二）有机肥、无机肥结合施用

有机肥与无机肥配合施用，不仅能提高土壤调水能力，而且可取得较好的增产效果。但施用时应根据不同种类有机肥料和无机肥料的特点，适时、适量运用。使用中应综合考虑以下几点：

(1) 有机肥料含有改良土壤的重要物质，其形成腐殖质后，具有改善土壤结构和增进土壤保水、保肥能力的作用，能提高作物对土壤水的利用率；由于化学肥料只能提供作物矿质养分，无改土作用，因此对中下等肥力土壤应尽量多使用有机肥料，并根据土壤矿质养分状况配合施用一定量化肥。

(2) 有机肥料在分解过程中会产生各种有机酸和碳酸，可促进土壤中一些难溶性磷养分转化成有效性养分，在一定程度上提高了土壤磷养分总量。因此，可以适当降低使用化肥磷量的标准。

(3) 有机肥料供肥时间长，肥效缓慢，化肥肥效快，两者具有互补性。因此，有机肥应适当早施，化肥则可根据作物需肥情况按需施用。

(4) 在施用碳素比较高的有机肥（如秸秆还田）时，要适量增施氮肥，防止作物脱氮早衰，避免产量下降。

(5) 由于作物种类及轮作方式不同，作物所需有机肥与化肥比例会有较大差异。如豆科作物可能需要有机肥、磷肥量多一些，氮肥需要量则相对很少；而对于玉米等作物，有机肥、化肥均应多施一些。所以，有机肥、化肥施用中应根据土壤养分状况、作物需肥和种植方式情况不同而不同。

（三）采用适宜的施肥方式

对密植作物宜用耧播沟施，对宽行稀植作物以穴施为好，施肥后随即浇水；花生、棉花、油菜等作物根据生长需要还可结合运用根外追肥。

（四）控制灌水定额

研究表明，灌水定额超过 $1050m^3/hm^2$ 便容易造成肥料淋失，在畦灌条件下灌水定额宜控制在 $825m^3/hm^2$ 以内。

四、配套技术

水肥耦合效应与土壤状况、作物种植方式等密切相关，不同作物在不同的土壤条件下，水肥耦合关系也会不同。因此，使用水肥耦合技术时应根据当地具体情况，将灌水与施肥技术有机地结合起来，调控水分和养分的时空分布，从而达到以水促肥，以肥调水，进而使作物产量最高，经济效益最好。水肥耦合技术可以与各种田间灌水技术、节水高效灌溉制度以及其他农艺节水措施相结合，进行集成配套，形成节水、增产、增效的综合技术模式，大规模推广使用不需要增加额外投入。据中国农业科学院农田灌溉研究所在河南新乡的研究表明，不同灌水条件下，对冬小麦、玉米、花生等作物进行适宜的水肥管理，与原灌水量相比，地面灌可节水15％～20％，喷灌可节水35％～60％；主要作物增产幅度为9％～17％，化肥有效利用率提高15％～20％，主要作物水分生产率达到1.5～$2.1kg/m^3$。

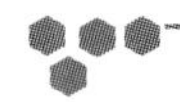

五、应用效果

在甘肃、陕西、宁夏、青海等旱作区大面积示范推广全膜覆盖集雨保墒技术，配套施用长效肥、缓释肥和有机肥等，在300mm降水条件下，亩产达到600kg以上，比半膜覆盖、常规肥料增产近50%。全膜覆盖保墒技术充分集蓄降水，降低蒸发损失，降水利用率达90%以上；长效肥和缓释肥等一次施肥，养分缓慢释放保证作物整个生育期的需求，是践行水分、养分一体化的典范。

在微灌果树、蔬菜以及马铃薯、玉米、棉花等大田作物上开展灌溉施肥技术示范推广，实现水肥一体化应用。如在吉林西部、黑龙江西部、内蒙古东部等地推广玉米膜下滴灌施肥技术，亩产由500kg提高到800kg，增产60%。在内蒙古、甘肃等地马铃薯上实施，平均亩产可达3000kg以上，较常规水浇地增产1000kg，增产50%。在山东番茄上，同样施肥量亩产可达7500kg，比传统沟灌施肥亩增产2000kg，氮、磷、钾利用率达到59.8%、21.4%和69.4%，分别提高了21.9、7.8和25.4个百分点。

第四节　坡地蓄水保墒技术

一、一般概念

在构造运动、重力和流水的作用下，岩石和风化碎屑物发生崩塌、滑坡、泥石流和蠕动等，所形成的各种地貌称为坡地地貌。划分坡地类型的方法很多，按坡面纵剖面形态分为上凸形坡、直线坡、下凹形坡和复合型坡；按坡度陡缓可分为若干等级；按坡地上外力作用类型分为重力坡、冲积坡和堆积坡。

坡耕地是指分布在山坡上地面平整度差，跑水跑肥跑土现象突出，作物产量较低的旱地。坡地的概念，一般是指6°～25°的地貌类型区域经开垦后称为坡耕地，坡耕地的存在严重制约旱地作物产量的提高。旱区坡耕地“径流”“集流”农业的发展已普遍受到国内外的高度重视，并已取得很多研究成果。

我国大多数地区全年降水分配不匀，多集中7—9月，冬季和春季干旱严重，又加上坡地坡度大，雨季径流强，蓄水保墒能力弱。因此，采取合理适宜的技术措施，留住天上水，保住地下墒，成为农业生产中急需解决的技术难题。

在无水源条件的山坡地上，立地条件差，水势衰弱，产量低，大小年严重。无论何种形态或来源的水，只有储存在土壤中才能被农作物、树木或其他植被有效利用。土壤的蓄水保墒措施主要包括两个方面：①改变土壤的大气蒸发条件，从而降低地表的潜在蒸发速度；②改良土壤结构，增强土壤自身的持水能力。改变土壤蒸发条件最有效的方法是进行覆盖，其中利用沙石、秸秆、树叶、枯草、粪肥等材料覆盖，在我国已有悠久的历史，最近几十年开始利用地膜、草纤维膜、乳化沥青、土面增温保墒剂等。覆盖能有效地提高地温、减少蒸发、保持土壤水分。改善土壤结构的措施主要有整地松土、增施肥料与土壤改良剂等，其中以施用有机肥为主，配合施用能胶结土壤颗粒形成一定结构的各种土壤改良

剂。通过土壤结构的改良可以起到纳墒、蓄墒、保墒作用，减少土壤水分无效消耗，提高水分利用效率。

二、主要技术措施

水源短缺、用水困难是长期困扰山区群众生产生活的一大难题。为解决用水需要，古人创造了蓄水池、旱井、水窑等多种形式的集流蓄水工程，或建于村旁、庭院，或建于田头、路边，集蓄雨水，以缓解农村生活和生产用水的紧张。同时拦蓄地面径流，起到保持水土的作用。

根据坡耕地区的气候特点和生产现状，通过截流蓄水种植沟、保护垄（埂）和地膜覆盖相结合，采取耕作、栽培、轮作培肥、蓄水保墒管理，在坡耕地截流蓄水沟耕作技术下，以夏秋作物单种、套种等形式，建立了以旱坡耕地截流蓄水保墒，促进农田水分转化效率与大幅度提高农田生产力状况相适应的耕作技术体系。

（一）水保工程技术

通过修筑水平梯田、水平沟、隔坡梯田、鱼鳞坑、丰产沟、反坡梯田、集水面整地等水保工程技术，对原地形特征进行改变，确保使降水实现就地拦蓄入渗，提高雨水利用率。据试验观测，与坡地相比，在年降水量450～500mm的半干旱地区，其拦蓄功能显著增强：水平梯田增加35～100mm，隔坡梯田增加25～65mm，水平沟增加15～57mm。

（二）水保耕作技术

水保耕作技术主要包括：带状间作技术、粮草等高带状轮作技术、等高耕作技术、水平沟耕作技术、沟垄耕作技术、入渗坑渗水孔耕作技术、蓄水聚肥耕作技术等，这些技术的应用在不同程度上起到了拦蓄径流、减少土壤冲刷、提高作物产量的作用。

三、梯田的作用

作为坡地蓄水保墒技术，梯田广泛分布在我国北方、西南山区，其主要作用是保水保土保肥、改善农业生产条件、促进农业产业结构调整。

（一）“三保”作用

梯田具有保水、保土、保肥的“三保”作用。据各地水保科研所、站测试资料表明，坡耕地平均每年每公顷流失水量150～320m^3，流失土壤15～75t，最高达150t。对比观测结果显示，梯田可拦蓄年径流量的70.7%、年冲蚀量的93%。据有关试验研究表明，每吨流失的土壤中，平均含有机质7kg、氮0.5kg、全磷1.5kg、全钾20kg左右。坡耕地建成水平梯田后，拦蓄了部分地表径流和天然降水，大大减少了水、土、肥的流失。

（二）改善农业生产条件

坡耕地改建梯田后，显著改善了农业生产条件，为实现农业生产现代化创造了必要条件。据测验，坡耕地建成梯田后，结合耕作培肥，0～30cm土层中，土壤密度由1.26g/cm^{3}下降到1.19～1.21g/cm^3，总孔隙度由53.4%增加到56.1%，毛管孔隙度由39%增加到44.5%，土壤有机质由0.5%增加到1.0%，含氮量从0.03%增加到0.06%，速效磷从10～15mg/kg增加到15～40mg/kg；年均土壤含水量增加14.2mm，表层200cm内土壤含水量梯田比坡耕地增加62.6mm，大大提高了抗旱能力。由此可见：①坡耕地建成梯

田后，改善了土壤理化性状，提高了田间水分转换效率，可进行高产作物栽培；②由于土地平整，可以推行机械化耕作、节水灌溉、大棚种植等现代农业生产技术。因此，坡耕地改造同农业耕作、土壤培肥等技术的有机结合，能大幅度提高产量，一般比坡耕地增产50%～100%。

（三）促进产业结构调整

梯田建设的大力推进，促进了土地利用结构和农村产业结构的调整。而且，在调整产业结构、改善农村生产生活条件的同时，在促进农业新兴产业开发和新农村建设等方面发挥着重要作用。同时，带动了区域全膜覆盖、果园建设、设施农业等农业产业的规模化发展，为实现农村经济的可持续发展起到了积极的推动作用。

第五节 垄沟集水种植技术

一、一般概念

垄沟集水种植是在总结各种集水抗旱增产经验的基础上，形成的一项非常有效的抗旱节水种植技术。其技术要点是对旱作农田通过人工或机械作业，构筑沟、垄相间的集水种植带，实行垄上覆盖地膜，沟内种植作物，对自然降水实行时间与空间相结合的有效调控，继而提高雨水利用效率，以达到最大限度蓄集雨水、改善土壤水分和生态环境以及提高水分生产效率的目的。该项技术具有十分显著的抗旱效果，即便是在比较干旱的条件下，也能取得较好的效果，为有效解决干旱、半干旱区作物因水分供给不足而导致的减产问题提供了重要技术手段，在我国西北、华北旱作农业区得到了大量推广应用。

二、适用范围

垄沟种植技术不仅可以用于春小麦、马铃薯、谷子、玉米等春播作物，也可以用于冬小麦生产。推广垄沟集雨种植技术之初，覆膜时间多数选择在春季的3—4月随同作物种植一并进行，可有效减少土壤蒸发，保持土壤墒情，为春播作物的播种、出苗提供有利的水分条件。但当遇到上一年秋季、冬季雨雪不足时，春季土壤墒情不好，春季覆膜的效果就无从发挥。因此，对降雨主要发生在秋季的我国北方地区，实施秋季覆膜，即在秋天雨季结束之后，结合犁地、耙耱等及时进行地膜覆盖，可以显著减少土壤水分蒸发，把雨水很好地保蓄到土壤中，待来年春季种植之时达到秋雨春用之效，为农业生产提供充足的水分供给。

三、技术措施

（一）全膜双垄沟播技术

全膜双垄沟播技术是甘肃农技部门经过多年研究、推广利用的一项新型抗旱耕作技术。全膜双垄沟播技术集覆盖抑蒸、垄沟集雨、垄沟种植技术为一体，实现了保墒蓄墒、就地入渗和雨水富集的效果。其特点：①可显著减少土壤水分蒸发，尤其是秋覆膜和顶凌

覆膜避免了秋冬早春休闲期土壤水分的无效蒸发，又减轻了风蚀和水蚀，保墒增墒效果显著；②具有显著的雨水集流作用，将微小降雨集流入渗于作物根部，大大提高了天然降水的利用率；③可有效增加积温，扩大了种植作物及中晚熟品种的种植区域；④可有效抑制田间杂草，减轻土壤盐渍化危害。

（二）垄膜沟播技术

垄膜沟播技术就是利用垄膜沟播机具进行开沟、起垄，在垄上铺膜、沟内实施深施化肥、精量播种的一种全生育期地膜覆盖栽培技术。该技术将地膜栽培与沟播技术相结合，具有蓄水保墒、集雨增雨、增加地温、改良土壤的作用。垄膜沟播技术在播前土壤墒情不足时，把地膜当作田间微集水面，使播种后的降雨汇聚到种子播种处或作物根部，从而改变降雨时空分布，继而提高自然降水利用率，特别是在土壤墒情较差的条件下，可使5mm左右的微量降水通过垄膜汇聚而变成能使作物种子发芽的有效水，从而显著改善作物水分供给条件，实现抗旱丰产。

四、配套技术

（一）田间起垄覆膜集雨技术

1. 主要功能

垄上覆膜技术一方面降低了土壤水分蒸发；另一方面通过改变局部地形，使降水实现了空间和时间尺度上的再分配，将有限的降水汇集在作物生长的有效供水区域内，从而满足作物生长发育的水分需要，垄膜集雨率高达80％～87％，显著提高了雨水利用效率。

2. 技术要点

（1）整地起垄：按照常规种植方式进行整地、起垄，起垄过程中尽量将大的土块放在垄底，垄的上层土壤尽量采用细土，以便平顺覆膜，根据作物的不同和降水量的差异调整沟垄比例。种植玉米、马铃薯等作物时垄宽控制在50～60cm，垄高10～15cm，垄沟宽度控制在60～70cm；种植小麦时垄宽控制在50～60cm，垄高10～15cm，垄沟宽度控制在120～150cm。

（2）垄上覆膜：起垄完成后，用铁锹等农具拍打土垄，使土垄表面平整，用铁锹在垄的两侧沿垄的方向挖10cm左右的小沟，开始覆膜，将膜紧密贴在垄上，并将地膜边缘埋置在小沟内。

（3）施肥播种：覆膜完成后，开始施肥，施肥种类与施肥量同其他种植方式一致。然后，在垄沟内播种。

3. 适应区域

降水量在250mm以上的我国广大北方干旱、半干旱雨养农业区、南方季节性干旱区以及其他具有特殊使用需求的区域。

（二）旱地春玉米垄沟早播技术

1. 主要功能

玉米垄沟早播种植技术可充分利用早春墒情，达到一播全苗，保证密度，避开伏旱，早熟高产的目的。

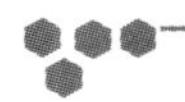

2. 技术要点

(1) 精细整地：开沟起垄施肥一体化。在秋深翻的基础上，早春及时顶凌耙耱。硬茬地先浅耕灭茬，随即耙耱保墒。修建垄距70～90cm，沟深20～25cm，开沟深浅一致，垄幅均匀，垄沟端直，开沟、施肥、下种一体化作业，以减少晒墒。一般亩施有机肥4000～6000kg，玉米抗旱专用肥40kg（氮、磷、钾总养分为35%）。

(2) 种子处理：要求品种纯度98%以上，发芽率90%以上，播前要进行发芽测试和晒种。同时进行种子催芽，将晒后精选的种子，倒入两倍于种子量、60℃的水中，搅拌到不烫手，约40℃时为止，浸泡12h，捞出滤干，盛于净洁的塑料袋或瓦盆里，在25～30℃的热炕上催芽约24h，待70%的种子露白时，即可播种。

(3) 抢墒早播：当5cm土层地温连续5d稳定在7℃以上时，即可播种。由于玉米早播，幼苗顶土力较弱，出苗时间较长，应种在湿墒中，覆土厚5cm左右。亩播量3.5～4.5kg，播后应视墒情进行镇压。覆土前顺沟喷药，防治地下病虫害。

(4) 田间管理：玉米出苗后，要及时查苗补苗，3～5叶期间定苗，并浅锄一次。早播玉米株矮、秆壮、穗位低宜于密植。亩产400kg以上田块，亩留苗3000～3500株；亩产500kg以上田块，亩留苗3500～4500株；亩产600kg以上田块，亩留苗4500～5000株。在中后期应该适时中耕，倒沟变垄，追肥培土。7～8叶期，每亩追施10kg左右尿素，并用畜力中耕，进行倒沟变垄。11～13叶期，每亩再追施5～7kg尿素，再进行一次人工中耕培土。同时，要加强玉米田间病虫测报，发现病虫害，要及时采取有效措施进行防治。

(三) 旱区玉米双垄周年覆盖集雨技术

1. 主要功能

该技术可增加土壤水分的蓄集和保存，有效抑制冬春季土壤水分蒸发，提高春季作物抗旱能力，同时可延长地膜使用时间，降低生产成本，并能有效减轻土壤地表的风蚀，玉米根茬腐烂直接还田，提高土壤肥力，有利于改善土壤理化性状。

2. 技术要点

(1) 播前10～15d整地，施足基肥，用步犁起垄，小垄宽40～50cm、垄高15cm左右，大垄宽70～80cm、垄高10cm。形成大小垄和播种沟，然后用120cm超薄膜进行全地面覆盖，春季5mm左右的微小降雨即可汇集进入播种沟，保证作物出苗生长。

(2) 地膜铺完之后，在膜侧露地上通过犁串，使地膜两边分别拢起两个5～10cm的小土堰，中间形成一种膜槽，膜上打孔播种。

(3) 在玉米收获后及时砍倒秸秆，覆盖在地膜上，保护地膜。次年播前一周清运秸秆。播种时与上年播种孔相错5～10cm，打孔点播。

3. 适应区域

该项技术主要适合在我国西北黄土旱塬区、华北地区和西南季节性干旱区等旱地玉米作物种植区使用。

(四) 地膜小麦微垄覆膜集雨技术

1. 技术机理

地膜小麦微垄覆膜集雨技术，也称小麦膜侧沟播栽培，是在小麦地膜全生育期穴播栽培技术的基础上，经多年实践，开发的一种新型旱作地区小麦栽培技术。该技术的创造性

在于将新兴的地膜覆盖技术与传统的垄沟种植技术有机结合，实现优势互补，充分发挥微积流、保墒、增温作用，实现雨水的有效叠加，变无效水为有效水，建立起主动抗旱的思想；同时，投入低、操作简便、抗逆性强，适应范围广。

2. 主要功能

虽然近年推广小麦穴播栽培技术，但随着干旱的频繁发生，如何有效发挥地膜穴播小麦的保墒、增温作用，解决干旱年份地膜小麦生长后期造成的膜内高温低湿，无墒可保，高温干旱，加剧小麦根系早衰，导致青秕、白穗等影响产量的问题，就成为提高小麦产量的核心问题。实施该技术可有效解决穴播小麦只能保墒而增墒效果不明显及后期早衰逼熟的技术问题，采用覆膜条播集流增墒，提高天然降水利用率，有效改善小麦根部水、肥、气、热状况，大大增强植株抗旱减灾性能，达到小麦稳产、高产及正常成熟的目标。

3. 技术要点

（1）核心技术地膜小麦微垄集雨技术集起垄、覆膜、施肥、精量条播、宽窄行种植和节水集流为一体的旱地小麦集雨增墒抗旱增产实用技术。该技术核心是以 50～60cm 为总带幅，垄沟各 25～30cm，用 35～40cm 宽的专用地膜覆盖，起垄大致成半圆形，垄间距内形成垄沟，每垄两侧各条播一行小麦。播种小麦选用抗逆性强、抗倒伏、分蘖成穗率高的大穗大粒品种，种子应精选包衣，山地梯田播种量在 10～12kg，亩保苗 24 万～26 万株，亩施用优质农肥 3500kg，含量 25%以上小麦专用肥 40kg，播前一次性施用。为提高播种质量及速度，一般采用覆膜播种机，可一次性完成从起垄、覆膜、播种三道工序，作业效率及作业质量都得到提高。

（2）配套技术。影响地膜小麦微垄集雨技术的主要因素有两个：①节水增产效果；②配套机械。目前，甘肃省有关部门已研制出 16 种地膜小麦播种机械。这些机型的特点主要包括：可一次完成铺膜、播种作业，每天播种 20 亩；亩可节省地膜 2～3kg，即使有小风也可顺利完成作业。

（3）注意事项：①地膜小麦微垄集雨技术种植冬小麦应比当地露地平播最佳播种期适当推迟 5～7d，并按照雨少宜稀，雨多宜密，瘠地宜稀，肥地宜密的原则，适当调整带幅和播量；②该技术尤其适合在海拔 1700m 的浅山易旱区和耕地面积大、耕作技术粗放、一次性投入不足的地区推广，在水浇地及土层薄、肥力差的土壤上增产幅度相对较小。

4. 适宜地区

多年生产实践证明，该技术适应于甘肃省旱作农业地区，尤其是在水分不足、温度偏低的逆境环境下，地膜小麦的节水、增产效果越明显；同时，地膜小麦有一定的抑盐保苗作用，在轻度盐碱地上也可推广应用。因此，在北方麦区特别是保灌程度较低的水地春小麦、降水量 400mm 以上的旱地春小麦和北方晚茬冬小麦上均有一定的推广前景。

第六节　化学保墒技术

化学措施具有调控降雨径流、防治水土流失、提高雨水利用率等作用，在国内外已有许多研究。高分子聚合物调节地表径流的功能主要是土壤施用高分子聚合物后，可使分散

的矿物质颗粒形成人工团粒，使土壤团粒含量增加，进而改善土壤结构如孔隙度、通气性、透水性、坚实度，增加了土壤渗透性能，使得地表径流大大减少，进而减少水土流失动力。目前，有关高分子聚合物对改良土壤、防止水土流失的研究引起了国内外广泛关注。保水剂作为高分子聚合物，又称土壤保水剂、高吸水剂、保湿剂、高吸水性树脂、高分子吸水剂等，是利用强吸水性树脂制成的一种具有超高吸水、保水能力的高分子聚合物。

一、技术原理

农用高分子聚合物保水剂是一种高吸水、高保水树脂，施入土壤后能吸收和保持自身重量成百上千倍的水分，并能缓慢释放以供植物利用，在节约农业用水、提高种子出苗率、促进作物生长等方面具有广阔应用前景。保水剂因其能调节土壤水肥综合功能，保持和提高水分、养分有效性，广泛受到国内外农业专家的高度重视。

我国保水剂研制始于20世纪80年代初，目前大部分产品已具一定规模。“八五”和“九五”期间在全国示范推广达1100多万亩。试验研究表明，在相同水肥条件下，使用保水剂可明显增加作物产量，增产幅度达10%～30%，节水节肥5%～20%；在花卉等经济作物上，使用保水剂可明显延长浇水时间（3～7d），花蕾大，持续时间长，经济效益高。在旱农试验区开展的不同保水剂使用量对春玉米保水、保苗的增产效果试验，结果显示保水剂使用量对保蓄雨水效果较好，尤其促使了生长后期根区土壤水分的补充和提高，增产幅度达20%，果树定植使用保水剂的枝干粗壮，第3年测得使用保水剂果树茎周长较对照增加3.7cm，并提前一年挂果。

二、适用范围

以高分子聚合物为主要成分的抗旱保水剂可广泛应用于我国北方干旱、半干旱地区植树造林、园艺绿化、节水农业生产等方面。

三、技术措施

化学保水技术措施主要包括应用高分子树脂材料的吸水特性增加抗旱能力，使用生长延缓剂和抗蒸腾剂控制作物生长等。

1. 高分子树脂抗旱

充分利用高分子树脂材料的良好吸水性能，将其掺入土壤中吸水而避免水分蒸发。我国已成功研发出分子链成团粒结构的高分子树脂材料，在水中能伸张，吸收比自身重800倍的水，当它吸足水分施入农田中，就等于给农作物增加储水池。英国化学家制成了呈海绵状颗粒的聚乙酰胺，放入土壤中，能吸收比自身重50倍的水，当天旱地干时，这些水分便释放出来，从而达到抗旱的目的。

2. 生长延缓剂和抗蒸腾剂

无数应用事实证明，采用0.05% $ZnSO_4$ 液体喷洒叶面可有效减少作物叶面蒸发，显著提高抗旱效果。同时，喷施矮壮素或多效唑能有效控制植物生长。

3. 保水剂

利用羧甲基纤维素钠、丙烯酰胺、腐殖酸等材料合成技术研制提出了保水剂，施在种植坑穴中根系分布的土壤层中，当作物根系触及该剂时可汲取水分，满足作物生长发育的水分需求，从而发挥良好的抗旱作用。

4. 土壤防渗保水膜

土壤防渗保水膜是解决作物出苗和早期生长水分需求，减少蒸发，改善土壤结构，增加土壤有机养分，提高水分利用率。

第六章　雨水集蓄利用材料与设备

第一节　雨水集蓄利用输水与供水材料

从目前农村雨水集蓄利用供水工程使用情况来看，主要用于解决农村人畜饮水、旱作农业补充灌溉及生态植被建设等方面，其工程具有面广量大、单元工程规模小、供水距离短等特点。依据不同农村雨水集蓄利用工程的具体特点，输水与供水材料主要包括塑料管道、金属管道、钢筋混凝土管道、圬工材料及其他材料等。

一、塑料管道

塑料管道由不同种类的树脂掺入稳定剂、添加剂和润滑剂等挤出成型，常用塑料管道主要有聚氯乙烯管（PVC）、聚乙烯管（PE）和改性聚丙烯管（PP）等，承受内压力一般为0.2～1.0MPa。

塑料管的优点是重量轻，便于搬运，施工容易，能适应一定的不均匀沉陷，内壁光滑，不生锈，耐腐蚀，水力条件好。缺点是存在老化脆裂问题，随温度升降变形大，但使用时通常埋置在地下，一是可减缓老化，二是可适应相对复杂的环境条件。目前工程中以硬聚氯乙烯（UPVC）承插式管道使用为主，但在小规格管道中聚乙烯管（PE）的使用则更为普遍。

（一）管材种类

1. PE管

PE管由聚乙烯（PE）树脂挤出成型，PE树脂可分为低密度（LDPE）、中密度（MDPE）和高密度（HDPE）三种，现行市场PE管多由HDPE树脂生产。HDPE管优点主要包括：①抗应力开裂性好，抗刮痕能力非常突出；②耐化学腐蚀性好，不会发生腐烂、生锈或电化学腐蚀现象；③耐磨性好，使用寿命长；④可挠性好，弯曲度高，可降低安装费用；⑤水流阻力小，管路压力损失和输水能耗低；⑥重量轻，运输、安装方便。

2. UPVC管

UPVC管是一种以聚氯乙烯（PVC）树脂为原料，不含增塑剂的塑料管材。随着化学工业技术的发展，目前可以生产无毒级的管材，所以它具备一般聚氯乙烯的性能，又增加了一些优异性能，具体来说它具有耐腐蚀性和柔软性好的优点，因而特别适合于供水管网。UPVC管道的优点主要包括：①耐腐蚀，不需要外防腐涂层和内衬；②柔韧性好，在荷载作用下能产生屈服而不发生破裂；③重量轻，运输、安装方便。

3. PP 管

PP 管是一种半结晶性材料，它比 PE 管要更坚固而且有更高的熔点。PP 管可分为 PP－C（嵌段共聚聚丙烯）管、PP－R（无规共聚聚丙烯）管等。PP 管无毒、质轻、耐压、耐腐蚀，正在成为一种普遍推广应用的材料，不但适合用于冷水管道，也适合用于热水管道，甚至纯净饮用水管道。PP 管道优点主要包括：不锈蚀、耐磨损、防冻裂、热损少、寿命长、安装简单。

一般常用塑料管材规格尺寸、公差及重量见表 6－1。

表 6－1　一般常用塑料管材规格尺寸、公差及重量表

UPVC 管						PE 管			
外径 /mm	外径公差 /mm	轻型		重型		外径 /mm	外径公差 /mm	壁厚及公差 /mm	重量 /(kg/m)
		壁厚及公差 /mm	重量 /(kg/m)	壁厚及公差 /mm	重量 /(kg/m)				
50	±0.4	2.0+0.4	0.45	3.5+0.6	0.77	12	+0.3	1.0+0.15	0.048
63	±0.5	2.5+0.5	0.71	4.0+0.8	1.11	15	+0.3	1.3+0.18	0.072
75	±0.5	2.5+0.5	0.85	4.0+0.8	1.34	20	+0.3	1.6+0.18	0.125
90	±0.7	3.0+0.6	1.23	4.0+0.9	1.81	25	+0.3	2.0+0.20	0.200
110	±0.8	3.5+0.7	1.75	5.5+1.1	2.71	32	+0.3	2.7+0.25	0.280
125	±1.0	4.0+0.8	2.29	6.0+1.1	3.35	40	+0.3	3.3+0.25	0.380
160	±1.2	5.0+1.0	3.65	8.0+1.4	5.72	50	+0.3	3.9+0.3	0.600
200	±1.5	6.0+1.1	5.48	10.0+1.7	8.95	63	+0.35	5.0+0.3	0.870

（二）管件

管件是将管道连接成管路的零件。根据连接方法可分为承插式管件、螺纹管件、法兰管件和焊接管件 4 类。管件一般采用与管材相同的材料制成，有接头（分为外丝接头和内丝接头）、弯头、法兰、三通管、四通管、异径管、油任和堵头等。

（三）管道连接

塑料管道连接形式分为刚性接头和柔性接头两种。刚性接头有法兰连接、承插连接、螺纹连接、黏接和焊接等；柔性接头多为采用橡胶圈止水的承插式接头。

二、金属管道

（一）管材种类

常见用于输水、供水工程金属管道主要有钢管和铸铁管。

1. 钢管

钢管分无缝钢管（热轧和冷拔）、焊接钢管和水煤气管等。水煤气管分不镀锌管和镀锌管，带螺纹管和不带螺纹管。钢管的优点是能承受动荷载和较高工作压力，一般耐压都大于 1.0MPa，与铸铁管相比，管壁较薄，韧性强，不易断裂，节省材料，连接及铺设简单。缺点是价格高，使用寿命短，常年输水的钢管使用年限一般不超过 20 年。钢管一般

用于裸露或穿越公路的管道。由于易腐蚀，埋设在地下时，钢管表面应涂有良好的防腐层。

热轧无缝钢管规格和重量见表6-2，水煤气管（不镀锌普通管YB234-63）规格和重量见表6-3。

表6-2　热轧无缝钢管规格和重量表

外径/mm	壁厚/mm											
	2.5	3.0	3.5	4.0	4.5	5.0	5.5	6.0	6.5	7.0	7.5	8.0
	理论重量/(kg/m)											
32	1.82	2.15	2.46	2.76	3.05	3.33	3.59	3.85	4.09	4.32	4.53	4.74
38	2.19	2.59	2.98	3.35	3.72	4.07	4.41	4.74	5.05	5.35	5.64	5.92
42	2.44	2.89	3.35	3.75	4.16	4.56	4.59	5.33	5.69	6.04	6.38	6.71
45	2.62	3.11	3.58	4.04	4.49	4.93	5.36	5.77	6.17	6.56	6.94	7.30
50	2.93	3.48	4.01	4.54	5.05	5.55	6.04	6.51	6.97	7.42	7.86	8.29
54		3.77	4.36	4.93	5.49	6.04	6.58	7.10	7.61	8.11	8.60	9.08
60		4.22	4.88	5.52	6.16	6.78	7.39	7.99	8.58	9.15	9.71	10.26
63.5		4.48	5.18	5.87	6.55	7.21	7.87	8.51	9.14	9.75	10.36	10.95
70		4.96	5.74	6.51	7.27	8.01	8.75	9.47	10.18	10.88	11.56	12.23
76		5.40	6.26	7.10	7.93	8.75	9.56	10.36	11.14	11.91	12.67	13.42
83			6.86	7.79	8.71	9.62	10.51	11.39	12.26	13.12	13.96	14.80
89			7.38	8.38	9.38	10.36	11.33	12.23	13.22	14.16	15.07	15.98
95			7.90	8.98	10.04	11.10	12.14	13.17	14.19	15.19	16.18	17.16

表6-3　水煤气管（不镀锌普通管YB234-63）规格和重量表

公称直径/mm	实际外径/mm	壁厚/mm	理论重量/(kg/m)	平均重量/(kg/m)	公称直径/mm	实际外径/mm	壁厚/mm	理论重量/(kg/m)	平均重量/(kg/m)
10	17.00	2.25	0.82		40	48.00	3.50	3.84	3.90
15	21.25	2.75	1.25	1.26	50	60.00	3.50	4.88	4.96
20	26.75	3.75	1.63	1.65	70	75.50	4.75	6.64	6.77
25	33.50	3.25	2.42	2.45	80	88.50	4.00	8.34	8.54
32	42.55	3.25	3.13	3.17	100	114.00	4.00	10.85	11.25

注　平均重量为每6m一个接头的重量计算在内的单位长度重量。

2. 铸铁管

铸铁管按照加工方法和接头形式不同，分为铸铁承插直管、砂型离心铸铁管和铸铁法兰直管。铸铁管的优点是工作可靠，使用寿命长，安装施工容易，一般耐压可达1MPa。缺点是性脆，管壁厚，重量大，消耗材料多（比钢管多用1.5～2.5倍的材料）；定型产品单根管长较短，施工接头多，工作量大；内壁易锈蚀，水流阻力大。铸铁承插直管（普压管）规格和重量见表6-4。

表 6-4 铸铁承插直管（普压管）规格和重量表

公称内径/mm	实际外径/mm	实际内径/mm	壁厚/mm	单根有效长度/m	单根重量/kg	平均每米重量/(kg/m)
75	93.0	75	9	3	58.5	19.5
100	118.0	100	9	3	75.5	25.2
125	143.0	125	9	4	119.0	29.8
150	169.0	150	9	4	149.0	37.3
200	220.0	200	10	4	207.0	51.7
250	271.6	250	10.8	4	277.0	69.3
300	322.8	300	11.4	4	348.0	87.0

（二）管件

与塑料管道相比，金属管道管件规格相对较少，有接头（分为外丝接头和内丝接头）、弯头、法兰、三通管、四通管、异径管、油任和堵头等。对于大口径钢管，无特殊要求时通常采用焊接连接，而铸铁管则较多采用承插接口。

（三）管道连接

钢管一般采用焊接、螺纹连接或法兰连接。铸铁管有法兰接口和承插接口两种，一般明设管道采用法兰接口，埋设于地下时则多采用承插接口。

三、钢筋混凝土管道

（一）管道种类

钢筋混凝土管道分为自应力钢筋混凝土管和预应力钢筋混凝土管，都是在混凝土浇制过程中，使钢筋受到一定的拉力，从而使其在工作压力范围内不会产生裂缝。自应力钢筋混凝土管是用自应力水泥和砂、石、钢筋等材料制成，可承受较大的内压力和外压，工作压力约为0.6～1.2MPa。预应力钢筋混凝土管是用机械方法对纵向和环向钢筋施加预应力，其工作压力一般在1.0MPa以下。

钢筋混凝土管优点主要是比铸铁管节省钢材约85%～90%；不易腐蚀，经久耐用，使用寿命比铸铁管长，一般可使用70年以上；长时间输水时内壁不结污垢，管道输水能力不变；采用承插式柔性接头安装简便，性能良好。但不足之处是自身重量大，运输、安装搬运难度较大。

钢筋混凝土管规格、尺寸见表6-5。

表 6-5 钢筋混凝土管规格、尺寸表

公称内径/mm	外径/mm	壁厚/mm	净保护层/mm	管长/mm	
				连接后	连接前
100	150	25	7	3000	3080
150	200	25	7	3000	3080
200	260	30	7	3000	3080
250	320	35	7	3000	3080

续表

公称内径/mm	外径/mm	壁厚/mm	净保护层/mm	管长/mm	
				连接后	连接前
300	380	40	7	4000	4088
350	440	45	7	4000	4088
400	490	45	7	4000	4088

（二）管道连接

钢筋混凝土管连接一般采用承插式连接，分为刚性和柔性两种。

四、圬工材料

以砖、石、瓦或者混凝土为主要材料建造的构造物称为圬工结构。圬工材料主要用于农村雨水集蓄利用工程输水管、渠、槽工程建设，其施工方法主要包括砌筑、现浇、预制等。

现状雨水集蓄利用工程建设中，砖材料用于输水工程防渗衬砌材料时，通常采用砌砖水泥砂浆抹面结构，以提高防渗效果；石、瓦材料则采用砌石、砌瓦勾缝结构，有的甚至采用砌石、砌瓦填土等简易结构；混凝土多采用现浇结构，仅在个别工程上有采用混凝土预制块衬砌防渗的。

圬工材料的优点是原材料分布广，易于就地取材，价格低廉；有较强的耐久性、良好的耐火性及稳定性，维修养护费用低；施工技术简便，易于掌握，不需要特殊设备；有较强的抗冲击性能及较大的超载性能；与钢筋混凝土结构相比，可节约水泥和钢材，砌体砌筑时不需要模板，可以节省木材。但圬工材料的缺点也比较突出，自重大，保管、施工搬运难度大；施工周期长，机械化程度低；抗拉抗弯强度低，抗震能力差。

五、其他材料

尽管农村雨水集蓄利用工程供水及输水工程多采用管道结构，但也有少部分采用其他形式的渠、槽结构输水，其材料主要包括原土夯实、水泥土、三七灰土、混合土等。

原土夯实是指采用原状土壤，经夯实处理，提高土壤密实度，继而增强防渗效果的一种防渗方式，较原状土而言效果显著，可提高集流效率10～20个百分点。水泥土是指水泥同土体均匀拌和所形成的固结体，其突出优点是可就地取材，减少运输，施工方便，价格低廉；水泥土的夯实干密度一般控制在1.60t/m^{3}左右，但采用砂壤土时可提高到1.65t/m^{3}左右，压实后成品水泥土平均厚度可控制在7cm左右。除此之外，三七灰土、混合土等材料防渗输水也结合工程建设在局部地方进行了示范应用，但防渗效果有限，推广利用受到限制。

第二节　雨水集蓄利用供水设施与设备

在雨水集蓄利用农村生活用水工程中，过去多采用人工吊桶取水方式，虽简便有效，

节省费用，但取水过程二次污染概率增大，而且窖口开启频率，不便于运行管理，目前已逐渐遭到淘汰。为保障农村安全饮水，有效避免传统吊桶取水造成的二次污染，提出了以电动潜水泵和人工加压泵为主的供水工程技术模式，显著提高了雨水作为农村生活饮用水的安全可靠性。

一、吊桶

人工手摇、手提取水的吊桶容量一般控制在20L以内，历史上通常采用木桶取水。随着工业技术的发展，目前已经全部采用铁桶、塑料桶取水。吊桶取水的特点主要是：实现了零能源消耗，节约运行成本；可随用随取，灵活性强，不受能源条件限制；设施设备简单，维修成本低廉。但其最大的不足是增加了劳动强度，并且取水过程极易造成水质的二次污染，难以满足安全饮水的要求。随着经济社会发展和农村群众卫生意识、健康意识的增强，这种取水方式已逐渐被淘汰，继而被电动潜水泵取水所替代。

二、手压泵

手压泵较早应用于地下水位较高地区的小规模取水工程，在农村雨水集蓄利用工程中的应用则始于20世纪90年代初期，其主要特点是：①体积小，安装使用方便；②无能源消耗，节约运行成本；③显著降低了供水过程中水质的二次污染概率；④维修技术简单，而且成本低廉；⑤管理运行及操作较为方便。

基于雨水集蓄利用技术，专门用于解决农村生活用水和大棚蔬菜灌溉的手压泵目前形成了两个系列（立式和卧式）三个品种，得到了大量推广应用。目前，应用于农村雨水集蓄利用工程生活用水工程的常见手压泵技术参数见表6-6。

表6-6 常用手压泵技术参数表

系列	型号	吸程/m	扬程/m	进出口直径/mm	出水流量/(m^3/h)	主要用途
独立系列	SBL-1	4	4	25	2	单层住宅生活供水
组合系列	SBW-1	6	10	25	2	生活用水、小型滴喷灌系统
	SBW-2	6	15	25	2	小型滴灌、喷灌系统

由表6-6可见，手压泵吸程分别为4m、6m，进出水口直径均为25mm。但SBL-1手压泵扬程为4m，适合从水窖直接取水至用水点的用户；而SBW-1手压泵扬程为10m，因终端精滤设备在水流通过时有1～3m的水头损失，适合用水点安装有终端精滤净水设备或有二层供水要求的用户；SBW-2手压泵扬程可达15m，适合小型喷灌、滴灌系统供水。

三、太阳能泵

太阳能水泵，是通过光伏扬水逆变器利用光伏阵列发出的电力来驱动水泵工作的光伏扬水系统，该系统主要由光伏阵列、光伏扬水逆变器、水泵组成。光伏阵列亦称太阳能电池组件，主要是将太阳的光能转化为电能，给负载水泵电机提供工作电力。光伏扬水逆变器或控制器，对太阳能水泵的运行实施控制和调节，用太阳能阵列发出的电能驱动水泵，并根据日照强度的变化，实时调节输出频率，使输出功率接近太阳能电池阵列的最大功率。

太阳能系统具有以下几方面显著的优势：①光伏电源很少用到运动部件，工作可靠；②安全，无噪声，无其他公害，不产生任何固体、液体和气体有害物质，属环境友好型产品；③安装维护简单，运行成本低，适合无人值守；④兼容性好，光伏发电可以与其他能源配合使用，也可以根据需要适时进行光伏系统的增容；⑤标准化程度高，可由组件串并联满足不同用电的需要，通用性强；⑥太阳能随处都有，应用范围广。但是，太阳能系统也有能量分散、间歇性大、地域性强、前期成本较高等缺点。

太阳能水泵利用太阳能提供动力，在无需任何外来能源的情况下可以机动灵活地用于农田灌溉、提供洁净生活饮用水、发展庭院经济、美化园区等。产品特点：寿命长、功耗低、噪音小、调速平衡、运行可靠、无干扰等。太阳能光伏水泵规格及型号见表 6-7。

表 6-7 太阳能光伏水泵规格及型号一览表

光伏阵列型号	水泵规格	扬程范围 /m	流量范围 /(m^3/d)	出水口直径 /mm
SPA4750100	3PH 220V 50Hz	6～7	60～100	50
SPA41K1100	3PH 220V 50Hz	8～12	60～100	50
SPA4750060	3PH 220V 50Hz	8～15	40～60	50
SPA41K1060	3PH 220V 50Hz	12～23	40～60	50
SPA4550040	3PH 220V 50Hz	15～23	20～40	40
SPA4750040	3PH 220V 50Hz	19～29	20～40	40
SPA4370020	3PH 220V 50Hz	20～29	10～20	30
SPA41K1040	3PH 220V 50Hz	27～43	20～40	40
SPA4550020	3PH 220V 50Hz	28～40	10～20	30

四、电动潜水泵

从目前雨水集蓄利用工程推广使用的电动潜水泵来看，其特点主要包括：①扬程低，供水流量小；②重量轻，安装及维修可单人进行操作；③电动机功率小，电能消耗低；④可基本避免供水过程水质的二次污染；⑤使用方便，实现了使用“自来水”的目标。

根据农村雨水集蓄利用工程供水流量小、扬程要求低等特点，适合于农村雨水集蓄利用工程的潜水泵流量一般在 2～20m^3/h，扬程一般在 10～50m 之间。农村生活用水工程规模更小，可选用流量 2～5m^3/h，扬程一般在 20m 以内的电动潜水泵。农业灌溉工程所需电动潜水泵可根据控制灌溉面积、灌溉用水量大小，通过计算确定。

第三节 雨水集蓄利用水处理设施与设备

实践证明，农村雨水集蓄利用水质相对复杂，漂浮物、推移质、悬移质类型多样，水

处理相对适宜采用蓄前粗滤、蓄后沉淀和终端精滤“三阶段”渐进式水质处理方式，各阶段需要采用不同的水处理设施与设备。其中蓄前粗滤一般在各类沉沙池中完成，蓄后沉淀一般在蓄水设施——水窖、水池中完成，终端精滤一般依托过滤器、净水器等完成。目前来看，比较常用的水处理设施与设备主要包括沉沙池、过滤器、净水设备等。

一、沉沙池

沉沙池通常位于集流面与蓄水设施之间的引水沟（渠、管）上，其结构型式、种类相对比较繁多，可有效沉淀水中泥沙，显著改善雨水水质，确保整个农村雨水集蓄利用系统的安全、正常和高效运行。总体来看，目前应用较为广泛的沉沙池主要包括平流式沉沙池、砂石过滤池、格栅式沉沙池和虹吸式沉沙池等。

（一）平流沉沙池

平流沉沙池的大小可根据集流面大小、降雨特性、泥沙含量等水文参数计算确定，但在生产实践中，由于平流沉沙池往往具有辅助蓄水的功能，其容积往往比计算确定的大。在具体的运行中，一般采用平流沉沙池配套水窖、水池的形式，当坡面径流和暴雨洪水在沉沙池进行一级沉淀处理后，再通过引水管（渠）引入蓄水设施中。

平流沉沙池结构一般根据地形条件确定，当无蓄水要求时，可采用宽浅式结构，行进流速一般控制在0.01m/s左右；当有蓄水要求时，可按照蓄水量、蓄水时间，结合水中泥沙含量大小计算确定。当沉沙池容积较大且需要较长时间蓄水时，一般采用塑料薄膜防渗；对小规模沉沙池，一般采用混凝土结构。

适用于农村雨水集蓄利用生活用水工程的平流沉沙池一般采用混凝土矩形结构，长2.0m、宽1.0m、深1.0m，用C15混凝土整体现浇，池墙、池底混凝土厚10cm，且池底应按2%的反坡设计。进水口高程可根据引水渠高程确定，并与沉沙池的正常水位相衔接，而出水口应在沉沙池底以上10～15cm之间。

（二）砂石过滤池

砂石过滤池一般用于雨水集蓄利用农村生活用水工程的水质预处理，其结构尺寸与平流沉沙池完全一致，唯一区别就是在池内分层分级填充了砂石过滤料。砂石过滤池滤料分为3层，上层为直径0.3～0.5mm的细砂，中层为直径2～5mm的粗砂，下层为直径15～30mm的砂砾卵石。其中上层细砂用以最大限度地过滤水中各种杂质；中层粗砂、下层砂砾卵石分别用以防止上层砂滤料、中层粗砂滤料流失，并通过接触吸附再次截留水流中的残余杂质，达到持续过滤、深度净化水体的作用。

（三）格栅式沉沙池

格栅式沉沙池大小根据雨水中泥沙含量和降水特性及集流面利用现状计算确定，其设计原理、结构尺寸计算与平流式沉沙池一致。为延长水流流程，增加沉淀时间，提高沉沙效率，减小沉沙池尺寸，可在池内设置隔墙，隔墙可与水流方向垂直，也可斜交。具体计算时，沉沙池宽度为隔墙间的池体宽度，长度为水流在沉沙池内行进的总距离。

雨水集蓄利用农村生活用水工程格栅式沉沙池一般采用宽度2.0m左右、长度不小于2.0m、深度0.8m左右的矩形C15混凝土现浇结构。

（四）虹吸式沉淀池

虹吸式沉沙池设计为矩形混凝土结构，底板、侧墙采用 C20 混凝土现浇结构，厚度分别为 10cm、8cm；盖板采用 C25 预制钢筋混凝土结构，厚度 6cm。沉沙池进水口位置布设 3 个 ϕ50mm 的圆形孔洞，按品字形排列，顶孔（1 个）为超越管进水口，底孔（2 个）为正常进水口。超越进水管采用 UPVC 或 PE 管，直径 50mm；升降式虹吸管采用 PE 塑料软管，直径采用 32mm。

平流沉沙池、砂石过滤池、格栅式沉沙池、虹吸式沉沙池具体结构见第四章图 4-20～图 4-23，本处不再赘述。

二、过滤器

过滤器主要用于雨水集蓄利用农业灌溉工程，作为控制过滤设施设置在对灌溉水质要求较高的滴灌、渗灌和喷灌系统的首部，目前常用的过滤器主要包括砂石过滤器、筛网式过滤器和碟片式过滤器等几种。一般情况下，系统首部过滤器的容量应超过滴灌系统总流量的 20%。为了便于冲洗而又不中断供水，对水质较差的应同时配置两个以上同样规格的过滤器并联运行。

从目前我国农村雨水集蓄利用农业灌溉系统推广应用情况来看，使用较为广泛的主要是网式过滤器，在部分规模稍大的工程中，为提高供水保证率，可采用砂石过滤器和网式过滤器配合使用，能显著提高灌溉水中的杂质去除率。

（一）砂石过滤器

砂石过滤器是一种压力式过滤器，利用过滤器内所填充的精制石英砂滤料，当进水自上而下流经滤层时，可有效去除水中悬浮物、有机物、胶体、泥沙，从而使水的浊度降低。主要适用于过滤水体中较细颗粒的泥沙和悬浮物，可单体或组合使用。砂石过滤器可利用一种或几种过滤介质联合作用净化水质，其主要特点是：①常温操作，耐酸碱、氧化；②处理流量大，过滤效率高；③设备结构简单，可实现自动控制；④操作维修方便。

砂石过滤器可分为手动型和全自动型，其过滤精度在 0.005～0.01m 之间，罐体材质可分为玻璃钢罐、碳钢罐、不锈钢罐，也可根据用户要求制作。

（二）网式过滤器

网式过滤器的工作原理是利用网状过滤体拦截水体中的杂质，主要适用于过滤泥沙，一般应用于砂石过滤器后的二级过滤，起辅助保护作用，其不足之处是处理藻类等有机物的效果较差。

网式过滤器一般采用网孔 120 目，规格为直径 25mm 全塑卧式（$Q\leqslant 5m^3/h$）、直径 50mm 钢塑立式（$5\sim 30m^3/h$）两种，可根据雨水集蓄利用农业灌溉系统规模、设计流量大小选用定型产品。

（三）碟片式过滤器

碟片式过滤器能够有效去除有机和无机物，发挥主过滤作用，一般适合与其他形式过滤器组合应用。当碟片式过滤器正常工作时，水流流经碟片，利用片壁和凹槽来聚集及截取杂物。片槽的复合内截面提供了类似于在砂石过滤器中产生的三维过滤，因而它的过滤效率很高。碟片式过滤器的主要优点是：①性能可靠，过滤效果稳定；

②深层过滤，拦污能力较强；③操作简单，运行成本低廉；④经久耐用，使用寿命可长达10年以上。

碟片式过滤器可根据雨水集蓄利用农业灌溉系统规模、设计流量大小，选择20μm、55μm、100μm、130μm、200μm、400μm等不同精度的过滤盘片。

三、净化设备

随着净水技术的不断发展，适宜于城市饮用水水质处理的膜过滤-树脂-活性炭三位一体的微小型净水器得到了大量推广应用。对雨水水质而言，虽在蓄前粗滤、蓄后沉淀处理的基础上，水质有了较大改观，选用市售净水器在短期内可有效过滤水中各种杂质，满足生活饮用水水质标准。但由于沉淀处理后的雨水浊度仍在10NTU左右，加之窖水温度较低，现有市售净水器往往在使用3～5个月后完全堵塞，不能满足长期有效净化处理的需要，这为研制符合雨水水质特点的单户净化设备提供了广阔的市场前景。

根据雨水水质特点，净化处理的重点集中在色度、浑浊度、肉眼可见物、有机物、氨氮、微生物等方面。对此，甘肃省水利科学研究院依托国家重大水专项“西部村镇集雨饮用水安全保障适用技术研究与示范”、国家重点专项“雨水集蓄利用技术与配套设备”项目执行，重点解决集雨饮用水水质净化问题，成功研发了“国源A系列集雨饮用水水质净化设备”，部分核心技术申请了专利，并实现了产业化，有效解决了集雨饮用水水质净化在实践中的难题，现已广泛应用，效果良好。该套设备具有质优、价廉、科技含量高、运行成本低、使用方便、易于推广等特点，该系统以家庭为单位独立运行，通过该系统能将沉淀处理后的水窖水净化为达到《生活饮用水卫生标准》（GB 5749—2006）的可饮用水，无需后续处理便可直接饮用。

国源A系列集雨饮用水水质净化系统目前已形成了A1、A2两种规格，均采用微絮凝及陶瓷膜过滤水质处理技术。

（一）系统构成及技术指标

1. 国源A1集雨饮用水水质净化系统

系统组成：潜水泵（或手压泵）、输水管（25m）、电缆（25m）、净水系统、控制闸阀。

适用范围：10人以下单户家庭。

出水水量：3L/min。

2. 国源A2集雨饮用水水质净化系统

系统组成：潜水泵、输水管（50m）、电缆（50m）、净水系统、控制闸阀。

适用范围：400人以下单位如学校、小型社区等。

出水水量：30L/min。

（二）主要性能特点

（1）成本低廉：建设运行成本低，水处理成本0.3元/t，低于集中供水成本。

（2）效果良好：处理后的水质满足饮用水水质要求（出水可直接饮用），水质长期不间断检测符合《生活饮用水卫生标准》（GB 5749—2006）。

（3）设施小型化：国源A1集雨饮用水水质净化系统可直接安装在农户屋内，与分散

式雨水收集池或水窖通过输水管配套连接即可运行。

（4）设备标准化：核心设备实现标准化生产，坚固耐用，主要部件使用寿命可达30年以上。

（5）管理傻瓜化：安装简单，仅需现场组装即可；运行管理方便，无需专门人员操作。

第七章　农村雨水集蓄利用工程管理

第一节　规　划　管　理

一、立项管理

（一）编制立项报告

根据水利部《水利工程建设项目管理规定》（水建〔1995〕128号），水利工程建设程序一般分为：项目建议书、可行性研究报告、初步设计、施工准备（包括招标设计）、建设实施、生产准备、竣工验收、后评价等阶段。由此可见，立项报告主要包括项目建议书和可行性研究报告阶段。立项报告要符合国家有关政策以及已批准的水资源利用规划、江河流域综合治理规划、专业规划、专项规划与水利发展中长期规划等。

（二）开展影响评价

在需要进行雨水集蓄利用的地区和流域，编制水资源开发利用规划时，应从资源、环境和社会、经济等方面出发，统一规划该地区和流域降水、地表水、土壤水和地下水的综合利用，并对开发利用雨水资源对其他形式水资源以及环境的影响做出评价。

1. 对生态环境的影响

雨水集蓄利用工程立项之前，首先应该进行环境影响评价，主要是运用气象学、生态学有关理论和方法，对工程完工后可能造成的环境变化有一个比较详细的描述，包括在哪些方面会发生变化，对哪些方面会有影响，对生物链会产生什么影响，是否会造成洪涝和干旱频发，当地植被是否会发生改变等。对这些问题的描述要有充分的数据作基础，相关结论的得出应建立在充分事实的基础之上。

2. 对社会环境的影响

雨水集蓄利用工程立项之前，应采用定性与定量相结合的办法，对工程施工建设、运行期间可能产生的社会问题进行详细评估；应重点对工程完工后对当地社会结构变迁、人际关系改变，甚至社会习俗与文化遗存可能产生的影响，进行全面系统的综合评价。

3. 对经济发展的影响

雨水集蓄利用工程立项之前，应依据《水利建设项目经济评价规范》（SL 72—2013）进行项目的国民经济评价，应对工程完工后产生的直接效益、间接效益等进行全面、详细的分析估算，科学合理地评价项目实施的经济净现值、内部收益率和效益费用比。

二、设计管理

工程设计是保证工程质量的关键，在建设项目确定以后，工程设计就成为工程建设的

关键问题。在建设过程中能不能加快速度、保证质量、节约投资，在建成后能不能获得最大的经济效果，其设计工作起着决定性作用。

（一）设计编制

1. 总体要求

工程设计是指根据建设工程要求，对建设工程所需的技术、经济、资源、环境等条件进行综合分析、论证，编制建设工程设计文件的活动。一个精准的设计，应该采用先进的工艺和设备，合理地布置场地，组织好生产流程，应有利于提高生产效益，降低建设成本，提高工程质量。

工程设计单位必须依法进行建设工程勘察、设计，严格执行工程建设强制性标准，并对建设工程勘察、设计的质量负责。国家鼓励在建设工程勘察、设计活动中采用先进技术、先进工艺、先进设备、新型材料和现代管理方法。

2. 工程设计资质管理要求

(1) 设计单位应当在其资质等级许可范围内承揽建设工程勘察、设计业务。严禁勘察、设计单位超越其资质等级许可范围或者以其他建设工程勘察、设计单位的名义承揽建设工程勘察、设计业务。

(2) 建设工程勘察、设计方案评标，应当以投标人的业绩、信誉和勘察、设计人员的能力以及勘察、设计方案的优劣为依据，进行综合评定。

(3) 建设工程勘察、设计的招标人应当在评标委员会推荐的候选方案中确定中标方案。但是，建设工程勘察、设计的招标人认为评标委员会推荐的候选方案不能最大限度满足招标文件规定的要求时，应当依法重新招标。

（二）设计审批

设计审批是工程项目落地前的最后程序，一旦设计获批，意味着不久工程将按照设计模式开始进行施工建设。由此可见，设计审批作为把控工程建设方案制定的最后一环，对工程的技术合理性、经济可行性、运行效果的可持续性具有十分重要的作用和意义。

雨水集蓄利用工程虽然是一项小微型水利工程，但与其他水利工程一样，也必须严格把控项目设计审批，确保工程设计质量关。设计审批一般包括技术审查和设计批复两个环节。

1. 技术审查

技术审查一般包括两个环节：①主管部门初审；②专家审查。

(1) 主管部门初审：由工程主管部门首先对设计文件报告格式、实施范围、实施内容、建设规模以及对设计文件编写提纲有关内容的响应性进行初步审查。

(2) 在初步审查合格的基础上，邀请有关专家对设计文件进行正式审查并提出具体修改意见和建议。专家审查可采用函审和会议审查两种方式进行，采用函审的，由专家分别提出个人审查意见，再由工程项目主管部门负责汇总形成专家组意见；采用会议审查的，由专家分别提出个人审查意见，并据此形成专家组审查意见。

当建设项目内容相对复杂或涉及重大专项技术问题，需要进行技术咨询时，可参照“技术审查”程序组织进行技术咨询，最终形成咨询意见。

2. 设计批复

设计批复是指在技术审查和根据审查意见全面完成相应内容修改完善的基础上，由主管部门以文件形式对设计工程项目进行的批复。设计批复内容一般包括工程名称、实施范围、实施内容、建设规模、建安工程量、主要技术经济指标、工程投资与经费来源等。

第二节 建设管理

一、项目管理

1. 工程开工

建设项目初步设计文件已批准，项目投资来源基本落实，即可进行主体工程招标设计和组织招标工作以及现场施工准备。项目法人或建设单位向主管部门提出主体工程开工申请报告，按审批权限，经批准后，方能正式开工。

主体工程开工，必须具备以下条件：①前期工程各阶段文件已按规定批准，施工详图设计可以满足初期主体工程施工需要；②建设项目已列入年度计划，年度建设资金已落实；③主体工程招标已经决标，工程承包合同已经签订，并得到主管部门同意；④现场施工准备等建设外部条件能够满足主体工程开工需要。

2. 各方职责

工程建设单位要按批准的建设文件，充分发挥管理的主导作用，协调设计、监理、施工以及地方等各方面的关系，实行目标管理。建设单位与设计、监理、工程承包单位是合同关系，各方面应严格履行合同。

（1）工程建设单位要建立严格的现场协调或调度制度，及时研究解决设计、施工关键技术问题。从整体效益出发，认真履行合同，积极处理好事关工程建设各方的关系，为施工创造良好的外部条件。

（2）监理单位受工程建设单位委托，按合同规定在现场从事组织、管理、协调、监督工作。同时，监理单位要秉持独立、公正的立场，协调建设单位与设计、施工等单位之间的关系。

（3）设计单位应按合同及时提供施工详图，并确保设计质量。按工程规模及相应要求，派出设计代表组进驻施工现场解决施工中出现的设计问题。

（4）施工详图经监理单位审核后交施工单位施工。对监理单位、施工单位提出的不涉及重大设计原则问题的合理意见，设计单位应当采纳并修改设计；若有分歧意见，可按有关程序报请建设单位决定；如涉及初步设计重大变更问题，应由原初步设计批准部门审定。

（5）施工企业要切实加强管理，认真履行合同内容。在施工过程中，必须将编制的施工计划、技术措施及组织管理情况上报工程建设单位备案。

3. 竣工验收

（1）工程基本竣工时，建设单位应按验收规程要求组织监理、设计、施工等单位提出有关报告，并按规定将施工过程中的有关资料、文件、图纸造册归档。

(2) 质量监督机构对工程建设质量提出评价意见。

(3) 在正式竣工验收之前，应根据工程建设规模由主管部门或由主管部门委托工程建设单位组织初步验收，对初验查出的问题应在正式验收前得到解决。

(4) 根据初验情况和建设单位申请验收报告，决定竣工验收有关事宜。

(5) 由主管部门组织完成工程项目验收工作，并出具验收报告。

二、质量管理

工程施工质量直接关系到能否达到工程建设的目的，能否发挥理想的工程效益，是水利工程建设管理的重要内容。作为保障工程质量必不可少的重要手段之一，工程质量管理在工程建设中具有十分重要的作用。

(一) 质量要素管理

影响工程质量的因素是多方面，但决定性的因素主要包括人员、材料、施工机械、施工方法、当地环境等五个方面，可概括为“人、材、机、法、环”五要素。

1. 施工人员管理

人员管理主要是指对参与建设的组织者、指挥者和操作者的管理。在工程质量管理的五大要素中，人是决定性的要素，每个工作人员都直接或间接影响着工程质量，高质量的人员及高质量的工作才能造就高质量的工程。提高工程质量的关键在于提高人的素质，包括身体素质、技术素质等。因此，一方面，加强施工人员管理，分门别类地开展技术培训，不断提高施工从业人员的业务技术能力，是保障工程质量的前提；另一方面，必须做到持证上岗，规范操作，专业技工、高级技工等从业人员必须保持相对稳定，确保其工作的连续性，为熟练操作、规范操作奠定基础。

2. 施工材料管理

工程建筑材料（包括辅助材料、构件、半成品）是构成建筑工程的实体，保证材料的按质、按量、按时供应是提高和保证工程质量的前提，也是施工材料管理的主要内容。因此，材料采购、供应、管理部门必须对采购的原材料、构（配）件、半成品等材料，建立健全进场前检查验收和取样送检制度，坚决杜绝不合格材料进入施工现场。同时，应有针对性地采取相应管理措施：①水泥、钢材及其他半成品进场必须有出厂合格证，并委托相关部门进行材质试验，水泥应保证能够在有效期内用完；②当地建筑材料应先调查料源，取样进行试验，试验合格并经施工监理认可后方可进料；③现场必须设立专人进行收料，不合格材料坚决予以拒收；④施工过程中如发现不合格材料，应及时通知工程建设单位、施工监理并协调清理出现场。

3. 施工机械管理

一定程度上，施工机械设备直接决定着工程质量的好坏。因此，加强施工机械设备管理，确保施工机械设备在施工强度、施工水平等性能指标方面对建设工程施工要求的响应至关重要。施工机械设备管理的内容主要包括：①施工机械设备选型时，应注意经济上的合理性、技术上的先进性、操作和维护上的方便性；②要根据工期、工程量的大小，结合各工序施工强度和顺序要求，合理安排各类机械数量，确保满足施工要求；③特殊设备必

须通过相关部门检测方可进场，一般设备进场后要定期维修，保证施工安全。

4. 施工方法管理

施工方法包括施工方案和施工工艺。具体工作中，因施工方案考虑不周或施工工艺落后，经常造成一些工程施工进度推迟，质量达不到设计要求和需要追加投资等情况。因此，在制定施工方案和施工工艺时，必须结合技术、组织、管理、经济等方面进行综合分析，以确保施工方案在技术上可行、经济上合理，有利于提高工程质量，保障工程进度。

5. 施工环境管理

环境因素具有复杂多变的特点，对工程质量的影响是显而易见的。环境因素包括自然环境、社会环境和人文环境，其中以温度、湿度、降水、日照等在内的自然环境对工程质量的影响最为显著。除此之外，社会治安、风俗习惯等对工程质量也有一定影响。因此，应根据工程特点和具体条件，对有可能影响工程质量的各种环境因素，要加强管理，采取有效措施，制定相应的应对措施和具体方案，严加控制，重点防范，为工程建设营造良好的内外部环境条件。

（二）质量过程管理

施工质量管理贯穿于工程施工的全过程，涉及建设、监理、设计、施工等方方面面，是落实设计意图、实现设计目标的重要环节。同时，必须强化工程质量管理的主体责任，明确工程建设单位具有协调其他各方对工程质量进行全面监督、检查和管理的责任和权利。对于雨水集蓄利用这样的小微型水利工程，质量过程管理的内容主要包括施工组织计划制定、质量保障体系建立和工程建设档案管理等。

1. 施工组织计划管理

编制施工组织计划，制定科学合理的施工技术方案和施工组织计划，是确保工程建设顺利进行的基础。因此，必须结合工程特点和施工单位的实际情况，制定切实可行的施工组织设计和具有良好针对性的施工技术方案，在工程全过程施工中严格按照施工技术方案执行。从工程建设质量过程管理的角度而言，主要是对施工组织计划的科学性、合理性与施工技术方案的先进性、可行性进行技术审核，确保其计划、方案的执行能够达成工程设计提出的预期目标。

2. 质量保障体系管理

施工单位要推行全面质量管理，建立健全施工质量保证体系，严格执行国家行业技术标准和水利部施工质量管理规定、质量评定标准。与建设工程相关的建设、监理、设计、施工各方都要设立质检机构，建设单位对工程质量负总责。施工过程中要对工程分阶段、分部位按程序、规范要求，进行质量检验、检定与检测，必要时由第三方检测机构出具质量检验检测评定报告。就工程质量管理来说，重点对监理、设计、施工各方质量保障体系、检测人员、检测能力等进行全方位监管和考核，提出有关改进意见和建议并督促落实。

3. 工程施工档案管理

工程施工档案是指在施工环节形成的包括开工通知书、施工组织计划、施工技术方案、质量检测报告等在内的行政、技术文件，具有强烈的政策性、时效性、阶段性和不可重复性，是工程建设档案的重要组成部分和关键内容，与工程规划、勘测、设计等环节形

成的技术文件一并反映工程建设的全过程，是工程竣工验收、运行管理和维修改造必不可少的重要基础性资料。从提高工程建设质量的要求出发，督促相关部门在工程建设的各质量相关过程，依据有关规程、规范要求，及时完善施工组织计划、施工技术方案和质量检测报告，是全面提高工程建设质量，保障工程持续发挥效益的重要内容和必不可少的环节。

第三节 运 行 管 理

一、集流面工程管理

雨水集蓄利用工程集流面包括天然集流面和人工集流面两种，集流面工程维护主要针对人工集流面进行。人工集流面主要包括屋面瓦类集流面、混凝土集流面、各种膜料集流面、片（块）石集流面、水泥土集流面以及庭院、打谷场等原土夯实处理集流面等多种形式。

（一）维护管理内容

集流面维护内容主要包括为保持水质良好而进行的清扫和为提高集水效果而针对破损集流面进行的修补。为此，对集流面的维护管理要实行“雨前清扫，雨中巡查，雨后检查”的维护管理机制，其目的在于确保各类人工集流面的完好，在延长使用寿命、提高集水效率的同时，最大可能提高集蓄雨水的水质，为实现安全供水创造条件。

（二）管理措施

（1）定期清扫。清扫集流面是保持集流面干净、卫生，确保集蓄雨水水质良好的主要措施。为此，必须定期清扫集流面，尤其是在雨前的清扫对维持水质良好具有决定性的作用，对此，必须予以长期坚持。

（2）铲除杂草。土类集流面以及其他集流面的周边位置与接缝处都很容易滋生各类杂草，必须及时予以铲除。否则，随着杂草的不断生长对集流面的破坏越来越严重，轻则影响集水效果，重则导致集流面受到破坏甚至报废。

（3）定期巡查。每年雨季应定期巡查过滤网、沉淀（过滤）池、水窖（池）入口、溢流管等设备的完好程度，检查内容主要包括过滤网是否堵塞、沉淀（过滤）池工作是否正常、有无大量渗漏现象发生等。

（4）雨后检查。对各类集流面要在雨后认真检查，尤其是每年的第一场雨后更要进行认真检查，检查内容主要包括集流面范围内有无冲沟、塌陷、空洞等不良地质灾害出现。

（5）及时修补。各类集流面在运行过程中，由于风吹、日晒、雨淋等环境因素的共同作用，或多或少地要出现一些破损现象。对此，必须及时进行修补。尤其是对一些受雨水冲刷引起的破损更要及时进行修补，确保集流面能够正常运行。

（6）清理积水。冬季降水（雨、雪）后，要及时清除集流面积雪和低洼位置的积水，以免引起集流面的冻胀破坏。

（7）设置围挡。对一些工程规模较大、建设标准较高的人工集流面，应设置围墙、隔

离网等围挡措施，加强管理，确保不致受到人为因素的破坏。

二、蓄水工程管理

（一）正常运行要求

（1）正常蓄水期间（无用水），各类蓄水设施水位降落每天最大不超过1cm，月水位降落不超过20cm。用于农业灌溉的蓄水设施，整个冬季水位降落不超过60cm。

（2）当水质比较浑浊时，雨水进入蓄水设施前必须进行预沉淀处理。当用于农业灌溉时，水中泥沙瞬时含量不得超过30kg/m^3，平均不得超过10kg/m^3；当用于解决生活用水时，水中泥沙瞬时含量不得超过10kg/m^3，平均不得超过5kg/m^3。

（3）各类蓄水设施年内泥沙淤积厚度不得超过0.50m，正常运行期间泥沙淤积总厚度不得超过1.0m。

（4）采用水泥砂浆进行防渗的蓄水设施，正常使用期间若遇旱季水量不足时，在设施内应留存一定量的水，保持蓄水设施内部环境潮湿，防止由于干裂而造成防渗层脱落。

（5）蓄水设施结构完好，防渗层无开裂、起泡、脱落等不良现象，盖板、进水管、出水管等附属设施完好无损。

（二）管护内容

（1）适时蓄水。雨季来临前要及时整修清理进水渠道、沉沙池，清除拦污栅前杂物，疏通进水管道，以便不失时机地引水进入蓄水设施。蓄水过程中要注意观察水位，防止超蓄造成蓄水设施坍塌。引用沟道山洪的，雨季来临前要清理沉沙池、维修防洪设施，防止大规模、高泥沙山洪进入蓄水设施对其造成破坏。

（2）观察水位。蓄水设施蓄水运行期间，要定期观测水位变化情况，并做好观测记录。当发现水位非正常下降时，要及时查找原因并采取针对性措施进行处理。

（3）定期清淤。雨季来临前要检查蓄水设施内淤积情况，当淤积比较轻微（淤深小于0.5m）时，当年可不必清淤，但当淤积深度超过0.5m时，要及时清淤。年内运行过程中，若淤积深度超过1.0m，在蓄水设施排空后要及时清淤。清淤方法应因地制宜，可采用人工清掏或泥浆泵抽排等措施，有底部自流出水管的，可利用出水管加水稀释排泥。

（4）及时维修。对蓄水设施外观应经常进行检查，一旦发现有影响正常运行的损坏情况，如防渗层鼓包、开裂、脱落，底板和顶盖发生裂缝、移位，进水口、进水管、沉沙池等附属设施损坏等，要及时采取有效措施，进行维修与加固处理。

（三）渗漏检查方法

蓄水设施管理的主要内容是将渗漏损失控制在允许范围之内，确保蓄水设施的正常运行。由此可见，进行蓄水设施的水位变幅观测，成为蓄水设施管理的重中之重。

（1）观测水位。蓄水设施蓄满水后，要定期进行水位观测，作好观测记录。在不用水的情况下，若发现蓄水设施水位降落较快，应增加观测频次，通过分析不同水深时的水位变幅情况，初步判断分析渗漏原因，为维修处理提供依据。

（2）查找渗漏点。在水位观测、分析判断以及初步确定蓄水设施渗漏原因的基础上，待蓄水设施排空后，派人下窖详细检查。检查方法主要包括“看”：看有无裂缝、空洞发生；“听”：利用拳头或小锤轻敲窖壁，听有无空鼓声位置出现，并及时做好标注；“探”：

当发现明显的漏水部位后，可采用小型工具开挖探测，进一步查清渗漏原因、损坏程度，为进行维修处理做好准备。

（四）处理措施

根据运行管理经验，各类蓄水设施中，容易出现渗漏问题的，大多是采用砂浆抹面防渗的水窖（窑）工程。水窖（窑）渗漏一般多发生在窖（窑）壁以及出水管与边壁结合部位，窖（窑）底渗漏一般较少发生，如若发生，往往形成底部空洞，二次修复具有一定难度，而且修复后往往容易出现再次破坏。

1. 水窖（窑）边壁渗漏处理

根据产生水窖（窑）边壁渗漏的原因，可分别采取不同的修复处理措施：

（1）对由于窖（窑）体四周土质不密实或有树根、鼠穴、陷洞等引起的边壁部位的渗漏，首先应彻底清除树根、洞穴等隐患部位，然后再用与窖（窑）壁土壤性质一致的土体分层捣实，在接近边壁时用混凝土或砂浆加固处理，最后用砂浆抹面分层进行防渗处理。

（2）对防渗层施工不符合质量要求、防渗砂浆标号较低或防渗层厚度不足引起的渗漏，首先将窖壁用清水刷洗，清除泥土后，用1：3水泥砂浆分2遍进行防渗处理，分层厚度不小于1.5cm，最后再用纯水泥浆通刷2遍，并注意洒水养护。

（3）对分期施工导致的接缝处理不好引起的渗漏，可采用局部打毛后，再用1：3水泥砂浆进行抹面防渗处理，抹面厚度不小于1.5cm。

2. 窖（窑）底部渗漏处理

如前所述，水窖（窑）底部渗漏往往形成窖（窑）底部空洞，造成水窖（窑）报废，二次修复具有一定难度，而且修复后很容易出现再次破坏。为此，对窖底渗漏且在地基中形成空洞的，一般做报废处理，不再进行修复。但对防渗效果不好引起的渗漏且未出现空洞时，可允许进行修复利用。其修复措施一般是清除窖底泥土，打毛窖底已有防渗层，再采用1：3水泥砂浆分两遍进行防渗处理，砂浆分层抹光厚度不小于1.5cm。

3. 出水管与边壁结合部位处理

出水管与水窖（窑）边壁结合部位处的渗漏主要是截水环布设欠妥或施工处理不好所致。对此，必须重新进行截水环的处理。其处理措施是在出水管外壁紧套两道橡胶垫圈后，再浇筑混凝土截水环，然后，再将截水环与窖（窑）壁一并进行防渗处理，最后再用浆砌石或混凝土镇墩固定出水管，防止管道摇晃导致出水管与窖体、截水环之间产生裂隙。

三、配套设施维护管理

集流面、蓄水设施是雨水集蓄利用工程的主体，但截流输水渠、沉沙池等配套设施也是雨水集蓄利用工程不可或缺的重要组成部分，在提高雨水收集效率，确保水质标准等方面具有不可替代的作用。

（一）截流输水渠运行管理

截流输水渠是有效连接集流面和蓄水设施的唯一途径。截流输水渠的维护管理主要包括清除渠内淤积物和及时进行毁坏部分的维修处理。

（1）定期检查。雨季正常运行期间，要定期检查截流输水渠是否通畅，及时清除渠内

淤积物，确保截流输水渠能够正常引水。

(2) 及时维修。在定期检查中一旦发现截流输水渠破损，要及时进行维修处理，为提高雨水收集利用效率创造条件。

(二) 沉沙池运行管理

我国北方地区尤其是黄土高原地区水土流失严重，而雨水集蓄利用工程主要集蓄坡地、道路等形成的雨洪径流，水中泥沙含量较大。因此，合理布设沉沙池和加强对沉沙池的管护，对确保工程的正常运行至关重要。

(1) 每次雨后要及时清除沉沙池内淤泥，确保沉沙池在整个雨季能够正常、有效运行，以便更好地发挥沉沙作用。

(2) 正常情况下尤其是雨前要重点检查沉沙池中有无影响正常运行的淤泥、杂草等存在，检查拦污栅是否完好、通畅，及时清除有可能影响正常沉沙和进水的杂物。

(3) 定期检查沉沙池完好情况，一旦发现沉沙池有裂缝、沉陷、漏水等问题时，要及时进行维修处理。

(4) 冬季封冻前彻底排除沉沙池内积水，减轻冻胀破坏。

(三) 过滤器运行管理

(1) 雨水集蓄利用系统中较常使用的为筛网式过滤器，运行过程中要对筛网经常进行检查，发现淤塞、损坏时要及时清理、修复或更换。

(2) 灌溉运行过程中，若发现过滤器上游、下游压差超过 3m 时，应及时打开排污阀门自动冲洗 20～30s 后关闭，即可恢复正常运行。

(3) 每一灌溉期结束后，要取出滤网，认真清理附着在滤网上的杂质、水垢，用软刷充分刷洗、晾干后备用。

四、灌溉系统管理

雨水集蓄利用高效节水灌溉工程灌溉系统主要包括加压供水系统、输水管路系统与田间灌水系统等。

(一) 加压供水系统运行管理

从目前的实际应用情况来看，雨水集蓄利用工程的首部加压供水设备主要有手压泵、电动潜水泵、汽（柴）油机组和新能源光伏泵等。

1. 手压泵运行管理

手压泵使用简单，无需能耗，是一种节能、环保型的加压供水设施，很好地解决了无输电线路山区雨水灌溉中加压供水的难题。手压泵的运行维护应做到以下几点：

(1) 使用前在各滑动、转动部位注入 2～3 滴润滑油，缸体内注入 6～8 滴食用植物油，确保各操作部件灵活、轻便。

(2) 手压泵使用前，必须进行固定，一般可采用膨胀螺栓固定在蓄水设施盖板上。当盖板结构难以固定手压泵时，可另设木墩、混凝土板等进行固定。

(3) 使用前要打开加水口处的堵头，向泵体内加满清水，然后立即拧紧堵头，人工操作手柄即可进行抽水作业。

(4) 当冬季气温在 0℃以下时，用后应排空泵体内的余水，以防冻坏泵体。其方法是

将手柄上下往复摇动几次，泵体内的水即可自动排出。

（5）使用过程中要经常检查各紧固件螺栓是否松动，各滑动、转动部件是否正常，一旦发现问题要及时进行维修、维护。

（6）露天安装使用的泵，长时间不用时，应采用塑料袋等覆盖、包裹保护，以免风吹日晒雨淋引起泵体结构受损。

（7）长期存放时，应将泵体擦拭干净，各滑动、转动部件要涂上润滑油，装箱后置于通风干燥处保存。

2. 电动潜水泵运行管理

潜水泵长期处于水下潮湿环境中运行，一些结构部件很容易受损，运行中尤其要加强管理，定期进行维护保养。

（1）使用前要先检查电缆线及插头是否完好无损，各螺栓有无松动，有无机油渗出泵壳。

（2）必须随同水泵电机安装漏电断路保险设施，电机绝缘电阻应大于 5MΩ。

（3）安装前接通电源，空转数秒钟（不得超过 30s），查看启动、运转是否正常，转向是否正确。

（4）安装时，应在提手处连接起吊绳索并将绳索固定在盖板适当部位，以方便检修时起吊水泵。同时，严禁使用随泵电源电缆吊装水泵。

（5）潜水泵潜入水中最深不得超过 10m，必须做到垂直吊放，离蓄水设施底部、边壁的距离分别不得小于 50cm 和 30cm。

（6）条件允许时，可采用水泵支架固定潜水泵，并在支架四周设置拦污栅，防止杂草、污物等堵塞潜水泵进水口。

（7）潜水泵工作时，要注意观察蓄水设施水位变化情况，以防水位下降导致泵体空转。更不能长时间脱水运行，以免电机发热受损。

（8）潜水泵不用时，不宜长期浸泡在水中，应在清水中通电运行几分钟，清洗泵内泥浆，擦拭干净后放置于通风干燥处，待完全风干后涂上防锈油备用。

（9）潜水泵使用半年后，应进行维修检查，更换易损零件。

3. 汽（柴）油机组运行管理

汽（柴）油机组具有安装简单，移动轻巧，使用方便等许多特点，而且配套有成套的灌溉设备，可以联户使用，非常适合雨水集蓄利用工程的特点，在我国北方地区有着大量推广应用。

（1）使用前要打开油箱盖，检查油品是否足够。

（2）检查机组各部件是否完好无损，各螺栓有无松动现象。

（3）汽（柴）油机组正式运行前，应先进行试运行，观察机组转速是否正常，出水量、水压是否满足要求。

（4）汽（柴）油机组运行中：①“看”，注意察看油品耗用情况，及时进行补充；②“听”，注意通过听机组运行的声音，来判断机组的运行情况。

4. 太阳能供水系统运行管理

太阳能近年来逐渐得到了人们的重视，太阳能水泵是理想的集经济性、可靠性和环保

性为一体的绿色能源高技术产品，目前已成为缺电或无电地区最具吸引力的供水手段。太阳能供水系统包括太阳能光伏发电系统和潜水泵供水系统两部分，其中，潜水泵运行管理如前所述，这里仅就太阳能光伏发电系统运行管理进行具体说明。

(1) 系统容量及相应技术参数必须与潜水泵动力需求相匹配。

(2) 所有系统组件必须固定安装在系统基座上，确保系统能够正常运行。

(3) 必须设置隔离措施，确保不致遭到人为、畜禽破坏。

(4) 必须经常清除太阳能板面的积灰，保持太阳能板的透明、洁净。

(二) 输水管路系统运行管理

从目前的使用情况来看，输水管路系统有固定式和移动式两种。固定式埋设于一定深度的土层中，运行维护任务不大。移动式一般根据灌溉需要临时铺设管路系统，而且管路系统移动频繁，很容易出现问题，需要精心维护。为确保整个灌水系统的正常运行，输水管路系统在使用中需要注意以下几点：

(1) 用于向田间微灌系统供水的输水管路系统，在初次运行时应逐条依次进行冲洗，冲洗时间不得少于 10min，以免杂质堵塞微灌系统。

(2) 布设于地面的移动式管道，要防止重车直接碾压，穿越农用道路的管路系统应设钢套管保护。

(3) 管路系统移动时不得强行折弯，以免造成管道受损影响使用。

(4) 移动式管路系统长期不用时，不宜久置露天，以防风吹日晒致使管路系统老化受损，失去使用功能。

(5) 正常运行期间，为防止水锤发生，必须缓慢启闭阀门，尽量防止突开突关。

(6) 灌溉季节结束后，应及时打开排水阀泄空管道。同时，泄空时应观察进气装置工作是否正常，防止出现真空。

(7) 管路排空后，除给水栓以外的控制阀门、检修阀门应保持开启状态，泄水阀应保留一定的开启度，防止意外积水。

(三) 田间灌水系统运行维护

根据灌溉作物的不同，毛管、滴灌带可布设为固定式、移动式两种。固定式一般适合于果树、蔬菜等稀植作物，而移动式则较多地在大田密植作物中得到应用。根据微灌系统的特点，除用于果树灌溉的毛管、滴灌带一般不再移动外，用于蔬菜等作物灌溉的微灌系统毛管、滴灌带则在每个灌溉期结束后都需要重新布设。对此，应特别注意如下事项：

(1) 毛管、滴灌带均系软管，每次移动铺设时都要卷好，卷盘时要事先准备好直径不小于 50cm 的桶状盘心（可为木质空心结构、铁桶等），以免硬折损伤毛管、滴灌带。

(2) 毛管、滴灌带系统使用后，每个灌溉周期冲洗一次，可有效避免沉积物在系统中“硬化”从而堵塞灌水器。

(3) 根据长期使用经验，在雨水集蓄利用工程中一般不推荐随水施肥模式。但当必须实施随水施肥时，施肥结束后应对所有毛管冲洗 5～10min，尽量把附着于管壁的肥料残留沉积物减少到最低程度。

(4) 在毛管进口、出口位置定期进行压力测试，与开始灌溉时毛管进口、出口压力进行比较，当出现差异时，说明出现了一定程度的堵塞，应查找堵塞原因和堵塞位置并采取

相应措施。

(5) 当灌水器为其他形式的滴头时，也应经常检查其工作状况，测定滴头流量，若发现流量普遍减小，说明已经引起局部堵塞，应尽早采取措施及时进行处理，以免长期淤塞引起管路系统报废。

第四节 水质管理

纯净的天然降水——雨水在经过集流面后，水中会带有许多泥土、杂物、矿物质、有机质、微生物等，继而使水体受到污染，不能满足饮用水卫生要求。尤其是在暴雨季节，在植被覆盖较差的天然土坡、土路面、土场院上产生的径流，水质就更差。根据甘肃、内蒙古和云南等地对水窖水的检测结果，总体来看，雨水水质总体是好的，很少具有许多河流水中常见的化合物、有机物和重金属污染。但尽管如此，雨水的许多指标仍不满足《生活饮用水卫生标准》(GB 5749—2006) 要求，普遍存在大肠杆菌、细菌总数以及浑浊度超标的问题。在弄清雨水水质污染成因与过程的前提下，采取有针对性的措施，是加强雨水水质管理的基础。

一、水质污染成因分析

1. 集流面污染

雨水集蓄利用工程集流面子系统主要包括天然集流面、已有建筑物弱透水面和专门集流面。通常情况下，这些集流面上或多或少地存在着各种可能会引起水质污染的物质，如屋面上的灰尘、鸟粪、枯叶、苔藓，庭院、场院、道路上的杂物、垃圾、畜禽粪便等。即便是在专门修建的混凝土集流面上，也会存在这样那样的污染物质。尤其是在交通公路集流面上，除前述各类污染物外，同时还存在汽车尾气、未充分燃烧的油料、沥青等污染物。因此，从这些集流面上收集的雨水必然会受到不同程度的污染，导致雨水水质较差，继而影响或者限制雨水的正常使用。

2. 储存污染

通过集流面子系统收集的雨水进入蓄水设施后，正常情况下，通过沉淀、自净作用水质会得到明显改善。但如果储存、管理措施不当，则有可能会造成水质恶化。如无盖蓄水设施，会增加畜禽粪便、枯枝败叶及其他杂物落入的概率，继而为细菌及其他微生物的繁衍生长提供充足的养分；光照还会导致藻类生长，进一步加重水体的富营养化。同时，开敞式或者盖板密闭性不够的水池还将为各类蚊虫繁殖提供适宜的环境，一些水源性疾病如肠炎、腹泻、疟疾、黄热病和登革热等，都是通过蚊虫污染水源继而导致疾病的广泛传播。

3. 二次污染

目前，采用传统的吊桶取水仍然是造成取水、用水环节水体污染的主要因素。另外，家庭水缸等盛水器皿也有可能成为蚊虫滋生继而污染水体的途径。事实上，这种取水、用水环节的水污染现象目前还比较普遍。为此，绝不能忽略这种取水、用水环节和过程中形

成的二次污染问题，应引起足够的重视并采取相应的措施。

二、水质管理措施

不同目的的雨水集蓄利用具有不同的水质管理要求。一般情况下，通过集流面收集的雨水水质较好，完全可满足《农田灌溉水质标准》（GB 5084—2005）要求，仅在用于微灌工程水源时需要进行过滤处理。但以满足农村生活用水为目的时，应确保水质达到《生活饮用水卫生标准》（GB 5749—2006）要求。为达到前述标准要求，各地分别采取了形式多样的水质管理措施，对提高水质发挥了重要作用。

1. 清扫集流面

集流面是雨水集蓄利用工程的“水源”，集流面环境卫生不达标，其他一切的水质管理措施都将成为徒劳。为此，要加强集流面及周边区域的环境卫生工作，尤其是在降雨前清扫集流面，可有效减少杂草、树枝以及其他一些污染物进入水体，真正从源头上确保雨水水质能够符合饮用水卫生标准。庭院作为集流面时，要防止畜禽进入庭院；对于生活用水的集水槽、汇流沟、输水渠、沉沙池、拦污栅等应经常清扫；禁止在集流面区域内进行化肥、农药等有毒、有害物质加工、生产；厕所、畜（禽）圈舍等要远离集流面和蓄水工程。

2. 排除初期径流

北方干旱地区场次降雨之间间隔时间较长，往往导致集流面上各种微小污染物数量较多。因此，可采取排除降雨初期 3～5min 时段内径流的方法，待集流面上的尘土等细小污染物被初期径流带走后，再把径流引入生活用水蓄水设施中，可显著提高雨水水质。在这个过程中，初期雨水弃流装置可去除径流中大部分污染物。初期雨水弃流装置有多种设计形式，有容积法弃流池、切换式（人工、自动）弃流装置或小管弃流井等，技术成熟，具体工程中可根据实际情况选用。

3. 实行分质蓄存

一般情况下，从屋面、专用集流面收集的雨水水质优于其他集流面。对此，建议推广雨水分质蓄存技术，即对不同水质的雨水分质蓄存且用于不同目的的用水。同时，对屋面、专用集流面集水也可以通过“初雨排泄装置”将降雨初期含有较多杂质的“劣质水”排走，待水质好转后再蓄存利用。

4. 维护过滤设施

水质过滤方法很多，效果差异也很大。目前推广应用的有拦污栅、砂石过滤池、过滤器、净水器等，其中拦污栅、砂石过滤池等主要用于雨水进入蓄水设施之前的“粗滤”，过滤器一般用于微灌工程的水质处理，净水器则主要用于生活用水水质的“精滤”。

（1）定期清理附着在拦污栅上的各种杂质，在确保正常运行的同时，为提高水质创造条件。

（2）每次雨后清理砂石过滤池表层沉积物；定期更换或者清洗砂石滤料，按设计级配进行滤料填装。

（3）定期清洗过滤器滤芯、滤片和滤网；正常运行中当过滤器两端压力差超过使用要求时，设置有反冲洗功能的应及时进行反冲洗，无反冲洗功能的应停运清洗。

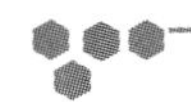

(4) 按设计要求及时清洗净水器；对一些采用PP棉、活性炭、树脂的净水器，要按设计要求及时更换不能满足使用要求的配件和原料。

5. 加盖密闭与定期清淤

对蓄水设施加盖可有效截断蚊虫进入水中滋生病菌、传染疾病的途径。另外，雨水中的各种杂质包括一些植物腐殖质、重金属离子以及其他有害物质，经沉淀后全部聚集在淤泥中，进行定期清淤可除去这些有害物质，降低水体变质的概率，提高雨水水质。

6. 杜绝二次污染

事实证明，传统的雨水集蓄利用在取水、用水环节的二次污染概率很高。为此，应配套加压取水设备、取水管路系统，推广直接取水到锅台灶房的供水方式。对一些暂时无条件实施管路供水的用户，应改善传统的吊桶取水、用水方式，如固定取水吊桶，有效避免进窖水桶与地面、畜群、蚊蝇的接触，在厨房的盛水器皿上加盖等。实践证明，做好了这些环节的安全卫生管理，发生水体二次污染的概率将大大下降。

7. 实施混凝沉淀

絮凝与混凝是去除水中细小颗粒最常用的方法之一。絮凝是通过在细小颗粒之间“搭桥”继而形成团状颗粒加速沉淀，混凝是通过“去电”消除细小颗粒之间的“斥力”形成较大颗粒加速沉淀。目前，对雨水水质处理较多采用混凝剂，比较传统的方法是加入明矾——十二水合硫酸铝钾。当明矾加入水中后，即成为一种带正电的胶体粒子，它与带负电的细小泥沙颗粒互相吸引，聚集为较大的颗粒继而加速下沉，使水质变清。明矾一般直接投加在蓄水设施中，根据经验，一般每100L水投加20g左右的明矾，可使70%的细小泥沙颗粒得以沉淀。目前，专门针对雨水水质的混凝剂——聚合氯化铝铁得到了推广应用，一般每100L水加入4g左右的聚合氯化铝铁，可使水质浊度降低到0.35NTU以内。

8. 进行消毒处理

就现状而言，用于雨水水质消毒的药物目前主要使用漂白粉，其使用量为每吨水投加50g漂白粉。漂白粉加入水中后，经水解产生的次氯酸不仅具有很强的灭活能力，而且还能防止藻类繁殖，促使有机物分解。另外，煮沸作为最简单的水质处理方法之一，在我国雨水集蓄利用区得到了广泛应用。煮沸后，不仅可有效杀灭大肠杆菌等各种微生物，而且还可使一部分固体悬浮物得到沉淀去除。

9. 建设人工湿地

对大型的雨水集蓄利用工程，可根据雨水水质特性，如颗粒分布与沉淀性能、水质与流量变化、污染物种类和含量等，在雨水进入蓄水设施前，采用包括滞留沉淀、吸附、过滤、稳定塘等在内的人工湿地自净化处理技术，从而提高雨水水质。

第三篇

实　践　篇

第八章　农村雨水集蓄利用实践

甘肃省是国内率先开展雨水集蓄利用技术研究与大规模推广的省级行政区之一，其雨水集蓄利用技术与实践在国内具有良好的代表性。

第一节　甘肃农村雨水集蓄利用模式与特点

甘肃省水资源严重短缺，半干旱区域广布，绝大部分区域农村生活用水、农业生产与生态植被建设完全依赖于天然降水，尤其是雨养农业成为该区域农业发展的支柱。源于20世纪80年代中后期的农村雨水集蓄利用技术，有力地支撑了甘肃农村雨水集蓄利用实践，显著促进了农村区域经济社会发展。

就现状而言，农村雨水集蓄利用主要用于农村生活、农业灌溉和生态植被建设，与之相应的利用模式包括农村生活用水模式、农业灌溉模式和生态植被建设模式。

一、农村生活用水工程模式

（一）农村生活用水系统构成

根据我国目前推广实施的农村雨水集蓄利用生活用水工程的具体实践，按照“农村安全供水”要求和农村雨水集蓄利用的特点，基于安全饮水的农村生活单户农村雨水集蓄利用系统主要包括雨水收集系统、雨水储存系统、雨水净化系统与雨水取用系统。

1. 雨水收集系统

雨水收集系统是指用于收集雨水的集流面，包括现有集流面、专门集流面和天然集流面，用于农村生活的农村雨水集蓄利用收集系统主要利用现有集流面和专门集流面。现有集流面主要指现有屋面，而专用集流面则利用庭院、场院和庄前屋后的其他闲散场地进行建设。从目前甘肃省实施的农村雨水集蓄利用生活用水工程实践来看，现有屋面一般为瓦屋面（主要有小青瓦和机制瓦），只有极少部分采用混凝土或砂浆抹面屋面；庭院、场院和庄前屋后的闲散场地一般采用混凝土硬化作为集流面，只有极少部分为原土夯实集流面。

集流面大小依据当地天然降水量、降水特性、用水人口与牲畜数量以及用水量标准计算确定，集流面类型一般遵循坚固耐用、集流效率高、可就地取材的原则选用。从目前实际利用情况来看，混凝土集流面以其显著的特点而得到普遍推广应用。除此之外，屋面作为农村地区分布最广、集流效率较高的一种潜在集流面而被广泛利用。

2. 雨水储存系统

雨水储存系统是指用于储存雨水的水窖、水池等设施。从目前甘肃省的利用情况来

看，主要有砂浆抹面水窖、混凝土水池、砌石水池等。

雨水储存设施的总容积根据来水过程和用水过程、设计的供水保证率，通过调节计算和经济比较确定，单个蓄水设施容积根据当地的地质条件和选用的蓄水设施形式确定。砂浆抹面水窖容积一般采用 $30m^3$，混凝土水池容积一般在 $30\sim50m^3$ 之间。砌石水池容积一般在 $50m^3$ 以上，部分较大者可达到 $100m^3$ 左右。

3. 雨水净化系统

雨水净化系统主要用于除去水中泥沙、水泥类胶凝质杂质、漂浮物以及大肠杆菌等。根据农村雨水水质特点，通常情况下，一般采用蓄前粗滤、蓄后沉淀和终端精滤三级处理方法进行水质净化处理。蓄前粗滤是指通过在蓄水设施进水口处设置拦污栅、平流式沉沙池、格栅式沉沙池、砂石过滤池和虹吸式沉沙池等设施对雨水中的粗颗粒泥沙、杂草等杂质，在雨水进入蓄水设施之前进行的简单过滤处理；蓄后沉淀是指在雨水进入蓄水设施之后，通过投加明矾（硫酸铝）、草木灰（碳酸钾）、“灭疫皇”药物等进行的二次沉淀与消毒处理；终端精滤是指采用过滤器、净化器、净水器等成套水处理设备，对雨水在饮用前进行的深度过滤与净化处理，同时坚持采用煮沸灭菌的方法进行饮用。

从目前甘肃省农村雨水集蓄利用系统的使用情况来看，一般只进行蓄前粗滤和蓄后沉淀处理，而限于财力、技术、设备维护等诸多因素的制约，目前采用终端精滤处理的还为数不多。

4. 雨水取用系统

目前，甘肃省农村雨水集蓄利用农村生活用水系统采用的取用水设施主要有吊桶、手压泵、电动潜水泵等。吊桶是这一地方千百年来一直沿用的简易取水方式，其特点是经济、灵活、适用，但不足之处是取水过程容易造成对水体的二次污染；手压泵和电动潜水泵是结合农村雨水集蓄利用技术推广利用重点配套的主要取水方式，其特点是方便、安全、卫生，但需要一定数量的设备投资，尤其是电动潜水泵需要电力作为保证，在一些偏远山区受到了一定限制。

（二）农村生活用水模式

甘肃省农村雨水集蓄利用生活用水工程大多依赖于天然屋面、庭院等集水，采用砂浆抹面水窖、混凝土水池等蓄水，通过吊桶、手压泵、潜水电泵等加压供水。由此可见，目前推广应用的农村雨水集蓄利用生活用水工程在集水措施上以屋面、庭院等为主，在蓄水设施上以水窖、水池为主，而且集水、蓄水工程已经基本定型且同类工程措施之间在布置形式、使用功能等方面差别不大；但在供水方式上却存在较大差别，吊桶、手压泵、潜水电泵则分别代表了农村雨水集蓄利用的不同发展水平和阶段。总体来看，目前甘肃省农村雨水集蓄利用农村生活用水主要包括以下三种利用模式。

模式一：屋面、庭院集水＋水窖、水池蓄水＋吊桶取水模式

该模式是在传统的农村雨水集蓄利用技术屋面与庭院集水、红胶泥水窖蓄水、吊桶供水基础上，采用现代材料与防渗技术：①通过屋面改造、庭院混凝土衬砌，显著提高雨水收集效率；②采用砂浆抹面水窖、混凝土水池替代红胶泥水窖，有效减少蓄水设施渗漏损失。但该模式仅对屋面、庭院以及水窖进行了高标准防渗处理，而在取水环节上仍然采用吊桶，是农村雨水集蓄利用生活用水工程初级发展阶段最为常见的一种利用模式，具有节

省能耗、灵活方便、使用简单、随机性强等特点，但不足之处是吊桶取水不仅规模较小，而且存在二次污染，不能保障水质、水量安全，在目前的农村雨水集蓄利用工程规划、建设中已经很少采用。

模式二：屋面、庭院集水＋水窖、水池蓄水＋手压泵取水模式

该模式是在模式一的基础上，采用手压泵取水替代了吊桶取水，进一步提高了取水水平。手压泵取水在我国广大平原地下水丰富地区十分普遍，应用历史悠久，但手压泵在干旱缺水地区的应用则源于农村雨水集蓄利用技术的诞生。该模式在我国早期的农村雨水集蓄利用工程尤其是生活用水工程中十分常见，具有节省能耗、操作简单、适应性好等特点，但不足之处是部分规格的手压泵密封性较差，需要加水才能启动开始工作，一定程度上增加了取水工作量和使用难度。

模式三：屋面、庭院集水＋水窖、水池蓄水＋潜水泵取水模式

该模式是在模式一、模式二的基础上，采用潜水泵替代吊桶、手压泵取水，基本实现了取水环节的自动化。近年来，该模式在农村雨水集蓄利用生活用水工程中得到了大量推广应用，为干旱缺水山区实现“自来水”提供了可能，显著提高了农村雨水集蓄利用技术水平和农村生活用水水平，确保了农村安全饮水，彰显了良好的经济效益和社会效益。雨水集蓄利用农村生活用水模式示意图见图 8－1。

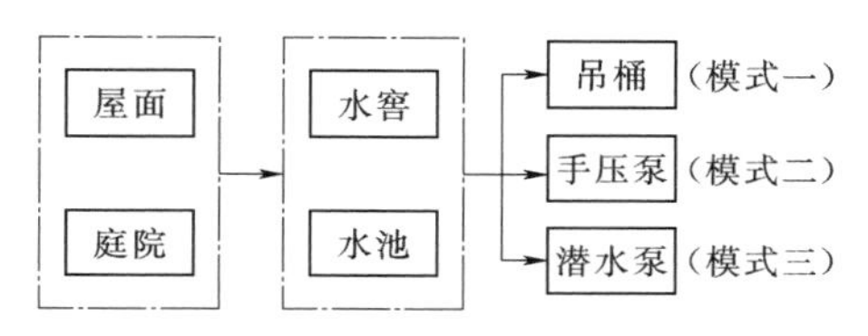

图 8－1　雨水集蓄利用农村生活用水模式示意图

（三）基于安全饮水的单户农村生活用水模式

基于安全饮水的农村生活农村雨水集蓄利用系统将注重从水量安全、水质安全两方面出发，提出能够满足单户用水需求的、符合农村生活饮用水标准的农村雨水集蓄利用工程建设模式。

1. 水量安全供给系统

水量安全是衡量农村供水安全的重要指标之一。如前所述，在农村雨水集蓄利用条件下，确保农村单户生活安全供水的水量供给系统主要包括集水系统、蓄水设施和供水设施。

（1）集水系统。集流面是农村雨水集蓄利用系统的“源泉”，集流面的大小对水量安全具有决定性的作用。从目前农村雨水集蓄利用系统集流面使用现状来看，确保雨水安全供给的集流面系统除农村现有的传统小青瓦屋面外，庭院、场院混凝土衬砌也具有很好的集流效果，为安全供水提供了重要保障。

（2）蓄水设施。在农村雨水集蓄利用系统中，蓄水设施主要用于蓄水和调节供水，对提高供水保证率具有重要作用，与集流面一并成为农村雨水集蓄利用系统不可或缺的组成部分。分析现状蓄水设施使用情况，能够确保安全利用的蓄水设施主要有现浇混凝土水池与砂浆抹面水窖，蓄水容积从 $30m^3$ 到 $50m^3$ 不等。但从检修需要和提高供水保证率的角度考虑，单纯用于解决农村生活水的水池数量不应少于 2 座。通过分析计算，不同降水量地区确保单户安全供水的集流面数量及蓄水设施容积见表 8－1。

（3）供水设施。甘肃省农村雨水集蓄利用工程单户农村生活用水模式中的供水设施主

表 8-1 不同降水量地区确保单户安全供水的集流面数量及蓄水设施容积表

降水量分区/mm		250～350	350～450	450～550	550～650
集流面/m^2	小青瓦	100	100	100	100
	混凝土	280	210	160	130
蓄水设施容积/m^3		90	90	80	70

注 1. 按户均人口 6 人，用水定额 25L/(人·d)，大牲畜 2 头，用水定额 40L/(头·d) 计算。
2. 屋面集流面按 $100m^2$ 计算。

要采用潜水泵，一般选用流量 5～$10m^3/h$、扬程 5～15m 即可满足使用要求。同时，为保证电潜泵正常运行，将电潜泵采用支架固定在距蓄水设施底部 20cm 左右的位置，并在水泵进水口位置设置过滤网。

2. 水质安全保障系统

水质安全是实现农村安全饮水的又一重要衡量指标。从目前甘肃省农村雨水集蓄利用实践来看，确保水质安全的主要措施包括蓄前粗滤、蓄后沉淀（包括加药消毒）处理和终端精滤三个环节。

(1) 蓄前粗滤。农村生活用水蓄前粗滤主要采用平流式沉沙池和砂石过滤池。其中：平流式沉沙池以其结构简单、维修方便而得到普遍应用。根据单户农村雨水集蓄利用系统水量要求及雨水水质特点，平流式沉沙池一般采用矩形结构，根据水流行进速度、一次集流总量与泥沙含量等参数计算确定，长度一般为 2.0m 左右、宽度在 1.0m 左右、深度 1.0m。砂石过滤池设计采用地埋式矩形结构，净长 2.0m、宽 1.0m、深 1.0m。内装不同级配的砂石材料组成过滤层，对雨水进行粗滤处理。过滤层总厚度 60cm，共分三层设置，厚度各为 20cm。其中上层为直径 0.3～0.5mm 的细砂，中层为直径 2～5mm 的粗砂，下层为直径 15～30mm 的砾卵石。同时，为防止杂草、沙石等进入蓄水设施，沉沙过滤池终端出水口位置设计采用 $\phi6$ 钢筋按间距 2cm 焊制拦污格栅，上挂铁丝网。

(2) 蓄后沉淀处理。蓄后沉淀处理是农村雨水集蓄利用中十分重要的环节，也是传统农村雨水集蓄利用中水质净化的唯一途径，其主要方式是采用人工投加草木灰的方式加速水体中泥沙等杂质的沉淀，从而达到净化水体的目的。从水质安全角度出发，甘肃省农村雨水集蓄利用实践中，根据雨水水质特点，采用人工雨后投加明矾（硫酸铝）、消石灰、碱式氯化铝等化学药剂的方法加速水体澄清，起到了很好的效果。同时，适量投加“漂白粉”和“灭疫皇”等药物，杀灭水中的大肠杆菌，对提高水质标准同样可以起到很好的作用和效果。各类水质净化与消毒药剂参考用量见表 8-2。

表 8-2 各类水质净化与消毒药剂参考用量表

药剂名称	明矾	消石灰	碱式氯化铝	漂白粉	灭疫皇
主要成分	$Al_2(SO_4)_3$	$Ca(OH)_2$	$Al_n(OH)_mCl_{3n-m}$	$Ca(ClO)_2$	
参考用量/(mg/L)	10～20	50～100	10～20	有效氯 1.5	有效氯 1.5

(3) 终端精滤。农村雨水集蓄利用生活用水工程终端精滤主要采用净水器。净水器品种很多，适合雨水水质特点的净水器一般采用三级过滤，一级过滤层采用 PP 棉，主要用于去除水体的各种杂质，降低水体浊度；二级过滤采用树脂，主要用于过滤水体中的不溶

性离子，降低水体硬度；三级过滤采用活性炭，主要作用是灭活，即杀死水体中包括大肠杆菌在内的各类细菌，改善水质状况，达到生活饮用水卫生标准。

3. 单户雨水安全利用模式

安全饮水包括水量安全和水质安全两个范畴的概念。水量安全要求具有足够的水量满足人们基本的生活用水需求，而水质安全又要求提供的水体必须符合生活饮用水标准，保障饮用者身心健康。确保水量足够、水质达标的单户雨水集蓄利用模式示意图见图 8-2。由此可见，雨水安全利用同样包括水量安全和水质安全两方面内容。从前述探讨也可以知道，单户雨水安全利用系统由水量安全供给系统与水质安全保障系统构成。其中，水量安全供给系统主要包括集流面集水、蓄水设施存水和取水设施供水，水质安全保障系统主要包括蓄前粗滤、蓄后沉淀和终端精滤等三个环节。

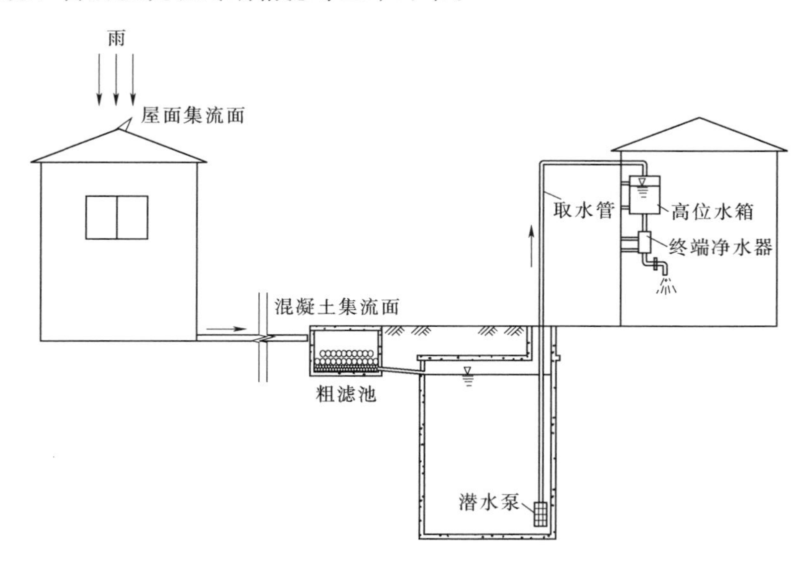

图 8-2　农村单户生活雨水集蓄利用模式示意图

二、农业灌溉工程模式

以甘肃省“集雨节灌”工程为代表的雨水补充灌溉农业在我国干旱缺水地区农业灌溉中发挥了十分重要的作用，已成为区域农业生产新的增长极。总体来看，甘肃省农村雨水集蓄利用农业灌溉工程发展模式主要包括雨水就地叠加利用模式、塑料大棚雨水高效利用模式、现有弱透水面集水利用模式、专用集流面利用模式以及小流域集水综合利用模式。

（一）就地叠加利用模式

雨水就地叠加利用模式是将覆膜技术和膜侧种植技术相结合，就地集水，就地利用，从而达到集水、保墒、抗旱的目的。严格地说，雨水就地叠加利用模式属于农艺耕作技术范畴，俗称垄沟种植技术，主要是通过在田间修建小弓型土垄，在垄埂上覆盖塑料薄膜产流，小垄沟接纳雨水向土壤深层入渗，增加土壤水分入渗量，减少流失或无效蒸发损失，直接提高降水利用率，促进作物生长。进一步分析可知，田间集雨过程实际上是一个雨水空间叠加的过程，即非种植区的降雨由于塑料薄膜的防渗作用自然汇集到种植区，两块土地上的雨水被其中一块土地（种植区）利用，在同等降雨条件下使作物种植区的可利用水分显著增加，保障了作物生长过程对水分利用的需求。雨水叠加利用示意图见图2-2。

雨水就地叠加利用技术的主要特点在于将非种植区的天然降雨供给种植区作物生长利用，其利用流程为通过垄沟种植实现叠加富集雨水→土壤水库储存雨水→生物高效利用雨水；关键技术是改变地表空间立体微地形，形成膜料覆盖集雨区和作物种植区，将集雨区的雨水汇集到种植区进行利用。该模式适合在干旱、半干旱山区的坡耕地和梯田上利用，能够有效提高降水利用效率，尤其适合在小麦、玉米等宽行栽培作物中应用。具体运用时应充分考虑当地的天然降水、气候、作物种类，在不同类型地区对不同作物具有不同的利用模式。在甘肃天然降水量400mm左右的地区，通常的做法是在一块田地中，间隔30cm左右，覆膜40cm左右，在垄膜的两侧种植作物。这种方法比常规种植方法空地面积大，采光、通风条件优越，叠加富集之后的可利用水分增加1倍以上，水分供给情况大为改善，作物长势良好，单产远远高于普通大田。

（二）塑料大棚雨水高效利用模式

塑料大棚雨水高效利用模式即利用已有塑料大棚塑膜棚面作为集流面进行集水，是雨水集蓄系统与大棚设施农业有机结合形成的一种雨水高效利用形式。该利用模式充分利用大棚塑膜棚面集水：①在棚面汇流处修建深20cm、宽20cm的混凝土集水槽，用于汇集棚面雨水；②依据大棚温室面积修建1～2眼体积30～50m^{3}左右的蓄水设施，有效储存塑膜棚面集水；③选配与温室灌溉技术相一致的灌溉供水、过滤、施肥等首部设施；④根据大棚温室作物种植情况，配套田间高效节水灌溉系统，实现对雨水的高效利用。同时，值得指出的是，在降水量较小或棚内设施农业需水量较大地区，当塑膜棚面集水不足时可以修建混凝土集流面作为补充。塑料大棚雨水集蓄工程布置示意图见图3-8，利用模式流程图见图8-3。

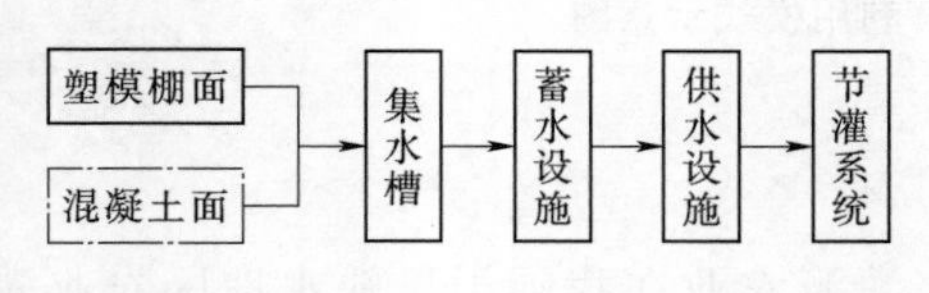

图8-3　塑料大棚雨水高效利用模式流程图

塑料大棚塑膜棚面以其良好的集流效果在农村雨水集蓄利用中发挥了重要作用，不同降水量地区塑料大棚塑膜棚面集水量见表8-3。甘肃省农村雨水集蓄利用实践证明，在降水量400mm及其以上地区，依靠棚面集雨就可确保棚内作物的灌溉用水需求，而在降水量不足400mm的地区则要采用混凝土集流面作为补充。其中，在降水量300mm地区，在拟定的辣椒＋秋冬茬黄瓜、辣椒＋秋冬茬番瓜、早春西红柿＋秋冬茬黄瓜、早春西红柿＋秋冬茬番瓜、早春黄瓜＋秋冬茬番瓜、早春番瓜＋秋冬茬黄瓜等作物种植模式下，塑膜棚面集水均不能满足灌溉需水，缺水量在0.3～28.3m^{2}之间，需要分别建设3～131m^{2}的混凝土集流面补充集水；在降水量350mm地区，在前述作物种植模式中，早春西红柿＋秋冬茬黄瓜、早春西红柿＋秋冬茬番瓜、早春黄瓜＋秋冬茬番瓜模式不缺水，而辣椒＋秋冬茬黄瓜、辣椒＋秋冬茬番瓜、早春西红柿＋秋冬茬黄瓜等作物种植模式缺水量分别为3.1m^3、5.5m^{3}和5.5m^3，需要分别建设14m^2、25m^{2}和25m^{2}的混凝土集流面进行补充集水。

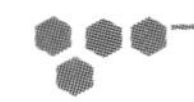

表 8-3　不同降水量地区塑料大棚塑膜棚面集水量表

降水量/mm	300	350	400	450	500
集水量/m^3	125.3	148.1	171.5	195.5	222.0

注　塑料大棚建设面积按长度 60m、宽度 8m 计算，集流效率按有关规范取用。

据分析计算，甘肃省典型区域塑料大棚平均集流效率达 87.9%。由表 8-3 可知，长 60m、宽 8m 塑料大棚在一个作物种植期内，在 300mm 降水量地区可集水 125.3m^3，在拟定的 6 种作物种植模式下，水分自给率在 77.4%～99.5%之间。

（三）现有弱透水面集水利用模式

现有建筑物弱透水面主要是指已形成的集流效率较高、渗透系数较小、适宜集流的场地，如打碾场、家庭场院、学校操场、水泥或沥青路面、农用道路、荒山荒坡等。

在甘肃农村雨水集蓄利用实践中，考虑到发展农村雨水集蓄利用需要巨大的工程投入，工程建设充分利用区域内各种现有弱透水表面作为集流面，很好地发挥了工程设施简单、截引利用方便、减少工程投资、加快建设进度等优点。现有弱透水面集水利用模式流程图见图 8-4，利用模式见图 8-5。

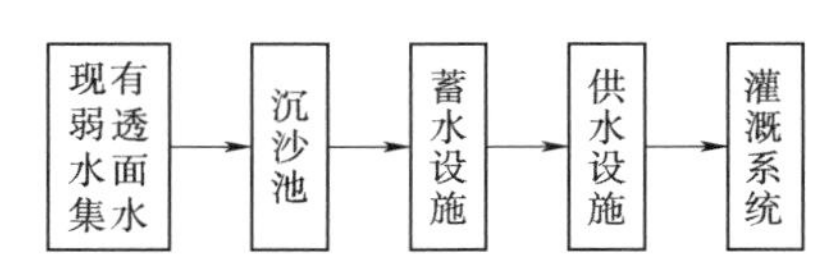

图 8-4　现有弱透水面集水利用模式流程图

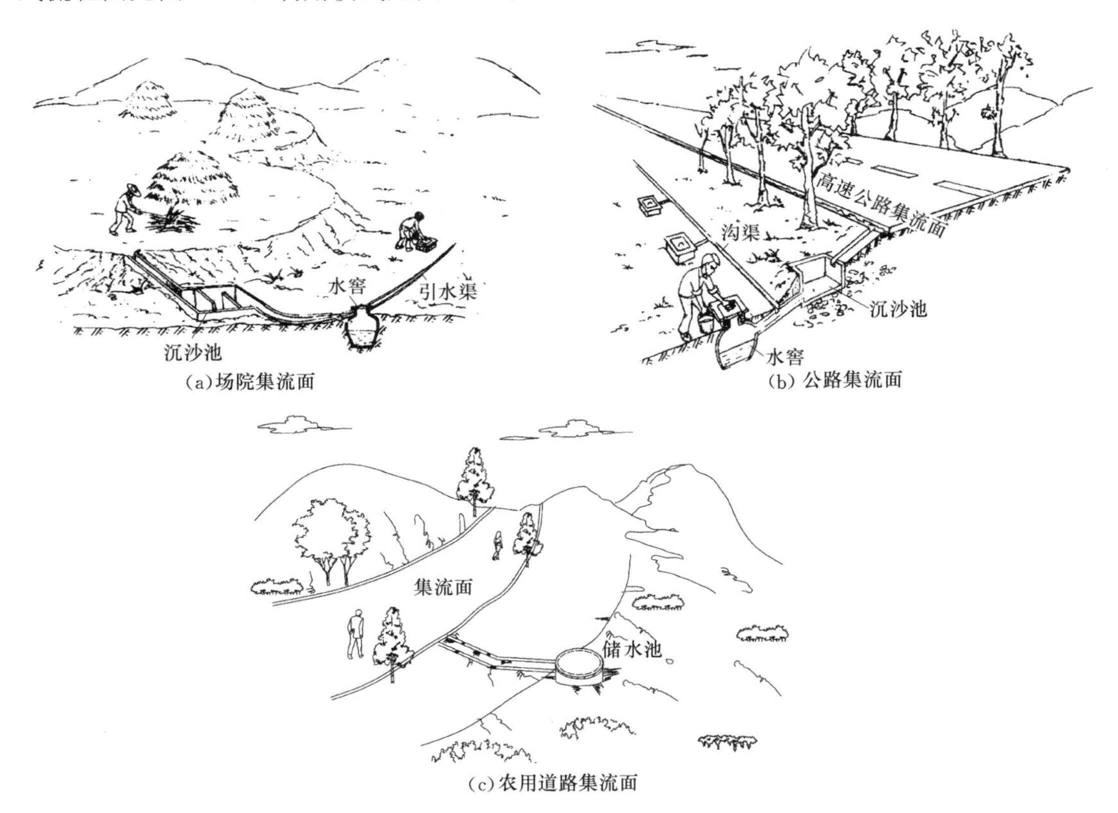

图 8-5　现有弱透水面集水利用模式

1. 场院及屋面集流面利用模式

庭院、场院在农村地区分布广、数量大，作为农村雨水集蓄利用工程集流面得到了大量应用。场院集流面包括打碾场、家庭场院、学校操场等。由于面积较小，往往只能为一个水窖供水。其集流效率比原土夯实面稍高，在半干旱地区，约为15%～25%。场院在农村中分布较多，应加以充分利用。

在农村，可作为集流面的建筑物表面还包括各类屋面。水泥瓦屋面的集流效率可达70%～80%，机瓦屋面集流效率约为40%～50%，农村自制的小青瓦集流效率只有30%～40%。屋面主要用于家庭生活供水的集流面，但在丰水年也可用于庭院花卉、菜园、果树等的补充灌溉。

2. 公路集流面利用模式

公路具有较高的集流效率，是良好的集流面。公路集流面是指利用已经建成的混凝土或沥青混凝土衬砌的公路路面作为集流面的一种农村雨水集蓄利用模式。一般情况下，公路两边都修建有公路排水沟，可根据当地的地形条件，在适当地点把水引出排水沟，经沉沙池沉淀处理后，再通过输水渠引入蓄水池；当地块离公路较远时，宜修建引水渠道把水分别引入蓄水设施中。

公路集流面集流效率与路面状况、道路等级以及公路保护带衬砌方式等因素有关。在降水量400mm左右的地区，对于一般条件的衬砌公路面，集流效率为62%～65%；路面状况较好，保护带级别较高时，公路的集流效率大致与混凝土专门集流面一致，可达70%以上。

3. 农用道路集流面利用模式

甘肃土地面积大，农用道路数量较多，一般情况下，在有耕地存在的地方均有农用道路存在。视农业生产的实际需要和灌溉方式的技术适应性，可采用直接引灌和拦蓄调节两种利用模式。农用道路集流效率高于天然荒坡面，利用潜力十分巨大。但其坡度一般变化较大，也没有排水渠，作为集流面利用时，应结合雨水集蓄系统的建设进行改造。对于大致平行于等高线的农用道路，一般需要在道路两侧修建集水渠，向某一方向集中引水；对于大致垂直于等高线的农用道路，一般只在需要引水的地方修建截引渠或引水口即可。一般情况下，农用道路集流面集流效率比管护良好的原土夯实集流面略低，一般为10%～15%。虽然如此，农用道路除了本身的集流效果外，往往还可汇集到周边荒山、荒坡和林地、草地以及农作耕地的雨水。因而，利用农用道路集流，往往可以达到较好的效果，在各地的农村雨水集蓄利用实践中被广泛应用。

4. 荒山荒坡集流面利用模式

甘肃省幅员辽阔，地形起伏，荒山荒坡数量大、分布广，在雨季具有一定的集流效果。利用天然荒山坡面作集流面时，应将集流场布置于拟灌耕地之上，使之形成一定的高差，尽量满足各种灌溉方式所需的水头，以便进行自压灌溉，并在坡面上按一定间距规划修建截流沟和汇流沟，利用输水渠道或管道把水引入涝池等蓄水设施。

建设于荒山荒坡上的集流面，应根据地形坡度确定纵向坡度，一般坡度不大于1/3，且应在集流面的下沿处设置截流引水渠，引水渠一般采用1/100～1/50的横向坡度，最小不得超过1/200。当建设较大型的农村雨水集蓄利用工程，采用荒山荒坡集雨时，由于荒山、荒坡集雨的含沙（泥）量相对较高，需要沉沙池的面积也往往较大，对此，应经专门论证确定。

（四）专用集流面利用模式

在一些地区，由于降水稀少又远离可利用的公路、场院等现有集流面，则需要修建人工集流面，作为农村雨水集蓄利用农业灌溉的专用集流面。目前，甘肃省推广应用的专用集流面类型主要有混凝土集流面、水泥土集流面、塑料薄膜集流面、原土夯实集流面以及其他新型材料集流面，而用于农业灌溉的集流面则主要以混凝土集流面为主。混凝土专用集流面集水利用模式流程图见图 8-6。

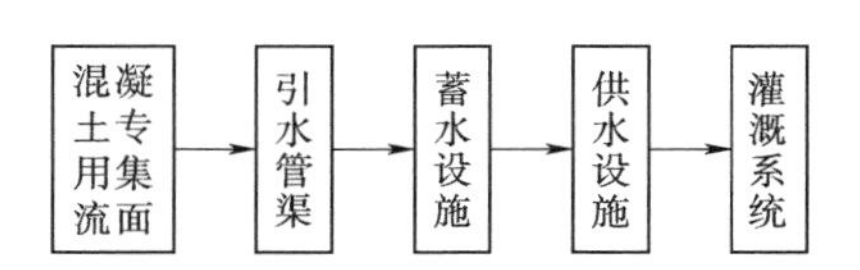

图 8-6　混凝土专用集流面集水利用模式流程图

混凝土作为防渗衬砌材料在渠道防渗、河湖护岸等工程中都有广泛应用，作为农村雨水集蓄利用的集流面防渗材料也已有十多年的时间，其应用技术已经成熟。混凝土集流面具有施工简单、坚固耐用、集流效率高等特点。作为集流面，除较多地在庭院内应用外，近年来也用于荒山、荒坡的硬化处理上，取得了很好的集流效果。由于混凝土集流面集流效率高、集流量大，往往需要修建输水渠，供给多个水窖蓄水。

甘肃省推广应用的混凝土专用集流面通常采用纵向、横向双向坡度。纵向一般采用1/20～1/10 的坡度，横向一般用 1/100～1/50 的坡度，纵、横方向均坡向引水渠或蓄水设施；建设于荒山荒坡上的集流面一般根据实际地形坡度确定纵向坡度，但为节省工程量，坡度一般按不大于 1/3 设计，且在集流面的下沿处设置截流引水渠，引水渠采用1/100～1/50 的横向坡度，最小按不小于 1/200 控制。

（五）小流域集雨综合利用模式

小流域集雨综合利用模式即以自然小流域为单元，通过塘坝、淤地坝等小型水利工程措施拦蓄雨洪，并合理规划布置沟、渠、管、路网络，将从小流域收集到的径流加以综合利用。目前，小流域配合塘坝、淤地坝利用模式已经成为甘肃旱地集水农业高效用水的主要利用模式之一。小流域集雨综合利用模式的特点是：集流面分布范围广，蓄水设施容积大，可供调蓄利用的水量较大，利用途径多样化，集水土保持效益、生态环境效益、社会经济效益为一体，费省效宏，推广利用前景广阔。小流域集雨综合利用模式流程见图 8-7。

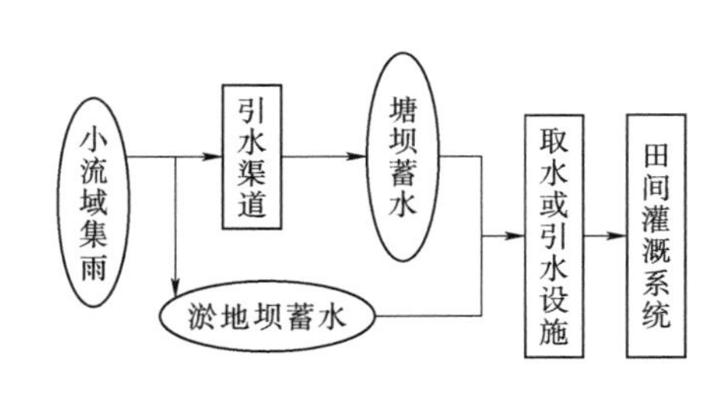

图 8-7　小流域集雨综合利用模式流程图

塘坝、淤地坝一般均采用黏性均质土坝挡水。对于规模较小的塘坝、淤地坝一般无引水设施，采用直接从坝内提引供水方式供水；中等以上规模的塘坝、淤地坝则埋设引水管，采用卧管或闸阀控制方式供水。

三、生态植被建设工程模式

农村雨水集蓄利用生态植被建设是指通过修建梯田、水平沟、鱼鳞坑以及小流域治理谷坊、淤地坝等措施，尽量拦截降水径流，有效增加土壤蓄水，实施生态植被建设，继而改善生态环境的一系列过程，其关键在于把雨水拦蓄在土壤中并加以利用，核心是提高了天然降水的利用率。

甘肃省位于黄土高原区，沟壑密布，地形变化多端。为了尽可能有效拦截天然降水，增加土壤蓄水，采取了包括修建梯田、条田、水平阶、鱼鳞坑等集水、蓄水工程措施在内的农村雨水集蓄利用生态植被建设模式，在生态植被建设实践中起到了很好的效果，显著提高了植被成活率和区域生态环境容量。

(一) 反坡梯田集雨利用模式

甘肃省梯田建设可以追溯到千年前，它能有效提高土壤湿度并保持耕地表层肥沃的土壤不致流失。因此，直到现在，梯田仍然是提高雨养农业生产和小流域治理中水土保持的主要措施。

梯田分为连台梯田和隔坡梯田。连台梯田适用于降水量相对较多而土地资源较少的地区，而隔坡梯田则适用于降水量较小而土地资源丰富的地区。反坡梯田集雨利用模式示例见图 8-8。

(a) 总体布局图

(b) 局部放大图

图 8-8 反坡梯田集雨利用模式示例

梯田适合于坡度 25°以上的坡耕地，宽度一般在 6～12m 之间，长度可达 100m 左右。典型利用情况表明，建成 1 年后，水平梯田土壤水分含量即可超过旱坡地。而且，随着耕种年限的增加，蓄水保墒效应不断凸显。水平梯田增加的水分主要集中在 0～60cm 土层中，平均含水量比坡耕地高出 1.9 个百分点，含水量增加 19.5%，0～30cm 土层内梯田土壤水分储存量平均比旱坡地高出 5.2m^3/亩，相当于增加了 7～8mm 的大气降水。

(二) 水平阶、水平沟集雨利用模式

水平阶、水平沟是干旱丘陵沟壑区生态植被建设最常见的工程措施之一，在甘肃省黄土高原水土流失区具有广泛的推广利用需求。水平阶、水平沟集雨利用模式示例见图8-9。

水平阶主要用于在坡度 15°～25°的坡地上植树，宽度一般为 1～1.5m 左右，为有效拦蓄降水，通常采用 3°～5°的反坡；其特点是具有一定的阶面宽度，可减少径流 70%以上，减少土壤冲蚀量 80%以上，适合于发展经济林，可依据经济林的栽植要求，根据阶面宽度布设林木。

水平沟同样适用于坡度 15°～25°的坡地，沟间距一般在 2.0m 左右，通常采用沟底宽度 0.3～0.5m，沟口宽度 0.6～1.0m 的建设模式；其特点是采用的“沟”状利用模式基本上可全部拦蓄地表径流，林木一般栽种在水平沟的坡脚处，为有效利用拦蓄径流提供了便利。

(a) 水平阶

(b) 水平沟

图 8-9 水平阶、水平沟集雨利用模式示例

(三) 人工集流坑集雨利用模式

人工集流坑是在水平沟的基础上，为进一步提高天然降水利用率而采取的一种类似于鱼鳞状的局部集水措施，俗称“鱼鳞坑”。鱼鳞坑可广泛适用于各种地形条件，当用于陡坡上时，常在河谷和沟道的岸坡上修建，其形状为半圆形，长 0.8～1.5m，宽 0.5～0.8m，深 0.3～0.5m，沿等高线布置成“品”字形，行距和坑距分别为 1.5m 和 2.0m。当用于缓坡地时，坑的形状类似于倒四棱台，四面坡共同向坑底集水，显著提高了雨水收集效率，增加了局部可利用水量，提高了生态植被成活率。人工集流坑（鱼鳞坑）集雨利用模式示例见图 8-10。

(a) 地面集流坑

(b) 台地覆膜集流坑

图 8-10 人工集流坑（鱼鳞坑）集雨利用模式示例

第二节 甘肃农村雨水集蓄利用总体需求

一、甘肃省农村雨水集蓄利用适宜区域

根据《雨水集蓄利用工程技术规范》（GB/T 50596—2010），适宜开展农村雨水集蓄

利用的区域为多年平均降水量大于 250mm 的半干旱地区和经常发生季节性缺水的湿润、半湿润山丘地区。因此，确定甘肃省农村雨水集蓄利用适宜区域为武威市凉州区及其以东的甘肃省广大区域，具体包括武威市凉州区（浅山区）、古浪县、天祝县以及兰州市、白银市、定西市、临夏州、天水市、平凉市、庆阳市、陇南市、甘南州所属的 69 个县（市、区）。甘肃省农村雨水集蓄利用适宜区域分布见表 8-4。

表 8-4 甘肃省农村雨水集蓄利用适宜区域分布情况表

序号	市（州）名称	县（市、区）	
		数量	名称
1	武威	3	凉州区（浅山区）、古浪县、天祝县
2	兰州	8	城关区、七里河区、西固区、安宁区、红古区、永登县、皋兰县、榆中县
3	白银	5	白银区、平川区、靖远县、会宁县、景泰县
4	定西	7	安定区、通渭县、陇西县、渭源县、临洮县、漳县、岷县
5	临夏	8	临夏市、临夏县、康乐县、永靖县、广河县、和政县、东乡县、积石山县
6	天水	7	秦城区、麦积区、清水县、秦安县、甘谷县、武山县、张家川县
7	平凉	7	崆峒区、华亭县、庄浪县、静宁县、泾川县、灵台县、崇信县
8	庆阳	8	西峰区、庆城县、华池县、正宁县、宁县、环县、合水县、镇原县
9	陇南	9	武都区、成县、西和县、礼县、两当县、徽县、康县、宕昌县、文县
10	甘南	7	合作市、夏河县、临潭县、玛曲县、碌曲县、迭部县、舟曲县
合计		69	

二、甘肃省农村雨水集蓄利用潜力

根据第二章第二节“农村雨水集蓄利用潜力及评价”，农村雨水集蓄利用潜力包括理论潜力、可实现潜力和现实潜力，其中现实潜力是指当前利用方式、技术水平和利用规模下，能够调控利用和已经实现的雨水资源利用量，对农村雨水集蓄利用实践具有重要指导意义。

目前，我国农村雨水集蓄利用主要包括就地利用、叠加利用和异地利用三种方式。其中不同的农村雨水集蓄利用方式，势必对应不同的农村雨水集蓄利用潜力。然而，从目前我国农村雨水集蓄利用实践来看，对其利用潜力的关注更多地集中在以雨水收集、蓄存为主的雨水异地利用方面。因此，本节仅就异地利用模式下的农村雨水集蓄利用现实潜力进行分析估算。

（一）雨水集蓄异地利用可利用集流面分析

1. 屋面利用潜力

屋面是甘肃省实施“121”雨水集流工程时主要依赖的集流面之一，对解决农村生活用水发挥了十分重要的作用。根据甘肃中东部地区农村住房建设实际情况，一般地区的农村住宅屋面面积均在 50～80m² 之间，主要以青瓦屋面为主。在进行雨水资源利用潜力分析时，近似地全部按青瓦屋面、户均 50m² 进行计算。经计算，甘肃省农村雨水集蓄利用

区共有屋面集流面 17322 万 m^2。

2. 庭院场院利用潜力

与屋面集流面一样，庭院集流面也是实施“121”雨水集流工程时主要依赖的集流面之一。根据甘肃中东部地区农村住宅建设情况，农村雨水集蓄利用潜力分析时，户均按 $100m^2$ 计算。经计算，甘肃省农村雨水集蓄利用工程实施区共有庭院集流面 34333 万 m^2。

3. 公路路面利用潜力

公路集流面在甘肃省实施“集雨节灌工程”时得到了大量利用，取得了很好的效果，不仅具有较好的集流效果，而且节省了集流面建设费用。据资料，甘肃省农村雨水集蓄利用区现有各种公路总长度 26138.3km，其中，高级公路 13.1km，一级公路 79.0km，二级公路 2143.3km，三级公路 8865.1km，四级公路 8630.8km，等外公路 6406.9km。同时，根据现行道路建设标准计算，全部公路拥有路面 21391.4 万 m^2。根据道路建设情况，与耕地面积比较匹配且可用于农村雨水集蓄利用集流面的道路长度约在 70%左右。但根据农村雨水集蓄利用实际情况，在这 70%的公路上，只有 1/2 的路面集流可被利用，其余 1/2 路面的集流利用难度较大。经计算，甘肃农村雨水集蓄利用区可利用的公路集流面面积总计为 7089 万 m^2。

4. 农用道路利用潜力

甘肃中东部地区多为丘陵区，农村道路密布，具有较好的集水效果。在实施农村雨水集蓄利用，发展集雨节灌农业的过程中，得到了一定的改造利用，取得了较好的效果。根据《甘肃省国土资源与可持续发展》，甘肃省农村道路总面积 178.68 万亩，其中甘肃农村雨水集蓄利用区农村道路总面积为 157.88 万亩（折合总面积 105302.4 万 m^2）。这些农村道路大多位于田间地头，靠近耕地，具有进行雨水收集利用的有利条件。按照建设标准、分布格局以及与耕地的匹配等，结合目前农村雨水集蓄利用现状分析，粗略估计，可用于集流并被收集利用的约占一半以上，潜力分析时按 50%进行计算。经计算，甘肃省农村雨水集蓄利用区共有农村道路集流面 51126 万 m^2。

5. 荒山荒坡利用潜力

甘肃中东部地区荒山荒坡众多，在雨季具有一定的集流效果。虽然其集流效率较低，但由于数量较大，在农村雨水集蓄利用中占有一定比例。在甘肃省“集雨节灌工程”实施过程中，通过修建一定数量的引水渠，利用涝池等蓄水灌溉，效果显著。根据《甘肃省国土资源与可持续发展》，甘肃省未利用土地总面积 29191.3 万亩，其中荒草地面积 3092.41 万亩。经分析估算，在甘肃农村雨水集蓄利用区荒山荒坡总面积约为 2161.99 万亩。根据“集雨节灌工程”建设情况，可用于集流并被收集利用的约占 10%左右，现实潜力分析时暂按 10%进行计算。

（二）农村雨水集蓄利用现实潜力估算

进行农村雨水集蓄利用现实潜力计算时，依据前述对各种可利用集流面的分析计算，按照分县（区）不同的降水量条件与不同集流面的集流效率，以县（区）为单元分别进行计算，再按市（州）进行汇总。多年平均降水量情况下，甘肃省农村雨水集蓄异地利用模式现实潜力计算结果见表 8-5。

表 8-5　　甘肃省农村雨水集蓄异地利用模式现实潜力计算结果表　　单位：亿 m³

区域	兰州	白银	临夏	定西	天水	平凉	庆阳	武威	陇南	甘南	合计
屋面	0.017	0.015	0.037	0.054	0.061	0.039	0.056	0.008	0.062	0.009	0.358
庭院	0.067	0.062	0.142	0.206	0.232	0.150	0.202	0.033	0.238	0.034	1.366
公路路面	0.014	0.015	0.019	0.030	0.032	0.032	0.031	0.008	0.038	0.015	0.234
农村道路	0.022	0.023	0.028	0.114	0.116	0.062	0.071	0.002	0.116	0.013	0.567
荒山荒坡	0.013	0.021	0.021	0.069	0.055	0.044	0.076	0.012	0.054	0.005	0.370
合计	0.134	0.136	0.247	0.473	0.496	0.327	0.436	0.063	0.508	0.076	2.895

由此可见，在可预见的技术水平与经济条件下，甘肃农村雨水集蓄利用区可集蓄利用现实潜力为 2.895 亿 m³，其中，屋面集水 0.358 亿 m³，占 12.37%；庭院集水 1.366 亿 m³，占 47.18%；公路集水 0.234 亿 m³，占 8.08%；农村道路集水 0.567 亿 m³，占 19.59%；荒山荒坡集水 0.370 亿 m³，占 12.78%。

值得指出的是：一方面，随着经济社会的发展，由于前述集流面的变化势必造成农村雨水集蓄利用现实潜力的变化。然而，在短期内，这种变化尚不足以从根本上影响和改变农村雨水集蓄利用潜力乃至发展方向和利用模式。另一方面，前述农村雨水集蓄利用现实潜力是指以收集、储存为手段的工程措施条件下的异地利用现实潜力，尚不包括除前述集流面之外的雨水就地利用、叠加利用模式下的利用潜力。

三、总体需求

（一）农村生活用水需求

根据甘肃省水资源状况，结合经济社会现状分析，在甘肃干旱缺水地区，依靠长距离大规模引水全面解决农村生活用水，尤其是在一些边远山区，短期内尚有一定难度。当务之急仍是按照实现农村安全供水的要求，建设农村雨水集蓄利用工程，利用雨水解决农村生活用水困难。

按照甘肃省具有饮用窖水习惯人口的分布区域粗略匡算，项目实施前，该区域约有 184.35 万人、119.426 万头大牲畜需要建设农村雨水集蓄利用工程解决生活用水问题。根据《雨水集蓄利用工程技术规范》(GB/T 50596—2010)，农村生活用水定额按 20L/(人·d) 计算，大牲畜用水定额按 30L/(头·d) 计算。经计算，该部分每年需要收集利用雨水约 0.265 亿 m³。甘肃省农村雨水集蓄利用区农村生活用水需求预测结果见表 8-6。

表 8-6　　甘肃省农村雨水集蓄利用区农村生活用水需求预测结果表

区　域	兰州	白银	临夏	定西	天水	平凉	庆阳	武威	合计
人口/万人	23.41	27.925	22.050	67.855	18.140	13.035	8.145	3.795	184.355
大牲畜/万头	7.488	26.194	8.288	56.662	5.312	4.596	8.000	2.886	119.426
需水量/亿 m³	0.025	0.049	0.025	0.112	0.019	0.015	0.015	0.006	0.265

（二）农业灌溉发展潜力

甘肃省降水稀少，十年九旱，旱作农业生产对水的需求巨大。因此，甘肃省农村雨水

集蓄利用区农业灌溉对农村雨水集蓄利用的需求按照“以供定需”的原则确定。如前所述，扣除覆膜垄沟种植、塑料大棚设施农村雨水集蓄利用在内的就地利用、叠加利用量外，甘肃省农村雨水集蓄利用区可利用雨水资源 2.893 亿 m^3，除用于解决当地农村生活用水需开发利用 0.265 亿 m^3 外，尚有部分不能完全用于农业灌溉。扣除这部分水量后，仍有 1.815 亿 m^3 的雨水资源可用于发展农业灌溉。按照目前甘肃省现状旱地农业补充灌溉 30m^3/亩的标准估算，约可发展旱地农业补充灌溉面积 605.07 万亩。甘肃省农村雨水集蓄利用区农业灌溉发展潜力计算结果见表 8-7。

表 8-7　　甘肃省农村雨水集蓄利用区农业灌溉发展潜力计算结果表

区　域	兰州	白银	临夏	定西	天水	平凉	庆阳	武威	陇南	甘南	合计
灌溉面积/万亩	34.52	27.55	71.67	104.33	110.67	51.00	123.33	4.00	76.33	1.67	605.07
需水量/亿 m^3	0.104	0.083	0.215	0.313	0.332	0.153	0.37	0.012	0.229	0.005	1.815

四、现状雨水资源开发利用程度

甘肃省现状农村雨水集蓄利用主要包括农村生活用水、农业灌溉用水和生态植被用水三个方面，但生态植被用水目前仅局限在对雨水的就地利用和叠加利用层面。因此，对雨水资源利用现状的评价仅限于农村生活用水和农业灌溉用水两方面。

根据“甘肃中东部地区农村雨水集蓄利用工程后评价及发展模式研究”成果（2005 年），甘肃省农村雨水集蓄利用区利用雨水资源总量 1.086 亿 m^3，其中，农村生活利用雨水 0.143 亿 m^3，农业灌溉利用雨水 0.943 亿 m^3。甘肃省农村雨水集蓄利用区雨水资源利用情况见表 8-8。

表 8-8　　甘肃省农村雨水集蓄利用区雨水资源利用情况表（2005 年）

区　域		兰州	白银	临夏	定西	天水	平凉	庆阳	武威	陇南	甘南	合计
现实潜力/亿 m^3		0.134	0.136	0.247	0.473	0.495	0.326	0.436	0.062	0.508	0.076	2.893
现状利用	农村生活/亿 m^3	0.008	0.021	0.022	0.046	0.018	0.009	0.015	0.004	0.000	0.000	0.143
	农业灌溉/亿 m^3	0.033	0.040	0.073	0.134	0.173	0.083	0.305	0.016	0.085	0.001	0.943
	合计/亿 m^3	0.041	0.061	0.095	0.180	0.191	0.092	0.320	0.020	0.085	0.001	1.088
	所占比例/%	30.9	45.2	38.4	37.9	38.7	28.2	73.5	31.3	16.7	1.8	37.6

从表 8-8 可以看出，甘肃省农村雨水集蓄利用区已利用雨水资源量占可利用量的 37.6%。其中，庆阳市开发利用程度最高，达到 73.5%；白银市次之，为 45.2%；甘南州现状利用水平最低，仅为 1.8%；而陇南市也只有 16.7%。

第三节　甘肃农村雨水集蓄利用工程现状

一、农村雨水集蓄利用工程现状

（一）农村生活用水工程现状

截至 2005 年年底，甘肃省自实施“121”雨水集流工程以来，利用农村雨水集蓄利用

工程解决农村生活用水的市州达到8个，在甘肃中东部地区建成高标准混凝土防渗集流面3939.1万m^2，新建和改造完成水窖50.53万眼，总蓄水容积达到0.13亿m^3，年收集利用雨水0.143亿m^3，基本解决了129.9万人、97.7万头牲畜的饮水困难问题。同时，发展庭院经济1.7万亩，建成养殖和农副业加工点1万余处。“121”雨水集流工程从1995—1996年分期建成到2005年，这些工程绝大部分都能正常发挥作用，对解决甘肃中东部地区的农村生活用水困难发挥了重要作用。但在运行过程中，由于工程选址、地质条件、建设质量、管理不当等原因，均程度不同地造成了一些毁坏。由于集流面工程维修简单，目前仍都处于正常运行状况，而水窖工程则在数量上有一定减少。目前，全省“121”雨水集流工程蓄水设施平均完好率87.1%，详见表8-9。

表8-9 “121”雨水集流工程水窖利用情况表（2005年）

项目	兰州	白银	临夏	定西	天水	平凉	庆阳	武威	合计
建成数量/万眼	3.95	3.21	11.27	13.31	4.65	8.31	4.65	1.18	50.53
完好数量/万眼	3.84	3.21	11.27	13.11	4.63	5.03	2.03	0.91	44.02
完好率/%	97.0	100.0	100.0	98.5	99.6	60.5	43.6	77.2	87.1

（二）发展农业灌溉工程现状

甘肃旱作农业补充灌溉主要包括大田作物、果树、瓜类和塑料大棚设施农业等。其中大田作物主要包括小麦、玉米和极少部分蔬菜，塑料大棚设施农业主要进行季节性蔬菜种植生产。

截至2005年年底，全省利用农村雨水集蓄利用工程发展农业补充灌溉的市州达到10个，累计共新建和改造利用集流面37109万m^2，建成集雨灌溉水窖208.0万眼，发展灌溉面积416.63万亩；现状运行灌溉水窖170.48万眼，平均完好率81.97%。年收集利用雨水0.943亿m^3，实际灌溉面积350.57万亩，其中大田灌溉面积312.24万亩，大棚灌溉面积38.33万亩。甘肃省旱地农业补充灌溉工程建设及实际运行情况见表8-10。

表8-10 甘肃省旱地农业补充灌溉工程建设及实际运行情况表（2005年）

项目		兰州	白银	临夏	定西	天水	平凉	庆阳	武威	陇南	甘南	合计
集流面/万m^2		2855	897	10377	7417	2808	2051	5973	3909	819	2	37109
蓄水设施数量	建成数/万眼	16.52	10.53	16.38	29.05	20.04	28.70	68.76	4.92	12.37	0.74	208.00
	完好数/万眼	14.53	10.15	16.68	27.78	19.64	18.97	47.35	3.64	11.27	0.48	170.48
	完好率/%	87.95	96.37	101.84	95.63	97.98	66.10	68.87	73.99	91.10	65.17	81.97
灌溉面积/万亩	合计	31.08	21.62	30.52	69.83	42.97	44.75	125.44	15.07	33.39	1.94	416.63
	大田	29.61	7.82	29.23	66.07	29.19	43.27	123.23	14.96	32.98	1.94	378.30
	大棚	1.47	13.80	1.29	3.76	13.78	1.48	2.21	0.11	0.41	0.00	38.33
实灌面积/万亩	合计	27.32	34.76	30.50	49.91	55.94	35.18	86.23	2.40	27.42	0.91	350.57
	大田	25.85	20.96	29.21	46.15	42.16	33.70	84.02	2.29	27.01	0.91	312.24
	大棚	1.47	13.80	1.29	3.76	13.78	1.48	2.21	0.11	0.41	0.00	38.33

二、现状农村雨水集蓄利用工程科学性评价

（一）农村生活用水工程

1. 评价方法

根据构成农村雨水集蓄利用生活用水工程各系统组成及其系统之间的内在关系，其科学性评价指标主要包括水量保障系数、工程设施匹配系数、匹配程度、蓄水设施复蓄指数、供水总体保障程度等。

（1）水量保障系数。

水量保障系数用来反映工程的可集水量对区域农村生活用水的保障程度。水量保障系数按式（8－1）进行计算：

$$B_{DS}=\frac{W_{DJ}}{W_{DX}} \tag{8-1}$$

式中 B_{DS}——农村生活用水工程水量保障系数；

W_{DJ}——农村生活供水工程可集水量，亿 m^3；

W_{DX}——农村生活用水需求量，亿 m^3。

依据式（8－1）计算的水量保障系数若大于等于1，说明农村雨水集蓄利用生活用水工程首先在水量上有保障，具备实现保障供水的基本条件；保障系数小于1，说明工程可供水量不能满足相应区域的农村生活用水需求，不能实现保障供水。

（2）工程设施匹配系数。

工程设施匹配系数是指水窖的调蓄容量与集流面可集水量之间的匹配情况。匹配系数可按式（8－2）进行计算：

$$P_D=\frac{W_{DT}}{W_{DJ}} \tag{8-2}$$

其中，调蓄容量可按式（8－3）进行计算：

$$W_{DT}=K_DV_D \tag{8-3}$$

式中 P_D——农村生活用水工程设施匹配系数；

W_{DT}——农村生活用水工程调蓄容量，亿 m^3；

V_D——农村生活用水工程总蓄水容积，亿 m^3；

K_D——农村生活用水工程水窖复蓄指数；

其他符号意义同前。

从前述对工程设施匹配系数的定义可以知道，工程的匹配系数越接近1，说明集流面与水窖工程之间的匹配程度越高，工程设施的利用率也就越高。匹配系数大于1，说明集流面不足或水窖数量过多，存在“有窖无水蓄”的现象；匹配系数小于1，说明水窖数量过少或集流面太大，存在“有水无窖蓄”的现象。

（3）工程设施匹配程度。

工程的匹配程度用相对误差进行衡量。在这里，相对误差被定义为工程的可集水量与调蓄容量之间的差值占可集水量的比例。相对误差可按式（8－4）进行计算：

$$L_D=\frac{|W_{DJ}-W_{DT}|}{W_{DJ}} \tag{8-4}$$

式中 L_D——相对误差，主要反映农村生活用水工程设施之间的匹配程度；

其他符号意义同前。

相对误差越小，说明工程设施之间的匹配程度越高；相对误差越大，说明工程设施之间的匹配程度越差。

(4) 蓄水设施复蓄指数。

蓄水设施复蓄指数是指工程的调蓄水量与总调蓄容积的比。复蓄指数可用式 (8-5) 计算确定。

$$K_{DX}=\frac{W_{DJ}}{W_{DT}} \tag{8-5}$$

式中 K_{DX}——农村生活用水工程复蓄指数，主要反映蓄水设施的利用程度；

其他符号意义同前。

复蓄指数大于或等于1，说明蓄水工程已经充分发挥了蓄水作用，而复蓄指数小于1，则说明蓄水工程未能满负荷运行，没有充分发挥应有的蓄水作用。

(5) 总体保障系数。

农村生活用水工程的总体保障程度采用总体保障系数进行评价，主要从集水、蓄水等角度联合反映实际工程对区域农村生活用水的总体保障程度。总体保障系数可按式 (8-6) 计算确定。

$$B_{DZ}=\begin{cases}B_{DS}P_D & (P_D\leqslant 1)\\ B_{DS} & (P_D>1)\end{cases} \tag{8-6}$$

式中 B_{DZ}——农村生活用水工程的总体保障系数；

其他符号意义同前。

2. 评价结果

通过对“121”雨水集流工程规划工程各系统指标的分析，采用相应地区的多年平均年降水量，按照前述提出的评价指标及其计算方法进行计算。多年平均降水条件下农村生活用水工程评价指标计算结果见表8-11。

表8-11 农村生活用水工程评价指标计算结果表

市（州）	可集水量/亿 m³	生活需水量/亿 m³	调蓄容量/亿 m³	水量保障系数	设施匹配系数	相对误差	复蓄指数	总体保障系数	缺水人口/人
兰州	0.0060	0.0088	0.0133	0.682	2.217	1.217	0.45	0.682	34285
白银	0.0153	0.0173	0.0121	0.884	0.791	0.209	1.26	0.699	69280
临夏	0.0157	0.0124	0.0112	1.266	0.713	0.287	1.40	0.903	18020
定西	0.0331	0.0310	0.0313	1.068	0.946	0.054	1.06	1.010	9728
天水	0.0133	0.0100	0.0134	1.330	1.008	0.008	0.99	1.330	0
平凉	0.0069	0.0066	0.0124	1.045	1.797	0.797	0.56	1.045	3774
庆阳	0.0111	0.0105	0.0101	1.057	0.910	0.090	1.10	0.962	6453
武威	0.0026	0.0040	0.0032	0.650	1.231	0.231	0.81	0.650	19220
合计	0.0944	0.1006	0.1070	0.934	1.138	0.138	0.88	0.934	160760

注 由于此地剩余水量无法实现彼地利用，因此，可集水量栏合计数不等于市州之和。

(1) 水量保障程度评价。就水量保障程度来看，天水市、临夏州水量保障程度较高，分别达到了1.330和1.266，说明规划工程在可集水量上除完全可满足规划数量的农村生活用水外，还有剩余水量可供发展庭院经济；而武威市最低，水量保障系数只有0.650，在现有的集流面数量情况下，远远不能满足规划农村生活用水的要求，在以后的规划工作中仍需要进一步加强这方面的工作。

(2) 工程设施匹配情况。

就全省平均情况来看，工程设施匹配系数1.138，匹配情况良好。其中，兰州市匹配系数最大，达到2.217，说明集流面数量不足或者水窖数量过多，水窖工程不能充分发挥作用，是典型的"有窖无水蓄"；而临夏州最小，为0.713，说明水窖数量不足或者集流面数量过多，致使"有水无窖蓄"。无论是"有窖无水蓄"，还是"有水无窖蓄"，都由于工程设施匹配不合理造成了资源浪费。

反映工程设施匹配程度的相对误差总体为0.138，匹配程度较高。首先兰州市相对差达到1.217，说明构成工程设施的集流面与水窖之间的匹配程度最差；其次为平凉市，为0.797，说明工程设施之间的匹配程度也很差；而天水市相对差最小，只有0.008，说明工程设施之间的匹配程度最好。

(3) 蓄水设施复蓄指数。整个项目规划蓄水工程复蓄指数为0.88，达不到《雨水集蓄利用工程技术规范》规定的1.3，说明蓄水设施没有很好地发挥作用。其中，兰州市蓄水设施的复蓄指数只有0.45，规划工程的蓄水设施长年处于闲置状态，处于"有窖无水蓄"的状态；而临夏州、白银市蓄水设施复蓄指数分别达到了1.40和1.26，处于"有水无窖蓄"的状态。

(4) 总体保障程度评价。

水量保障是实现工程保障供水的前提，只有当水量保障系数大于1，才有可能实现规划工程的保障供水。当可集水量大于规划需水量时，虽然工程的匹配程度较差，但由于规划水窖的容积满足规划需水过程的调蓄要求，也有可能实现保障供水；但当水量保障程度较低时（小于1），无论如何，也不可能实现保障供水。从表8-11可以看出，规划工程的总体保障系数为0.934。也就是说，在规划解决的125.5万人口，只有109.4万人能够实现保障供水，而其他的16.1万人的饮水仍然不能得到保障供给。

从分市（州）计算结果来看，天水、平凉市水量保障系数大于1，设施匹配系数大于1，供水完全有保障；而定西市由于水量保障系数较大，虽然设施匹配系数小于1，但工程的总体供水仍有保障，临夏州、庆阳市虽然水量保障系数也较大，但由于设施匹配程度较差，不能保障需水要求。而其他市（州）或由于水量保障程度不够，或由于工程设施不配套，均存在一定的问题，不是"有水无窖蓄"，就是"有窖无水蓄"，或者干脆既无集流面也无蓄水设施，致使保障供水成为奢望。

(5) 工程总体科学性评价。从前述分析可以知道，只有当可集水量对农村生活用水的总体供水保障系数越接近1，相对差越接近0，才说明工程的规划比较科学合理。据此评价，天水市农村生活用水工程设计最为科学合理，水量有保障，在解决人畜用水的同时，尚有部分多余水量发展庭院经济；而兰州市匹配程度最差，不能实现保障供水；平凉市虽然工程设施之间的匹配程度较差，但却能够实现保障供水；武威市虽然工程的匹配程度较好，但可集水量不足，供水无保障。

（二）农业灌溉工程

1. 评价方法

旱地农业补充灌溉工程的科学性评价指标主要包括水量满足系数、容量保障系数、工程匹配程度、灌溉保障系数、工程设施匹配系数、蓄水设施复蓄指数等。

（1）水量满足系数。旱地农业补充灌溉工程的水量保障程度可用水量满足系数表示。水量满足系数是指工程在多年平均条件下的可集水量与规划灌溉需水量的比值。水量满足系数可用式（8-7）计算确定。

$$B_{IS}=\frac{W_{IJ}}{W_{IG}} \tag{8-7}$$

式中　B_{IS}——灌溉工程水量满足系数；

W_{IJ}——灌溉工程可集水量，m^3；

W_{IG}——灌溉工程灌溉需水量，m^3。

计算时，亩均灌水定额按 $30m^3$/亩考虑，可集水量根据统计的集流面数量按多年平均降水条件计算确定。

（2）容量保障系数。旱地农业补充灌溉工程蓄水设施的调蓄容量保障程度可用容量保障系数表示。容量保障系数是指蓄水工程的调蓄容量与灌溉需水量的比值。容量保障系数可用式（8-8）计算确定：

$$R_{IS}=\frac{W_{IT}}{W_{IG}} \tag{8-8}$$

式中　R_{IS}——蓄水工程容量保障系数；

W_{IT}——灌溉工程调蓄容量，m^3；

其他符号意义同前。

容量保障系数越小，说明工程建设的蓄水设施数量不足，蓄水容积较小；容量保障系数越大，说明工程建设的蓄水设施数量充足，蓄水容积较大。

（3）工程匹配程度。工程设施匹配程度是指集流面工程和蓄水工程之间的匹配性，可采用匹配系数、相对误差和复蓄指数等指标进行评价。

匹配系数、相对误差以及复蓄指数等指标仍按农村生活用水工程科学性评价提出的方法进行计算。其计算公式为

$$P_I=\frac{W_{IT}}{W_{IJ}} \tag{8-9}$$

$$W_{IT}=K_IV_I \tag{8-10}$$

$$L_I=\frac{|W_{IJ}-W_{IT}|}{W_{IJ}} \tag{8-11}$$

$$K_{IX}=\frac{W_{IJ}}{W_{IT}} \tag{8-12}$$

式中 P_I——灌溉工程匹配系数；

W_{IT}——灌溉工程调蓄容量，亿 m^3；

V_I——灌溉工程总蓄水容积，亿 m^3；

K_I——灌溉工程复蓄指数；

L_I——相对误差，主要反映灌溉工程设施之间的匹配程度；

K_{IX}——灌溉工程复蓄指数，主要反映蓄水设施的利用程度。

(4) 灌溉保障系数。农业补充灌溉工程总体保障程度可用灌溉保障系数进行评价。灌溉保障系数由水量保障系数和工程设施之间的匹配系数联合确定，其指标计算仍采用农村生活用水工程提出的方法进行评价。具体计算可按式（8-13）进行：

$$B_{IZ}=\begin{cases}B_{IS}P_D & (P_D\leqslant 1)\\ B_{IS} & (P_D>1)\end{cases} \tag{8-13}$$

式中 B_{IZ}——灌溉工程灌溉保障系数；

其他符号意义同前。

2. 评价结果

旱地农业补充灌溉工程按照前述提出的评价指标及其计算方法，采用相应地区的多年平均降水量进行计算。计算结果见表 8-12。

表 8-12 旱地农业补充灌溉工程科学性评价指标结果表

市（州）	调蓄容积/亿 m^3	可集水量/亿 m^3	灌溉需水/亿 m^3	水量满足系数	容量保障系数	匹配系数	相对误差	复蓄指数	灌溉保障系数
兰州	0.0644	0.0108	0.09324	0.12	0.69	5.96	4.96	0.17	0.12
白银	0.0411	0.0063	0.06487	0.10	0.63	6.49	5.49	0.15	0.10
临夏	0.0639	0.0461	0.09158	0.50	0.70	1.39	0.39	0.72	0.50
定西	0.1133	0.0646	0.20949	0.31	0.54	1.75	0.75	0.57	0.31
天水	0.0782	0.0446	0.12893	0.35	0.61	1.75	0.75	0.57	0.35
平凉	0.1119	0.0369	0.13424	0.27	0.83	3.03	2.03	0.33	0.27
庆阳	0.2682	0.1237	0.37633	0.33	0.71	2.17	1.17	0.46	0.33
武威	0.0192	0.0069	0.04521	0.15	0.42	2.79	1.79	0.36	0.15
陇南	0.0482	0.0208	0.10017	0.21	0.48	2.32	1.32	0.43	0.21
甘南	0.0029	0.0001	0.00582	0.01	0.50	29.00	28.00	0.01	0.01
合计	0.8112	0.3607	1.24988	0.29	0.65	2.25	1.25	0.47	0.29

(1) 水量保障程度评价。从表 8-12 可知，全省平均水量满足系数只有 0.29，远小于 1，说明建设工程的可集水量较少，灌溉用水量严重不足。其中甘南、白银、兰州、武威四市集流面不足数量均在 80%以上。同时，也从另一个侧面证明了旱地农业补充灌溉工程只重视蓄水工程建设，而忽视了水源工程——集流面配套建设事实的存在。

(2) 容量保障程度评价。全省平均容量保障系数仅为 0.65，说明工程建设在集流面严重不足的同时，还存在蓄水设施数量严重不足的问题，蓄水容积较小，尤其是武威、陇南两市欠账较大，现有数量均不足50%。

通过前述分析可知，一方面由于集流面数量不足，水量没有保障；另一方面，水窖数量严重不足，即使有足够的水量也不能进行有效的调蓄利用。所以说，单纯地依靠建设集流面或者增加水窖数量，均不能从根本上解决工程实施带来的灌溉用水量严重不足的深层次问题。

(3) 工程匹配程度评价。全省平均工程设施匹配系数为2.25，说明工程设施之间的匹配程度很差，表现为全省10个市（州）全部缺少集流面数量。其中，临夏州工程设施之间的匹配程度最高，匹配系数为1.39，定西、天水两市次之，为1.75；而甘南州匹配程度最差，几乎没有建设集流面；白银、兰州两市工程的匹配程度也很差，匹配系数达到6.0左右，集水量仅能满足水窖蓄水能力的1/6左右。

(4) 总体保障程度。总体来看，全省旱地农业补充灌溉工程的灌溉供水保障系数只有0.29，现有工程的供水能力只能满足实际完成工程灌溉需求的30%不到。其中，临夏州保障程度最高，能满足50%的需求，其次为天水市，但也只占35%；而兰州市、白银市、甘南州总体保障程度较差，均在20%以下，尤其是甘南州，几乎没有任何保障，供水保障程度仅为1%。

三、农村雨水集蓄利用存在问题

由于实施对象、条件的多变和复杂，加之其他一些人为因素的干预和影响，农村雨水集蓄利用工程在规划、设计、施工以及建设管理和运行中确实存在着一些问题，对工程效益发挥和可持续发展带来了一定障碍。归纳起来，这些问题主要表现在以下几个方面：

(1) 对农村雨水集蓄利用的区域性规划重视不够，计划安排缺乏统一性。农村雨水集蓄利用技术主要包括集水、蓄水、净水、供水、用水等技术环节。各个环节具有不可分割的联系，这就要求农村雨水集蓄利用规划必须体现综合、统一的原则。但从近30年来甘肃省农村雨水集蓄利用技术的发展和实践过程来看，无论是农村雨水集蓄利用生活用水工程，还是旱地农业补充灌溉工程的实施都缺少统一规划。尤其是旱地农业补充灌溉工程，以改造利用现有集流面作为集水的主要来源，这种集流面存在很大的随意性，相对比较零散和不规则，而且数量也不稳定，严重影响工程效益发挥。所以说，农村雨水集蓄利用技术的推广应用必须建立在统筹规划、合理布局、科学指导的基础上，以实现雨水资源的高效利用。

(2) 缺乏资金投入，灌溉设施配套不够完善。我国干旱地区农村尤其是甘肃省山区农村，往往经济落后，虽经多方筹措资金和出台许多政策性规定，但群众自筹经费相当困难，工程建设资金难以足额到位，从而造成灌溉设施配套不全，进而削弱了旱地农业补充灌溉工程的供水、用水，导致一些高效用水技术的推广使用受到限制，使得提高雨水资源利用率和利用效率成为空谈和妄想，工程效益的发挥也因此大打折扣。

(3) 部分工程管理不善，利用率、利用水平均较低。随着农村雨水集蓄利用规模的不断扩大，大部分农业灌溉工程远离住户，位于田间地头，致使其管护不到位，有的水窖蓄不上水，有的又由于蓄水过量而造成破坏，工程的利用率不高。另外，远离住户的这些工

程一般未能进行有效利用，即使利用的，也只能用于大田的补充灌溉，利用水平较低，从根本上制约了工程利用效益的最大化发挥。

(4) 工程建设标准偏低，与“安全供水”尚有一定差距。由于农村雨水集蓄利用生活用水工程，是以解决干旱缺水山区的农村生活用水为目的，主要任务是解决“无水”的问题。因此，农村雨水集蓄利用工程一直使用拦污、过滤、沉沙等简单的水质处理和净化系统，建设标准偏低。从目前“安全供水”的角度来看，已经实施的农村雨水集蓄利用生活用水工程大部分达不到安全饮水的标准，不仅“数量安全”没有保障，而且“质量安全”也存在一定隐患。为此，按照“安全供水”的要求，进行基于“安全供水”的农村雨水集蓄利用农村生活用水发展模式研究成为当务之急。

(5) 对促进经济社会发展的作用认识不足，存在一定的片面性。农村雨水集蓄利用工程的建设和利用，对解决甘肃省中东部地区干旱山区的农村生活用水困难发挥了实实在在的作用，而且在改善农业生产条件，提高农业生产能力，促进区域农业生产发展方面也产生了深远的影响和作用。但是，从已经实施的“121”雨水集流工程和“集雨节灌工程”的实践过程、运行效果和管理经验来看，一定程度上存在对农村雨水集蓄利用工程作用认识不够，估计不足，没有从技术发展的历史背景、社会环境和技术进步对社会发展的贡献与促进等方面辩证地认识问题，片面地认为是一种“救济工程”或“应急工程”，只能解决一时一地老百姓的吃水问题，因而对利用雨水发展农业灌溉和恢复生态植被建设还没有引起足够的重视。

(6) 对工程的可持续发展重视不够，后续科学研究工作开展相对较少。农村雨水集蓄利用技术经过近30年的研究与示范应用，已经形成了集、蓄、供、管、用为一体的综合技术体系。农村雨水集蓄利用工程的实施很好地促进了经济社会的发展，但在某些环节上，对已有技术的进一步提升和后续技术的研究显得不足，对工程的可持续发展支持不够。在依靠农村雨水集蓄利用成功解决农村生活用水之后，无论是在发展雨水灌溉农业、促进农业生产增长，还是在实施生态建设战略、恢复生态植被方面的贡献仍显不足，农村雨水集蓄利用技术发展在继实现农业高效用水之后，已经出现了阶段性的停滞。随着农业领域其他一些应用技术的发展，目前急需对农村雨水集蓄利用技术进行进一步的凝练、提升和创新，使之与农业领域的其他应用技术相配套，以农村雨水集蓄利用技术的可持续发展促进雨水资源的可持续利用，继而支撑和保障经济社会的可持续发展。

第四节 甘肃农村雨水集蓄利用工程投资需求

一、农村雨水集蓄利用生活用水工程投资

(一) 工程建设模式

从目前甘肃建设农村雨水集蓄利用工程，利用雨水解决农村生活用水的现状来看，农村雨水集蓄利用生活用水工程是以农户庭院为单元，利用一定工程措施使屋面、庭院内的天然降水得到有效收集，并储存在蓄水设施中，以供给农户生活用水的一种微型供水

工程。

1. 工程构成

农村雨水集蓄利用生活用水工程主要包括三个方面：①集流工程；②蓄水工程；③取水工程。

（1）集水工程。用于解决农村生活用水的农村雨水集蓄利用集水工程主要有屋面集流面和庭院混凝土集流面。屋面集流面以现有屋面为基础，通过建设引水渠槽集中屋面来水进行利用，混凝土集流面主要利用庭院进行建设。从目前的使用情况来看，基本上全部采用屋面集流面＋庭院混凝土集流面的集水利用模式，只有极少部分采用独立屋面或混凝土集流面的利用模式。

（2）蓄水工程。用于解决农村生活用水的蓄水工程主要有砂浆抹面水窖、红胶泥水窖、混凝土水窖以及混凝土蓄水池。水泥砂浆抹面水窖以其结构稳定、施工简单、造价低廉备受青睐，超过90％的蓄水设施都采用了这种结构，只有在少数土质较差的地区，才采用混凝土水窖和水池用于雨水的蓄存。

（3）取水工程。用于解决农村生活用水的取水工程主要有人工吊桶、手压泵、潜水泵等几种。人工吊桶是利用窖水地区解决农村生活用水的传统取水方式，目前仍是这一地区农村雨水集蓄利用生活用水工程的主要取水方式；手压泵是随着农村雨水集蓄利用技术的发展得到推广利用的取水设施之一，只在部分经济条件较好、科技意识较强的农户中进行了推广使用；潜水泵作为比较先进的取水设施虽有使用，但总体数量仍然十分有限。

2. 利用模式

随着农村雨水集蓄利用技术的不断发展，工程建设规模不断扩大，工程利用模式也多种多样。但总体来看，农村雨水集蓄利用生活用水工程的主要利用模式可以概括为：屋面、庭院混凝土集流面集水＋水泥砂浆抹面水窖蓄水＋取水设施取水。现状农村雨水集蓄利用生活用水工程利用模式见表8-13。

表8-13 农村雨水集蓄利用生活用水工程利用模式

模式编号	模 式 组 合
D1	屋面、庭院集流面集水＋水泥砂浆抹面水窖蓄水＋吊桶取水
D2	屋面、庭院集流面集水＋水泥砂浆抹面水窖蓄水＋手压泵取水
D3	屋面、庭院集流面集水＋水泥砂浆抹面水窖蓄水＋潜水泵取水

（二）工程建设规模

工程建设规模由当地的天然降水情况以及人口与牲畜的用水规模决定。以解决干旱山区农村生活用水为主的水窖工程规模很小，大多数以户为单元进行修建和管理运行。为此，工程发展模式及其相应分析均以户为单位进行。

1. 需水量计算

甘肃省农村雨水集蓄利用生活用水工程（“121”雨水集流工程）是以户为单元的集水、蓄水工程，项目规划按每户平均5口人、1头大家畜计算。根据《雨水集蓄利用工程技术规范》（GB/T 50596—2010），结合实现农村“安全供水”的要求，确定用水定额并

进行计算。计算结果见表8-14。

表8-14 雨水集蓄利用农村生活用水定额及年需水量计算结果

项目	用水定额 数量	年需水量/m^3
人	15 [kg/(人·d)]	27.38
大牲畜	40 [kg/(头·d)]	14.60
合计		41.98

2. 集流面规模

根据工程实施现状，为解决农村生活用水的集流工程，主要以户为单元，利用屋面及庭院混凝土作为集流面。半干旱山区农户屋面主要以青瓦为主，首先应尽量利用现有的青瓦屋面集流面集水，青瓦屋面按每户50m^2计算，集流面积不足部分建设庭院混凝土集流面作为补充。具体评价时选择代表不同降水量等级的5个典型县（区）分别进行分析。当农村生活用水工程的供水保证率取为95%时，代表县（不同降水）设计供水保证率条件下混凝土集流面面积计算结果见表8-15。

表8-15 设计供水保证率条件下混凝土集流面面积与蓄水设施容积计算结果表

降水量分级/mm	县（区）	多年平均年降水量/mm	供水保证率（P=95%）				
			降水量/mm	屋面集流面/m^2	混凝土集流面/m^2	计算容积/m^3	配套容积/m^3
250～300	靖远县	254.40	142.96	50	354.63	23	30
300～400	会宁县	373.54	220.39	50	217.67	21	30
400～500	安定区	417.15	262.82	50	178.75	22	30
	静宁县	454.79	286.50	50	158.14	21	30
>500	镇原县	516.66	346.17	50	126.57	16	30

注 混凝土集流面建设厚度3～4cm。

3. 水窖容积

前述虽然计算确定了设计供水保证率条件下，确保实现农村生活用水总量保障的集流面数量。但由于天然降水在季节分布上的不均匀性，致使农村雨水集蓄利用农村生活用水系统在具体的某一用水时段内的水量供给并不一致。为此，需要通过一定的工程措施，对可供水量（有效集水量）在具体的用水时段上进行有效调节，实现以丰补枯，保障干旱季节的农村生活用水需求。

根据水量调度及水量平衡计算原理，水量平衡点一般在丰水期开始阶段，该点的选择应满足整个供水过程不发生缺水这一基本需要。然后，通过逐时段水量供需平衡（盈亏）计算，确定整个时段内各个时段的蓄存水量，选择最大蓄存水量，以此作为选定蓄水设施容积的依据。代表县（不同降水）设计供水保证率条件下混凝土集流面与蓄水设施容积计算结果见表8-15。

（三）单位工程造价

经分析计算，农村雨水集蓄利用生活用水工程的混凝土集流面造价平均在8～11元/m^2之间，水泥砂浆抹面水窖工程的容积为30m^3，蓄水设施单方蓄水容积造价平均在40～45元/m^3之间，取水设施手压泵造价120元/台，小型潜水泵造价150元/台。典型县（区）农村生活用水单元工程造价见表8-16。

表 8-16　典型县（区）农村生活用水单元工程造价表

序号	典型县（区）	混凝土集流面造价/(元/户)	水泥砂浆水窖造价/(元/眼)	序号	典型县（区）	混凝土集流面造价/(元/户)	水泥砂浆水窖造价/(元/眼)
1	靖远县	3192	1217	4	静宁县	1376	1194
2	会宁县	2220	1317	5	镇原县	1303	1328
3	安定区	1806	1333				

(四) 不同利用模式投资需求

根据不同降水量地区、不同利用模式下的农村雨水集蓄利用生活用水工程结构组合，可以求得户均工程建设投资及单方水使用成本，见表 8-17。其中，所有工程使用年限均按 20 年计算。

表 8-17　不同利用模式资金投入分析结果表

降水量分级/mm	代表县（区）	降水量/mm	模式代码	混凝土集流面投资/元	砂浆抹面水窖投资/元	取水设施投资/元		户均投资合计/元	单方水使用成本/(元/m³)
						手压泵	潜水泵		
250～350	靖远县	254.4	D1	3192	1217			4409	5.25
			D2	3192	1217	120		4529	5.39
			D3	3192	1217		150	4559	5.43
350～450	会宁县	373.54	D1	2220	1317			3537	4.21
			D2	2220	1317	120		3657	4.36
			D3	2220	1317		150	3687	4.39
	安定区	417.15	D1	1806	1333			3139	3.74
			D2	1806	1333	120		3259	3.88
			D3	1806	1333		150	3289	3.92
450～550	静宁县	454.79	D1	1376	1194			2570	3.06
			D2	1376	1194	120		2690	3.20
			D3	1376	1194		150	2720	3.24
	镇原县	516.66	D1	1303	1328			2631	3.13
			D2	1303	1328	120		2751	3.28
			D3	1303	1328		150	2781	3.31

二、灌溉工程投资

(一) 工程建设模式

1. 工程构成

旱地农业补充灌溉工程由集水工程、蓄水工程、灌溉工程三部分组成，工程的布局、发展规模与发展模式在很大程度上取决于可利用集流面的形式。

(1) 集水工程。甘肃省集雨节灌工程经过多年的建设和发展，已经形成一定规模，同

时，对自然集流面的利用已经达到一定程度。从目前甘肃省发展雨水灌溉农业的情况来看，集流面工程主要有屋面集流面、庭院混凝土集流面、公路集流面、农村道路集流面、荒山荒坡集流面以及结合塑料大棚建设采用的塑料大棚集流面。其中，对屋面集流面、庭院混凝土集流面的利用基本与农村生活用水集流面的利用一致，而公路集流面、农村道路集流面和荒山荒坡集流面的利用，主要是在其汇流出口处建设截流引水渠进行利用，对其集流面工程本身没有采取任何工程措施。

（2）蓄水工程。蓄水工程主要有砂浆抹面水窖和利用有利地形建设的涝池。其中，砂浆抹面水窖主要和屋面、庭院混凝土集流面、公路集流面以及农村道路集流面配套使用，而涝池主要和荒山荒坡集流面配套使用。

（3）灌溉工程。根据目前旱地农业补充灌溉工程建设现状，采用的灌溉方式主要有点浇点灌、坐水种、管灌、滴灌及微喷。其中，点浇点灌和坐水种主要用于抗旱保苗和大田稀植作物灌溉，管灌、微喷灌一般用于大田作物补充灌溉，滴灌主要用于果树和大棚蔬菜灌溉。

2. 利用模式

农业补充灌溉集水工程、蓄水工程利用模式组合可概括为五种，具体见表 8－18。

表 8－18　农业补充灌溉集水蓄水工程利用模式

模式编号	模式组合
IR1	屋面、庭院集流面集水＋水泥砂浆抹面水窖蓄水
IR2	公路集流面集水＋水泥砂浆抹面水窖蓄水
IR3	农村道路集流面集水＋水泥砂浆抹面水窖蓄水
IR4	荒山荒坡集流面集水＋涝池蓄水
IR5	塑料大棚棚面、混凝土集流面集水＋水泥砂浆抹面水窖蓄水

（二）工程建设规模

旱地农业补充灌溉工程建设规模由当地的天然降水情况以及灌溉耕地多少和灌溉定额的大小联合确定。建设规模确定时，以 2 亩为灌溉工程单元，大田灌溉定额按 30m³/亩计算，塑料大棚按 250m³/亩计算，经调蓄计算，大田灌溉水窖复蓄指数 1.3，塑料大棚复蓄指数 2.5。不同利用模式下，不同降水量地区农业补充灌溉工程建设规模计算结果见表 8－19。

表 8－19　不同降水量地区农业补充灌溉工程规模计算结果表

降水分级/mm	模式代码	集流面/m²					引水渠/m	蓄水设施/m³	
		屋面	混凝土	公路路面	农村道路	荒山荒坡		水窖	涝池
250～350	IR1	50	210					46	
	IR2			300			60	46	
	IR3				1000		80	46	
	IR4					3430	100		46
	IR5		450					200	

续表

降水分级/mm	模式代码	集流面/m²					引水渠/m	蓄水设施/m³	
		屋面	混凝土	公路路面	农村道路	荒山荒坡		水窖	涝池
350～450	IR1	50	140					46	
	IR2			220			44	46	
	IR3				650		52	46	
	IR4					1870	56		46
	IR5							200	
450～550	IR1	50	100					46	
	IR2			170			38	46	
	IR3				460		40	46	
	IR4					1200	40		46
	IR5							200	
＞550	IR1	50	80					46	
	IR2			140			30	46	
	IR3				360		30	46	
	IR4					910	30		46
	IR5							200	

注 规模计算以2亩为单元工程；灌溉定额大田为30m³/亩，塑料大棚为250m³/亩。

（三）单位工程造价

集流面工程中，除混凝土集流面外，其他集流面本身不会发生建设费用，但配套建设的截流引水渠槽需要投入一定的建设费用。经分析计算，混凝土集流面平均造价10元/m²，公路集流面平均分摊造价2.0元/m²，农村道路集流面平均分摊造价0.8元/m²，荒山荒坡集流面平均分摊造价0.5元/m²；水泥砂浆抹面水窖工程单位容积造价按43元/m³计算，涝池工程单位容积造价按15元/m³计算。

点浇点种一般由群众采用吊桶提水进行，坐水种结合农业耕作和种植进行，其资金投入不计入规划系统之中。管灌、滴灌及微喷一般根据作物种类进行设计配套，其工程投资包括取水工程、输水工程和灌溉设施。微喷灌采用移动式，单台机组控制面积按20亩计算。

经计算，不同降水量地区、不同集水、蓄水工程利用模式、不同灌溉方式下单位雨水集蓄用农业补充灌溉工程投资见表8-20。

表8-20　单位雨水集蓄利用农业补充灌溉工程投资计算结果表

降水分级/mm	模式代码	工程投资/(元/亩)				
		点浇点种	注水沟播	管灌	滴灌	喷灌
250～350	IR1	2039	2039	2249	3419	2484
	IR2	1289	1289	1499	2669	1734
	IR3	1389	1389	1599	2769	1834
	IR4	1203	1203	1413	2583	1648
	IR5	6550	6550	6760	7930	6995

续表

降水分级/mm	模式代码	工程投资/(元/亩)				
		点浇点种	注水沟播	管灌	滴灌	喷灌
350～450	IR1	1689	1689	1899	3069	2134
	IR2	1209	1209	1419	2589	1654
	IR3	1249	1249	1459	2629	1694
350～450	IR4	813	813	1023	2193	1258
	IR5	4300	4300	4510	5680	4745
450～550	IR1	1489	1489	1699	2869	1934
	IR2	1159	1159	1369	2539	1604
	IR3	1173	1173	1383	2553	1618
	IR4	645	645	855	2025	1090
	IR5	4300	4300	4510	5680	4745
>550	IR1	1389	1389	1599	2769	1834
	IR2	1129	1129	1339	2509	1574
	IR3	1133	1133	1343	2513	1578
	IR4	573	573	783	1953	1018
	IR5	4300	4300	4510	5680	4745

注 表中投资不包括塑料大棚。

第九章　甘肃农村雨水集蓄利用工程效果评价

第一节　甘肃雨水集蓄利用实施效果评价

一、雨水集蓄利用农村生活用水工程作用评价

雨水集蓄利用农村生活用水工程的实施，基本解决了工程所在区域农村生活用水问题，对区域经济发展的作用是多方面的，其直接效果和作用是显而易见的。总体来看，在解决饮用水困难、促进农业种植业发展、提高群众健康水平、增加劳务输出和收入等方面，对区域经济发展产生了重大促进作用和深远影响。

（一）在解决生活用水方面

甘肃深居内陆腹地，是一个降水稀少，气候干燥，水资源严重短缺的省份，同时甘肃旱情、旱象历来比较严重，素有“十年九旱”之称，旱情具有影响范围广、历时长、危害重等特点。1995年遭受了60年未遇的特大旱灾，大范围长时间持续干旱，全省300多万人、200多万头牲畜面临严重水荒。特别是在既无地表水又无地下水可供饮用的地区，只能翻山越岭到数十公里以外去拉水，有的地方水价高达100元/m^3，一桶水5～10元甚至成为常态。在持续发展的自然灾害面前，甘肃省组织实施了以解决农村生活用水困难为目的的“121”雨水集流工程。

“121”雨水集流工程的实施，建设了一定数量的高标准混凝土集流面，集水效果十分显著。据统计，干旱年份集水量可达0.091亿m^3，有效解决了中东部地区干旱山区129.9万人、97.7万头畜的饮水困难问题。同时年节省拉水费用600万～800万元，干旱年替代效益达到0.235亿元。由此可见，实施雨水集蓄利用可显著提高干旱山区用水保证率，确保人民群众生活用水，而且为解决同类地区农村生活用水困难问题指明了方向，开辟了一条十分有效的途径。同时，在广大偏远山区，以及由于水源、地形、地质条件无法实行集中供水的地方，雨水集蓄利用已经成为解决农村供水的主流方式，甚至是唯一可行的方式。

（二）在工程建设方面

虽然“121”雨水集流工程是一项微型水利工程，但由于该工程遍布干旱山区千家万户，相当于建成了10座年供水能力150万m^3的农村水厂，在生产实践中发挥了巨大作用，产生了显著效益，很好地解决了山区群众的生活用水困难问题。工程的实施不仅避免了农村水厂线长面广，投资、水价过高，群众承受能力不足的矛盾，而且雨水集蓄利用工程不需要运行管理人员，从根本上避免了农村水厂管理运行经费不足，运行难以为继的尴

尬局面。

（三）在农业生产方面

“121”雨水集流工程在解决农村生活用水困难的同时，在平水年和丰水年可利用多余水量，进行果树、蔬菜等作物补充灌溉，发展庭院经济。伴随着甘肃省“121”雨水集流工程的实施共建成庭院经济 1.7 万亩，丰富了干旱山区广大群众的“菜篮子”和“果盘子”，一定程度上改善了生活条件，提高了生活水平。同时，庭院经济的发展还为进行大规模雨水集蓄利用农业灌溉工程建设积累了宝贵经验，提供了重要技术依据。

（四）在节省劳动力方面

“121”雨水集流工程的实施，每年可节省劳力 1179 万个，年总收入将超过 2 亿元。由此可见，工程实施后可节省工时，进一步解放农村劳动力，如果将节省的劳动力用于外出务工、种植和发展养殖生产、庭院经济、从事家务劳动以及发展其他产业方面，必将显著增加农户经济收入，加快当地经济社会发展，为脱贫致富打下坚实基础，进而推动农村经济健康、快速、稳定发展。

（五）在提高群众健康方面

“121”雨水集流工程的实施，显著改善了农村饮用水条件，提高了饮用水质量，减少了肝炎、痢疾等肠道类水源性疾病的发生频次，显著减轻了不洁饮用水对人民群众身心健康的危害，提高了干旱山区群众的卫生意识和健康水平，节省了医疗费用。而且，工程实施后，可为农户提供较为充足的生活用水，进一步改善群众卫生习惯；同时，有了充足的用水，还可以在房前屋后栽树种花，美化生活环境，提高生活质量，促进农村精神文明建设。

二、雨水集蓄利用农业灌溉工程作用评价

（一）对区域经济发展的作用

雨水集蓄利用农业灌溉工程也即“集雨节灌工程”。该工程从 1996 年组织实施，截至 2004 年年底，共建成雨水灌溉面积 416.63 万亩，在甘肃中东部旱作农业生产中发挥着十分重要的作用。实施“集雨节灌工程”后，大田粮食作物平均亩产可增加 30%～40%，增产效果显著，对促进区域经济发展发挥了巨大作用。目前，雨水集蓄利用农业灌溉工程已经成为干旱缺水地区发展农业生产的主要途径和实现农村发展的新的经济增长点，雨水集蓄利用技术的推广利用，在促进甘肃农业生产发展中发挥了十分重要的作用，对实现农村经济、社会和谐、稳定与可持续发展无疑具有重要作用和深远意义。

（二）对社会发展的作用

（1）找到了干旱地区发展农业的出路。雨水集蓄利用技术的诞生和发展，尤其是农业灌溉工程的实施，拓展了水资源利用领域，开辟了干旱地区水资源利用途径，从根本上实现了“三水”齐抓，被认为是干旱地区发展小型水利的典范，为干旱地区发展旱作农业找到了真正的出路。

（2）提高了干旱地区农业生产水平。雨水集蓄利用农业灌溉工程的实施，提高了干旱地区有限水资源的利用率和利用效率，增加了水资源可利用量，改变了粗耕粗放、广种薄收的传统农业生产方式，变“旱作农业”为“灌溉农业”，实现了农业生产“从大规模要

效益”向“从高产出要效益”的转变，从“广度发展”向“纵深发展”的转变，提高了干旱地区农业生产水平，促进了区域经济社会发展。

（3）为促进农业产业化创造了条件。雨水集蓄利用农业灌溉工程的实施，促进了大量新兴农业生产技术的推广应用，从而改变了传统农业生产方式，一些与之相关的农业产业得到了迅速发展。节水农机具制造企业相继诞生，为农业灌溉服务的专业化技术队伍应运而生，部分地区随着设施农业的发展，开始形成了生产、加工、销售一条龙，贸易、工业、农业一体化的生产、经营模式，出现了农、工、商综合发展的态势，极大地促进了农业产业化过程的形成。

（4）为实现农业高效用水奠定了基础。农业高效用水包括水资源高效收集和高效利用两个环节。通过雨水集蓄利用农业灌溉工程的实施，采用了一定的工程措施，提高了有限降水的利用率，为发展雨水灌溉农业提供了必需的资源和物质条件。同时，随着雨水灌溉农业的发展，面对有限的可利用水资源，基于旱地集水农业而又高于旱地集水农业的高效用水成为必然。

（5）为社会主义新农村建设增添了新活力。按照生产发展、生活宽裕的目标要求，包括经济建设、政治建设、文化建设、社会建设和生态建设在内的社会主义新农村建设已经成为未来农村发展的重要内容。雨水集蓄利用农业灌溉工程的实施，显著提高了农村生产力发展水平，为农村经济的进一步发展注入了新活力。

第二节　甘肃农村雨水集蓄利用效益分析

一、雨水集蓄利用经济效益分析

从甘肃省雨水集蓄利用实践来看，工程的经济效益主要体现在解决农村生活用水、发展农业灌溉和促进生态建设等方面。

（一）生活用水工程经济效益

雨水集蓄利用农村生活用水工程不仅解决了贫困山区最为迫切的饮水问题，而且对提高山区群众生活水平和质量、增加收入也产生了不可估量的作用。其效益应包括节省运水的人力、畜力、运输机械等费用和减少使用自来水的费用，即供水效益与省工效益。

根据《建设项目经济评价方法与参数》规定，在进行国民经济评价时，原则上都应该使用影子价格。为简化计算，在不影响评价结论的前提下，可只对其价值在效益或费用中占比较大，或者国内价格明显不合理的产出物或投入物使用影子价格。

1. 供水效益

雨水集蓄利用农村生活用水工程初步解决了干旱山区的生活用水问题，显著提高了农村生活水平和质量。为此，很显然，不能以长距离拉水济困的价格计算大范围解决用水以后产生的效益。综合分析认为，按工程类比方法确定的水价进行效益计算比较符合实际。即效益计算时水价采用 2.5 元/m^3，按实施农村生活用水工程后相应增加的供水量进行计算。经计算，甘肃农村雨水集蓄利用生活用水工程供水效益为 1457.5 万元。

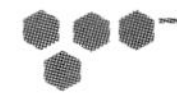

2. 省工效益

工程实施以前的平均运水距离按1km计算。取运每吨水可节省拉水劳动力1.5个，省工以后的劳动力按70%投入劳务市场。经计算，甘肃省农村雨水集蓄利用生活用水工程省工效益为9182.3万元。

（二）农业灌溉工程经济效益

雨水集蓄利用农业灌溉工程的实施，使当地农业生产由被动防旱转变为主动抗旱，保证了干旱之年农业生产不歉收，增强了农业生态经济系统的可持续发展能力。其经济效益主要体现在因灌溉而提高作物产量和质量以后所增加的收益，通过对不同地区、不同作物实施灌溉前、后实际产量的调查计算确定。

据典型调查，实施雨水补充灌溉后，大田粮食作物平均亩产可增加30%～40%，其中小麦增产20%～30%，典型田块可达到40%甚至以上；玉米增产40%～50%，最高甚至可达到80%以上，增产效果显著，并且从灌溉效果来看，越是干旱缺水的地区，实施补充灌溉以后的效果越好，其中定西、兰州、白银三市的增产效果最为显著，平均达到50kg/亩以上，增产幅度平均达到40%以上。据统计，项目区平均每年可增产粮食12.5万t，果品5.2万t，瓜类6.9万t，各种蔬菜32.5万t，实现经济效益136995.56万元。按水利措施效益分摊系数0.45计算，甘肃省雨水集蓄利用农业灌溉工程分摊效益63052.60万元。

二、雨水集蓄利用社会效益分析

（一）生活用水工程社会效益

（1）有效解决了农村生活用水困难。甘肃中东部干旱、半干旱山区农村生活用水历来困难，每遇干旱，就必须依靠远距离运水解决饮水问题，一方面，水价昂贵，群众负担重；另一方面，水资源禀赋有限，用水纠纷不断。实施雨水集蓄利用农村生活用水工程以后，通过修窖建池，利用房屋、院落作为集雨场地，实现了对雨水的高效收集和储存，继而采取相应净化措施，以供正常生活之用，有效解决了农村生活用水问题。

（2）促进了农村文明建设。通过雨水集蓄利用农村生活用水工程的建设实施，基本解决了长期困扰群众的生活用水问题，改善了群众的基本生存条件，从而稳定了农村形势，密切了党群关系，改变了农村精神面貌，并使大批劳动力从此彻底摆脱了找水运水的艰辛，节约的劳动力可以直接转移从事农业生产及第三产业，促进了农业生产，发展了农村经济。同时，结合雨水集蓄利用农村生活用水工程的建设，改造农村旧房，整修了庭院环境，继而改善了农村居住条件，促进了农村精神文明建设。

（3）改善了农村生活卫生条件。甘肃中东部干旱地区大部分土质为黄绵土，连日暴晒则尘土飞扬，遇雨雪天则泥泞不堪，属于典型的“晴天土飞扬，雨天两腿泥”地区。部分地区由于干旱严重缺水，基本生活用水不能得到保障，受供水条件所限，个人卫生、家庭卫生、环境卫生很差。实施雨水集蓄利用农村生活用水工程后，庭院建成了光滑平整的混凝土地面，厕所、畜圈、禽舍与院落隔离布置，保证了水源卫生，为广大农村群众搞好个人卫生、家庭卫生和环境卫生提供了便利条件。

（4）提高了人群健康水平。雨水集蓄利用农村生活用水工程的实施，为干旱山区群众安居乐业提供了最基本的饮用水卫生条件，大幅度减少了水源性传染病和地方性疾病的发生，提高了人民群众的健康水平，减少了广大群众医疗就医的费用。

(5) 促进了经济社会发展。雨水集蓄利用农村生活用水工程的实施，解决了干旱山区长期的人畜饮水困难问题，取得了巨大的经济和社会效益，使广大群众真正看到了新技术应用带来的作用和变化，进一步调动了广大群众推广应用农村适用技术的积极性，带动了其他农业综合应用技术的示范推广，全面推进了当地经济社会的快速发展。

(二) 农业灌溉工程社会效益

(1) 改善了农业生产条件，提高了生产水平。由于缺水，甘肃许多地区的土地资源未能得到充分利用。随着雨水集蓄利用农业灌溉工程的实施，农业种植结构得到调整，果蔬等经济作物种植面积不断增加，经济效益明显提高。典型统计表明，项目区农民收入随果菜数量增加和品质提高，每年平均以15%左右的速度增长。

(2) 提高了农村生活水平，带动了农村精神文明建设。雨水集蓄利用农业灌溉工程的实施，为进行果树、蔬菜等经济作物种植提供了有利条件，促进了农业种植结构调整，改善了当地群众的生活条件，提高了生活水平，改变了以往脏、乱、差的农村生产、生活状况，促进了农村精神文明建设。

(3) 有效利用了水土资源，促进了农林牧副各业综合发展。雨水集蓄利用农业灌溉工程的实施，加强了农业基础设施建设，改善了农业生产基本条件，不仅为合理利用水土资源、促进农业生产发展创造了条件，而且均衡了农林牧副各业之间的比例，对区域社会发展和农业产业结构调整产生了巨大影响。

(4) 开辟了雨水资源利用的有效途径，增强了抗旱救灾的主动性。雨水集蓄利用农业灌溉工程建设，开辟了雨水资源利用的新途径，提高了雨水利用率和利用效率，增强了抗旱生产的主动性，提高了防灾减灾应对能力，找到了一条主动抗旱的路子，使甘肃农业生产从此摆脱了长期以来被动抗旱的不利局面。

(5) 拓宽了水利建设的新路子，实现了水资源的多元化利用。雨水集蓄利用农业灌溉工程的实施，不仅实现了雨水的资源化利用，一定程度上缓解了甘肃省水资源短缺矛盾，而且拓展了农村水利建设范畴，真正实现了“三水”齐抓，为雨水集蓄利用技术在全国同类地区的大量推广利用和快速、稳定发展树立了典范。

三、雨水集蓄利用生态效益分析

甘肃雨水集蓄利用工程的生态效益主要体现在减轻水土流失、提升区域生态环境容量、提高人居环境质量等方面。

(1) 蓄水保土，减轻水土流失。雨水集蓄利用工程的实施，新建和改造利用了大量集流面和蓄水设施，从而有效拦截了部分局部地表径流，减轻了洪水对土壤的侵蚀，对稳定沟坡、减少河流泥沙和稳定河道形态具有重要意义；同时，雨水集蓄利用生态植被建设工程，起到了蓄水保土作用，有效减少了输入河道的泥沙数量，减轻了水土流失危害程度，使流域内生态环境逐步得到改善。

(2) 大力发展生态植被建设，改善区域生态环境。“集雨补灌工程”和小流域综合治理措施实施后，显著改善了作物和林木生长环境，提高了区域林草覆盖率，发挥了拦截径

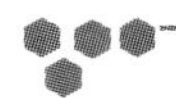

流、减轻土壤侵蚀、防止河道洪水和泥沙淤积的作用，从而促使区域生态环境趋向良性循环，有效提升了区域生态环境容量。

(3) 缓解了水资源利用矛盾，改善了区域水环境质量。由于雨水集蓄利用拦截了部分径流，减少了河川径流量，分担了上游洪水压力，有利于防洪减灾。同时，雨水集蓄利用还可以减少灌溉对地表水及地下水利用的过度依赖，继而减少地下水开采，对稳定地下水位，实现地下水采补平衡，改善水环境质量具有重要作用。

(4) 改善了农村居住环境，构建了美丽和谐农村。雨水集蓄利用工程的实施，不仅解决了农村生活用水困难，为庭院蔬菜种植与家庭卫生清洁提供了用水保证，而且为生态植被建设提供了必要的水源；同时，还可利用丰水年多余的水发展房前屋后的花草树木，美化农村居住环境，继而改善农村生活环境，改变农村精神面貌，促进农村精神文明建设。

第三节 甘肃雨水集蓄利用工程经济可行性分析

雨水集蓄利用工程是社会公益性基础设施项目，盈利水平普遍较低，有些项目需要由国家或地方政府进行政策性补贴或实行减免税收等优惠政策予以扶持，基本没有财务收入，在对雨水集蓄利用建设项目进行可行性分析时，只考虑国民经济评价，不做财务评价。

社会折现率是建设项目国民经济评价中衡量经济内部收益率是否经济合理的基本准则，也是计算项目经济净现值的折现率，是项目经济可行性和方案比选的主要参数。

根据《水利建设项目经济评价规范》(SL 72—2013)，对具有社会公益性质的雨水集蓄利用工程进行经济评价时，社会折现率采用6%；考虑到雨水集蓄利用工程的特殊性，项目运行期按20年计算。

一、人畜饮水工程可行性分析

(一) 评价方法

雨水集蓄利用建设项目的经济可行性分析，采用定性与定量相结合，动态分析和静态分析相结合，综合指标与单项指标相结合的方法进行评价。动态分析法采用经济净现值、经济内部收益率和经济效益费用比等指标进行评价，静态分析法采用静态投资回收期进行评价。具体评价时，以甘肃省雨水集蓄利用农村生活用水工程的27个重点实施县（区）为评价单元，分别进行了国民经济评价指标的分析计算。

(二) 费用计算

建设项目费用包括建设投资、年运行费、其他间接费用、流动资金等。雨水集蓄利用工程属于社会公益性项目，几乎没有营业收入，运行成本也很低。因此，在雨水集蓄利用工程经济评价中不考虑流动资金。

1. 投资计算

(1) 国民经济评价投资。固定资产投资即项目达到设计规模的竣工决算投资。根据甘肃省现状利用情况，绝大多数地方的工程组成由集流面和蓄水设施两部分组成。为此，固定资产竣工决算主要包括集流面和蓄水设施建设投资。为了能更好地对国民经济评价进行分析，必须重估已建成的雨水集蓄利用项目的固定资产投资。根据国务院发布的《固定资产评估管理办法》规定，对评价范围的雨水集蓄利用农村生活用水工程的固定资产投资价值采用物价指数法进行重估。物价指数采用历年《甘肃统计年鉴》中的甘肃商品零售价格指数。同时，根据规定，进行国民经济评价时，要在工程决算投资的基础上，剔除价差预备费和建筑工程、安装工程、设备投资中的国内贷款利息、利润以及税金等属于国民经济内部转移支付的费用。雨水集蓄利用工程建设没有国内贷款利息，仅近似地依据投资概算编制规定，按7%和3.24%的比例扣除企业利润和税金部分。

(2) 影子投资。根据《水利建设项目经济评价规范》(SL 72—2013) 有关规定，在进行国民经济评价时，投入物和产出物原则上应使用影子价格。雨水集蓄利用农村生活用水工程建设主要由受益群众自主建设，其影子工资换算系数按1.0计算，水泥、砂石料等主要建筑材料影子价格的换算系数原则上大于1。但为了简化计算，进行评价计算时，近似地仍按影子价格1.0进行计算。为此，其影子投资等于调整后的费用乘以影子价格再乘以物价上涨指数。

(3) 投资现值。净现值计算是把固定资产影子投资折算到生产期初的影子投资后，再按项目计算期内各年的净现金流量，按照评价过程中确定的社会折现率，折现到项目评价点的现值之和。甘肃省雨水集蓄利用农村生活用水工程固定资产投资重估结果见表9-1。

表9-1　甘肃省雨水集蓄利用农村生活用水工程固定资产重估结果表　单位：万元

国家投资	群众自筹	决算投资	重估投资	剔除内部转移以后投资	影子投资	影子现值
10792.7	52361.12	63153.82	56471.86	50259.95	50259.95	75572.38

2. 年运行费

雨水集蓄利用工程年运行费用包括能源消耗费、维护费及折旧费。根据实际发生和重新预测的项目年运行费，按影子价格进行调整计算。具体调整时，在项目评价时点以前发生的年运行费，根据项目实际发生的年运行费调整计算；在项目评价时点以后发生的年运行费，根据项目重新预测的年运行费进行调整计算。

(1) 能源消耗费 (C_1)。能源消耗费包括提水时所消耗的电费或燃料、材料消耗、劳务、机械等费用。该评价的雨水集蓄利用农村生活用水工程仅包括集流面工程和蓄水设施，运行中只发生为取水而配置的能源和人工消耗。由于甘肃省雨水集蓄利用农村生活用水工程建成初期运行绝大部分采用人工取水，因此能源消耗仅包括取水人工费用，具体按每吨水消耗0.1工日计算。经计算，甘肃省雨水集蓄利用农村生活用水工程年能源消耗费为1074.8万元。

(2) 维护费 (C_2)。维护费包括日常养护和定期大修费用。根据雨水集蓄利用农村生活用水工程管理维护情况分析确定，按工程投资的1.5%计算，经计算，甘肃省雨水集蓄利用农村生活用水工程年维护费为1133.59万元。

(3) 折旧费 (C_3)。根据雨水集蓄利用农村生活用水工程特点，折旧费采用平均年限法计算。经计算，甘肃省雨水集蓄利用农村生活用水工程年折旧费为3778.62万元。

由此可见，雨水集蓄利用农村生活用水工程年运行费为以上能源消耗费、维护费、折

旧费三项之和，合计为5987.01万元。

（三）效益计算

考虑甘肃省雨水集蓄利用生活用水工程特点，国民经济评价时只计算供水效益与省工效益。如前计算，供水效益为1457.5万元，省工效益为9182.3万元，国民经济评价总效益10639.8万元。

（四）评价指标

1. 内部收益率（*IRR*）

内部收益率是指计算期内项目净现值为零时的贴现率。其表达式为

$$\sum_{t=1}^{n}(RB-RC)_t(1+IRR)^{-t}=0 \tag{9-1}$$

式中 RB——实际发生的或重新预测的年效益，万元；

RC——实际发生的或重新预测的年费用，万元；

n——计算期年数，包括建设期、运行初期和正常运行期的总年数；

t——计算期各年的序号，基准点的序号为0；

$(RB-RC)_t$——第t年的净效益，万元。

2. 经济净现值（*NPV*）

经济净现值是指以社会折现率将项目计算期内的净效益折算到计算基准年初的现值和，当实际经济净现值大于或等于零时，认为项目经济效益合理。计算公式为

$$NPV=\sum_{t=1}^{n}(RB-RC)_t(1+i_s)^{-t} \tag{9-2}$$

3. 经济效益费用比（*EBCR*）

项目经济效益费用比是指实际效益现值与实际费用现值之比。其表达式为

$$EBCR=\frac{\sum_{t=1}^{n}RB_t(1+i_s)^{-t}}{\sum_{t=1}^{n}RC_t(1+i_s)^{-t}} \tag{9-3}$$

式中 $EBCR$——实际经济效益费用比；

RB_t——第t年的效益，万元；

RC_t——第t年的费用，万元。

当实际经济效益费用比大于或等于1.0时，表明该项目在经济上是合理的。

甘肃省雨水集蓄利用生活用水工程经济评价结果见表9-2。

表9-2　甘肃省雨水集蓄利用生活用水工程经济评价结果表

项　目	单位	计算指标	指标评价
经济内部收益率 *IRR*	%	8.51	6.0
经济净现值 *NPV*	万元	12648.35	>0
经济效益费用比 *EBCR*		1.07	>1.0

（五）评价结论

总体来看，雨水集蓄利用生活用水工程的实施，平均经济内部收益率达到8.51%，

项目区累计可实现经济净现值12648.35万元，效益费用比1.07，国民经济评价为项目可行。说明通过整个项目的实施，不仅解决了干旱缺水地区的人畜饮水困难问题，而且对经济社会发展具有很好促进作用。但从分县（区）评价结果来看，发展并不平衡，尤其是在一些降水量相对较小的地区，由于工程设施规模大，导致项目投资较大，使得部分市（州）项目经济评价为不可行。

二、农业灌溉工程可行性分析

（一）评价方法

（1）根据农业灌溉的区域性和地域性特点，确定以市（州）为评价单元进行雨水集蓄利用农业灌溉工程经济评价。

（2）通过对63个县（区）雨水集蓄利用农业灌溉工程各项经济指标的具体分析，按市（州）进行汇总和计算综合经济指标，据此分析评价项目实施对国民经济和社会发展的支持水平和贡献程度。

（二）费用计算

1. 投资计算

（1）国民经济评价投资。进行项目国民经济评价，首先必须重估固定资产投资价值，其中物价指数采用历年《甘肃统计年鉴》中的甘肃商品零售价格指数。

根据规定，进行国民经济评价时，要在工程决算投资的基础上，剔除价差预备费和建筑工程、安装工程、设备投资中的国内贷款利息、利润以及税金等属于国民经济内部转移支付的费用。该项目建设没有国内贷款利息，将决算投资仅近似地按7%和3.24%的比例扣除企业利润和税金部分后作为国民经济评价投资。

（2）影子投资。该评价采用费用分解法，原则上影子价格换算系数大于1，但为简化计算，近似地以综合影子价格换算系数1.0进行计算。其影子投资等于调整后的费用乘以综合影子价格换算系数再乘以物价上涨指数。

（3）投资现值。净现值计算是把固定资产影子投资折算到生产期初的影子投资。并按项目计算期内各年的净现金流量，按照社会折现率折现到评价时点的现值之和。甘肃省雨水集蓄利用农业灌溉工程固定资产投资重估结果见表9-3。

表9-3　甘肃省雨水集蓄利用农业灌溉工程固定资产重估结果表　单位：万元

决算投资	重估投资	影子投资	影子投资现值
186312.80	180528.97	167234.37	251458.66

2. 年运行费

雨水集蓄利用农业灌溉工程运行费用包括能源消耗费、维护费及折旧费，根据实际发生和重新预测的项目年运行费，按影子价格进行调整计算。

（1）能源消耗费（C_1）。工程能源消耗包括消耗的电费、油费，可根据不同作物实施灌溉的方式进行估算。雨水集蓄利用农业灌溉工程亩均能源消耗情况见表9-4。

经计算，甘肃省雨水集蓄利用农业灌溉工程能源消耗费为21391.24万元。

表 9-4　　雨水集蓄利用农业灌溉工程亩均能源消耗情况表　　单位：元/亩

小麦	地膜玉米	果树	大田蔬菜	大棚蔬菜	瓜类
30.0	40.0	80.0	50.0	300.0	100.0

(2) 维护费（C_2）。根据雨水集蓄利用农业灌溉工程管理维护情况分析确定，按工程投资的2%计算。经计算，甘肃省雨水集蓄利用农业灌溉工程维护费为5029.17万元。

(3) 折旧费（C_3）。根据工程特点，折旧费采用平均年限法计算，折旧年限为20年。经计算，甘肃省雨水集蓄利用农业灌溉工程折旧费为12572.93万元。

由此可见，雨水集蓄利用农业灌溉工程年运行费为以上能源消耗费、维护费、折旧费三项之和，合计为38993.34万元。

(三) 效益计算

考虑甘肃省雨水集蓄利用农业灌溉工程特点，国民经济评价时只计算增产效益。如前计算，分摊增产效益为63052.60万元。

(四) 评价指标

根据有关规定，雨水集蓄利用农业灌溉工程国民经济评价指标包括内部收益率（*IRR*）、经济净现值（*NPV*）和经济效益费用比（*EBCR*）三项。

甘肃省雨水集蓄利用农业灌溉工程经济评价结果见表9-5。

表 9-5　　甘肃省雨水集蓄利用农业灌溉工程经济评价结果表

项　　目	计算指标	指标评价
经济内部收益率 *IRR*/%	17.63	6.0
经济净现值 *NPV*/万元	200441.27	>0
经济效益费用比 *EBCR*	1.22	>1.2

(五) 评价结论

(1) 总体来看，甘肃省项目区经济内部收益率17.63%，经济净现值20.04亿元，效益费用比1.22，项目的国民经济评价可行。通过整个项目的实施，解决了干旱地区农作物阶段性缺水及“卡脖子旱”的问题，显著提高了农作物产量，增加了农民收入，对促进农业生产发展具有重要作用。但从分市（州）评价结果来看，发展并不平衡，在部分降水量较大区域，由于几乎没有进行集流面工程建设，导致单位面积灌溉工程投资偏小，但同时由于作物种植结构单一且以大田粮食作物为主，增产效果不够理想，继而造成部分市（州）项目国民经济评价为不可行。

(2) 雨水灌溉大田粮食作物的增产效益相对有限，有可能导致项目国民经济评价的不可行。在实施雨水灌溉农业时，应重点选择果树、蔬菜等高产出、高效益经济作物。

第四节　甘肃雨水集蓄利用工程总体评价

(1) 甘肃雨水集蓄利用工程特别是“121”雨水集流工程，是甘肃水利建设史上的一

个创举。该工程的实施使传统的雨水利用技术在赋予新的科技含量之后焕发出了巨大发展活力，不但解决了当地群众的生活用水问题，而且为干旱缺水地区科学、合理、高效利用雨水资源开辟了一条新路。

(2)“集雨节灌工程”是甘肃水利建设史上的重大创举。该工程充分利用屋面、庭院、场院、公路、荒山、荒坡等一切可以集水的场面，广泛收集调蓄雨水，用于农作物播种时的抗旱保苗、生长季节的补充灌溉和生态植被恢复建设，对改善农业生产条件，促进农业增产发挥了十分显著的作用。

(3) 甘肃雨水集蓄利用工程的实施，紧密结合甘肃干旱少雨、水资源短缺的实际，为甘肃中东部干旱缺水山区解决农村生活用水困难和发展雨水灌溉农业找到了新的出路，对促进区域经济快速发展发挥了重要作用。总体来看，项目在技术上可行，经济上合理。

(4) 甘肃雨水集蓄利用农村生活用水工程经济内部收益率为8.51%，可实现1.26亿元的经济净现值，效益费用比1.07，整个项目的国民经济评价为可行。但在县（区）之间并不平衡，部分县（区）由于降水量较小，致使工程规模偏大，继而导致工程投资偏高，国民经济评价为不可行，在今后的工程建设实践中要引起足够的重视。

(5) 甘肃雨水集蓄利用农业灌溉工程经济内部收益率达到17.63%，可实现20.04亿元的经济净现值，效益费用比1.22，整个项目的国民经济评价为可行，对经济社会发展具有显著促进作用，但在市（州）之间以及农业产业内部并不均衡。与人畜饮水工程的评价恰恰相反，部分市（州）由于天然降水量较大导致增产效果不明显，部分市（州）产业结构单一或高效经济作物比例较小，国民经济评价为不可行。在今后的项目规划制定、投资计划安排等方面要引起足够重视。

第四篇

展 望 篇

第十章　雨水集蓄利用展望

第一节　雨水集蓄利用需求

随着全球气候变暖，水资源短缺已成为世界性的问题。当传统水资源开发利用方式已经无法继续增加可利用水资源量时，收集利用雨水就成为一种既经济又实用的水资源开发方式。雨水作为非常规水资源，自实现资源化以来，在节约用水以及缓解水资源危机等方面发挥了重要作用。随着水资源短缺问题的日益加剧，不仅在我国干旱、半干旱地区，人们高度重视雨水资源的开发与高效利用，而且世界各国均掀起了雨水集蓄利用的热潮。从广义角度来看，降水是一种最根本、最直接、最经济的水资源，是自然界水循环系统的重要环节，对调节、补充地区水资源和改善及保护生态环境具有极为关键的作用。

随着城镇化进程加快、工业化水平提高以及人口的急剧增长，经济社会发展对水资源的需求越来越大。面对地表水开发利用程度越来越高、地下水超采日益加剧的不利局面，全世界范围内对非常规水资源的开发利用引起了更加广泛的关注，雨水集蓄利用的重要性也随之凸显，同时也提出了更高要求。

一、自身发展需求

雨水集蓄利用是以解决农村生活用水为目的而发展起来的一门新技术，目前仍处于蓬勃发展和不断拓展提升阶段。与其他所有应用型技术一样，科技对技术的不断发展具有十分重要的促进和推动作用，雨水集蓄利用的发展同样离不开技术乃至建立在技术基础之上的工程措施的支撑。就现状而言，虽然雨水集蓄利用在解决农村生活用水、发展农业灌溉和恢复植被建设中发挥了巨大作用，但毕竟雨水集蓄利用起步晚，集、蓄、输、供、用等各环节技术体系仍在形成、完善与不断提升之中，在许多方面还缺乏系统性深入研究，发展潜力还很大。

党的十六届五中全会提出了建设社会主义新农村的要求，而且，随着经济社会的发展，我国各地将逐渐进入工业反哺农业阶段，解决农村“两水”（生活用水和灌溉用水）问题成为必然，与之相关的水资源利用将成为重中之重。因此，在我国干旱缺水地区，作为支撑水资源可持续利用的雨水集蓄利用技术，在实践应用环节还存在许多技术难题需要通过研究加以解决。归纳起来，这些问题集中表现在工程建设材料、灌溉技术体系、综合利用模式、生态农业和环境建设、对区域经济发展的支撑能力等方面。

（一）雨水集蓄利用系统更加完善

近年来，随着雨水集蓄利用农业灌溉工程的大面积推广应用，雨水集蓄利用系统得到较快发展，各种新材料、新技术、新方法研究取得重要突破，雨水集蓄利用技术逐步得到完善。但整体而言，我国雨水集蓄利用工程技术发展还处于较低层次，管理还处于相对落后水平，尚没有建立起具有区域特色的雨水资源高效利用模式和配套技术体系，工程技术的集成度和配套性较差，新技术研究和应用较少，科技含量也较低。局部一些地方，由于当地缺乏工程建筑材料，运输费用高，从而加大了工程建设成本，不利于雨水集蓄利用工程的可持续发展。尤其是雨水集蓄利用方式、防渗材料等环节相对比较薄弱，已经难以适应雨水集蓄利用工程迅速发展的需求。针对上述情况开展相应研究，为雨水集蓄利用工程发展提供技术支撑和技术储备，已成为未来一段时期内完善雨水集蓄利用系统和实现雨水集蓄利用可持续发展的迫切要求。

（二）雨水集蓄利用蓄水设施更加优化

现行的雨水集蓄利用蓄水设施主要包括水窖、水池、水窑、水柜等类型，在其结构方面各有优缺点。虽然目前在生产实践中均有使用，但在不同地质、建筑材料、结构型式等条件下究竟何种类型更为经济，至今还没有建立起一套完善的评价技术体系。目前，有关蓄水设施结构型式及防渗衬砌材料方面，已有大量实践经验和单项研究成果。但是，现有蓄水设施结构型式、施工技术、防渗抗冻技术等方面还存在许多问题，需进一步改进与完善，使其在确保安全的前提下，更加经济实用。同时，一些新型材料与结构蓄水设施也有待于进一步开发利用。所有这一切，均为雨水集蓄利用技术发展提出了更高要求。

（三）雨水集蓄利用先进实用技术应用更加广泛

我国雨水集蓄利用历史悠久，积累了许多成熟的应用型技术，如耕作保墒技术、农艺保水技术、水窖蓄水技术以及雨水高效集蓄利用技术等。这些技术简单易行，实用性强，效果显著，为广大群众所认可和接受，在雨水集蓄利用中得到了广泛应用。但其不足之处是雨水集蓄利用综合技术的集成度不够，导致雨水收集、储蓄和利用效率不高，严重影响着雨水集蓄利用技术的进一步发展。因此，迫切需要针对雨水集蓄利用各系统构成，分别开展先进实用的人工集流面材料与建造技术、高性能防渗材料与蓄水结构技术、集约化高效农业与节水灌溉技术等研究，并在生活、生产领域，特别是集约化设施农业、高档花卉养殖、特色林果、高附加值农产品加工等方面大力推广应用，为实现雨水集蓄利用的可持续发展奠定基础。

（四）雨水集蓄利用系统规划模型初步形成

雨水集蓄利用包括雨水收集、蓄存和利用三个环节，它们互相关联、互相依存，不仅是构成雨水集蓄利用系统的重要内容，而且是雨水集蓄利用的重要环节。目前，在具体的雨水集蓄利用工程规划中，虽然通过规划需水量与可集水量的衔接以及集流面与蓄水设施的匹配设计，一定程度上提高了雨水集蓄利用工程的使用效率，避免了“有窖无水蓄”和“有水无窖蓄”现象的发生。但总体来看，尚未形成一整套包括集流面、蓄水设施、供水规模、灌溉规模等在内的能够有机衔接、互为关联的规划设计模型。因此，建立雨水集蓄利用系统规划模型，实现系统的优化设计，在确保系统安全的前提下，实现雨水集蓄利用系统的经济利用是未来国内外雨水集蓄利用技术发展的必然。

（五）雨水集蓄利用技术体系更加完备

作为水资源的重要补充和实现农村经济可持续发展新的增长点，雨水集蓄利用单项技

术相对比较成熟，而且在工程实践中发挥了重要引领作用，取得了良好效果。然而，要实现雨水集蓄利用的整体优势和效益最大化，必须充分发挥各种技术之间的优势互补作用，形成集雨水收集、储存、供给、利用、管理等在内的综合性、系统化的技术体系。而目前雨水集蓄利用技术尚缺乏这种有机的内在联系，尤其是传统技术和先进技术依然自成体系，相互之间的配套与整合还远远不够。虽然雨水集蓄利用传统技术已趋于成熟，但缺乏系统、完善的规范和标准。而且，新兴先进技术发展随地区的不同而有所差别，对制定相应的标准、规范和技术指南提出了更高要求。因此，因地制宜地制定适合当地实际的雨水集蓄利用技术规范，进一步完善雨水集蓄利用技术体系，加强技术指导、人员培训与技术交流，及时总结经验，保障雨水集蓄利用向规范化和科学化方向发展也将成为必然。

（六）雨水集蓄利用为重新定义水资源奠定基础

在雨水集蓄利用迅速发展的形势下，不少学者提出，评价水资源时，应以区域降水作为水资源的总量，尤其是对水资源的利用应是对降水所形成的各种形式水资源，包括雨水、地表水、土壤水和地下水（俗称“四水”）在区域空间与时间尺度上的合理配置与开发利用。一方面，雨水利用越来越成为我国水资源利用的重要补充；另一方面，我国退耕还林还草战略的实施使得一些地区区域下垫面条件发生了显著变化，原来作为水资源总量构成的地表水、地下水也越来越受到人类活动的影响而发生变化。因此，以区域降水总量进行水资源评价也越来越显示其合理性和迫切性。由此可见，以降水总量评价区域水资源的多寡并据此进行水资源规划，有可能成为未来水资源评价的重点和方向。与此同时，以降水作为水资源总量进行水资源评价需要开展一系列与之相关的研究，如“四水”的相互转化规律及在开发利用过程中的相互影响，“四水”的统一规划和不同地区“四水”利用的合理布局等。

二、现实应用需求

（一）实施农村安全饮水之需

1. 解决农村分散用户饮用水问题

在我国，雨水集蓄利用工程主要适用于地表水、地下水缺乏或开采困难、平均降水量大于 250mm 的半干旱地区或经常发生季节性缺水的湿润、半湿润地区，重点是西北、华北半干旱缺水山区、西南石灰岩溶地区和土石山区以及海岛和沿海地区。虽然随着农村安全饮水战略的实施，绝大多数雨水集蓄利用工程已经淡出了农村生活用水的舞台，但对一些居住分散且地表水、地下水严重缺乏或季节性缺乏地区而言，雨水作为该区域相对稳定、可靠的水资源，雨水集蓄利用技术仍将长期是解决这些地区农村生活用水不可替代的重要方式。

2. 保障集雨饮用水水量安全

在利用雨水集蓄利用工程成功解决农村分散住户用水问题的基础上，如何保障水量安全成为雨水集蓄利用技术发展的主题。在全面建设小康社会的背景下，未来雨水集蓄利用势必力求适应新形势要求，首先从水量方面满足群众对安全供水的需要。因此，从雨水集蓄利用水量保障系统来看，依托一定的工程技术和措施，开发新型集流面材料，进一步提高雨水利用效率，建设一定数量的集流面工程和蓄水设施，保障雨水集蓄利用工程的水量

安全，满足不断发展的生活用水需求，是未来雨水集蓄利用技术发展的首要任务。

3. 确保集雨饮用水水质安全

水质安全是在水量安全基础上，人们对雨水集蓄利用工程的又一重要关注点。从雨水集蓄利用水质保障系统来看，目前重点依托包括沉沙池沉淀和过滤在内的水质预处理系统以及包括加药消毒、絮凝沉淀和净水器净化处理等在内的净水工程系统，可有效保障雨水集蓄利用系统的水质安全。随着经济社会发展和对水质问题的更加关注，未来水质保障将在沉沙池工程结构、净水设备净化处理效率、效果和供水水质过程检测等方面取得长足进展。

（二）发展旱作农业补充灌溉之需

1. 有效改善旱作农业生产条件

对旱作雨养农业而言，水分供给的多少直接决定着生产条件的好坏。旱作农业补充灌溉技术的诞生，实现了雨水集蓄利用与高效节水灌溉技术的耦合，为改善旱作农业生产条件提供了先决条件。因此，利用有限的水量取得最大的经济效益，是干旱缺水地区雨水集蓄利用的唯一目标，也是缓解我国水资源紧缺的有效途径之一，更是旱作雨养农业发展的必然选择。

高效节水灌溉是对除地表漫灌之外所有灌水方式的统称，目前包括滴灌、喷灌、低压管道灌溉、膜上（下）灌等技术在内的一系列高效节水灌溉技术，在集雨节灌工程中得到了大量应用。就现状而言，由于部分高效节水灌溉技术的适宜性以及雨水灌溉技术本身还存在许多技术上的缺陷和难题，在旱作雨养农业生产中的应用受到了一定限制。研究和示范推广适宜各种作物的灌溉技术，有效改善旱作雨养农业生产条件，不仅是雨水集蓄利用进一步发展的客观需要，而且是技术本身不断完善与发展的主观意愿。

2. 显著提升旱作农业生产水平

一般情况下，雨水集蓄利用水量相对有限，如何使集蓄的雨水能够更加有效地用于作物需水关键期，继而实现雨水集蓄利用的效益最大化，节水灌溉定额、有限补偿供水效应、高效节水灌溉技术和各种微灌技术与设备研究以及与之相关的农业综合节水技术，是长期以来雨水补充灌溉农业研究的重点。目前，我国灌溉水生产率仅为 $1.2kg/m^3$，而发达国家都在 $1.5kg/m^3$ 左右，尤其是以色列甚至可达 $2.0kg/m^3$ 以上。因此，深入研究和完善适用于雨水集蓄利用农业补充灌溉的节水灌溉制度、灌溉技术、灌水设备以及农业综合技术具有很大发展潜力并将成为促进旱作农业可持续发展的重要增长环节。

3. 不断提升雨水灌溉技术和设备研发能力

在发展旱作雨养农业补充灌溉方面，目前主要开展有限供水条件下，不同作物最佳灌水时间和实现效益最大化的合理灌水量以及相应的灌水方法和设备技术研发。随着精准灌溉农业、设施高效农业的发展，现有的带有明显地域特色的灌溉技术和设备，势必无法满足更大范围新兴农业发展的需要，迫切需要开展新的灌溉技术和与之相应的设备研发，进一步提高雨水利用效率，为实现雨水资源利用效率的最大化奠定坚实基础。

（三）解决生态环境用水之需

伴随着全球气候变化以及人类活动的不断加剧，生态环境建设和生态植被保护问题越来越引起了人们的广泛重视，特别是干旱地区的生态环境建设更加成为人们关注的重点。

在发展雨养农业生产的同时，实施生态农业建设，实现农业建设与生态环境建设的同步与协调发展，已经成为干旱缺水与生态脆弱地区经济、环境发展的重要结合点。

生态农业是实现农业生产和生态环境建设同步协调以及可持续发展的切入点，是生态环境建设对农业生产的基本要求，是干旱、半干旱地区雨养农业生产中生态环境建设的主要内容之一。要实现生态农业和生态环境建设的有机结合，确保社会经济的全面发展，必须以资源经济学观点为指导，以资源经济利用为前提，从水资源自身的价值和使用价值双重概念出发，去研判生态农业建设的必要性，评价生态环境建设的合理性，分析支撑建设生态农业和生态环境协调发展的资源保障程度和技术可行性，提出与社会发展阶段和全社会总体承受能力相适应的政策管理、理论评价和协调发展模式，把建设生态农业作为契机与过程，把促进农业发展和生态环境建设作为结果与目标，进一步改善人类生存环境，促进社会经济与生态环境的同步协调与可持续发展。

（四）保障生态化城市发展之需

针对目前水资源紧张、水污染加重、城市生态环境恶化的现状，将城市雨水作为经济、社会与生态协调发展的重要补充水源加以开发利用，势在必行。随着城市化进程的不断加剧，许多城市不可避免地面临着水资源短缺的问题。雨水作为一种宝贵的水资源，在城市水循环经济系统和流域水环境系统中发挥着十分重要的作用。由于人类活动造成植被减少或破坏，城市硬化面积增加，径流系数提高，导致雨水流失量增加，区域水循环平衡遭到破坏，由此引发了一系列环境与生态问题。然而，城市雨水综合利用为缓解水资源短缺、维持区域水平衡、营造河流水环境、保障城市可持续发展创造了条件。在这个过程中，一方面，为缓解水资源供求不足引发的供水矛盾，需要从城市规划环节着手，深入系统地研发城市雨水集蓄利用系统，充分发挥雨水在保障供水、绿化灌溉与环境建设等方面的功能和作用，实现城市雨水的综合利用；另一方面，为有效应对城市雨水资源大量任意流失、雨水径流污染加剧、城市洪灾风险加大、生态环境破坏等问题，遵循化害为利与综合利用的原则，从城市小环境出发，以减少洪涝灾害为目的，组织开展与之相关的理论与实用技术研发，提出成本低廉、效果显著、实用性强、特色突出的城市雨水综合利用技术，为建设生态化海绵城市提供技术支持。

第二节　雨水集蓄利用发展方向

依据科学发展观思想和以人为本理念，在构建和谐社会，实现经济、社会与环境协调、稳定、健康与可持续发展的历程中，以水资源的可持续利用支撑经济社会的可持续发展，成为实现这一目标的关键和根本之所在。当前和今后一段时期，随着工业化、城镇化深入推进和全球气候变化影响加剧，我国水资源情势和需求将发生重要变化，供需水矛盾将愈加突出。因此，始终坚持“节水优先、空间均衡、系统治理、两手发力”的战略思想，牢固树立节约用水就是保护生态、保护水源就是保护家园的意识，着力营造全社会爱水、节水、惜水、护水的良好氛围将成为全社会的自觉行动。大力倡导珍惜每一滴水，因地制宜地推进雨水集蓄利用适用技术，不断提升工程建设管理水平，切实提高雨水资源利用效率和效益将成为水资源利用的重要内容。面对干旱缺水、水资源供需矛盾日益突出的现实，在实现雨水资源化以后，雨水作为水资源的重要组成部分，雨水集蓄利用将向高层次、高效益、高保障以及标准化、成套化、产业化、集约化、多元化、系统化、规模化、生态化等方向发展。

一、实现农村安全饮水的标准化与成套化

尽管随着经济社会的全面发展，我国广大农村地区的饮用水条件得到了显著改善。然而，无须讳言，在我国一些广大偏远山区以及由于水源、地形、地质条件等因素无法实行集中供水的地方，在未来一段时期内，雨水集蓄利用仍将是解决农村分散用户生活用水的主要方式。对于已经或将要实施集中供水工程的地方，由于成本低、技术简易，雨水集蓄利用也将成为一种十分重要的补充和紧急事故应急水源。在经济社会飞速发展和全面建设小康社会的背景框架下，实现农村饮用水达标，保障农村供水安全成为常态，未来雨水集蓄利用农村供水工程，将对工程建设标准、水量水质安全等提出更高要求，与之相应的工程设计与建设、设备生产与供应等将获得巨大的提升和发展空间，工程设计与建设的标准化、材料与设施设备的系列化、成套化将成为雨水集蓄利用农村供水工程建设与发展的主流。

二、实现旱作补充灌溉农业的产业化与集约化

我国是一个农业大国，但与此同时，我国干旱、半干旱区域分布十分广泛，旱作农业在我国农业生产中占有很大的比例。长期以来，受水资源条件的严重制约，我国农业生产水平低下，尤其是旱作农业生产主要依靠“广种薄收”实现规模化效益。自2011年中央1号文件提出“积极发展旱作农业，提高旱作区农业抗旱能力”以来，我国旱作农业发展取得了长足进展，包括集水灌溉、垄膜沟播、抗旱保水剂应用、抗旱品种选育、深耕耙耱等在内的各种工程、耕作、农艺节水技术措施推广应用取得了显著效益，尤其是集水补充灌溉技术的大面积推广应用，显著改善了作物水分供给条件，保障了生育关键期水分需求，已经成为旱作农业发展的重要增长点。随着我国新农村建设、各种惠农政策以及国家“十三五”农业发展规划的制订，为旱作农业的产业化、集约化发展带来了良好契机，随之势必带动雨水集蓄利用农业灌溉工程的发展，其产业化、集约化也将成为必然。

三、实现生态环境保护的多元化与系统化

生态环境是指由生物群落及非生物自然因素组成的各种生态系统所构成的整体，是对人类生存和发展具有重大影响的自然因子的综合，是一个集自然、环境、资源等为一体的复杂系统。在这个系统中，水资源是绿色生命系统不可或缺的重要保障，而雨水作为最根本、最直接、最经济的水资源，历来对生态植被建设与环境保护起着极为关键的作用。面对水供求严重不足，水问题日益严峻的现实，依据生态环境系统的功能、作用与需求，在充分发挥生态环境系统本身拦截、滞留、吸收利用雨水的基础上，依托雨水集蓄利用技术强大的集蓄手段与调控功能，营造集绿色植被建造、区域水文循环、河流水环境、生物多样性以及区域环境美化为一体的多元化、系统化的生态环境系统，进一步提升生态环境容

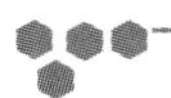

量，为人类幸福美好生活提供保障，将成为未来雨水集蓄利用发展的重点。

四、实现城市雨水利用的生态化与规模化

随着雨水集蓄利用技术的不断发展和对雨水集蓄利用认识的不断加深，城市雨水利用方兴未艾，借助于城市公共绿地、停车场，建设雨水入渗系统回补地下水，利用城市路面及建筑物表面收集雨水，用于城市消防、城市绿化、草坪灌溉、厕所冲洗、水景观，修建城市雨水收集系统，进行市郊农业补充灌溉，将在可能与需要双重因素的共同作用和促进下取得实质性进展。城市雨水集蓄利用是一项涉及面很广的系统工程，除涉及农村雨水集蓄利用包括的收集、蓄存、调控、净化、供给等环节外，还包括城市雨水管理、径流污染控制、回灌地下水、小区杂用水系统及其绿化与景观系统建设等方面。近年来，城市雨水集蓄利用取得了很大发展并逐步形成为水工业的一个分支领域，初步显现了规模化、生态化发展的态势。但目前在许多方面还不成熟，与城市雨水利用的规模化发展与生态化目标要求不相适应，尚需在许多方面深入系统地开展研究，并在应用中不断完善。

实现雨水集蓄利用与区域水资源综合利用的有机结合，提高雨水集蓄利用技术体系的综合性和系统性，拓展利用范畴，扩展利用内涵，调整利用方向，从局部向整体转移，从农业向城市转移，从狭义向广义转移，重点开拓泛生态（植被恢复、地下水补给、城市绿化、城市立体生态景观）雨水集蓄利用技术，将是未来雨水集蓄利用技术发展的重要领域。同时，将雨水集蓄利用纳入城市建设规划并写入法律、法规条文，与城市规划及其景观设置统筹考虑，通过全面规划、合理布局，达到协调统一，完善配套，合理挖掘雨水利用潜力，拓展雨水利用空间，使其成为地表水和地下水的重要补充，为实现水资源的可持续利用发挥应有的作用。

第三节　雨水集蓄利用途径

水在人类的所有活动中始终扮演着非常重要的角色，具有不可或缺和不可替代性。水资源既具有自然资源属性，又有着特别的社会属性。水资源是基础性自然资源和战略性经济资源，是生态环境的重要控制因素。伴随着雨水资源化的实现，目前雨水已经作为水资源的重要组成部分，在保障水资源可持续利用，支撑社会经济可持续发展中发挥着重要作用。从目前发展趋势来看，雨水集蓄利用途径主要包括解决生活用水、发展农业补充灌溉、实施设施农业生产、进行生态植被建设、回补区域地下水、解决城镇绿化灌溉及其他辅助性生产用水等。可以预见，随着全球水危机情势的不断加剧，未来雨水集蓄利用途径将进一步拓展，除包括前述现状利用途径外，还将在作为市镇杂用水源、营造城市河湖景观、提供应急备用水源等方面发挥应有作用。

一、解决分散农户生活用水

雨水集蓄利用技术起源于农村生活用水，而且曾经长期在干旱、边远山区农村生活用水中占据主导地位并发挥了十分重要的作用，得到了干旱山区群众的普遍青睐。但随着农

村安全饮水战略的实施，农村生活集中供水工程在绝大多数地方得到广泛应用，农村饮水条件得到显著改善，雨水集蓄利用工程随之退出了生活供水的主打舞台，仅在养殖、杂用以及备用水源等方面继续发挥着作用。然而，在一些居住分散且水源条件、工程条件均相对较差的地方，建设集中供水工程受到各种条件制约，雨水集蓄利用工程仍将是一定时期内解决农村饮水最直接、最有效、最经济的方式。与此同时，利用庭院、场院、屋面集雨，在有效解决农村生活用水的同时，还可发展庭院经济，为丰富农村群众“菜篮子”打下基础。

二、发展旱作农业补充灌溉

在我国西北、华北等北方干旱缺水地区，利用道路、荒山荒坡以及小流域集水，建设雨水集蓄利用农业灌溉工程，实施旱作农业关键缺水期补充灌溉取得了巨大成功，对改善干旱缺水地区农业生产条件，提高农业生产水平发挥了十分重要的作用，以雨水集蓄利用灌溉农业为主的农业综合技术应用，甚至成为部分严重缺水地区支撑和保障农业可持续发展的助推器和强有力手段，保障农业可持续发展的重要增长极。随着专业化、产业化、集约化、规模化农业的发展，传统“广种薄收”的雨养农业生产模式已经不能适应现代农业、高效农业、精准农业生产的要求，天然降水在数量、过程上都难以满足新兴农业水分供给、高效利用的需求，依托雨水集蓄利用技术，建设雨水集蓄利用工程，实施天然降水的有效调控，结合高效灌溉技术，保障作物生育关键期水分供给，将成为未来旱作农业向集约、高效、精准农业转型发展的关键。

三、实施设施农业高效种植

设施农业作为现代农业生产的重要方式之一，是促进高效农业规模化发展的有效途径，对于提高农业竞争能力，促进农业增产、农民增收具有十分重要的意义。伴随着雨水集蓄利用技术的发展，以塑料大棚、日光温室为主的设施高效农业建设，在一些原本水资源条件较差、供水无法得到保障的地区得到了飞速发展，在蔬菜种植、品种培育、特色林果、花卉栽培等方面取得了几乎可与灌溉农业区生产水平比肩的效益，显著提高了区域农业生产水平。随着全面实现小康社会建设进程的不断推进，人民群众生活水平相应提高，全社会对蔬菜、水果类副食品的需求将显著增加，与之相关的农产品生产势必面临巨大发展空间。然而，面对城市化进程加快，城市生活和工业用水不断增长，农业用水持续减少的现实，灌溉农业发展空间受到挤压，在此背景下，建设雨水集蓄利用农业灌溉工程，实施设施农业高效种植，成为保障群众“菜篮子”“果盘子”的必然选择，也是干旱、半干地区实现农业生产可持续发展的重要途径。

四、推行林草生态植被建设

我国广大北方地区水资源短缺，生态本底脆弱，环境容量有限，加之地形复杂、地表破碎、沟壑密布，天然降水成为林业生产和实施林草植被建设的唯一水源，生态环境保护与建设历来备受关注。将有限的天然降水最大限度地蓄集在林木根系分布层，有效利用雨水进行生态植被建设，提高生态植被质量，提升生态环境容量，成为实施林草植被建设的

关键。实践证明，通过改变微地形条件，有效拦蓄天然降水和地表径流是解决这一问题的有效途径，人们将其形象地称为“径流集水造林”“径流林业”等。随之，反坡梯田、隔坡梯田、水平阶、鱼鳞坑、局部覆膜集水等雨水富集利用林草植被灌溉技术相继出现且取得了非常显著的效果。同时，我国北方一些水土流失严重、生态环境脆弱地区，还结合小流域治理，采用淤地坝、塘坝、涝池等蓄水工程并加以利用，在林草生态植被建设方面积累了丰富经验，取得了显著效益。由此可见，依托雨水集蓄利用工程，研发林草生态植被雨水集蓄利用技术，进一步探索林草植被雨水利用新模式，合理高效利用雨水资源，保障国家生态环境建设战略的顺利实施，仍将是今后雨水集蓄利用的重要环节。

五、恢复区域地下水位

随着经济社会发展对水资源利用需求的不断增长，水资源开发利用程度进一步提高，出现了挤占生态环境用水、超采地下水等现象，由此引发了河道断流、河流萎缩、植被枯萎、地下水位下降、湿地消失等一系列生态环境问题，在一些城市周边区域甚至出现了严重的地下水漏斗，造成了许多次生地质灾害。近 20 年来，我国北京、上海、济南等城市，①充分利用渗水路面、透水停车场、绿化带等，有效实施雨水入渗回补地下水；②采用渗水井、调蓄水池等，建设雨水回灌系统补充地下水，取得了一定效果，有效缓解了区域地下水位下降趋势。无需质疑，伴随着经济社会的发展，在一个较长的时期内，水资源需求的刚性增长仍将持续，由此带来的对地下水的开采利用也将不可避免。因此，结合城市基础设施建设，科学合理地配套实施地下水入渗和回灌系统，最大限度地利用城市雨水回补地下水，对维持区域水文水资源系统循环、减缓地下水位下降具有重要作用和深远意义。

六、解决市政杂用水源

雨水作为水资源的重要组成部分，国外将其作为市政杂用水源具有悠久的历史，我国一些缺水城市也在这方面开展了许多工作。北京市海淀区知春里中学建成的雨水集蓄利用系统，利用楼面集水很好地解决了学校的清洁、卫生用水；海淀区双紫园小区、天秀花园小区建成的下凹式绿地生态系统，利用小区内楼面、地面集水，有效保障了小区内的绿化灌溉用水；我国其他一些城市也都开展了雨水集蓄利用工作，均取得了十分显著的效果，为进行市政雨水杂用提供了良好技术示范。未来一段时期内，一方面，随着城市化进程的不断推进，未来城市用水存在巨大增长需求空间，无论从水资源总量，还是市政工程供水能力来看，城市供用水之间的矛盾将越来越突出，这为开展城市雨水杂用提供了可能。另一方面，随着雨水集蓄利用技术的发展和综合技术体系的形成，雨水集蓄利用从农村转向城市，从单一利用转向综合利用成为必然，这从另一个侧面为雨水作为市政杂用水源提供了强有力技术支撑。

七、营造城市河湖景观

水不仅是生态环境系统的重要组成部分，同时也是生态环境系统赖以存在和发展的基础。随着经济社会的不断发展，在人类物质生活不断得到丰富的同时，全社会对文化、精神层面的需求也在不断增长，尤其是对生存环境的关注度持续增加。无论从生态、还是文化层面来看，城市人工河湖生态系统在整个人类生存环境中具有非常重要的地位和作用。

面对水资源压力持续增加，天然河湖生态系统不断萎缩的现实，营造城市人工河湖生态系统，提供良好城市人居环境，有限的水资源不仅显得捉襟见肘，而且有可能进一步加剧水危机，引发水矛盾。然而，城市雨水资源利用为人工河湖景观生态系统建设提供了难得的水源条件。甘肃庆阳市西峰区利用得天独厚的城市雨水汇集条件，通过改造后的引、汇流系统，先后建成了天湖、南湖等城市人工河湖景观生态系统，年调蓄水量超过600万m^3，显著增强了城市功能，提升了城市品位，已经成为市区群众观光、休憩娱乐的重要场所。同时，北京昌平雨水公园、哈尔滨群力雨洪公园成功实现了城市雨水的资源化利用，已经成为城市人工河湖景观生态系统建设的典范。未来一段时期内，随着城市规模的不断扩大，人工河湖生态系统建设仍将面临巨大发展空间，这为城市雨水资源利用提供了重要契机。

八、提供应急备用水源

应急备用水源是检验社会保障机制、功能和作用发挥情况的重要考量指标，对保障社会稳定、维持市场秩序、促进经济发展具有不可替代的作用。由此可见，应急备用水源越来越成为人类社会生产、生活中不可或缺的重要物质条件和保障性资源。如我国广大城市地区建成的大量应急水源工程，在历次事故停水中都能及时发挥作用，保证了居民正常生活用水需求；在广大农村地区，虽然雨水集蓄利用农村供水工程已经退出供水主战场，但仍然在提供农村杂用水和事故停水备用水源方面发挥着重要作用，充分说明了应急备用水源的重要性。面对随机性重大事件突发、多发、频发的现实，水作为不可替代和不可或缺的生活资源和生产原料，必须未雨绸缪，防患未然。一方面，在城市居住小区建设雨水调蓄水池，正常情况下用于绿地生态系统灌溉，事故停水时可作为生活杂用水源。另一方面，在历次地震、泥石流、暴雨灾害中，建筑物大面积倒塌、集中供水设施严重受损、分散式给水工程也都受到不同程度的破坏，灾区群众生活用水首先面临巨大考验。对此，可以充分利用当地的各种集流面和储水设施，临时建设或设置蓄水设施，采用移动处理设施提供应急生活饮用水。

第四节 雨水集蓄利用方式

水是人类及其他生物繁衍生存的基本条件，是人类生产、生活中不可替代的重要基础物质，是生态环境系统最活跃、影响最广泛的因素，水作为一种自然资源在人类的经济活动中扮演着越来越重要的角色。水资源具有许多其他资源所没有的、独特的功能和作用，是工农业生产的重要资源。随着雨水集蓄利用技术的诞生，雨水在解决农村生活用水、发展农业补充灌溉、实施生态植被建设等方面发挥了重要作用，取得了显著效果。近年来，随着水资源供需矛盾的不断凸显，雨水正在被越来越多的行业所利用，新建生活小区、公园或类似环境条件较好的城市园区，纷纷将区内屋面、绿地和路面雨水径流收集利用，有的城市比如厦门、深圳等积极开展海绵城市建设，从而发挥缓解城市供需水矛盾，消减城

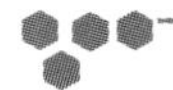

市暴雨径流量和非点源污染物排放量，减少水涝和改善环境等效果。概括起来，雨水集蓄利用方式主要包括直接利用、间接利用和综合利用。

一、直接利用

所谓雨水直接利用，是指天然降水经收集、蓄存后直接被用水对象加以消耗、吸收和利用的一种模式。从目前各国雨水集蓄利用过程来看，主要包括就地入渗利用、就地叠加利用和梯田拦蓄利用等方式。

（一）就地入渗利用

雨水集蓄就地入渗利用是指采用各种雨水渗透设施，让雨水回灌地下，一方面补充涵养地下水资源；另一方面满足植物生长过程的水分需求。这种技术还有缓解地面沉降、减少水涝和海水倒灌等多种作用。从目前技术发展来看，可分为分散渗透技术和集中回灌技术两大类。分散渗透可应用于城区、生活小区、公园、道路和厂区等各种条件下，规模大小可因地制宜，设施简单，但会受到地下水位、土壤渗透能力和雨水水质污染程度等条件限制。集中深井回灌容量大，可直接向地下深层回灌雨水，但对用地下水做饮用水源的城市应慎重使用。

对于我国的一般城市，采用渗透地面更具有使用价值。绿地是一种天然的渗透设施，可节省投资，透水性好，对雨水中的一些污染物具有较强的截留和净化作用。多孔嵌草砖、碎石地面、透水性混凝土路面等都可作为良好的雨水渗透设施。渗透地面对预处理要求相对较低，技术简单，便于管理。城区有大量的地面、路面，如停车场、步行道、广场、道路等可以利用。目前，北京、广州、大连等城市大量采用了透水性混凝土路面，取得了很好的效果。在条件允许的情况下，应尽可能多采用透水性地面，实施雨水就地入渗利用。

（二）就地叠加利用

雨水就地叠加利用技术是在覆盖种植技术基础上发展起来的，是将覆盖保墒技术、起垄沟播技术和膜侧种植技术有机结合的一种复合种植技术。其技术原理的核心和关键是通过膜料覆盖作物行间非种植区的土地，将膜上的天然降雨有效叠加到作物种植区，继而增加该区土壤含水量供作物生长利用，同时可有效减少覆盖区的水分蒸发损失，显著提高水分利用效率。

目前，雨水就地叠加利用在农业和林业等领域应用十分广泛，起垄种植、覆膜种植、反坡梯田、水平阶、鱼鳞坑等技术就是雨水就地叠加利用的典范，显著增加了可利用水资源量，很好地解决了水分供给不足的“短板”问题，在生产实践中发挥了十分重要的作用，甘肃省大力推广的千万亩全膜双垄沟播技术就是最具典型的雨水就地叠加利用形式。由此可见，该项技术在今后一个较长时期内仍将是干旱缺水地区发展农业的核心支撑技术，在类似地区的推广应用将更为广泛并逐渐普及。

（三）梯田拦蓄利用

严格意义上说，梯田拦蓄利用也属于就地入渗利用的范畴，但梯田拦蓄利用与采取其他辅助措施加大雨水入渗能力的过程又截然不同。尤其是对于坡地，通过改造坡地地形，最大限度拦蓄降水。在有条件的地方，通过修筑水平梯田、隔坡梯田、台田、鱼鳞坑、水平阶等水土保持工程措施和松耕、等高耕作等水土保持农业措施来提高土壤蓄水保水能力。其中，梯田改变了坡面形态，使坡度减缓，坡长截短从而限制了集流面积，改变了径流的定向富集、减缓了径流速度，起到了良好的拦泥蓄水作用。就地拦蓄雨水径流入渗，可提高作物产量和林木成活，拦截分散地表径流从而减轻对土壤的冲刷侵蚀，水土保持作用十分明显。有关资料表明，与20cm耕作深度相比，30cm耕作深度0～30cm土壤蓄水可增加5.9～7.5mm，而0～200cm土层可多蓄雨水近30mm。且耕翻时间越早，接纳雨水就越多。因此，在条件允许的情况下，农业耕作时要实行深耕细作。

二、间接利用

从狭义上理解，对雨水的间接利用更加符合雨水集蓄利用的概念，也就是通过一定的工程措施，对雨水进行收集、调蓄和供给利用的过程。在这个过程中，集流面、蓄水设施和供配水系统将不可或缺。

（一）集流面收集利用

集流面是雨水集蓄利用系统的“水源”工程，在雨水集蓄利用工程中具有不可替代的作用。从目前国内外雨水集蓄利用实践来看，农村集流面工程主要包括屋面、庭院、场院、道路、坡面和专用集流面，而城市集流面工程主要包括住宅小区、公园绿地、交通道路、休憩广场等。总体来看，随着农村安全饮水以及“海绵城市”战略的实施，未来雨水集蓄利用的重点将转移到城市，其集流面利用将以现有建筑物不透水面或弱透水面为主。

1. 屋面雨水集蓄利用

屋面历来是农村雨水集蓄利用系统集流面的重要组成部分，未来仍将在农村雨水集蓄利用中继续发挥重要作用。从发展来看，屋面集流面雨水集蓄利用系统主要用于农村分散居住家庭饮用水，干旱、半干旱地区旱作农业补充灌溉，公共和工业等方面的非饮用水，如浇灌花园、冲厕、洗衣、冷却循环等中水系统，可有效节约集中供水量，减轻城市供水、排水和污水处理系统负荷。该系统可分为单体建筑物分散式系统和建筑群集中式系统，通常由雨水汇集区、输水管网、截流装置、储存与净化设施以及配水系统等部分组成，国内目前已有应用且初步显现了广阔的应用前景。

2. 园区雨水集蓄利用

在新建生活小区、公园或类似环境条件较好的城市园区，可将区内屋面、绿地和路面雨水径流收集利用，达到更显著消减城市暴雨径流量和非点源污染物排放量、减少水涝和改善环境等效果。在德国、澳大利亚和日本等发达国家有着良好的运用经验，国内在北京、大连等缺水城市已经建成了工程实例且取得了很好效果。

3. 道路与广场雨水集蓄利用

道路、广场在城市地区分布广泛，作为现有城市基础设施无需进行改造建设，即可作为良好的集流面用于雨水的收集利用。城市道路、广场不仅具有较高的集流效率，而且通常还具有相对集中的汇流出口，为实施城市雨水集蓄利用提供了十分便利的条件。目前，我国绝大多数城市雨洪通过雨水排泄系统直接排入天然河渠，不仅未能实现城市雨洪资源的有效利用，而且还增加了城市雨洪排泄系统的压力，局部甚至导致内涝，造成人民群众生命财产损失。因此，在水资源日益紧缺，供需水矛盾不断加剧的背景下，充分利用城市

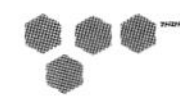

道路、广场休憩地集纳雨水并进行合理配置、高效利用将成为必然。

4. 多功能设施雨水集蓄利用

在满足基本使用功能的基础上，按照“海绵城市”建设要求，坚持综合利用，协调环境发展，建设多功能、综合型城市基础设施，兼顾雨水收集功能，提高雨水收集利用水平和利用效率，将是未来10～20年城市建设与水资源开发利用共同面临的前沿科技问题，并在政策与需求的双轮驱动下获得长足进展。

（二）蓄水设施调蓄利用

在集流面收集雨水的基础上，采用各种蓄水设施有效蓄存和调控雨水，是提高供水可靠性，增强供水保障程度的重要环节。作为雨水集蓄利用系统的重要组成部分，蓄水设施作用重大，不可替代。随着未来雨水集蓄利用的重点从农村向城市的逐渐转移，小型、分散、形式多样、种类庞杂的蓄水设施将向着大型化、规模化、标准化、系列化方向发展，城市河湖和各种人工与自然水体、沼泽、湿地等的调蓄作用将得到充分施展，其对雨水利用过程的调控更加有效，作用更为突出，效果也更加显著，实现与城市消防、绿化、应急备用水源的有效衔接和统一调度，彰显雨水集蓄利用的强大功能和广阔前景。

（三）供配水系统供给利用

供配水系统作为雨水集蓄利用系统的重要组成部分，对提高用水水平，确保水量、水质安全发挥着十分重要的作用。随着经济社会发展和人民生活水平的提高，可以预见，无论是农村还是城市，未来雨水集蓄利用供配水子系统将完全由“动力泵＋管道系统”替代，在用水方式上彻底实现与“自来水”供水过程的接轨，其中城市雨水集蓄利用将实现以变频加压供水为主的自动化控制。

三、综合利用

（一）农村雨水多元化利用

雨水集蓄利用起源于农村，其初衷就是解决各种缺水性地区的农村生活用水问题。虽然伴随着雨水集蓄利用技术的发展，雨水集蓄利用范围得到扩展，农业灌溉、生态建设等先后受惠于雨水集蓄利用。但时至今日，农村雨水集蓄利用的侧重点一直是解决生活用水，这一点始终未能发生改变。随着经济社会发展和农村安全饮水战略的实施，一大批集中供水工程得以建设，农村饮水条件得到极大改善，雨水集蓄利用工程的作用得以弱化，其主战场由过去单一的解决生活用水继而转向以种植、养殖、环卫、洗浴等为主的农村杂用水源和备用水源等多元化利用。

（二）城市雨水综合利用

实施城市雨水综合利用，实现水资源合理开发、优化配置和高效利用，对缓解未来城市用水矛盾具有深远意义和不可估量的作用。从广义水资源利用角度来看，城市雨水综合利用实质上是雨水资源的多目标利用，主要包括减缓区域雨水洪涝和地下水位下降、控制雨水径流污染、改善城市生态环境等，由此提出了人水和谐、生态园区以及海绵城市等理念。

生态园区雨水综合利用系统是利用生态学、工程学、经济学原理，通过人工净化和自然净化相结合的措施，进行雨水收集、渗透设施与园艺水景观、立体生态系统等相结合的综合设计，从而实现建筑、园林、景观和水系的协调统一，实现经济效益和环境效益的统一，以及人与自然的和谐共存。这种系统具有良好的可持续性，为实现雨水资源利用效率的最大化奠定了基础。

第五节　雨水集蓄利用模式

随着雨水资源化及其利用技术的发展，近30年来，雨水集蓄利用在我国北方干旱地区取得了长足进展，在解决农村生活用水、发展农业补充灌溉、实施生态植被建设等方面取得了显著成效。与此同时，随着城市化进程加快、人口增加、工业发展，我国一些缺水地区在城市雨洪利用方面也开展了许多工作，进一步拓展了雨水集蓄利用途径，展现了雨水集蓄利用的广阔前景。总体来看，虽然随着经济社会的发展，水资源利用格局发生了重大变化，但未来我国雨水集蓄利用的重点仍在解决农村分散地区生活用水、发展农业补充灌溉、恢复生态植被和城市雨洪多元化利用等方面，其利用模式也将随着具体用水对象的不同而各具特色。

一、农村生活雨水集蓄利用模式

（一）分散居住区农村生活雨水集蓄利用模式

农村饮水安全事关民生福祉，农村饮水与乡镇供水涉及近10亿人口的生产、生活及卫生等方面的直接利益，是社会稳定的重要因素。因此，保障农村饮水与乡镇供水水质是保证农村饮水与乡镇供水事业健康发展的重要环节。一方面，随着国家“十三五”规划的全面推进和到2020年全面实现小康社会战略的实施，实现农村安全饮用水将成为必然。因此，集雨工程也将势必相继退出农村饮水的主战场。但另一方面，对于分散地区尤其是集中供水工程不能覆盖的区域，雨水集蓄利用仍将是解决生活用水的重要方式。同时，当发生自然灾害或者集中供水工程发生意外时，雨水集蓄利用工程仍将是我国农村地区十分重要的应急备用水源。

当雨水用作生活饮用水源时，一般采用“集流面＋沉沙池＋蓄水设施＋加压提水设施＋小型高位蓄水絮凝设施＋净水器”的利用模式。该模式中，核心问题是解决水质的问题，也就是说通过集水—蓄水—净水等环节后，到达用户端的终端水质必须符合《生活饮用水卫生标准》（GB 5749—2006）。对此，甘肃省水利科学研究院开展了长期研究，提出了“蓄前粗滤，蓄后沉淀，终端精滤”的集雨饮用水处理模式。

1．蓄前粗滤

蓄前粗滤是指对通过集流面收集的雨水，在进入蓄水设施之前采取的一种相对简单的过滤处理，通常采用平流沉淀池、格栅式沉沙池、沙石过滤池等进行处理。沉淀处理设施结构、技术参数等详见第四章第四节，此处不再赘述。

2．蓄后沉淀

蓄后沉淀是雨水集蓄利用中十分重要的环节，也是传统雨水利用和早期雨水集蓄利用水质净化处理的唯一方式，通常采用人工投加草木灰的方式加速水体中泥沙等杂质的沉

淀，从而达到净化水体的目的。随着农村安全饮水意识的增强，从确保水质安全角度出发，在近年的雨水集蓄利用中，根据雨水水质特点，采用人工投加明矾、消石灰、碱式氯化铝等化学药剂的方法加速水体澄清，起到了很好的效果，可有效去除水体中相对较大颗粒的泥沙。

3. 终端精滤

终端精滤是在雨水被终端用水户使用前，采用专用净水器对水中泥沙、各种有机质、氨氮、微生物等进行的深度过滤处理。净化设备组成及技术指标详见第六章第三节所述。

（二）农村杂用水雨水集蓄利用模式

集雨用作农村杂用水源，主要是指将收集的雨水用于农村非饮用水为目的的生活用水，包括洗衣、养殖以及发展庭院经济、花园灌溉等。对于这种用水方式，由于对水质没有特别高的要求，因此，只需进行简易的处理即可使用。一般来说，传统的雨水集蓄利用工程收集的雨水其水质即可满足使用需求。此时，对所有集流面来水一般均采用沉沙池，通过初步沉淀、过滤处理后引入水窖蓄存，在蓄存过程中通过水体的自沉淀实现水体的澄清即可满足使用要求。也就是说，当雨水作为农村杂用水源时，通常在径流入窖前设置沉沙池及过滤网，以便沉淀泥沙、去除杂草、树叶等杂物。这种模式的优点是造价低廉，雨水利用系数较高，设施结构简单，运行维护方便。

二、农业灌溉雨水集蓄利用模式

天然降水是雨养农业的重要水源，农业生产的丰歉受降雨量多寡所左右。在集雨旱作农业用水上，应加大对重点集雨灌溉项目建设的扶持力度，推广管道输水、渠道防渗、微灌、喷灌等工程节水、生物节水和农艺节水技术，大力发展新型旱作农业，即雨水集蓄利用与常规旱作农业技术相结合的新思路。

（一）大田作物雨水集蓄利用模式

长期以来，旱作农业大田作物一般采用坐水种、点灌、注水灌、覆膜灌溉等简易节水灌溉方法和滴灌、微喷灌、小管出流灌、小型移动式喷灌等。但相对而言，目前使用较多的仍然是管灌、滴灌两种灌水方式。当采用管道输水灌溉时，对灌溉水质几乎没有特殊要求，一般可采用“集流面＋沉沙池＋蓄水设施＋加压提水设施＋输水管道”的利用模式；当采用滴灌技术时，可根据灌水器对水质的要求选用适宜的过滤器，一般可采用“集流面＋沉沙池＋蓄水设施＋加压提水设施＋过滤器＋输水管道＋灌水器”的利用模式。

（二）设施农业雨水集蓄利用模式

目前，依托雨水集蓄利用的设施农业生产已经成为旱作农业区农业生产的亮点。设施农业雨水集蓄利用应充分考虑利用温室棚面或棚面周围的硬化道路或采光区域作为集流面收集雨水，并经集水渠汇流后沉淀、储存、过滤和高效利用。设施农业补充灌溉一般采用滴灌，通常可采用“棚面、道路联合集水＋引水渠＋沉沙池＋蓄水池＋调温池＋加压设施＋过滤器＋输水管道＋灌水器”的利用模式。

（三）特色林果雨水集蓄利用模式

目前，特色林果业已成为农村经济发展的增长点、农业结构优化升级的突破点、农民收入持续增加的新亮点、新农村建设最现实的着力点。随着雨水集蓄利用技术的发展，使得在干旱、半干旱地区发展特色林果业变为可能，为促进脱贫进程和产业结构调整创造了良好条件。

就现状而言，特色林果雨水集蓄利用主要包括雨水就地富集利用和雨水异地高效利用两种类型。当采用雨水就地富集利用时，可采用对林果四周空闲地硬化处理的方式，实现对雨水的富集叠加利用；当采用雨水异地高效利用时，其利用模式与前述“大田作物雨水集蓄利用模式”相同，此处不再赘述。

三、生态植被雨水集蓄利用模式

流域生态雨水集流要充分发挥雨水利用在生态建设和环境保护中的作用，结合水土保持等措施，消除雨水成为严重水土流失的主要动力，减缓环境的退化速度。在提高水利发展的全面性、协调性和可持续性上取得新突破，在促进生态农业和生态文明建设中做出新贡献。在我国黄土高原地区，通常以小流域治理为主，以村庄为依托，建立以封育为主的荒山陡坡水土保持带，缓坡微型集雨林草复合带，集水蓄水保水基本农田带，村庄庭院经济带，其主要利用模式包括水平阶和鱼鳞坑两种。

（一）水平阶雨水集蓄利用模式

水平阶（level bench）通常是指山区沿等高线自上而下内切外垫，最终修成的外高里低的台面。水平阶雨水集蓄利用模式示意图见图 10-1。台面水平或稍向内倾斜，有较小的反坡，也称反坡梯田。水平阶的设计计算与梯田基本类同，实际相当于窄式梯田。阶面面积与坡面面积之比为 1∶1～1∶4，具体设计可采用梯田计算方法。

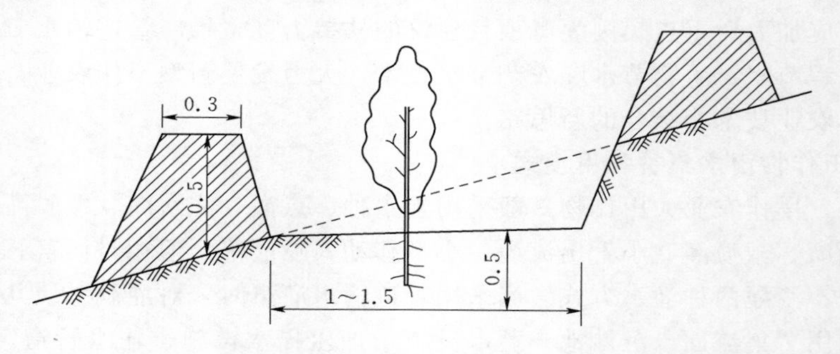

图 10-1 水平阶雨水集蓄利用模式示意图（单位：m）

水平阶可有效拦截地表径流，具有良好的抗土壤侵蚀能力。同时，可提高土壤含水率，改造低效劣质侵蚀土地，提高水土资源利用率，继而大幅度提高干旱山区造林成活率，加快水土流失综合防治步伐，促进山区生态经济可持续发展。水平阶多用于果园及林地，可把坡地上的农田、果园或林地改变成台阶形，蓄水保土，提高作物、果品产量或林木生长量。水平阶在干旱石质山地、黄土山地缓坡和中等坡均适用，一般在石多、坡大（10°～25°）的坡面上采用，在半干旱黄土丘陵区荒山造林和退耕还林（草）整地工程中也得到了普遍应用。

（二）鱼鳞坑雨水集蓄利用模式

鱼鳞坑（fish-scale pits）是一种水土保持造林整地方法，在较陡的梁峁坡面和支离破碎的沟坡上沿等高线自上而下开挖半月形坑，呈“品”字形排列，形如鱼鳞，故称鱼鳞

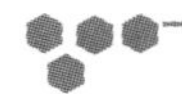

坑。尤其是在黄土高原地区，鱼鳞坑具有一定集蓄雨水的能力，如果在坑内栽树，则可保土保水保肥；同时，还可拦截坡面径流，控制水土流失。鱼鳞坑一般用于坡地造林整地，可以显著提高坑内土壤含水率以及树木成活率，适应于地形破碎，不便于设置截水沟的地区以及容易发生水土流失的干旱山地及黄土地区。

四、城市雨洪资源利用模式

城市雨洪资源利用是指将雨洪作为一种可利用水资源，运用工程和非工程措施将常规情况下会被污染、泛滥成灾、排泄入海的雨洪水，在保证区域防洪安全、经济合理、生态环境友好的前提下，部分转化成蓄滞于地表或地下含水层以便开采利用的过程，是把从自然或人工集雨面流出的雨水进行收集、集中和储存，是从区域水文循环过程中更多地获取为人类所用水资源的一种方法。

（一）绿地生态系统雨水利用模式

在城市绿地生态系统灌溉用水方面，通常有两种利用模式：①下凹式绿地雨水利用模式；②灌溉绿地雨水集蓄利用模式。

1. 下凹式绿地雨水利用模式

该模式首先需要建设下凹式绿地，使得城市绿地低于周围地面5～10cm，以便将屋顶和周围不透水或弱透水面收集的雨水直接引入绿地下渗，其利用模式为“屋项、不透水面集水→进入绿地→入渗地下→植被吸收”。该模式普遍适合于所有城市绿地灌溉，但其前提条件是必须建设下凹式绿地，为直接引入雨水提供保障。

2. 灌溉绿地雨水集蓄利用模式

灌溉绿地雨水集蓄利用模式是指将从屋顶和不透水面收集的雨水，再经适当处理和滞蓄后采用专门的灌溉系统输送到绿地系统进行灌溉，其利用模式为“屋顶、不透水面集水→沉沙池→蓄水池→加压系统→过滤系统→输水管道→灌水器→灌溉绿地”。该模式一般适合于小区规模、绿地面积均较大的情况，其优点是可收集利用的雨水数量较多，有利于实现长历时调蓄，提高灌溉保障率，继而减少城市自来水用于绿地生态系统的灌溉水量，有效缓解城市供水不足的压力。

（二）河湖生态雨水利用模式

城市河湖水系统对提升城市品位，改善人居环境具有十分重要的作用。近些年来，一些干旱缺水城市，在科学规划水系布局及不同水体功能的基础上，通过制定、完善城市防洪体系和水污染防治方案，以便能够收集充足质优的水量，确保良好完善的水生态环境，继而为城市居民提供优美和谐的生活环境，促进城市水系统生态健康良性循环及社会经济环境的可持续发展。单纯地就城市河湖生态用水而言，其利用模式可以简单地归纳为“城市管网、沟渠系统→河湖系统”，但就其系统布局、功能设置、景观分区等而言，城市河湖生态用水则是一项系统而庞杂的系统性工程。因此，城市河湖生态用水必须遵循需要与可能、局部与整体、近期与远景、防洪与水资源综合利用以及工程与非工程措施相结合的原则，主要内容涉及城市水景观空间布局、城市水景观规划设计、涉水闲暇资源开发利用战略规划以及涉水游憩活动场所规划设计等方面。

（三）区域地下水补给利用模式

采用具有良好入渗能力的绿地、透水地面、专用渗透设施等，使雨水尽快渗入地下实现对地下水的回补，对缓解城市区域地下水位下降具有重要作用，因此被广泛推崇。雨水渗入地下的具体措施很多，一般包括下凹式绿地、铺装渗透性地面和渗沟、渗井等增渗设施。

下凹式绿地是指低于周围地面适当深度的绿地，以便能够引入周围地表径流，在满足绿地生态系统自身用水需求的同时，形成对地下水的补给。透水地面通常铺装在人行道、庭院、广场、停车场、自行车道和小区内，主要依靠铺装地面的高渗透能力下渗雨水，补给地下水，在较大降雨情况下能够使地表不积水或少积水。在地面入渗能力不足时，如果区域内有适宜的透水性较强的砂层或砂砾层，可将雨水经过适当处理，在确保安全的前提下，通过渗水管沟、渗水井或回灌井等增渗设施，引入该层进行渗透，可显著加快下渗速度。

第六节 雨水集蓄利用面临的机遇与挑战

随着2011年《中共中央 国务院关于加快水利改革发展的决定》、2012年《国务院关于实行最严格水资源管理制度的意见》、2012年《国家农业节水纲要（2012—2020年）》发布和实施，水利部明确提出“要坚持蓄引提集并举、大中小微结合，因地制宜建设‘五小水利’工程，全面实施山丘区小型农水设施抢救恢复工程，加快建设雨水集蓄利用工程，大力发展集雨窖灌节水农业，不断改善山丘区农业生产条件”。因此，面对水利发展、科技创新的新形势、新要求，做好顶层设计，持续开展雨水集蓄利用科学研究，为国家工程建设投资重点和投资方向确定提供参考显得尤为重要。

一、倡导新理念，寻求新突破

雨水集蓄利用实际上是一个含义非常广泛的词，作为一门古老技术与现代科学技术相结合的产物，雨水集蓄利用技术在一些地区和领域彰显了巨大潜力。雨水集蓄利用工程的建设实施，开辟了雨水资源利用的有效途径，拓展了水利发展的新思路，显示了良好的可持续发展前景，总体作用巨大，增产效果显著，社会影响深远。目前，雨水集蓄利用已经从解决农村生活用水、发展补灌农业、恢复生态植被发展到城市杂用水源、补充地下水位等，涉及生活、生产、生态的方方面面。通过长期持续不断的探索和发展，农村雨水集蓄利用技术已经在我国干旱、半干旱地区取得了显著成效，有力促进和保障了地方经济社会发展。但总体来看，雨水集蓄利用技术仍在不断发展、完善中，雨水集蓄利用技术体系既不完善，也不系统。面对新时期国家政策层面“科学开发利用地表水及各类非常规水源，严格控制地下水开采”的新要求，雨水集蓄利用领域创新发展和总结提高的任务仍然很重。为更好地满足干旱、半干旱缺水地区农村生活、农业生产的需求，保障农村饮水安全、生态文明与海绵城市建设等战略的顺利实施，确保经济社会全面协调可持续发展，强化水安全保障措施，因地制宜实施抗旱水源工程，加强城市应急和备用水源建设意义非

凡。因此，未来我国雨水集蓄利用主题是在认真分析研究我国现阶段农村雨水集蓄利用管理工作中存在问题的基础上，积极吸纳和推广国内外先进雨水集蓄利用技术，合理开发雨水资源利用潜力，全力提升雨水集蓄利用技术水平，拓展雨水集蓄利用应用范围；倡导新理念，搭建新平台，拓展新技术，寻求新突破，借助国内外学术平台，交流雨水集蓄利用技术领域最新研究成果和工程建设经验，集中展示雨水集蓄利用领域发展动态与趋势、规划设计理念与经验、运行管理经验与成效；研讨适合中国国情的农村雨水管理策略，推动我国雨水集蓄利用整体技术水平实现新跨越，取得新贡献。

二、紧跟新时代，奏响新号角

《中华人民共和国国民经济和社会发展第十三个五年规划纲要》明确提出要实施雨洪资源利用，这为国家层面上更加深入、系统地实施雨水集蓄利用注入了新的活力。面对水资源上升到国家战略性资源和实行最严格水资源管理制度的新要求，雨水集蓄利用作为一种绿色的、常规水资源的强有力补充，在我国有着广阔发展前景。因此，以“创新、协调、绿色、开放、共享”五大发展理念为指导，积极探索雨水集蓄利用新途径，力求最大限度的利用雨水解决集中供水所不能覆盖的分散地区人民群众的生活用水问题，同时有效利用雨水发展农业补充灌溉，将集雨灌溉与设施农业以及高效灌溉技术相耦合，利用雨水就地富集利用恢复生态植被；在一些地下水超采严重的地区，开展利用雨水回灌补给地下水；利用雨洪管理理念支撑海绵城市建设，尤其是重点探讨小城镇雨水集蓄利用技术模式，在有效利用雨水解决城市绿化用水、营造城市河湖景观等方面取得新突破。

三、赋予新功能，创造新效益

一方面，随着经济社会发展和“农村安全饮水”战略的实施，目前的农村雨水集蓄利用生活用水工程除用于解决极少部分居住分散、集中供水工程难以企及范围的农村生活用水外，其他大部分工程将逐渐淡出“饮水”，继而转为农村生活杂用水源。另一方面，农村集中供水工程具有点多、线长、面广的特点，尤其是输水距离长，使得从供水水源到终端用水户之间的输水时间延长，需要考虑检修维护期间或者一旦发生事故停水时的应急供水水源，但现行所有的农村集中供水工程无一例外地都没有考虑应急水源工程，给农村集中供水带来了较大风险。因此，发挥好农村雨水集蓄利用生活用水工程小、快、灵的作用，赋予其农村生活用水应急水源工程新的功能，势必助推农村雨水集蓄利用工程展现新的前景，取得新的效益。

四、依托网络平台，强化普及宣传

随着信息经济在我国国内生产总值中的占比不断攀升，我国经济发展进入新常态，新常态要有新动力。实施“互联网＋雨水”行动计划，可以带动全社会节约用水，绿色用水的热潮。环境就是民生，青山就是美丽，蓝天也是幸福。要建设“美丽中国”“宜居乡村”，首要的就是要让生态文明理念、节约用水思想、珍惜每一滴水在公众心中“入心化行”。对此，进行雨水集蓄利用宣传教育势在必行，而互联网在强化雨水集蓄利用，普及宣传方面大有作为。我们期待“春风化雨”“润物细声”式的雨水集蓄利用宣传教育能够滋润整个中国大地。因此，搭建群众喜闻乐见的宣传教育载体，形成雨水宣传教育的“多维网络”，比如电视、广播、报刊等各种宣传媒体，通过宣传教育，典型示范，制定相关政策，加大推广力度，引导广大人民群众将雨水集蓄工程与节水灌溉技术、先进的农艺措施相结合，大力宣传雨水集蓄利用工程的必要性和技术特点等，使广大农民充分认识到雨水集蓄利用工程的重要性并熟练掌握技术要领。实践证明，通过潜移默化的教育来启发人、感染人可激发受教育者参与的积极性、主动性。由此可见，除在做好雨水集蓄利用科学研究的同时，还要做好科学普及工作，积极利用中国水利学会雨水利用专业委员会、中国雨水网、雨水资源化与水资源高效利用示范型国际科技合作基地、国际雨水集蓄利用技术培训中心等雨水专用平台，强化普及宣传教育工作，普及雨水集蓄利用基础知识，主要以国内外青少年、普通公众以及专业技术人员和管理人员为主要对象，编写雨水集蓄利用技术科普读本，推动科普工作迈上新台阶，让雨水集蓄利用在更多人心中扎根、开花、结果。

五、搭乘时代快车，促进合作交流

建设丝绸之路经济带的提出，对于全球范围内水资源安全和治理既是机遇，也是挑战。丝绸之路经济带不仅可以建立更为有效的能源协作机制，调解水资源相关利益国家之间的合作，同时，还可以更好地共享资源和管理技术，获得共赢。丝绸之路沿线国家降水量时间和空间分布严重不均，与这些国家进行有效协作，以期最大限度的开发利用雨水资源，继而获得经济社会可持续发展的最大水资源红利。因此，学习借鉴和吸纳先进的雨水集蓄利用与管理技术，更加有效地保护和利用当地有限的水资源，成为“一路一带”发展战略框架中新的合作内容。加之雨水集蓄利用是一个方兴未艾的广阔领域，它涉及城市与农村、工业与农业、建筑与交通、生活与生产、生态与环境等方面，甚至可以说是一项涉及面很广的系统工程。从雨水集蓄利用工程标准化、产业化、集成化与国际化发展的要求来看，开展交流与合作意义重大。尤其是面对雨水集蓄利用多目标、综合性、集约化发展的要求，各国的发展仍不均衡，目前还没有形成统一的政策法规和技术体系。无论从技术或法律的角度来看，加强与“一路一带”沿线国家和国际组织在雨水集蓄利用领域的合作交流，促进丝绸之路沿线国家雨水资源的科学应用，必将成为未来一段时期内雨水集蓄利用的重点。

六、实现战略转移，谋求多元利用

目前，我国雨水集蓄利用的重点仍然集中在农村生活用水、农业补充灌溉和生态植被建设等方面，而对城市雨洪的利用则相对较少。可以说，雨水集蓄利用在农村已经发挥了重要作用，取得了显著效益，但在城市方面的利用才刚刚开始。21 世纪，无论是发达国家还是发展中国家，都面临着淡水资源紧缺的问题。作为解决水资源短缺问题的有效途径之一，雨水集蓄利用在农村生活用水、农业补充灌溉等方面的作用得到充分发挥，但城市雨水资源的利用却未能得到足够的重视。因此，在农村雨水集蓄利用工程淡出“饮水”继而转向“杂用水源”“应急水源”的背景下，未来雨水集蓄利用的重点将从农村转移到城市，在包括城市杂用水源、城市生态绿地系统灌溉、城市河湖景观、补充地下水等在内的

生产、生态方面得到大量利用。

事实证明，城市雨水利用是解决城市水资源短缺、减少城市洪灾和改善城市环境的有效途径。城市雨洪利用必须改变目前城市建设中单纯排放雨水的设计理念，从建设“海绵城市”的角度出发，限制雨水直接排放与流失。城市雨洪利用涉及学科众多，是一项复杂的系统工程，具有控制城市水土流失和水涝灾害，减轻城市排水和处理系统的负荷，减少水污染和改善城市生态环境等多重目标。在选择雨水利用系统方案时，要特别注意地域及现场各种条件的差异，考虑城市和小区环境、生态和美学、人和自然的统一和谐，力求最小成本，力图最佳效果。统筹兼顾，标本兼治，坚持技术和非技术措施并重，将雨水利用与雨水径流污染控制、城市防洪、改善生态环境相结合，协调好经济效益、生态环境效益和社会效益之间的关系，成为未来城市雨洪利用的三大准则。随着雨水利用技术的发展，城市雨洪利用将走向与水资源利用、生态环境保护和城市可持续发展相结合的道路，继而形成基于雨洪利用的新的社会-经济-生态系统水资源利用模式，所有这些均对城市雨洪利用技术的科学性、系统性和标准化、规范化提出了更高和更为迫切的要求。

参 考 文 献

宝宏，2013. 蓄水保墒的几个技术问题探讨［J］. 内蒙古农业科技（6）：124.

陈如梁，陈跃，林陈箐，2013. 住宅建筑雨水的集蓄利用研究［J］. 科技通报（11）：77－80.

程满金，郑大玮，张建新，2007. 半干旱地区集雨旱作节水农业技术集成总体模式研究［J］. 节水灌溉（3）：1－5，9.

迟方旭，2006. 关于甘肃中部地区雨水集蓄利用及有关法律制度问题的调研报告［D］. 兰州：兰州大学.

崔灵周，魏丙臣，李占斌，等，2000. 黄土高原地区雨水集蓄利用技术发展评述［J］. 灌溉排水（4）：75－78.

党宏忠，赵雨森，2003. 集水、保水和供水技术在干旱、半干旱地区造林中的应用［J］. 东北林业大学学报（3）：8－10.

董锁成，王海英，2005. 甘肃省定西地区集雨灌溉高效农业模式研究［J］. 兰州大学学报（自然科学版）（5）：25－31.

杜景川，1985. 农田的保水技术措施［J］. 农田水利与小水电（6）：10－12.

段喜明，刘晋联，冯浩，等，2005. 黄土高原地区雨水集蓄利用［J］. 中国水土保持（11）：45－47，60.

伏苓，2012. 干旱半干旱地区农村饮用水安全保障体系与工程措施研究［D］. 长安：长安大学.

高传昌，王兴，汪顺生，等，2013. 我国农艺节水技术研究进展及发展趋势［J］. 南水北调与水利科技，11（1）：146－150.

高世铭，朱润身，何宝林，1996. 旱地有限补充供水与覆盖保水效果研究［J］. 干旱区资源与环境，10（2）：10－17.

葛承轩，2010. 一种农村生活用水自动供水装置的研制［J］. 农业科技与信息（9）：58－59.

葛承轩，2012. 干旱区农村雨水集蓄饮用水安全现状分析与对策［J］. 农业科技与信息（24）：18－19.

龚孟建，2001. 从西部大开发战略中谈对雨水集蓄利用的几点认识［J］. 中国农村水利水电（1）：14－16，52.

谷茂，杨建设，潘静娴，等，1999. 半干旱偏旱区农业资源高效利用的技术取向与选择［J］. 干旱地区农业研究，17（4）：105－110.

郭少宏，2006. 旱作农业区雨水高效利用技术与模式研究［D］. 北京：中国农业科学院.

汉京超，刘燕，高学珑，等，2012. 国内外农村雨水调蓄利用进展综述［J］. 中国农村水利水电（1）：98－101.

郝刚立，付晓刚，胡贵寿，等，2009. 干旱土石山区坡面径流集散工程系统优化配置模式研究［J］. 节水灌溉（7）：23－27.

何久安，1998. 干旱地区雨水利用及发展方向［J］. 干旱地区农业研究，16（3）：87－91.

何俊仕，曹丽娜，逄立辉，等，2005. 现代农业节水技术［J］. 节水灌溉（4）：36－39.

胡兵辉，2006. 黄土高原旱区降水资源化研究［D］. 杨凌：西北农林科技大学.

胡兵辉，廖允成，贺金红，等，2006. 黄土高原旱区降水资源化制约因素分析［J］. 农业现代化研究，27（2）：157－160.

黄乾，赵蛟，谭媛媛，等，2006. 北方农业雨水利用实践与发展前景展望［J］. 节水灌溉（4）：22－25.

黄占斌，程积民，赵世伟，等，2004. 半干旱地区集雨利用模式及其评价［J］. 农业工程学报，20（2）：301－304.

贾登勋，2007. 关于雨水集蓄利用基本问题的阐释［J］. 兰州大学学报（社会科学版），35（1）：7－12.

金彦兆，2004. 塑料大棚雨水高效利用技术 [J]. 中国农村水利水电（8）：16－18.
金彦兆，2005. 微地形雨水叠加利用垄沟比的几种求解方法 [J]. 中国农村水利水电（6）：16－18.
金彦兆，2010. 雨水利用工程设计长系列计算方法 [J]. 人民黄河，32（12）：116－117.
金彦兆，2010. 雨水利用工程设计长系列计算方法 [J]. 人民黄河，12：116－117.
金彦兆，李元红，2009. 雨水利用工程蓄水设施容积典型年法计算方法 [J]. 中国农村水利水电（9）：26－27，31.
金彦兆，李元红，张新民，等，2007. 基于安全饮水的农村生活单户雨水利用模式 [J]. 节水灌溉（8）：73－75.
金彦兆，卢书超，2008. 雨水利用农业灌溉工程评价方法及效果评价 [J]. 水利经济，26（6）：34－36，68－69.
金彦兆，王军德，刘佳莉，2010. 基于天然降水的因旱粮食损失分析方法及评估模型 [J]. 中国农村水利水电（9）：21－22，25.
金彦兆，王军德，卢书超，2008. 旱作农业生产力分析方法与预测模型 [J]. 中国农村水利水电（12）：24－26.
金彦兆，王亚竹，王军德，2010. 基于旱灾面积的粮食损失评估模型研究 [J]. 人民黄河，32（11）：21－22.
金彦兆，吴婕，2010. 拱盖平底水窖结构优化及评定方法 [J]. 中国农村水利水电（1）：70－72.
金彦兆，徐晓红，2007. 甘肃省雨水利用人畜饮水工程的评价指标体系 [J]. 中国农村水利水电（5）：48－49，52.
金彦兆，徐晓红，2007. 雨水利用人畜饮水工程科学性评价方法 [J]. 中国农村水利水电（11）：5－7.
金彦兆，周录文，2014. 设施农业雨水集蓄长系列计算经济利用模式 [J]. 中国农村水利水电（12）：69－71.
康国玺，2004. 黄土高原半干旱区雨水高效利用模式 [J]. 中国农村水利水电（12）：72－73.
寇英，2007. 雨养造林的几种集水保水技术模式 [J]. 甘肃水利水电技术，43（2）：139－140，159.
李福，李城德，2010. 甘肃省节水农业可持续发展的思路和对策 [J]. 农业科技与信息（9）：3－5.
李根柱，庄周，韩海荣，2004. 蓄水保墒抗旱造林技术的研究进展 [J]. 林业科技，29（6）：15－17.
李琪，2003. 全国农村雨水集蓄利用系统及其发展 [J]. 中国农村水利水电（7）：1－3.
李小雁，龚家栋，2002. 半干旱区雨水集流研究进展及其现状 [J]. 中国沙漠，22（1）：88－92.
李勇，王超，朱亮，等，2002. 雨水集蓄利用的环境效应及研究展望 [J]. 水土保持研究，9（4）：18－21.
李元红，2004. 半干旱山区田间雨水利用技术创新研究 [J]. 中国农村水利水电（2）：35－36.
李元红，2004. 甘肃中东部雨水高效富集利用模式 [J]. 中国农村水利水电（7）：15－16.
李元红，胡想全，金彦兆，等，2011. 甘肃黄土高原区城市雨洪利用途径 [J]. 中国水利（11）：10－11.
李元红，朱强，张洁，2007. 雨水集蓄利用技术及设施系统 [J]. 中国水利（10）：106－107.
刘东海，周玉平，赵国杰，1997. 宁夏黄土丘陵区旱作农田蓄水保墒耕作技术经验总结 [J]. 干旱地区农业研究，15（1）：36－41.
刘佳莉，2005. 半干旱地区雨水高效富集利用技术应用 [J]. 干旱地区农业研究，23（2）：230－232.
刘佳莉，2005. 甘肃农村雨洪资源利用实践和经验 [J]. 中国农村水利水电（8）：27－30.
刘晋联，朱俊峰，郝玲英，等，2005. 黄土高原地区雨水集蓄利用的成就与问题及其研究展望 [J]. 山西气象（2）：15－17.
刘来胜，2013. 生物慢滤技术研究及其在集雨水饮用安全保障中的应用 [D]. 北京：中国水利水电科学研究院.
刘淑华，2009. 农艺节水的特点及综合运用技术 [J]. 现代农业（7）：74－75.
刘小勇，吴普特，2000. 雨水资源集蓄利用研究综述 [J]. 自然资源学报，15（2）：189－193.

雒鸣岳，1998. 再说雨水集蓄利用兼谈水利发展新途径 [J]. 甘肃水利水电技术 (1)：52-54.
吕玲，2009. 杨凌城区雨水资源化潜力研究 [D]. 杨凌：西北农林科技大学.
孟岩，2010. 黄土高原坡面降雨径流不同利用模式初步研究 [D]. 杨凌：西北农林科技大学.
莫翼翔，2002. 干旱半干旱地区实施集水技术走“雨养农业”的理性思考 [J]. 水土保持研究，9 (4)：106-108，112.
牛建彪，2005. 半干旱区小麦玉米雨水高效利用技术模式 [J]. 甘肃农业科技 (5)：22-23.
牛文全，2004. 雨水集蓄设施经济容积确定方法 [J]. 西北农林科技大学学报（自然科学版），32 (8)：125-129.
欧阳广智，臧壮望，顾彩明，2010. 农业生产中如何做好节水抗旱 [J]. 中国园艺文摘，26 (5)：177.
彭珂珊，邓西平，徐学选，2000. 黄土高原农业高效调水关键技术研究 [J]. 节水灌溉，31 (1)：6-9，43.
彭世琪，2001. 旱区雨水集蓄及高效利用 [J]. 中国农技推广 (3)：34-35.
乔生彩，2010. 干旱山区雨水集蓄利用效益及思考 [J]. 甘肃农业科技 (3)：41-42.
秦力，2007. 国外雨水集蓄利用技术的发展初探 [J]. 农业科技与信息 (12)：15-16.
任杨俊，李建牢，赵俊侠，2000. 国内外雨水资源利用研究综述 [J]. 水土保持学报，14 (1)：88-92.
山仑，邓西平，张岁岐，2006. 生物节水研究现状及展望 [J]. 中国科学基金，2010，20 (2)：66-71.
邵爱军，1996. 覆盖保墒技术措施的应用及研究现状 [J]. 中国农村水利水电 (3)：23-24.
沈阿林，龚光炎，1994. 旱地耕作保墒技术研究 [J]. 土壤通报 (4)：152-154.
盛维德，2003. 立足实际　创新思路　努力搞好雨水资源集蓄利用 [J]. 水利发展研究，3 (11)：19-22.
宋飞，朱丽晶，赵彦英，2007. 半干旱农业区土壤蓄水保墒及高效用水技术 [J]. 水利科技与经济，13 (6)：434-435.
唐小娟，2009. 关于中国雨水集蓄利用发展前景的几点思考 [J]. 中国农村水利水电 (8)：52-54.
唐小娟，2011. 农村雨水集蓄系统的水质问题与防治措施 [J]. 人民黄河，33 (2)：66-68.
唐小娟，2011. 雨水安全集蓄利用新型集流面材料研究 [J]. 灌溉排水学报，30 (5) 5：87-90.
唐小娟，郭雪莲，2008. 几种坡面径流调控措施的筛选试验研究 [J]. 水土保持研究，15 (5)：125-128.
唐小娟，金彦兆，高建恩，2008. 复合坡度下雨水高效集蓄利用模式研究 [J]. 灌溉排水学报，27 (6)：74-76.
王斌瑞，罗彩霞，王克勤，1997. 国内外土壤蓄水保墒技术研究动态 [J]. 世界林业研究 (2)：38-44.
王福泰，2010. 甘肃省雨水集蓄利用发展对策 [J]. 甘肃水利水电技术，46 (2)：34-36，52.
王广周，高建恩，2008. 雨水集蓄利用中的水质问题及对策 [J]. 灌溉排水学报，27 (4)：119-121.
王蕾，2009. 渭北旱塬连作麦田保护性耕作技术蓄水保墒与增产效应研究 [D]. 杨凌：西北农林科技大学.
王亮才，唐运平，王欣，等，2012. 北方干旱山区农户饮用水源集水模式研究 [J]. 海河水利 (4)：32-34.
王群，王玉萍，商崇菊，2007. 贵州雨水集蓄利用工程建设中存在问题与对策 [J]. 贵州农业科学，35 (6)：153-155.
尉永平，张国祥，1997. 国内外雨水利用情况综述 [J]. 山西水利科技 (2)：51-54.
文建林，2012. 充分认识雨水积蓄利用的重要性 [J]. 科技创新与应用 (9)：128-129.
吴婕，2010. 拱盖弧底水窖结构优化及评价方法研究 [J]. 人民黄河，32 (8)：119-120.
武福学，2005. 甘肃省集雨节水生产模式研究 [J]. 干旱地区农业研究，23 (5)：167-171，235.
徐福利，严菊芳，王渭玲，2001. 不同保墒耕作方法在旱地上的保墒效果及增产效应 [J]. 西北农业学报，10 (4)：80-84.
徐振远，徐振，邢尚军，等，2012. 半干旱地区雨水高效收集利用技术研究综述 [J]. 山东林业科技，42 (5)：91-95，46.

许秀泉，2014. 黄土区微型蓄雨设施水体水质变化及对饮水安全影响［D］. 北京：中国科学院研究生院.
严火其，1999. 北方干旱与防旱保墒技术——对灌溉农业的反思［J］. 国土与自然资源研究（4）：11－14.
杨士辉，2008. 雨水集蓄利用技术研究应用现状和发展方向［J］. 农业科技通讯（10）：73－76.
杨新民，李怀恩，张岁岐，1999. 渭北旱塬雨水的集蓄及补灌与高效利用［J］. 水土保持研究，6（1）：52－56.
野宏巍，2001. 陇东旱作农业蓄水保墒综合技术［J］. 干旱地区农业研究，19（3）：7－12.
余海龙，黄菊莹，肖国举，2010. 黄土高原半干旱区雨水资源化研究综述［J］. 人民黄河，32（1）：46－47，49.
余海龙，吴普特，冯浩，等，2004. 黄土高原小流域雨水资源化环境效应分析［J］. 防护林科技（1）：10－12，50.
余海龙，吴普特，冯浩，等，2004. 黄土高原小流域雨水资源化途径及效益分析［J］. 节水灌溉（1）：16－18.
袁文龙，刘吉祥，芦迪，2011. 对雨水集蓄利用中水质改善有关问题的探讨［J］. 黑龙江水利科技，39（3）：50－52.
张步翀，2008. 旱地集雨技术基本特点与研究进展［J］. 灌溉排水学报，27（2）：119－122.
张建新，郑大玮，2005. 国内外集雨农业研究进展与展望［J］. 干旱地区农业研究，23（2）：223－229.
张建新，郑大玮，李芬，等，2008. 集雨农业雨水利用转化效率及其提高途径分析［J］. 干旱地区农业研究，26（3）：198－204.
张洁，2009. 甘肃雨水集蓄利用实践与发展初探［J］. 甘肃水利水电技术，45（8）：39－40，42.
张康年，2008. 西安市雨水综合利用技术与雨水资源化研究［D］. 西安：西安建筑科技大学.
张茂国，2006. 城市周边山区雨水集蓄利用模式研究［D］. 济南：山东大学.
张庆梅，张庆文，王友林，2007. 国内外农林业集雨系统技术现状研究综述［J］. 陕西农业科学（4）：84－87.
张艳杰，叶剑，2005. 干旱半干旱地区公路雨水集蓄利用［J］. 中国水土保持（7）：12－13.
张瑜芳，沈荣开，任理，1995. 田间覆盖保墒技术措施的应用与研究［J］. 水科学进展，6(4)：341－347.
赵文君，2010. 雨水安全集蓄水窖水质变化规律的初步研究［D］. 北京：中国科学院研究生院.
郑宝宿，1997. 甘肃省雨水资源化利用与旱地农业发展［J］. 中国水土保持（9）：5－8，22，65.
郑彬，2012. 看印度如何收集利用雨水［J］. 农家参谋（3）：47.
朱强，李元红，2004. 论雨水集蓄利用的理论和实用意义［J］. 水利学报（3）：60－64，70.
朱强，李元红，王治军，2004. 雨水集蓄利用学科发展与展望［J］. 中国水利（11）：31－33，5.
朱强，武福学，金彦兆，1994. 甘肃省雨水集蓄利用技术［J］. 水利水电技术（6）：6－11.
Deng H，Wang W，Xu Q，2015. Roof water quality simulation in Jinan urban area of China［A］. Information Engineering Research Institute，USA. Proceedings of 2015 International Conference on Circuits and Systems（CAS2015）［C］. Information Engineering Research Institute，USA，3.
Ji W，Cai J，VeenhuizenMV，2010. Efficiency and economy of a new agricultural rainwater harvesting system［J］. Chinese Journal of Population，Resources & Environment，8（4）：41－48.
Jiang ZY，Li XY，Ma YJ，2013. Water and energy conservation of rainwater harvesting system in the Loess Plateau of China［J］. Journal of Integrative Agriculture，12（8）：1389－1395.
Seckler D，Amarasinghe U，Molden D，et al，1998. World water demand and supply，1990 to 2025：Scenarios and issues［J］. General Information.
Shadeed S，Lange J，2010. Rainwater harvesting to alleviate water scarcity in dry conditions：catchment，Palestine［J］. Water Science and Engineering，3（2）：132－143.
Shi Y Z，Wang Y H，Wang Y L，et al，2014. A new rainwater harvesting and recycling system for trans-

forming sloping land into terraced farmland [J]. Journal of Mountain Science, 11 (1): 205 - 214.

Singh G, Charlady G R, Ram B, et al, 2011. Effects of rainwater harvesting on herbage diversity and productivity in degraded Aravalli hills in western India [J]. Journal of Forestry Research, 22 (3): 329 -340.

Wang C R, Tian X H, Li S X, 2004. Effects of Ridge - Mulching with Plastic Sheets for Rainwater - Harvesting Cultivation on WUE and Yield of Winter Wheat [J]. Journal of Integrative Agriculture, 3 (1): 14 - 23.

Zhang M L, Chen H, Wang J Z, et al, 2010. Rainwater utilization and storm pollution control based on urban runoff characterization [J]. Journal of Environmental Sciences, 22 (1): 40 - 46.

Zhou Y C, Shao W Y, Zhang T Q, 2010. Analysis of a rainwater harvesting system for domestic water supply in Zhoushan, China [J]. Journal of Zhejiang University - Science A, 11 (5): 342 - 348.

Zhu Q, Li Y, 2000. Rainwater harvesting for survival and development [J]. Waterlines, 18 (3): 11 -14.

Zhu Q, Li Y, 2003. Drought - proofing villages in Gansu Province. LEISA Magazine (6): 14 - 16.

Zhu Q, Li Y, 2006. Rainwater harvesting: The key to sustainable rural development in Gansu, China [J]. Waterlines, 24 (4): 4 - 6.

Zhu Q, Wu F, 1995. A lifeblood transfusion: Gansu's new rainwater catchment systems [J]. Waterlines, 14 (2): 5 - 7.